2022年
珠江暴雨洪水

水利部珠江水利委员会水文局　编著

中国水利水电出版社
www.waterpub.com.cn
·北京·

内 容 提 要

本书全面系统地介绍了2022年6月珠江流域（片）的暴雨洪水情况，分析了暴雨洪水的过程、特点以及成因，详细阐述了暴雨地区分布、洪水遭遇与组成、洪水特征以及重现期，调查了水库防洪作用、水文监测预报预警等情况。本书资料翔实，数据准确可靠，分析科学合理，定性定量准确，具有较强的科学性、实用性和权威性。

本书适合社会经济、防汛抗旱、水文气象、规划设计、农田水利、防洪减灾等领域的技术人员、科研人员及政府人员阅读，对流域水利规划、设计、工程建设、防洪减灾以及国民经济发展具有较高的研究、分析、参考、保留价值和重要的使用价值。

图书在版编目（CIP）数据

2022年珠江暴雨洪水 / 水利部珠江水利委员会水文局编著. -- 北京：中国水利水电出版社, 2024. 12. ISBN 978-7-5226-3058-8

Ⅰ. P333.2；P426.616

中国国家版本馆CIP数据核字第20253NW674号

审图号：GS京（2024）2566号

责任编辑：李丽辉

书　　名	**2022年珠江暴雨洪水** 2022 NIAN ZHU JIANG BAOYU HONGSHUI
作　　者	水利部珠江水利委员会水文局　编著
出版发行	中国水利水电出版社 （北京市海淀区玉渊潭南路1号D座　100038） 网址：www.waterpub.com.cn E - mail：sales@mwr.gov.cn 电话：(010) 68545888（营销中心）
经　　售	北京科水图书销售有限公司 电话：(010) 68545874、63202643 全国各地新华书店和相关出版物销售网点
排　　版	中国水利水电出版社微机排版中心
印　　刷	北京印匠彩色印刷有限公司
规　　格	184mm×260mm　16开本　15.75印张　383千字
版　　次	2024年12月第1版　2024年12月第1次印刷
定　　价	**158.00元**

凡购买我社图书，如有缺页、倒页、脱页的，本社营销中心负责调换

版权所有·侵权必究

《2022年珠江暴雨洪水》参编单位

水利部信息中心

广西壮族自治区水文中心

《2022年珠江暴雨洪水》编辑委员会

主　　　编　　何力劲　钱　峰

副 主 编　　钱　燕　杜　勇　尹志杰　杨静波

统　　　稿　　卢康明　苏明珍

主要编写人员

水 利 部 信 息 中 心	胡智丹	宫博亚	陶思铭	
水利部珠江水利委员会水文局	卢康明	付宇鹏	苏明珍	张　尹
	陈学秋	田　丹	蓝羽栖	
广西壮族自治区水文中心	刘文丽	梁廖兰兰	马慧君	

参 加 人 员

水 利 部 信 息 中 心	朱　冰	孔祥意	张怡雯	朱春子
水利部珠江水利委员会水文局	张文明	曾志光	王翌旭	丁　镇
广西壮族自治区水文中心	滕培宋	黄建波	廖文凯	

序

党的十八大以来，习近平总书记高度重视水安全，提出"节水优先、空间均衡、系统治理、两手发力"治水思路，就治水作出了一系列根本性、开创性、长远性指导部署，凸显了水在推进中国式现代化进程中的重要作用。我国是世界上自然灾害最严重的国家之一，每逢防汛抗旱关键时刻，习近平总书记都会就防汛抗洪救灾各项工作作出重要指示批示，反复强调要切实把保障人民生命财产安全放到第一位。

民生为上，治水为要。相较全国其他流域，珠江防汛工作面临艰巨性、复杂性和长期性。从自然地理特性来看，珠江暴雨频繁、洪水多发。珠江地处我国南部低纬度地区，多属亚热带季风气候，水汽充沛，暴雨强度、频次、历时均处于全国七大流域前列。流域地形复杂、水系发达，中上游地区多是山地、丘陵，且河流水系多呈扇形分布，洪水汇流速度快，加之没有大的湖泊对洪水进行自然调蓄，导致中下游及珠江三角洲频繁出现峰高、量大、历时长的洪水。从经济社会角度来看，确保珠江防洪安全不容有失。当前，流域内粤港澳大湾区建设、海南自由贸易港建设、海峡西岸经济区发展、珠江-西江经济带发展、北部湾城市群建设等一系列国家战略加快实施，对流域区域水安全保障能力，特别是对防洪安全、供水安全提出了更高要求。做好防汛抗旱工作，构建与流域经济社会发展水平相适应的水安全保障体系，对加快推动流域高质量发展至关重要。

2022年5月下旬至7月上旬，受西南气流、高空槽、切变线及台风等天气系统共同影响，珠江出现持续性强降雨天气，接连发生8次编号洪水，形成2次流域性较大洪水。北江发生仅次于1915年的超百年一遇特大洪水，洪水形势一度异常严峻，主要江河洪水过程呈现多峰形态；西江连续出现6次洪峰、北江连续出现3次洪峰，部分河流超过警戒水位持续时间长，甚至出现了历史罕见的洪峰流量。面对严峻复杂的防洪形势，在以习近平同志为核心的党中央的坚强领导下，水利部部长李国英亲临现场指挥调度，在珠江流域各省（自治区）和有关部门的紧密协作下，珠江委凭借统一的调度指挥、严密的监测体系、精准的预报技术和科学的防控措施，始终绷紧防汛抗洪这根弦，牢牢把握工作主动权,成功防住了2022年珠江暴雨洪水,守护了沿江两岸人民群众的生命财产安全,坚决打赢了防汛抗洪救灾这场硬仗。

《2022年珠江暴雨洪水》一书正是以2022年珠江暴雨洪水为背景,深入剖析了2022年暴雨的时空分布规律及其成因,细致研究了洪水组成与重现期,准确地总结了2022年珠江暴雨洪水的特性,与历史洪水进行了分析比较,并系统评价了水库在防洪中的实际效用以及流域水文监测、预报与预警体系等情况,提出了多项极具参考价值的建议,为相关领域的研究与实践提供了宝贵的资料与文献支持。对2022年珠江暴雨洪水进行全面而客观的阐述,科学分析其成因、演变过程及量级特征,不仅是对自然现象的深入剖析,更是为珠江水利规划、工程设计与管理,以及防洪减灾体系的完善提供了宝贵的科学依据。这一工作不仅对当前有效提升流域应对极端气候事件的能力具有直接的指导作用,而且对今后流域经济社会的高质量发展具有深远的历史影响,是一项泽被后世的好事。

《2022年珠江暴雨洪水》凝聚了珠江流域全体水文人的汗水和智慧,值此成果正式出版之际,我谨向在珠江流域水文监测及水文情报预报工作中身处最前沿的全体水文工作者,以及积极参与本次洪水调查与总结工作的所有相关人员致以最诚挚与深切的谢意,对你们展现出的卓越敬业精神与无私奉献表示敬意。期望广大水文工作者能够立足珠江流域实际,认真履行流域治理管理"四个统一"职责,持续发扬奋斗精神,强化风险意识、底线思维,不断完善水旱灾害防御"三大体系",加快推进现代化雨水情监测预报体系建设,强化"四预",贯通"四情",加强洪水灾害监测预警能力建设,深化对洪水水文规律的研究与探索,为珠江流域的治理、防洪减灾以及水资源的可持续利用事业作出更为显著的贡献,为实现中国式现代化提供更加坚实有力的水安全保障。

珠江水利委员会主任 吴小龙
2024年12月

前　言

2022年5月下旬至7月上旬，珠江发生11场强降雨过程，流域面平均降雨量较多年同期偏多约4成，列1961年以来同期第三位。受其影响，珠江共发生8次编号洪水过程，形成2次流域性较大洪水，其中西江发生4次编号洪水，北江发生3次编号洪水，西江、北江编号洪水次数为新中国成立以来第一位。北江第2号洪水为超百年一遇特大洪水，上游干流浈江新韶站洪峰流量重现期100年一遇，为历史实测最大洪水；支流连江高道（昂坝）水文站洪峰流量重现期超100年一遇，是1954年建站以来第二大流量；干流控制性枢纽工程飞来峡水库出现建库以来最大入库流量，重现期超100年一遇；石角水文站出现1924年建站以来实测最大洪水。西江洪水持续时间长达1个多月，从1号洪水开始到4号洪水结束，多数站点洪水历时久、超警戒水位时间长，其中西江梧州水文站洪水总历时859h，相当于35.8d。为查找水文测报的薄弱环节，完善"四预"措施，水利部水文司于2022年6月27日下发《关于开展珠江流域洪水复盘分析工作的通知》（水文便字〔2022〕27号），决定由珠江水利委员会水文局牵头组建工作专班，分析5月下旬以来珠江流域降雨特征与成因，复盘西江、北江、韩江洪水过程监测预报预警过程，明确了珠江水利委员会水文局、广西和广东两省（自治区）水文局（中心）承担的具体分析总结等工作。自2022年7月开始各单位按照分工深入广泛地开展了野外调查、实地测量和收集有关资料等工作，2022年8月完成初步总结分析报告。为了全面、客观地探讨2022年珠江流域暴雨洪水的成因、降雨与洪水特征、暴雨洪水演变过程、洪水组成、洪水等级划分，并深入分析评价洪水特性以及防洪工程在实际中发挥的效能，为流域防汛抗洪工作、水利规划制定、工程设计及运行管理以及水文情报与预报服务等提供具有参考价值的珍贵资料，在初步总结分析报告的基础上，水利部珠江水利委员会水文局组织编写《2022年珠江暴雨洪水》一书，2023年年末形成初稿并征询专家意见，2024年10月完成了本书修定稿。

本书研究工作得到了水利部重大科技项目（SKR-2022038）、广东省科技计划项目（2023B1212070031）、国家自然科学基金重点项目（52439002）等项目的支持。

  本书编写过程中得到了水利部水文司、水利部信息中心、广西和广东两省（自治区）水文局（中心）的大力支持，在此表示衷心的感谢。由于技术水平有限，书中难免存在不足与疏漏之处，敬请读者批评与指正。

编　者

2024 年 10 月

目 录

序
前言

概述 ·········· 1
  0.1 暴雨 ·········· 1
  0.2 洪水 ·········· 4
  0.3 水库的防洪作用 ·········· 7
  0.4 水文监测预报预警 ·········· 9

第1章 流域概况 ·········· 10
  1.1 自然地理 ·········· 10
  1.2 水文气象 ·········· 12
  1.3 历史洪涝灾害 ·········· 15
  1.4 水利工程 ·········· 17
  1.5 水文站网 ·········· 24

第2章 雨水情概况 ·········· 28
  2.1 降雨过程 ·········· 28
  2.2 洪水过程 ·········· 49

第3章 暴雨分析 ·········· 122
  3.1 暴雨特点 ·········· 122
  3.2 暴雨成因 ·········· 123
  3.3 暴雨统计 ·········· 126
  3.4 暴雨地区分布 ·········· 131

第4章 洪水分析 ·········· 139
  4.1 洪水特点 ·········· 139
  4.2 洪水遭遇与组成 ·········· 140
  4.3 洪水比较 ·········· 166
  4.4 洪水统计 ·········· 181

第5章 水库防洪作用分析 ·········· 192
  5.1 北江特大洪水水库防洪作用分析 ·········· 192
  5.2 流域性洪水水库群拦洪错峰作用分析 ·········· 196
  5.3 东江水库群拦洪削峰作用分析 ·········· 202

5.4	韩江水库群拦洪削峰作用分析	204
5.5	贺江水库群拦洪削峰作用分析	205
5.6	与典型历史洪水灾情对比分析	206

第6章 水文监测预报预警 ······ 208
  6.1 汛前准备 ······ 208
  6.2 水文监测 ······ 209
  6.3 预报预警 ······ 219

第7章 结论与建议 ······ 235
  7.1 结论 ······ 235
  7.2 建议 ······ 240

参考文献 ······ 242

概　　述

2022年5月下旬至7月上旬珠江流域（片）受持续强降雨影响，西江、北江共发生7次编号洪水，并形成2次流域性较大洪水，其中北江发生特大洪水，西江和北江编号洪水总数列新中国成立以来第一位，期间韩江流域发生1次编号洪水，给流域防汛工作带来极大挑战。为防御2022年珠江暴雨洪水，西江首次实现干支流五大库群24座水库联合防洪调度，北江首次启用潖江蓄滞洪区与飞来峡等水库、分洪闸联合防洪调度。经科学精准的洪水预报和精细实施西江、北江水工程联合调度，成功避免了西江洪水和北江洪水在珠江三角洲遭遇，确保了粤港澳大湾区等重点保护目标安全。

0.1　暴雨

受西南气流、高空槽、切变线及台风等天气系统共同影响，2022年5月下旬至7月上旬，珠江流域（片）连续出现强降雨天气，共发生11场强降雨过程，降雨呈现强降雨历时长、强降雨影响范围广、强降雨落区重叠度高、短历时降雨强度大、强降雨累计雨量大等特点，导致珠江流域（片）主要河流接连出现8次编号洪水，并出现峰高量大的流域性洪水、北江特大洪水。

0.1.1　暴雨过程

珠江"2022·6"暴雨是在西南气流、高空槽、切变线及台风等共同影响下形成的。本次降雨过程从2022年5月21日开始，至7月10日止，共发生了11场强降雨过程。珠江流域（片）累计面雨量624.0mm，较常年同期偏多约4成，列1961年有资料以来同期第三位。各场强降雨的影响区域高度重叠，主要集中在黔江、柳江、浔江、桂江、西江下游和北江等流域中北部地区。降雨前期集中在西江中北部，后扩展至北江、韩江等地，强降雨带东西摆动，造成西江、北江、韩江接连出现8次编号洪水，形成2次流域性洪水，其中6月15—17日和6月18—21日2场强降雨过程导致西江发生第4号洪水、北江发生特大洪水。

0.1.2　暴雨特点

本次暴雨的特点主要有强降雨历时长、强降雨影响范围广、强降雨落区重叠度高、短历时降雨强度大、强降雨累计雨量大5个特点。

（1）强降雨历时长。本次暴雨期间珠江流域（片）共出现11场强降雨过程，历经5月下旬至6月中旬"龙舟水"、6月下旬至7月上旬的西南季风和台风"暹芭"时期，强降雨累计历时长达近50d，流域汛情不断发展变化。

（2）强降雨影响范围广。本次暴雨期间珠江流域（片）累计降雨量超过400mm、

250mm、100mm 的笼罩面积分别占珠江总面积的 76%、98%、100%。强降雨笼罩面积大、影响范围广，涉及流域多个省（自治区），流域汛情点多面广。

（3）强降雨落区重叠度高。本次暴雨期间强降雨主要发生在黔江、柳江、浔江、桂江、西江下游和北江等流域中北部地区，降雨落区高度重叠，土壤含水量长期处于饱和状态，有利于降雨径流形成，江河下游及区间降雨比重大，造成流域性洪水形成与快速传播。

（4）短历时降雨强度大。珠江流域（片）部分地区短历时降雨强，较大 3h 降雨量的站点有：广东阳江市阳春市永宁镇张公龙站（255.5mm）（超过 100 年一遇）、广东惠州市惠东县巽寮管委会巽寮站（237.0mm）（超过 100 年一遇）；较大 1h 降雨量的站点有：广东阳江阳市春市永宁镇张公龙站（247.0mm）（超过 100 年一遇）、广西柳州市融水县香粉站（153.0mm）。突发性短历时强降雨造成中小河流水位陡涨，引发多地山洪、泥石流等灾害。

（5）强降雨累计雨量大。本次暴雨期间，北江和韩江流域累计面雨量均列 1961 年有资料以来同期第一位，西江、东江累计面雨量均列 1961 年有资料以来同期第四位。降雨量源源不断地补充地表径流和地下径流，导致洪水接连发生，洪水历时长。

0.1.3 暴雨成因

本次暴雨成因可以归纳为气候背景、大气环流背景、天气系统影响等 3 方面因素。

（1）从气候背景来看，一方面，南海夏季风爆发偏早为强降雨提供充足水汽，2022 年南海夏季风爆发时间较常年同期偏早，提前为珠江输送暖湿气流，为持续强降雨天气创造了水汽条件，是造成洪水发展期流域主要江河水位持续上涨、洪水关键期伊始河流底水较高的重要气候背景；另一方面，拉尼娜事件持续发生导致降雨不确定性增加，拉尼娜事件通过影响西太平洋副热带高压的位置与强度、东亚季风环流，从而影响东亚夏季降水，为珠江入汛偏早、汛期降雨不确定性增加提供了重要的气候背景。

（2）从大气环流背景来看，一方面，亚欧中高纬环流经向度大导致冷空气接踵南下，2022 年 5 月以来亚欧中高纬度地区大气环流经向度大，西风带波动明显，北方冷空气接踵南下，在珠江上空频繁活动，6 月上中旬，亚欧中高纬高度场有所调整，高空槽也东移发展并南伸，高空槽后的西北气流引导冷空气频繁南下；另一方面，西太平洋副热带高压偏西导致冷暖空气频繁交汇，6 月西太平洋副热带高压位置偏西且较为稳定，珠江流域处于副热带高压西北侧的西南流场中，致使冷暖空气在珠江流域上空频繁交汇，是导致 6 月中下旬出现 2022 年珠江暴雨洪水关键期的重要大气环流背景之一。

（3）从天气系统影响来看，一方面，切变线频现使得水汽高度汇聚，2022 年 6 月，珠江流域范围内多次出现切变线，并且由于切变线较为稳定，持续时间长，强盛的西南暖湿气流为该地区源源不断地输送水汽，并在切变线南侧堆积然后抬升，进而形成持续性强降雨；另一方面，台风影响范围与北江强降雨落区高度重叠，2022 年第 3 号台风"暹芭"于 7 月 2 日 15 时在广东电白沿海登陆，登陆时间恰逢北江特大洪水退水阶段，流域中东部出现一次较强降雨过程，北江累计降雨量 210.5mm，与北江特大洪水洪峰段的降雨过程（6 月 18—21 日）量级相当，降雨落区基本一致。由于北江特大洪水尚未完全消退，强降雨落区高度重叠，北江干流复涨，再次发生编号洪水。

0.1.4 暴雨统计

2022年珠江暴雨洪水期间,受西南气流、高空槽、切变线及台风影响,珠江流域连续出现强降雨天气,共发生11场强降雨过程,其中5月下旬3场、6月上旬2场、6月中旬3场、6月下旬1场、7月上旬2场,单个过程持续时间多为3~5d,过程累计历时长达近50d。尤其在5月下旬至6月中旬"龙舟水"期间,8场强降雨过程几乎连续发生,仅在5月31日和6月1日流域没有出现大范围强降雨天气。

2022年珠江暴雨洪水期间,珠江流域(片)累计面雨量624.0mm,较常年同期偏多约4成,列1961年有资料以来同期第三位。珠江流域累计面雨量622.4mm,较常年同期偏多约4成,列1961年有资料以来同期第三位;其中西江、北江、东江累计面雨量分别为555.6mm、974.9mm、835.6mm,较常年同期分别偏多约3成、约1.2倍、近7成,北江累计面雨量列1961年有资料以来同期第一位,西江和东江累计面雨量均列1961年以来同期第四位。韩江流域累计面雨量722.9mm,较常年同期偏多约8成,列1961年有资料以来同期第一位。

从总体上看,11场强降雨的影响区域高度重叠,主要集中在黔江、柳江、浔江、桂江、西江下游和北江等流域中北部地区,黔江、柳江、西江下游等地累计降雨量较常年同期偏多49%~52%,浔江、桂江、北江下游等地偏多81%~90%,北江上中游偏多133%~146%。降雨前期集中在西江中北部,后扩展至北江、韩江等地,强降雨带东西摆动,造成西江、北江、韩江接连出现编号洪水,形成两次流域性洪水,其中6月15—17日和6月18—21日2次连续降雨过程导致西江发生第4号洪水、北江发生特大洪水。

0.1.5 暴雨地区分布

西江流域日平均降雨量达到大雨级别的有3d,没有达到暴雨及以上级别。其中,柳江日平均降雨量达到大雨级别的有9d,达到暴雨级别的有1d,为6月19日,暴雨主要分布在融江、龙江和洛清江上游;桂江日平均降雨量达到大雨级别的有7d,达到暴雨级别的有4d,为6月12日、6月17日、6月21日、7月3日;贺江日平均降雨量达到大雨级别的有11d,达到暴雨级别的有3d,为6月13日、6月20日、7月3日。

北江流域日平均降雨量达到大雨级别的有13d,达到暴雨级别的有4d,为6月18日、6月20日、7月3日、7月4日。其中6月18日、6月20日、7月4日暴雨落区主要集中在上中游,7月3日暴雨落区主要集中在中下游。

东江流域日平均降雨量达到大雨级别的有10d,达到暴雨级别的有2d,为6月13日、7月4日。6月13日暴雨落区主要集中在新丰江水库、枫树坝水库的库区上游,7月4日暴雨落区主要集中在新丰江水库的库区上游。

韩江流域日平均降雨量达到大雨级别的有9d,达到暴雨级别的有2d,为6月6日、6月13日。其中汀江日平均降雨量达到大雨级别的有6d,达到暴雨级别的有3d,为5月26日、6月5日、6月6日,达到大暴雨级别的有1d,为6月13日;梅江日平均降雨量达到大雨级别的有8d,达到暴雨级别的有2d,为6月14日、6月15日。

0.2 洪水

2022年5月下旬至7月上旬，珠江流域连续出现8次编号洪水过程，其中西江前2次编号洪水过程集中在上游，为降低下游防洪压力，启用了部分防洪库容，但随后又先后发生2次流域性较大洪水，尤其是第2次流域性较大洪水过程中，北江洪水为仅次于1915年的特大洪水，西江洪水和北江洪水有可能在珠江三角洲遭遇，珠江流域防洪形势异常严峻。为减轻珠江三角洲城市群的防洪压力，珠江水利委员会（以下简称"珠江委"）开展了水库群联合调度。

0.2.1 洪水过程

2022年5月下旬至7月上旬，大范围、高强度的降雨致使珠江流域（片）各大江河先后出现不同量级的洪水。西江和北江共发生7次编号洪水过程，编号洪水数量列新中国成立以来第一位。

自2022年5月下旬至6月下旬，西江共发生4次编号洪水过程。西江梧州水文站洪峰流量分别为25300m^3/s（6月2日4时15分）、32100m^3/s（6月7日20时）、35200m^3/s（6月14日17时35分）、33100m^3/s（6月23日16时25分）。

北江流域发生了特大洪水，共发生3次编号洪水过程。其中北江上游干流浈江新韶水文站洪峰流量6350m^3/s，重现期达到100年，为历史实测最大洪水；连江高道水文站洪峰流量8530m^3/s，重现期超100年，是1954年建站以来第二大流量；北江干流英德水文站洪峰水位35.97m，超警戒水位9.97m，为历史最高实测水位；北江飞来峡水库最大入库流量19900m^3/s，重现期超100年，为1915年之后最大入库流量；北江石角水文站洪峰流量19500m^3/s，为1924年建站以来的实测最大洪水。

2022年6月中旬，韩江流域发生1次编号洪水过程。韩江潮安站洪峰流量10500m^3/s，重现期超5年，为2008年以来最大流量。

西江3号洪水与北江1号洪水遭遇，西江4号洪水与北江2号洪水遭遇，珠江流域先后发生2次流域性较大洪水。在两次流域性较大洪水形成之前，西江已经经历过两次编号洪水过程，且集中在西江上游，为减轻下游防洪压力，动用了西江水库群的部分防洪库容，而在第2次流域性较大洪水中，北江2号洪水为特大洪水，经分析预测，西江洪水与北江洪水极有可能在珠江三角洲遭遇，流域防洪面临严峻的挑战。经过珠江委的科学调度，削减了西江4号洪水的洪峰，减轻了珠江三角洲城市群的防洪压力。洪水经思贤滘调节后，分别于西江的马口和北江的三水流入珠江三角洲。由于北滘口高程大于西滘口，并且北江洪水大，北江洪水通过思贤滘流入西江，加高了马口水文站水位。三水水文站6月22日22时出现洪峰水位8.10m，超警0.60m，22日22时20分出现洪峰流量15500m^3/s，重现期超50年（50年一遇洪峰流量为14800m^3/s）。马口水文站6月23日23时出现洪峰水位7.69m，超警0.19m，23日21时出现洪峰流量44700m^3/s，重现期超20年（20年一遇洪峰流量为41900m^3/s）。

0.2.2 洪水特点

2022年珠江暴雨洪水具有历时长、频次高、量级大、干支流洪水遭遇等特点。

(1) 洪水历时长。西江梧州水文站洪水总历时859h（约合35.8d），水位超警戒累计369h（约合15.4d），其中20m以上高水位累计284h，均比"1998·6"洪水、"2005·6"洪水历时长。北江第1号洪水和第2号洪水连续发生，石角水文站洪水历时约14d，2号洪水期间英德水文站水位超警戒持续165h。

(2) 编号洪水多。西江、北江、韩江共发生8次编号洪水，其中西江4次、北江3次、韩江1次。西江和北江共发生7次编号洪水，列新中国成立以来第一位。西江共发生4次编号洪水，列新中国成立以来第二位（第一位5次，1994年）。

(3) 洪水量级大。北江特大洪水（2号洪水）演进过程中，北江干流浈江新韶站洪峰流量重现期为100年，为历史实测最大洪水；支流连江高道站洪峰流量重现期超100年，是1954年建站以来第二大流量；飞来峡水库出现1915年之后最大入库流量，重现期超100年；石角水文站出现1924年建站以来实测最大洪水。

(4) 干支流洪水遭遇恶劣。北江上游浈江与武江洪水相遇，并与潖江洪水遭遇，演进至英德站时形成大洪水，在继续向下传播过程中又与连江洪水遭遇叠加，加上暴雨覆盖范围广、暴雨区域集中，使北江干、支流洪水量级持续增大，最终形成北江干流飞来峡水库、石角水文站的特大洪水。韩江干流梅江洪水与支流汀江洪水遭遇，致使韩江潮安站洪峰流量超5年一遇，为2008年以来最大流量。

0.2.3 洪水遭遇与组成

西江2022年第1号洪水主要来源于上中游，上游龙滩水库拦蓄上游洪水，避免了红水河洪水与柳江洪峰遭遇，西江中下游干流洪峰主要由中游支流柳江洪峰传播叠加区间洪水形成。受5月25—30日降雨影响，西江上游干流红水河、中游干流黔江和浔江、中游支流柳江均出现明显洪水过程。5月30日11时，西江上游龙滩水库入库流量涨至10900m³/s，依据水利部《全国主要江河洪水编号规定》，编号为"西江2022年第1号洪水"（以下简称"西江第1号洪水"）。

西江2022年第2号洪水主要来源于中游柳江和桂江，支流洪水快速汇集，抬高西江中下游干流底水，梧州水文站出现2022年首次超警洪水。受6月2—9日降雨影响，西江中游黔江和浔江、中游支流柳江、桂江、蒙江出现明显洪水过程。6月6日17时，西江中游武宣站流量涨至25200m³/s，编号为"西江2022年第2号洪水"（以下简称"西江第2号洪水"）。

西江2022年第3号洪水主要来源于中下游，北江洪水主要来源于中游。受6月10—14日降雨影响，西江红水河龙滩水库以下干流河段，中游干流黔江和浔江，中游支流郁江、桂江、蒙江；北江中下游干流、北江上游支流武江、中游支流连江出现明显洪水过程。6月12日20时，西江梧州水文站水位18.52m，编号为"西江2022年第3号洪水"（以下简称"西江第3号洪水"）；6月14日11时30分，北江石角水文站流量涨至12000m³/s，编号为"北江2022年第1号洪水"，珠江流域性较大洪水形成。韩江第1号洪水主要来源于上游。受6月10—17日降雨影响，韩江上游梅江、支流汀江、韩江干流均出现明显洪水过程。6月13日14时，韩江三河坝站流量涨至4890m³/s，编号为"韩江2022年第1号洪水"（以下简称"韩江第1号洪水"）。韩江潮安站6月17日6时50分出现洪峰流量 10500m³/s，为 2008 年以来最大流量。

北江特大洪水主要来源于上中游，西江第 4 号洪水主要来源于中下游，造成西江下游河段长时间持续高水位，珠江连续出现流域性较大洪水。受 6 月 15—21 日降雨影响，西江中游干流黔江和浔江、中游支流郁江、桂江、蒙江出现明显洪水过程；北江干流、中游支流连江出现特大洪水过程，干流飞来峡水库入库洪峰流量重现期超 100 年，为 1915 年之后最大入库流量。6 月 19 日 8 时，西江梧州水文站水位复涨至 20.95m，超过警戒水位 2.45m，编号为"西江 2022 年第 4 号洪水"（以下简称"西江第 4 号洪水"）；6 月 19 日 12 时，北江干流石角水文站流量涨至 12000m³/s，编号为"北江 2022 年第 2 号洪水"（以下简称"北江第 2 号洪水"），珠江流域第 2 次流域性较大洪水形成。

北江 2022 年第 3 号洪水主要来源于中游，受 7 月 1—7 日降雨影响，北江中下游干流、北江中游支流连江、滃江出现明显洪水过程。7 月 5 日 7 时 35 分，北江干流石角水文站实测流量 12000m³/s，编号为"北江 2022 年第 3 号洪水"（以下简称"北江第 3 号洪水"）。

0.2.4 洪水比较

2022 年 6 月珠江连续发生 2 次流域性洪水，其中北江发生特大洪水。典型流域性大洪水有"1915·7"流域性特大洪水、"1994·6"流域性特大洪水、"1998·6"流域性特大洪水、"2005·6"流域性特大洪水，典型北江洪水有"1982·5"北江中下游特大洪水、"2006·7"北江大洪水。这些洪水与 2022 年珠江暴雨洪水情况相似，均曾对流域防汛安全造成严重威胁，但与历史洪水对比，2022 年珠江暴雨洪水洪量大、范围广，北江干流洪水量级仅次于"1915·7"流域性特大洪水，且洪水过程较其他历史洪水更为复杂，呈现多峰形态，西江连续出现 6 次洪峰、北江连续出现 3 次洪峰。

0.2.5 洪水统计

西江洪水虽然量级不大，但是持续时间长达 1 个多月，从西江第 1 号洪水开始到西江第 4 号洪水结束，多数站点洪水历时久、超警戒水位时间长，其中西江梧州水文站洪水总历时 859h，相当于 35.8d。北江第 1 号洪水和第 2 号洪水期间石角水文站洪水总历时约 14d，并且北江洪水量级较大，在北江特大洪水（第 2 号洪水）期间，北江多个站点重现期达到了 100 年左右，多个站点发生超历史实测纪录洪水。

西江第 1 号洪水过程经水库调节后，削减梧州洪峰流量 4800m³/s，降低梧州洪峰水位 1.20m。西江第 2 号洪水过程经水库调节后，削减梧州洪峰流量 5000m³/s，降低梧州洪峰水位 1.50m。西江第 3 号洪水过程经水库调节后，削减梧州洪峰流量 2500m³/s，降低梧州洪峰水位 0.90m。北江第 1 号洪水过程经水库调节后，削减石角洪峰流量 1000m³/s，降低洪峰水位 0.40m。韩江第 1 号洪水过程期间干支流水库群共计拦蓄洪量 2.93 亿 m³，其中汀江棉花滩水库拦蓄洪量 2.06 亿 m³，石窟河长潭水库拦蓄洪量 0.45 亿 m³，宁江合水水库拦蓄洪量 0.19 亿 m³，五华河益塘水库拦蓄洪量 0.23 亿 m³。经棉花滩水库调度，削减溪口洪峰流量 2140m³/s，降低水位 3.40m。西江 4 号洪水过程经水库调节后，削减梧州洪峰流量 6000m³/s，降低梧州洪峰水位 1.80m。北江第 2 号洪水过程经过水库调度和蓄滞洪区的运用，成功将超 100 年一遇的特大洪水降低为接近 100 年一遇的特大洪水。北江 3 号洪水过程，如水库不进行调节，北江石角水文站将会在 7 月 6 日 22 时前后出现 10.78m 的洪峰水位，相应流量 15100m³/s。

0.3 水库的防洪作用

2022 年珠江暴雨洪水期间，坚持以流域为单元，统筹全局，强化统一调度的原则，西江首次实现干支流五大库群 24 座水库联合防洪调度，降低梧州河段水位 1.80m，北江首次启用潖江蓄滞洪区与飞来峡等水库、分洪闸联合防洪调度，成功将北江石角水文站洪峰控制在北江大堤安全泄量以下。科学精细实施西江、北江水工程联合调度，避免了西北江洪峰遭遇，将珠江三角洲洪水全线削减到堤防防洪标准以内。韩江棉花滩水库拦蓄洪水降低大埔茶阳镇淹浸深度。东江枫树坝、新丰江、白盆珠三库联合调度有效地避免了发生编号洪水。

0.3.1 西江水工程调度减灾成效

2022 年 6 月前后，受持续强降雨影响，西江接连发生编号洪水，西江中下游近一个月行洪流量均在 20000m³/s，西江控制站梧州水文站持续超警约半个月，沿线堤防面临严峻考验，沿线低洼地区人员面临较大风险，西江洪水与北江洪水在珠江三角洲遭遇后，洪峰流量可能超过珠江三角洲重要堤围设计流量，将对广州、佛山、中山等粤港澳大湾区城市防洪安全造成威胁。

通过西江上中游水库群联合调度，西江第 1 号洪水期间，共计拦蓄洪量 38.50 亿 m³，削减西江干流梧州洪峰流量 4800m³/s，降低水位 1.20m，成功避免西江干流发生超警洪水；西江第 2 号洪水期间，共计拦蓄洪量 19.59 亿 m³，削减西江干流梧州洪峰 5000m³/s，降低水位 1.50m，缩短超警时间 12h；西江第 3 号洪水期间，共计拦蓄洪量 12.90 亿 m³，削减西江干流梧州洪峰 2500m³/s，降低水位 0.90m，有效减轻西江中下游沿线防洪压力；西江第 4 号洪水期间，共计拦蓄洪量 38.00 亿 m³，削减西江干流梧州洪峰 6000m³/s，降低水位 1.80m，有效减轻了西江中下游沿线防洪压力。

同时，西江水库群优化调度后，将西江下游洪峰出现时间延后了 38h，避免了西江、北江洪水恶劣遭遇，避免了西江、北江洪峰遭遇；西江、北江水库联合调度后，削减思贤滘洪峰流量 6200m³/s，降低珠江三角洲西干流水位 0.40m，降低珠江三角洲北干流水位 0.33m，思贤滘断面流量"北过西"现象明显，增加北江过西江流量 800m³/s，为北江洪水宣泄提供了空间和时间，同时将珠江三角洲洪水全线削减到堤防防洪标准以内，确保了流域、粤港澳大湾区和重要基础设施的防洪安全。

0.3.2 北江水工程调度减灾成效

北江接连发生 3 次编号洪水，北江第 2 号洪水发展为超 100 年一遇特大洪水，若不实施水工程联合调度，韶关、清远、北江大堤流量将超过堤防设计流量，广州、清远、佛山等地防洪安全受到严重威胁；北江第 3 号洪水发生时，潖江蓄滞洪区分洪后部分堤围尚未修复完成，蓄滞洪区内人员需要紧急转移避险。

通过北江水库群联合调度，北江第1号洪水期间，干支流水库群共计拦蓄洪量2.48亿m^3，削减北江干流石角洪峰200m^3/s，降低水位0.10m；北江第2号洪水期间，乐昌峡、锦江（仁化）、南水、锦潭、飞来峡等水库共计拦蓄洪量9.268亿m^3，潖江蓄滞洪区滞洪2.34亿m^3，通过飞来峡水库调度，削减韶关站洪峰流量1090m^3/s，降低水位0.80m；通过北江水库群联合调度，削减北江干流石角洪峰2900m^3/s，降低水位0.68m；通过精细调度飞来峡水库，确保了下游防洪安全，确保了库区英德主城区安全，成功将北江石角水文站洪峰控制在北江大堤安全泄量以下，确保了防洪安全。通过计算分析，经水库调度，北江沿线韶关、清远等地洪水淹没面积减小了18.75%，韶关市减少受淹面积4.71km^2，减少受影响人口2300人，减少经济损失1.6亿元；清远市受淹面积减少49.75km^2，减少受影响人口5.9万人，减少经济损失4.43亿元。其中英德市减少受淹面积12.78km^2，减少受影响人口3.6万人，减少经济损失2.256亿元。北江第3号洪水期间，干支流水库群共计拦蓄洪量4.88亿m^3，削减北江干流石角洪峰1100m^3/s以上，降低水位0.48m。通过联合调度，有效减轻了下游潖江滞洪区防洪压力，为滞洪区人员转移争取了宝贵时间，同时也保障了飞来峡库区的防洪安全。

0.3.3 东江水工程调度减灾成效

2022年6月上中旬，受强降雨影响，东江多条中小河流发生超警洪水，枫树坝水库共有4个洪峰入库，若不实施枫树坝水库调度，下游龙川县城将面临多次淹没风险。经东江水库联合调度后，河源站洪峰流量由近10年一遇削减为2年一遇，同时避免了东江编号洪水的发生，有效减轻了东江干流沿线防洪压力。

0.3.4 局部区域调度减灾成效

0.3.4.1 韩江

韩江第1号洪水期间，韩江棉花滩水库拦蓄洪量2.06亿m^3，削减汀江溪口站洪峰流量2140m^3/s，降低水位3.40m，与天然情况下的淹没范围相比，水工程调度后茶阳镇洪水减少淹没面积0.98km^2，淹没面积减小了64%，减少淹没耕地82hm^2，减少淹没人口100人，减少经济损失480万元，充分发挥了棉花滩拦洪削峰作用，减轻了下游大埔县茶阳镇的防洪压力，减少了低洼地区淹没范围，最大限度地降低了灾害损失。

0.3.4.2 贺江

第二次流域性较大洪水期间，贺江发生超标准洪水，严重威胁下游南丰镇、江口街道的低洼地区人民生命财产安全。通过及时调度上游广西龟石、合面狮水库拦蓄洪量2.00亿m^3，削减下游肇庆市南丰镇洪峰流量1600m^3/s，削峰率34%，降低南丰镇洪峰水位2.80m，减少下游南丰镇、江口街道1.5万名群众紧急转移任务。调度后，贺江中下游地区洪水淹没面积减少了1.34km^2，减少淹没耕地30.2hm^2，减少经济损失1457万元，最大限度地减轻了灾害影响，确保了人民群众的生命安全。

0.3.5 与典型历史洪水灾情对比分析

从灾害损失角度看，2022年珠江暴雨洪水流域受灾人口214.03万人，远低于历史

"1994·6"流域性特大洪水、"1998·6"流域性特大洪水、"2005·6"流域性特大洪水的受灾人口,且本次洪水未造成人员伤亡,水库未垮坝,重要堤防未发生决口,珠江三角洲重点城市群经济社会发展未受到严重冲击,防御工作取得明显成效。从灾情评估角度看,历史"1994·6"流域性特大洪水、"1998·6"流域性特大洪水、"2005·6"流域性特大洪水造成死亡人口超过100人,被判定为"特别重大洪涝灾害",而2022年珠江暴雨洪水被判定为"一般洪涝灾害"。

0.4 水文监测预报预警

水情监测预报是防汛工作的"尖兵"和"耳目",是洪水防御的重要决策依据。珠江水利委员会水文局(以下简称"珠江委水文局")及流域相关省(自治区)水文部门坚持"预"字当先,积极做好2022年水文测报汛前准备工作,开展应急监测演练及技术培训,组织抽检水文测站,及时开展汛期中长期雨水情预测预报。

近年来,珠江委水文局及流域相关省(自治区)水文部门持续为水文测站引进新仪器、新设备、新技术,推动现代电子技术、传感技术、通信技术和计算机技术等在水文监测方面的应用。在2022年珠江暴雨洪水防御过程中,各级水文测站提前做好高洪测验方案和超标洪水监测预案,使用ADCP、侧扫雷达等先进设备及无人机测流等先进技术,以大量的实时监测数据为做好洪水"预测—预警—预报"服务提供了基础水文数据支撑,西江、北江及珠江三角洲各控制站点共实施常规监测230余次。在防汛关键期,为弥补水文测站常规水文监测的不足,珠江委水文局与广西、广东等省(自治区)各级水文部门上下联动,积极组织开展洪水的应急监测,以测补报,为进一步摸清洪水形势及后续调度决策部署提供了技术支撑。

借助现代化水文监测手段及气象预报成果,珠江委水文局及流域相关省(自治区)水文部门将洪水预见期延长到7d,实现对流域洪水发展趋势性预测,为超前调度水库拦蓄洪水提供技术支撑,结合未来3h雷达和云图估算降雨预报成果等短临降雨预报产品,及时对流域山洪地质灾害风险点和中小河流暴雨洪水防御提出预报预警,有效提升了灾害防御预警能力。2022年珠江暴雨洪水期间,珠江委水文局共发布洪水预报信息1153站次32000余条,报送水情简报51期,发送各类雨水情短信7.03万余条,向社会公众发布洪水预警62次,西江梧州水文站、北江石角水文站、韩江潮安水文站等流域重要控制断面的预报误差均在±10%以内,其中西江第3号洪水期间梧州水文站43h预见期洪峰流量预报误差仅为-0.77%,北江特大洪水期间飞来峡水库入库洪峰误差仅为0.5%,有力支撑了流域水工程防洪联合调度工作的开展;广西各级水文部门共启动295次应急响应,发布洪水预警484次,预警发布率100%,发布重要断面洪水预报108站次,预报合格率98.3%,制作并发布重要水情信息专报、水情快报等1330余期,发送短信232万余条,通过广西突发事件预警信息发布系统(12379)发布全网短信35次;广东省水文局共发布65站次洪水预报,其中共发布洪水红色预警1站次、橙色预警5站次、黄色预警20站次、蓝色预警39站次,发布了水情简报159期,水雨情快报700余份,发送预警短信近10万条。

第 1 章 流 域 概 况

1.1 自然地理

1.1.1 地理位置

珠江流域（片）包括珠江流域、韩江流域、澜沧江以东国际河流（不含澜沧江）、粤桂沿海诸河和海南岛区域，地跨云南、贵州、广西、广东、江西、湖南、福建、海南 8 省（自治区）及香港、澳门特别行政区，我国境内面积 65.43 万 km^2。

其中，珠江流域地跨云南、贵州、广西、广东、江西、湖南 6 省（自治区）及香港、澳门特别行政区，总面积 45.37 万 km^2，其中我国境内面积 44.21 万 km^2，北以南岭、苗岭山脉，西北以乌蒙山脉，西以梁王山脉与长江流域分界，西南以哀牢山余脉与红河流域分界，南以十万大山、六万大山、云开大山、云雾山脉等与桂粤注入南海诸河分界，东以武夷山脉、莲花山脉与韩江流域分界，东南濒临南海并与香港、澳门接壤。珠江流域主要由西江、北江、东江和珠江三角洲诸河 4 个水系构成，其中二级支流左江的上游在越南的东北部，在越南境内面积为 1.16 万 km^2。韩江流域，由梅江水系、汀江水系、韩江干流和三角洲水系组成，地跨广东、福建、江西 3 省，总面积 3.01 万 km^2[1]。

珠江流域（片）海陆地域的优越条件和独特的地理位置及气象、水文等自然环境，为经济社会发展提供了得天独厚的条件。

1.1.2 地形地貌

珠江流域北靠南岭，南临中国南海，西部为云贵高原，中部和东部为低山丘陵盆地，东南部为三角洲冲积平原，地势西北高、东南低。按地形地貌，可将流域划分为山地、丘陵、平原三种地貌类型。流域的山地面积约占整个流域面积的 60%，以海拔 1000~1500m 的中山为主，山脉以褶皱山脉为主。在众多山脉中，以南岭山脉规模最大，东起武夷山南端，西至八十里南山，构成长江、珠江两大水系分水岭的东段。丘陵主要分布在流域的东南部，占流域总面积的 20% 以上。具有代表性的丘陵类型有郁江丘陵区、右江丘陵区、丹霞丘陵和花岗岩丘陵。平原面积约占流域总面积的 5.6%，其中既有海拔较高的中、上游山间盆地小平原，中下游河谷平原，又有下游三角洲平原。珠江三角洲是长江以南沿海地区最大的平原，约占流域内平原面积的 80%。由西北向东南或由北向南倾斜的地形，对流域的暴雨形成及分布有着重要影响，并直接影响流域的洪水特性。

韩江流域山脉的构造线走向以东北~西南为主，次为西北~东南走向，流域地势是自西北和东北向东南倾斜,地势海拔为 20~1500m 不等。流域以多山地丘陵为特点,山地占总流域面积的 70%,多分布在流域北部和中部,一般在海拔 500m 以上;丘陵占总流域面积的 25%,多分布在梅江流域和其他干支流谷地,一般在海拔 200m 以下;平原占总流域面积的 5%,主要在韩江下游及三角洲,一般在海拔 20m 以下。

1.1.3 土壤与植被

珠江流域土壤种类繁多,分布交错,主要有地带性土壤与非地带性土壤。地带性土壤,如黄壤、石灰土、砖红壤、赤红壤、红壤、山地黄棕壤和山地草甸土等,主要分布在流域的中、上游地区;非地带性土壤如风沙土、滨海盐土和水稻土等,主要分布在台地、阶地、河谷平原及三角洲一带。珠江流域气候、土壤条件优越,植被种类繁多,珠江流域上游以常绿栎类林和松林为主,中、下游以绿阔叶林为主,其次为针阔叶混交林,森林覆盖率约为 49%[2]。

韩江流域中部、东部地区主要为山地丘陵区,以黄壤、红壤、赤红壤、草甸土为主,西部地区为盆地地形,地势较低,土壤类型主要是紫色土、红壤、水稻土。韩江流域地处亚热带季风气候,流域内的山地丘陵是以林地和稀树草地为主,平原、台地和盆地多为农作区。韩江流域中部、东部地区植被类型主要是常绿针叶林和阔叶林,以及多树草地,西部地区土壤营养充足,且地形较为平坦,主要种植农作物[3]。

1.1.4 河流水系

珠江是我国七大江河之一,由西江、北江、东江及珠江三角洲诸河组成。西江、北江、东江汇入珠江三角洲后,经虎门、蕉门、洪奇门、横门、磨刀门、鸡啼门、虎跳门和崖门八大口门注入南海,形成"三江汇流、八口出海"的水系特点。

西江是珠江的主流,发源于云南省曲靖市乌蒙山余脉的马雄山东麓,自西向东流经云南、贵州、广西和广东 4 省(自治区),西江干流依次被称为南盘江、红水河、黔江、浔江、西江,至广东佛山三水的思贤滘西滘口汇入珠江三角洲网河区,全长 2075km,集水面积 35.31 万 km^2;北江是珠江流域第二大水系,发源于江西信丰石碣大茅坑,流经湖南、江西和广东 3 省,至广东佛山三水的思贤滘北滘口汇入珠江三角洲网河区,干流全长 468km,集水面积 4.67 万 km^2;东江是珠江流域的第三大水系,发源于江西省寻乌县的桠髻钵,由北向南流入广东,至广东东莞的石龙汇入珠江三角洲网河区,干流全长 520km,集水面积 2.70 万 km^2;珠江三角洲水系包括西江、北江思贤滘以下和东江石龙以下河网水系及注入三角洲的潭江、高明河、沙坪河、流溪河等河流,香港的九龙及澳门也在其地理范围内,总面积 2.68 万 km^2。

珠江流域支流众多,流域面积 1 万 km^2 以上的支流共 8 条,其中一级支流 6 条,分别为西江的北盘江、柳江、郁江、桂江、贺江,以及北江的连江。流域面积 $1000km^2$ 以上的各级支流共 120 条,流域面积 $100km^2$ 以上的各级支流共 1077 条。

韩江流域位于粤东、闽西南及赣南,流域面积 3.01 万 km^2。其中梅江水系 1.39 万 km^2,汀江水系 1.18 万 km^2,韩江干流和三角洲水系 0.44 万 km^2。

1.2 水文气象

1.2.1 气候概况

珠江流域地处我国南部,南临中国南海,西隔西南半岛与孟加拉湾相望,受东南季风和西南季风影响,总体上属亚热带气候。总的气候特点可概括为冬无严寒、夏无酷暑、春夏多雨、秋冬干旱,夏、秋常受热带气旋侵袭,是我国大陆季风气候和海洋性气候最为明显的地区。流域内太阳辐射较强烈,气候温和,多年平均气温14~22℃,年际变化不大;多年平均相对湿度为70%~80%,春季的潮湿天气有时可达100%;多年平均日照时数1000~2300h,一般下半年多于上半年;受东南季风和西南季风影响,流域冬季盛行偏北风,夏季多为偏南风,春秋转季风向极不稳定,多数地方全年静风机会最多,年平均风速一般冬季较大,夏季较小,受热带气旋直接影响的三角洲及沿海地区,有超过 $30m^3/s$ 的风速。珠江流域气候及水文水资源特性具有明显的季节变化特性及规律。受季风影响,径流年内分配不均,汛期多暴雨,水量集中而洪涝灾害频繁;后汛期受热带气旋入侵,广西、广东沿海易形成台风雨,造成严重洪涝灾害。

韩江流域属亚热带气候,受东南季风影响明显,年平均气温较高,雨量充沛,日照充足,无霜期长。流域受季风性气候影响,春夏季多吹东南风,秋冬季多吹西北风,多年平均风速约 $2.0m^3/s$。四季主要特点为春季阴雨天气较多;夏季高温湿热水汽含量大,常有大雨、暴雨;秋季常有热雷雨、台风雨;冬季寒冷,雨量稀少、霜冻期短。韩江上游兴梅盆地受地形影响,大风天气不多;下游地区濒临南海,受台风影响较大,风速较大[4]。

1.2.2 降雨与蒸发

珠江流域多年平均降雨量1200~2000mm,年内降雨多集中在4—9月,约占全年降雨量的80%。前汛期为锋面雨,后汛期多为热带气旋雨。流域降水不仅年内分配不均,而且受下垫面复杂地形影响,地区分布差异较大。多年平均降雨量的分布明显呈由东向西逐渐减少的趋势,一般山地降雨多,平原河谷降雨少,降雨高值区多分布在较大山脉的迎风坡。由于降雨时空分布不均,旱、涝灾害时有发生。多年平均水面蒸发量900~1400mm,基本呈由南向北递减,南部普遍高于北部,平原一般高于山丘的地区分布特点。流域水面蒸发量年内分配不均匀,夏季气温高,蒸发量大,占年水面蒸发量的32%;冬季气温低,蒸发量小,仅占16%。蒸发量2—8月逐步增大,8月之后又逐步减少,其中2月水面蒸发量为全年最小,仅占全年的5%;8月水面蒸发量为全年最大,占全年的11%。8月水面蒸发量约为2月的2倍。

韩江流域多年平均降雨量1450~2100mm,但年内分配极不均匀,在4—9月的前、后汛期里,西南、东南季风将孟加拉湾和南海的丰沛水汽带入流域,7—10月是热带气旋盛行季节,台风将西太平洋与南海的暖湿水汽带入流域,因此流域年内降雨多集中在4—9月,约占全年降雨量的80%,其中5月、6月降雨最为集中。流域降雨量的地区分布受地形影响,降雨量自沿海向北逐渐增大,过莲花山脉迎风坡后又向北逐渐减少。流域内多年平均水面蒸发量为1000~1410mm。

1.2.3 暴雨与洪水特性

1.2.3.1 暴雨特性

珠江流域地处我国南部低纬度地带，多属亚热带季风区气候，水汽丰沛，暴雨频繁。洪水由暴雨形成，出现时间与暴雨一致，多集中在 4—10 月，约占全年降雨量的 80%。根据形成暴雨洪水天气系统的差异，可将洪水期分为前汛期（4—6 月）和后汛期（7—10 月）。前汛期以锋面低压槽暴雨为主，一般具有历时长、强度大、范围广的特点；后汛期多为台风雨，一般降雨较为集中且强度大，但影响范围和持续时间相对较短。珠江流域整个汛期均可能发生稀遇暴雨，但前汛期发生量级高的暴雨概率大于后汛期，一次流域性的暴雨过程一般历时 7d 左右，而雨量主要集中在 3d，3d 雨量占 7d 雨量的 80%~85%，暴雨中心地区可达 90%。珠江流域地势西北高东南低，有利于海洋气流向流域内地流动，但流域内的山脉阻隔又使深入内地的水汽含量减少，多年平均降水量的地区分布明显呈由南向北和由东向西逐渐减少的趋势。较稳定的暴雨中心主要在柳江、桂江上游融安—桂林一带，桂江中下游昭平—浔江桂平一带，红水河都安—迁江一带，北江中、下游英德—清远一带，东江中下游河源—龙门一带。暴雨强度分布一般是沿海大、内陆小，东部大、西部小。由于特定的自然环境和地形条件，珠江流域暴雨的强度、历时皆居于全国各大流域的前列。绝大部分地区的 24h 暴雨极值都在 200mm 以上，暴雨高值区最大 24h 雨量可达 600mm 以上，最大 3d 降雨量可超过 1000mm。如柳江"1996·7"大暴雨，其中心最大 24h 降雨量达 779mm（再老站），最大 3d 降雨量达 1336mm。

韩江流域地处亚热带东南季风区，受东南季风影响，高温湿热，暴雨频繁。暴雨主要发生在 4—9 月。其中 4—6 月的暴雨天气系统，地面形势多为锋面夹低槽，850hPa 上空为西南低空急流，500hPa 上空有南支槽、切变线配合；7—9 月多为台风暴雨。流域的暴雨中心在磜头、犀狗寮、凤凰一带，实测最大 24h 暴雨量为 756mm（东溪口站，1979 年 6 月 10 日）。

1.2.3.2 洪水特性

1. 珠江流域

珠江流域前汛期暴雨多为锋面雨，由于流域水系发达，上中游地区多山丘，支流大都呈扇状分布，洪水汇流速度快且易于同时汇集到干流，加之缺少湖泊调蓄，导致中下游及珠江三角洲出现峰高、量大、历时长的洪水；后汛期暴雨多由台风造成，洪水相对集中，来势迅猛，峰高而量相对较小，因此流域性洪水及洪水灾害一般发生在前汛期。

西江洪水多发生在 5—10 月，由于流域面积较广，暴雨和洪水发生时间存在明显差异，干、支流洪水的发生时间呈从东北向西南逐步推迟的趋势，较大洪水发生的时间一般是：桂江洪水开始较早，多发生在 4—7 月；柳江是西江暴雨中心，洪水主要集中在 5—8 月，由于流域呈扇状，集流迅猛，洪水具有暴涨暴落特性；红水河洪水多发生在 6—9 月，汇流速度缓慢，峰形较平缓；南盘江洪水一般开始于 5 月中下旬，80%较大洪水集中在 7 月下旬至 9 月上旬；北盘江洪水一般开始于 5 月下旬，大洪水多出现在 6 月下旬至 7 月上旬；洪水来得较迟的是郁江，较大洪水主要集中在 6—10 月。西江洪水往往由几次连续暴雨形成，具有峰高、量大、历时长的特点，洪水过程大多呈多峰型或肥胖单峰型，据梧州水文站建站以来的实测资料统计，约80%以上的洪水为多峰型，约20%为双峰型。历时为3~7d的一次连续降雨所形成的洪水过程历时15~20d；较大洪水过程历时可达30~40d，其涨水历时5~10d，退水历时15~20d。7d洪量一般占整个洪水过程总量的30%~50%，15d洪量一般占60%以上，最大30d洪量占全年总水量的20%~30%，最大可达40%左右。

西江洪水主要来源于黔江以上，梧州水文站年最大30d洪量平均组成情况为：干流武宣站占64.2%，郁江贵港站占21.5%，桂江京南站占6.9%，武宣站—梧州站区间占7.4%。形成西江较大洪水的干、支流洪水遭遇情况大致有三种：一是红水河洪水与柳江洪水遭遇；二是黔江洪水与郁江洪水、浔江洪水与桂江洪水遭遇；三是黔江一般洪水与郁江、桂江和武宣站—梧州站区间较大洪水遭遇。西江防洪控制断面梧州水文站历年实测最大洪峰流量为53700m³/s（2005年6月），调查历史洪水最大洪峰流量为54500m³/s（1915年7月）。近年来，对西江水系的郁江、浔江、西江干流沿岸及三角洲的部分河段进行了较大规模的堤防建设，一定程度上减少了河道两岸洪泛区原有槽蓄容积，迫使洪水通过河道在堤防范围内行洪，洪峰流量显著增大，洪水归槽现象明显。

北江洪水常常早于西江和东江，主要发生在5—7月，北江流域洪水主要由锋面雨造成，峰高而量较小，峰型尖瘦，历时相对较短，暴涨暴落，水位变幅较大，具有山区性河流的特点。洪水过程多为单峰型和双峰型，多峰型过程较少出现。一次连续降雨（3~5d）所形成的洪水过程一般历时7~20d。北江洪水主要来自横石以上地区，下游防洪控制断面石角水文站年最大洪水的15d洪量中，横石站来量占84%。由于流域面积不大，一次较大的降雨过程几乎可以笼罩整个流域，加之流域坡降较陡，横石以上的干、支流洪水常常遭遇。横石以下支流的洪水出现时间一般稍早于干流，较少与干流洪水遭遇。石角水文站历年实测最大洪峰流量为19500m³/s（2022年6月），调查历史最大洪峰流量为22000m³/s（1915年7月）。

东江洪水兼受锋面雨和台风雨影响，一般出现在5—10月，以6—8月最为集中，洪水涨落较快，峰形略似北江，一次洪水过程历时10~20d，多为单峰型，亦有双峰型，越往上游复峰越多。东江洪水主要来自河源以上，由于面积较小，干、支流洪水发生遭遇的机会较多。1959年支流新丰江上建成了新丰江水库，1973年和1985年又先后在干流及支流西枝江建成枫树坝水库和白盆珠水库，三库共控制流域面积1.17万km²，占下游防洪控制断面博罗站以上流域面积的46.4%。经三库联合调洪，可将博罗站100年一遇的洪峰流量由14400m³/s降低为11670~12070m³/s，接近30年一遇洪峰流量12200m³/s。博罗站历年实测最大洪峰流量为12800m³/s（1959年6月），经还原后的最大天然洪峰流量为14300m³/s（1966年6月）。东江洪水与西江、北江洪水相比，量级较小，年际变化较大。

珠江三角洲洪水受西江、北江洪水影响较大，受东江洪水影响相对较小，特别是东江新丰江、枫树坝、白盆珠三座大型水库建成后，珠江三角洲受东江洪水威胁大大减弱。西江、北江洪水经思贤滘平衡调节后，进入西北江三角洲网河区，东江洪水经石龙进入东江三角洲网河区，三江洪水在珠江三角洲网河区平衡调节后经八大口门注入中国南海。据统计,东江与西江、北江洪水发生时间不大一致,且东江三角洲与西北江三角洲之间隔着狮子洋,东江三角洲与西北江三角洲洪水之间的相互影响不大。西江、北江洪水在思贤滘常常遭遇,洪水量级越大,遭遇的机会越多。

2. 韩江流域

韩江洪水主要发生在4—9月,大洪水一般发生在6—9月,洪水主要由梅江、汀江和韩江干流(三河坝至湘子桥)三个区域的洪水组成,其中任何两个区域洪峰遭遇都会造成中下游地区的大洪水,若三个区域洪峰遭遇则会造成特大洪水。根据历史经验,造成韩江的大洪水主要以梅江和干流或汀江和梅江的洪峰遭遇为主。梅江横山站多年平均年最大洪峰流量为3690m^3/s,实测最大洪峰流量为6810m^3/s(1960年6月),调查历史洪水最大洪峰流量为6900m^3/s(1871年6月)。汀江溪口站多年平均年最大洪峰流量为3840m^3/s,实测最大洪峰流量为8140m^3/s(1973年6月),调查历史洪水最大洪峰流量为9880m^3/s(1842年)。下游控制断面潮安站多年平均年最大洪峰流量为7000m^3/s,实测最大洪峰流量为13300m^3/s(1960年6月11日),调查历史洪水最大洪峰流量为17000m^3/s(1911年9月)。

1.2.4 径流与水资源

珠江流域是我国天然的富水区之一,多年平均水资源总量在全国七大江河流域中仅次于长江流域,为3370亿m^3,多年平均地表水资源量为3366亿m^3。珠江流域各水系中,西江水系地表水资源量最多,占全流域的68.1%。珠江流域径流年内分配不均匀,主要集中在汛期,汛期径流量占全年径流量的67%~89%,尤其是夏季5—8月、6—9月平均径流量占全年的50%~80%。径流量不仅年内分配不均,而且年际变化大。径流量地区分布也不均匀,其中东部大于西部,沿海大于内陆。径流量年内分配、年径流深地区分布规律与降水基本一致。

韩江流域年径流总量245亿m^3,径流的年内分配不均匀,4—9月占全年径流量的80%[5]。

1.3 历史洪涝灾害

据史料考证,自明代到新中国成立前(1368—1949年)的582年间,珠江流域发生大或特大洪水的年份有1464年、1492年、1535年、1571年、1586年、1616年、1701年、1704年、1769年、1773年、1794年、1833年、1856年、1864年、1877年、1885年、1915年、1947年和1949年等,每场大洪水期间,受灾地区都达10个县(市)以上。

其中,1915年7月洪水是珠江流域有史可考范围内影响面积最广、灾情最大的一次洪水。此次洪水为珠江流域性特大洪水,西江梧州水文站洪峰流量达54500m^3/s,近200年一遇,北江石角水文站洪峰流量为22000m^3/s,为200年一遇特大洪水,其间适逢大潮,致使西江、北江下游及珠江三角洲地区几乎所有的堤围都溃决,广州长堤等处水深2m,广州至三水铁路、粤汉铁路中断一个多月;广东、广西两省(自治区)受灾人口达600万人,农作物受灾面积达1400万hm^2。其中珠江三角洲地区受灾最重,受灾人口达378万人，受灾耕地面积 43.2 万 hm², 死伤 10 余万人，广州被淹 7d 之久。

新中国成立以来，虽未出现像 1915 年那样的特大洪水，但也发生了 1968 年、1994 年、1996 年、1998 年、2005 年等大洪水，均造成了严重的洪涝灾害。

依据水情、灾害等多方面因素，珠江流域历史上发生过有详细资料记录的大洪水年份有 1915 年、1949 年、1968 年、1994 年、1998 年、2005 年等。韩江流域历史上发生过有详细资料记录的大洪水年份有 1911 年、1960 年、1996 年、2006 年、2007 年等。流域历次大洪水特征值及灾害程度见表 1.1。

表 1.1   流域历次大洪水特征值及灾害程度

洪水场次	洪水类型	主要控制站水情特征					灾害损失			
		水系	站名	洪峰流量/(m³/s)	峰现时间	重现期	受灾县(市)/个	农作物受灾面积/万 hm²	受灾人口/万人	全年直接经济损失/亿元（当年价）
1915 年洪水	流域性特大洪水	西江	梧州	54500	7月10日	近 200 年一遇	57	1400	600	462（仅广州）
		北江	石角	22000	7月11日	200 年一遇				
		三角洲	三水	17200	7月12日	200 年一遇				
			马口	52100	7月12日	超 200 年一遇				
1949 年洪水	西江大洪水	西江	梧州	48900	7月5日	50 年一遇	56	652	408	
		北江	石角	10800	7月1日	一般洪水				
		三角洲	三水	12400	7月4日	近 20 年一遇				
			马口	40500	7月4日	近 20 年一遇				
1960 年洪水	韩江较大洪水	梅江	横山	6810	6月11日	超 10 年一遇		12.837		
		汀江	溪口	3900	6月11日	约 2 年一遇				
		韩江	潮安	13300	6月11日	近 20 年一遇				
1968 年洪水	流域性较大洪水	西江	梧州	38900	6月29日	5 年一遇		192		
		北江	石角	14900	6月27日	20 年一遇				
		三角洲	三水	13100	6月27日	20 年一遇				
			马口	40700	6月27日	近 20 年一遇				
1994 年洪水	流域性特大洪水	西江	梧州	49200	6月18日	50 年一遇	109	1800		282
		北江	石角	18200	6月19日	50 年一遇				
		三角洲	三水	16200	6月19日	超 100 年一遇				
			马口	47000	6月20日	近 100 年一遇				
1996 年洪水	汀江大洪水	汀江	溪口	7370	8月8日	近 20 年一遇	5	3.351	85.03	32.65
		韩江	潮安	7380	8月8日	小于 5 年一遇				
1998 年洪水	流域性大洪水	西江	梧州	52900	6月27日	超 30 年一遇	815	1556		161
		北江	石角	12600	6月26日	5 年一遇				
		三角洲	三水	16200	6月26日	近 30 年一遇				
			马口	46200	6月26日	近 30 年一遇				

续表

洪水场次	洪水类型	主要控制站水情特征					灾害损失			
		水系	站名	洪峰流量/(m³/s)	峰现时间	重现期	受灾县(市)/个	农作物受灾面积/万hm²	受灾人口/万人	全年直接经济损失/亿元(当年价)
2005年洪水	流域性特大洪水	西江	梧州	53700	6月22日	近50年一遇	163	983.73	1262.78	135.95
		北江	石角	13900	6月23日	大于5年一遇				
		东江	博罗	7840	6月23日	小于5年一遇(三大库调蓄后,天然为100年一遇)				
		三角洲	三水	16300	6月24日	近30年一遇				
			马口	53200	6月24日	近100年一遇				
2007年洪水	韩江较大洪水	梅江	横山	6720	6月10日	超10年一遇	8	3.601	119.7	14
		汀江	溪口	2360	6月9日	小于5年一遇				
		韩江	潮安	12300	6月9日	超10年一遇				

注 1998年、2005年洪水为归槽洪水,梧州水文站、石角水文站、三水水文站、马口水文站均按归槽设计洪水评估其稀遇程度。

1.4 水利工程

1.4.1 堤防

1.4.1.1 广西壮族自治区

经历多年建设,至2022年年底统计,广西壮族自治区(以下简称"广西")全区已建成江河堤防5029.03km。根据《堤防工程设计规范》(GB 50286—2013),堤防保护对象的防洪标准分为1~5级,保护对象防洪标准大于等于100年一遇洪水的为1级堤防,大于等于50年一遇的为2级堤防。累计达标堤防3458.53km,堤防达标率为73.3%;其中1级、2级达标堤防长度为196.52km,达标率为83.02%。全区已建成江河堤防保护人口1264.7万人,保护耕地31.56万hm²。同时全区还建各类水闸4286座,其中大型水闸49座。在全部已建水闸中,河湖引水闸675座,水库引水闸808座。广西防洪堤建设情况见表1.2。

表1.2　　　　　　　　　　广西防洪堤建设情况　　　　　　　　　　单位:km

所在地	合计	河(江)堤	圩垸、围堤	海堤
广西	5971.47	5029.03	178.83	763.61
南宁市	349.89	349.89		
柳州市	140.74	140.74		
桂林市	1534.53	1534.53		
梧州市	330.86	330.86		
北海市	631.86	130.31	135.81	365.74

续表

所在地	合计	河（江）堤	圩垸、围堤	海堤
防城港市	228.56	71.79		156.77
钦州市	421.65	137.53	43.02	241.10
贵港市	557.42	557.42		
玉林市	344.16	344.16		
百色市	571.32	571.32		
贺州市	354.37	354.37		
河池市	300.14	300.14		
来宾市	180.13	180.13		
崇左市	25.84	25.84		

1.4.1.2 广东省

新中国成立以来，特别是改革开放以来，为逐步控制频繁的水旱风灾害，广东省投入巨额资金和人力、物力修建了大量防洪工程，包括整修江海堤防，疏浚开挖行洪河道，修建水库闸坝，对中小河流进行不同程度治理。截至 2017 年 9 月，广东省已建有水库 8413 座（水库数量居全国第三），总库容 454.36 亿 m^3，其中大型水库 38 座、中型水库 349 座、小型水库 8026 座；过闸流量 $1m^3/s$ 及以上水闸 15983 座；泵站 15778 座。建成堤防总长度为 28900km，其中建成海堤总长 4317km（达标 2497km），居全国首位。沿海城区防潮标准基本达到 50 年一遇以上，其中广州、深圳达到 200 年一遇。这些水库、堤防、闸坝、泵站等水利工程，充分发挥了拦蓄洪水、降低洪峰和江河水位、防洪排涝、抗旱保收等作用，保障了经济社会的可持续发展。近年来，累计完成中小河流治理河长 8868km。尤其是 2015 年以来，大力实施韶关、梅州、清远、河源、云浮山区五市中小河流治理，已完成治理河长 6649km，占规划治理河长 8264km 的 80.6%。北江大堤与十大堤围基本情况见表 1.3。

表 1.3 北江大堤与十大堤围基本情况

堤防名称	所在地	长度/km	防洪标准	代表站	堤顶高程/m	设计水位/m	警戒水位/m	历史最高水位/m
北江大堤	佛山市	64.3	1%	石角	17.12	15.36	11	14.8
佛山大堤	佛山市	41.4	2%	澜石	7.40	6.23	4.1	6.11
樵桑联围	佛山市 顺德区	116.2	2%	马口	11.70	10.28	7.5	10.06
中顺大围	中山市 顺德区	116.7	2%	江头滘闸	6.32	4.62	3.3	4.95
江新联围	江门市	94.4	2%	天河	7.97	6.17	5	6.29
景丰联围	肇庆市	59.8	2%	高要	14.00	13.74	10	13.62
东莞大堤	东莞市	63.7	1%	石龙	8.55	7.05	4	6.69

续表

堤防名称	所在地	长度/km	防洪标准	代表站	堤顶高程/m	设计水位/m	警戒水位/m	历史最高水位/m
惠州大堤	惠州市	39.1	1%	惠阳站	19.02	17.52	13	17.57
韩江南北堤	潮州市 汕头市	54.7	2%	潮安	19.50	18.3	13.5	16.95
汕头大围	汕头市	104.6	2%	旦家园	8.17	6.67	4	5.93
梅州大堤	梅州市	31.7	2%	梅县（三）	81.10	80.96	76	79.77

注 数据来自《广东省水旱灾害防御手册》2020年版。

1.4.2 行洪水道

西江流域行洪水道包括桂江桂林市城区河段、柳江柳州市城区河段、郁江南宁市城区河段、郁江贵港市城区河段、西江梧州市城区河段。

桂江桂林市城区河段，现状已经建成20年一遇以上防洪堤共计48.5km，行洪水道安全泄量为5410m³/s；柳江柳州市城区河段，现状已经建成20年一遇以上防洪堤共计36.8km，行洪水道安全泄量为29700m³/s；郁江南宁市城区河段，现状已经建成50年一遇以上防洪堤共计80.05km，行洪水道安全泄量为18400m³/s；郁江贵港市城区河段，现状已经建成20年一遇以上防洪堤共计108.9km，行洪水道安全泄量为15100m³/s；西江梧州市城区河段，现状已经建成20年一遇以上防洪堤共计83.47km，行洪水道安全泄量为45400m³/s，其中主城区行洪水道安全泄量为49700m³/s（50年一遇）。

北江流域行洪水道包括北江干支流河道、潖江蓄滞洪区、芦苞涌、西南涌。

1.4.2.1 潖江蓄滞洪区

潖江蓄滞洪区已列入国务院批复的《全国蓄滞洪区建设与管理规划》，是珠江流域唯一列入国家名录的蓄滞洪区。它能延缓和分担北江中下游防洪工程体系的行洪压力，可提高广州、佛山等城市和北江下游三角洲部分重点堤围的防洪能力。

潖江蓄滞洪区建设与管理工程由17条堤围、44座穿堤建筑物、20.6km撤退道路和26个临时避洪点组成，工程位于飞来峡水利枢纽下游约10km的北江左岸，涉及清远市下辖的清城区飞来峡镇、源潭镇和佛冈县龙山镇。

潖江蓄滞洪区面积87.95km²（300年一遇洪水江口圩水位21.88m，相应总库容4.50亿m³），其中安全区5.35km²、淹没区82.6km²。安全区由饭店围、江咀围、白沙塘围、官路唇围等4条堤围组成；淹没区包含围内52.86km²，围外河道29.74km²。

工程达标加固堤围46.406km（其中新建堤围0.249km），达标加固后17条堤围的防洪标准全部达到20年一遇，堤围级别提升至3级或4级。建设穿堤建筑物44座。其中新建（重建）分洪排涝闸18座，新建（重建）电排站17座，加固电灌站4座，加固引水涵管5座。改造排涝渠道2.295km；新建或改造撤退道路20.6km；利用现有设施设置临时避洪点26个；建设一套镇到自然村、自然村到户的通信预警信息发布系统，确保蓄滞洪区内人员及时转移到临时避洪安置区。

1.4.2.2 芦苞、西南两涌

芦苞涌西起北江下游芦苞涌口的芦苞水闸，流经三水区的乌石岗，向西在长歧村分为南北两支；北支前段为九曲河，后段为白坭水；南支为古云东海，流经三水区的虎爪围，花都区的炭步镇、大涡、文岗，于南海区的官窑附近注入西南涌，芦苞涌全长34.64km。其中，芦苞涌三水段流经芦苞镇内的长度约12.4km，流经芦苞镇区、刘寨村、上塘村和独树岗村等行政村，沿程有刘寨涌、牛牯团排涌、南丫涌、白鸽桥涌等支涌注入；芦苞涌三水段流经乐平镇内的长度约20.08km，流经南联村、范湖村、新旗村、华布村等行政村，沿程有范湖引水涌、盲眼窝涌等支涌注入。

西南涌跨越佛山、广州两市，起点位于三水区的西南水闸，由北江西南分洪闸流入三水区西南街道，向东流经三水西南街道、云东海街道和乐平镇、南海区狮山镇，在南海区狮山镇的官窑附近与芦苞涌汇合，再向东流经南海区狮山镇、里水镇等，到广州市白云区鸦岗附近与流溪河汇合后注入珠江，全长41km。西南水闸位于北江下游左岸三水西南涌口，与芦苞水闸共同控制北江洪水进入广州及其西北地区。两涌的主要作用是控制北江洪水分流，减轻北江大堤下游段防洪压力。

1.4.3 水库

珠江流域已建成的龙滩、大藤峡、落久、百色、老口、川江、斧子口、小溶江、青狮潭、乐昌峡、湾头、飞来峡、新丰江、枫树坝、白盆珠等重要防洪水库，防洪库容114.59亿 m^3。此外，天生桥一级、光照、岩滩、红花、澄碧河、西津、莽山、锦江、南水、长湖、斗晏等水库对流域防洪具有重要作用。韩江流域已建成棉花滩、高陂等重要防洪水库，防洪库容5.26亿 m^3。珠江流域和韩江流域重要防洪水库特征见表1.4。

表1.4　　　　　　　　珠江流域和韩江流域重要防洪水库特征表

河流	水库名称	集水面积 /km²	设计洪水位 /m	校核洪水位 /m	正常高水位 /m	防洪库容 /亿 m³	水位基面
西江	龙滩	98500	377.26	381.84	375.00	50.00/30.00*	56黄海
西江	大藤峡	198612	61.00	64.10	61.00	15.00	56黄海
柳江	落久	1746	161.00	161.13	153.50	2.50	56黄海
郁江	百色	19600	229.66	231.49	228.00	16.40	56黄海
郁江	老口	72368	84.33	85.49	75.50	3.60	56黄海
桂江	川江	127	275.00	275.17	274.00	0.42	56黄海
桂江	斧子口	314	268.00	268.75	267.00	0.89	56黄海
桂江	小溶江	264	268.00	268.31	267.00	0.642	56黄海
桂江	青狮潭	474	227.82	230.80	225.00	0.51	56黄海
武江	乐昌峡	4988	162.20	163.00	154.50	2.11	珠基
滇江	湾头	6799	70.85	70.85	65.00	0.77	珠基
北江	飞来峡	34097	31.17	33.17	24.00	13.36	珠基

1.4 水利工程

续表

河流	水库名称	集水面积/km²	设计洪水位/m	校核洪水位/m	正常高水位/m	防洪库容/亿 m³	水位基面
新丰江	新丰江	5734	121.60	123.60	116.00	31.00	珠基
东江	枫树坝	5150	171.80	172.70	166.00	4.39	珠基
西枝江	白盆珠	856	85.42	87.08（混凝土） 87.65（土）	76.00	3.00	珠基
汀江	棉花滩	7907	174.76	177.80	173.00	2.59/1.07*	56黄海
韩江	高陂	26590	47.44	47.44	38.00	2.67	珠基

* 表示次汛期防洪库容。

1. 龙滩水库

龙滩水库位于广西河池市天峨县六排镇红水河上游，距天峨县城15km，坝址以上流域面积98500km²，占红水河流域面积的71.2%。设计防洪标准为500年一遇，校核防洪标准为10000年一遇，设计洪水位377.26m，校核洪水位381.84m，正常高水位375.00m，死水位330.00m，总库容188.09亿m³，防洪库容50.00亿m³（汛期）、30.00亿m³（次汛期），兴利库容111.50亿m³，死库容50.60亿m³。水库溢洪道型式为实用堰，堰顶高程355.00m，地下发电厂房装机7台，单机装机容量为700MW。

2. 大藤峡水库

大藤峡水库位于广西贵港市桂平市，坝址距桂平市彩虹桥6.6km，坝址以上流域面积106580km²。工程已于2014年11月开工，总工期9年。设计防洪标准为1000年一遇洪水，校核防洪标准为10000年一遇洪水，设计洪水位61.00m，校核洪水位64.10m，正常高水位61.00m，死水位47.60m，总库容34.79亿m³，防洪库容15.00亿m³，兴利库容15.00亿m³，死库容12.06亿m³。水库设有24个泄洪低孔，进口底高程22.00m，电站装机8台，单机装机容量为200MW。

3. 落久水库

落久水库位于广西柳州市融水县境内的融江支流贝江下游，距融水县城约13km，距下游柳州市约121km，坝址以上流域面积1746km²。设计防洪标准为100年一遇洪水，校核防洪标准为1000年一遇洪水，设计洪水位161.00m，校核洪水位161.13m，正常高水位153.50m，死水位142.00m，总库容3.46亿m³，防洪库容2.50亿m³，兴利库容1.14亿m³。水库溢洪道堰顶高程100.00m，电站装机2台，单机装机容量为21MW。

4. 百色水库

百色水库位于广西百色市右江区阳圩镇，距百色市22km，坝址以上流域面积19600km²。设计防洪标准为500年一遇洪水，校核防洪标准为5000年一遇洪水，设计洪水位229.66m，校核洪水位231.49m，正常高水位228.00m，死水位203.00m，总库容56.60亿m³，防洪库容16.40亿m³，兴利库容26.20亿m³，死库容21.80亿m³。水库溢洪道堰顶高程210.00m，电站装机4台，单机装机容量为135MW。

5. 老口水库

老口水库位于广西南宁市区，在左江、右江汇合口下游约4.7km，距右江金鸡滩坝址121km，距左江山秀坝址84km，坝址以上流域面积72368km²。设计防洪标准为500年一遇洪水，校核防洪标准为2000年一遇洪水，设计洪水位84.33m，校核洪水位85.49m，正常高水位75.50m，死水位75.00m，总库容28.80亿m³，防洪库容3.60亿m³，兴利库容0.393亿m³，死库容3.6172亿m³。水库溢洪道为宽顶堰型式，堰顶高程61.50m，电站装机5台，单机装机容量为34MW。

6. 川江水库

川江水库位于漓江上游支流川江上，坝址以上流域面积127km²。设计防洪标准为100年一遇洪水，校核防洪标准为1000年一遇洪水，设计洪水位275.00m，校核洪水位275.17m，正常高水位274.00m，死水位230.00m，总库容0.9787亿m³，防洪库容0.42亿m³，兴利库容0.8964亿m³，死库容0.0346亿m³。水库溢洪坝段共布置2个表孔和1个中孔，表孔溢流堰采用WES实用堰，堰顶高程266.00m，中孔为有压坝身泄水孔，孔口底高程244.00m，电站装机2台，单机装机容量为3.6MW。

7. 斧子口水库

斧子口水库位于广西桂林市兴安县融江镇漓江上游干流六洞河上，坝址以上流域面积314km²。设计防洪标准为100年一遇洪水，校核防洪标准为1000年一遇洪水，设计洪水位268.00m，校核洪水位268.75m，正常高水位267.00m，死水位226.00m，总库容1.88亿m³，防洪库容0.89亿m³，兴利库容1.65亿m³，死库容0.092亿m³。水库溢洪道型式为带胸墙式实用堰，堰顶高程250.50m，电站装机2台，单机装机容量为7.5MW。

8. 小溶江水库

小溶江水库位于漓江上游支流小溶江上，坝址以上流域面积264km²。设计防洪标准为100年一遇洪水，校核防洪标准为1000年一遇洪水，设计洪水位268.00m，校核洪水位268.31m，正常高水位267.00m，死水位221.00m，总库容1.52亿m³，防洪库容0.642亿m³，兴利库容1.39亿m³，死库容0.067亿m³。水库溢洪道型式为带胸墙式实用堰，堰顶高程251.50m，电站装机2台，单机装机容量为8.3MW。

9. 青狮潭水库

青狮潭水库位于漓江上游支流甘棠江上，坝址以上流域面积474km²。设计防洪标准为1000年一遇洪水，校核防洪标准为10000年一遇洪水，设计洪水位227.82m，校核洪水位230.80m，正常高水位225.00m，死水位204.00m，总库容6.00亿m³，防洪库容0.51亿m³，兴利库容3.69亿m³，死库容0.466亿m³。水库溢洪道型式为河岸式实用堰，堰顶高程219.00m，电站装机4台，单机装机容量为3.2MW。

10. 乐昌峡水库

乐昌峡水库位于广东省韶关市乐昌市境内，北江支流武江乐昌峡河段塘角火车站附近，距乐昌市14km，距韶关市81.4km，坝址以上流域面积4988km²。设计防洪标准为100年一遇洪水，校核防洪标准为1000年一遇洪水，设计洪水位162.20m，校核洪水位163.00m，正常高水位154.50m，死水位141.50m，总库容3.44亿m³，防洪库容2.11亿m³，兴利库容1.037亿m³，死库容0.98亿m³。水库溢洪道为WES实用堰型式，堰顶高程134.80m,电站装机3台,单机装机容量为44MW。

11. 湾头水库

湾头水库位于广东省韶关市浈江区及仁化县大桥镇交界处,坝址位于浈江下游十里亭镇湾头村附近,距韶关市约13km,坝址以上流域面积6799km^2。设计防洪标准为100年一遇洪水,设计洪水位70.85m,校核洪水位70.85m,正常高水位65.00m,死水位63.00m,总库容0.9628亿m^3,防洪库容0.77亿m^3,兴利库容0.12亿m^3。电站装机3台,单机装机容量为10MW。

12. 飞来峡水库

飞来峡水库位于广东省清远市清新区飞来峡镇,坝址以上流域面积34097km^2。设计防洪标准为500年一遇洪水,校核防洪标准为10000年一遇洪水,设计洪水位31.17m,校核洪水位33.17m,正常高水位24.00m,死水位18.00m,总库容19.04亿m^3,防洪库容13.36亿m^3,兴利库容3.15亿m^3,死库容1.08亿m^3。水库溢洪道为河床式,堰顶高程9.00m,电站装机4台,单机装机容量为35MW。

13. 新丰江水库

新丰江水库位于东江支流新丰江的阿婆山峡谷,坝址距河源市区6km,坝址以上流域面积5734km^2。设计防洪标准为1000年一遇洪水,校核防洪标准为10000年一遇洪水,设计洪水位121.60m,校核洪水位123.60m,正常高水位116.00m,死水位93.00m,总库容138.96亿m^3,防洪库容31.00亿m^3,兴利库容64.91亿m^3。水库溢洪道段设有3孔,堰顶高程111.60m,电站装机4台,2台单机容量为9.25万kW,2台单机容量为85MW。

14. 枫树坝水库

枫树坝水库位于东江干流上游距龙川县老隆镇上游63km的梅光村处,坝址以上流域面积5150km^2。设计防洪标准为1000年一遇洪水,校核防洪标准为5000年一遇洪水,设计洪水位171.80m,校核洪水位172.70m,正常高水位166.00m,死水位128.00m,总库容19.32亿m^3,防洪库容4.39亿m^3,兴利库容12.50亿m^3,死库容2.85亿m^3。水库溢洪道为实用堰,堰顶高程158.40m,电站装机2台,单机装机容量为10MW。

15. 白盆珠水库

白盆珠水库位于东江第二大支流西枝江惠东县境内,坝址以上流域面积856km^2。设计防洪标准为500年一遇洪水,校核防洪标准为5000年一遇洪水,设计洪水位85.42m,校核洪水位为87.08m(混凝土)、87.65m(土),正常高水位76.00m,死水位62.00m,总库容12.20亿m^3,防洪库容3.00亿m^3,兴利库容4.23亿m^3,死库容1.70亿m^3。水库溢洪道为WES实用堰型式,堰顶高程73.00m,电站装机2台,单机装机容量为12MW。

16. 棉花滩水库

棉花滩水库位于福建省龙岩市永定区汀江干流棉花滩峡谷河段中部福至亭处,距永定县城21km,距广东省界1km,坝址以上流域面积7907km^2,占汀江流域面积的67%。设计防洪标准为500年一遇洪水,校核防洪标准为5000年一遇洪水,设计洪水位174.76m,校核洪水位177.80m,正常高水位173.00m,死水位146.00m,总库容20.35亿m^3,防洪库容2.59亿m^3(汛期)、1.07亿m^3(次汛期),兴利库容11.22亿m^3,死库容5.7553亿m^3。水库溢洪道堰顶高程155.00m,电站装机4台,单机装机容量为150MW。

17. 高陂水库

高陂水库位于广东省梅州市大埔县韩江干流上,距大埔县城15km,坝址以上流域面积 26590km²。设计防洪标准为 100 年一遇洪水,校核防洪标准为 1000 年一遇洪水,设计洪水位 47.44m,校核洪水位 47.44m,正常高水位 38.00m,死水位 28.00m,总库容 3.656 亿 m³,防洪库容 2.67 亿 m³,兴利库容 0.939 亿 m³,死库容 0.044 亿 m³。水库在河床中央布置泄水闸,包括 18 孔胸墙式泄洪闸和 1 孔开敞式排漂孔,泄水闸堰顶高程 25.60m,排漂孔孔底高程 32.00m,电站装机 4 台,单机装机容量为 25MW。

1.4.4 排涝工程

(1) 桂江桂林城区河段。桂林城区河段现建成乌金河(7×250kW)、甲山村(7×50kW)、篱子园(2×280kW)、春天湖(4×160kW)、虞山庙(4×80kW)、安新涸(4×160kW)、南溪山(9×315kW)、瓦窑冲(4×185kW)等 8 座排涝泵站,总装机容量为 7835kW。

(2) 柳江柳州城区河段。柳州城区河段现建成航监楼排涝泵站(1×30kW),崩冲(3×130kW),水电段(3×40kW),雅儒(3×280kW),竹鹅溪(9×800kW),华丰湾(4×260kW),柳州饭店(3×55kW),三棉厂(4×160kW),友谊桥(6×132kW),三中(4×155kW),三桥东(3×132kW),三桥西(4×155kW),回龙冲(6×330kW)等 32 座排涝泵站,总装机容量为 34656kW。

(3) 郁江南宁城区河段。南宁城区河段已建成排涝泵站 18 座,88 台总装机容量 24716kW,总排涝流量 251m³/s。

(4) 郁江贵港城区河段。贵港城区河段已建成排涝泵站 10 座,41 台总装机容量 9851kW,总排涝流量 128.76m³/s。

(5) 西江梧州城区河段。梧州城区河段现建成地区院(720kW),鸳江码头(720kW),白垢(930kW),五四(7200kW),火柴厂(1220kW),富民(1120kW),东山冲(1980kW),婆冲(1400kW),蔬菜加工场(155kW),莲花山电厂(155kW),保养场(250kW),二化(430kW),纸厂(260kW),龙平(310kW)等 26 座排涝泵站,总装机容量为 15096kW。

1.5 水文站网

截至 2021 年年底,珠江流域(片)有水文站 1014 个、水位站 1549 个、雨量站 6942 个;其中广西已经建成珠江流域水文站 395 处、水位站 637 处、潮位站 4 处、大型水库站 60 处、雨量站 3126 处,广东已经建成水文站 254 处、水位站 524 处、雨量站 2119 处。

在西江水系内,干流从南盘江到西江,布设有沾益、西桥、盘溪、高古马、小龙潭、江边街、发蒙、都安、迁江、武宣、桂平、大湟江口、梧州、高要等水文(水位)站;在北盘江区域,布设有榕峰、大渡口、董箐等水文(水位)站;在支流柳江区域,布设有石灰厂、涌尾、融水、柳州、贵江、三岔、对亭等水文(水位)站;在支流郁江区域,布设有八达、瓦村、百色、隆安、宁明、龙州、崇左、南宁、贵港等水文(水位)站;在支流桂江区域,布设有桂林、阳朔、平乐、昭平、京南等水文(水位)站;在贺江区域有富阳、贺州、信都、南丰等水文(水位)站。西江流域主要水文(水位)站网分布示意图见图 1.1。

在北江水系内,干流从浈江到北江,布设有新韶、飞来峡、石角等水文(水位)站;

1.5 水 文 站 网

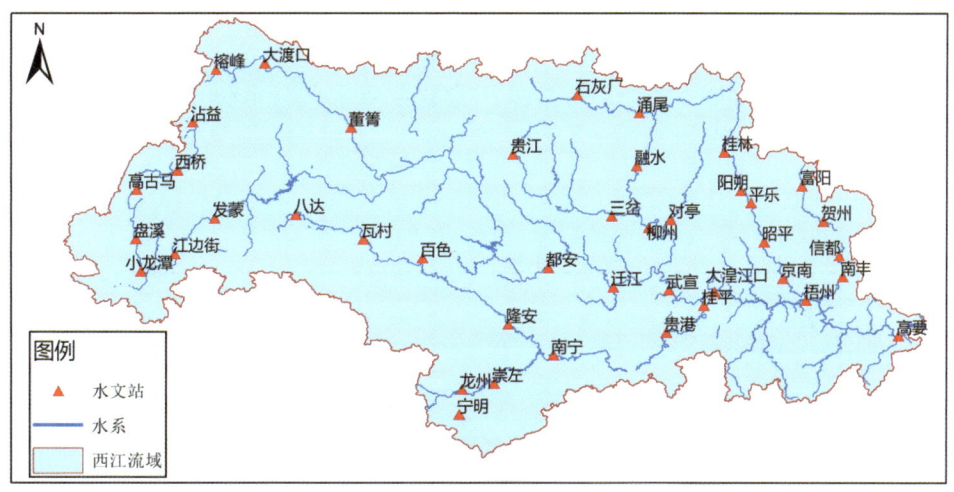

图 1.1 西江流域主要水文（水位）站网分布示意图

各支流主要布设有武江坪石和犁市、连江高道、潖江潖江、滃江大庙峡、滨江珠坑、绥江四会等水文（水位）站。北江流域主要水文（水位）站网分布示意图见图 1.2。

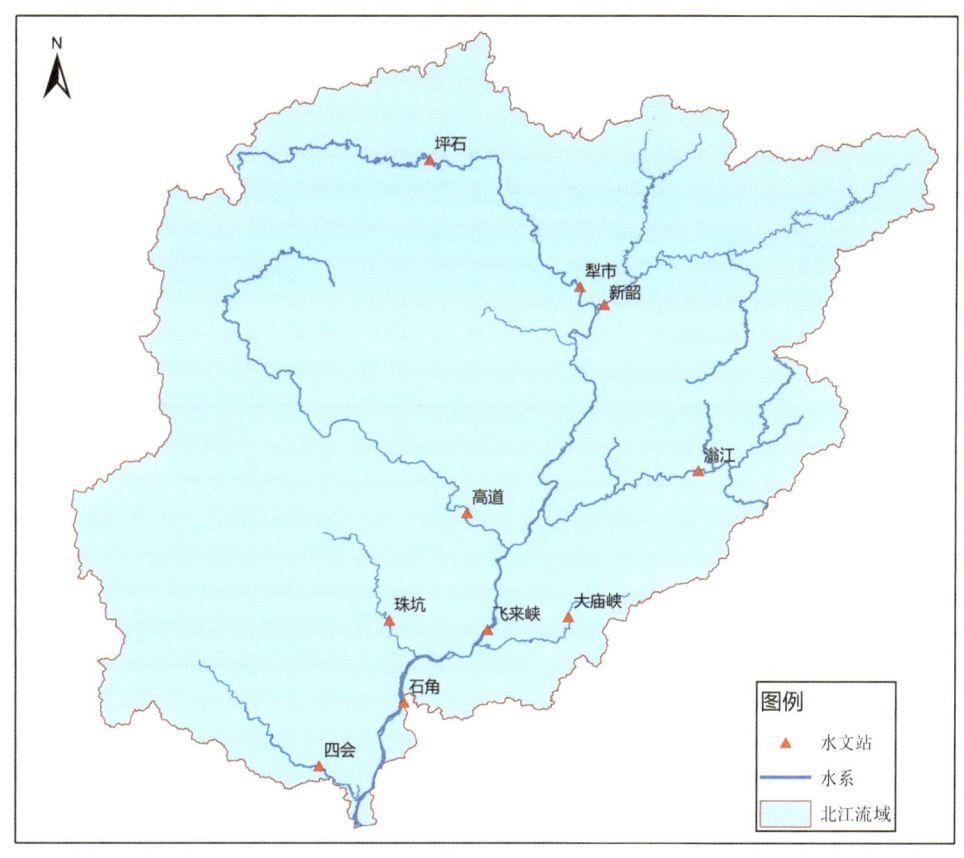

图 1.2 北江流域主要水文（水位）站网分布示意图

在东江水系内，干流从寻乌水至东江，布设有水背、罗浮、龙川、河源、岭下、博罗等水文（水位）站；各支流主要布设有九曲河胜前、浰江新源、秋香江蓝塘、公庄河杨村、西枝江平山等水文（水位）站。东江流域主要水文（水位）站网分布示意图见图1.3。

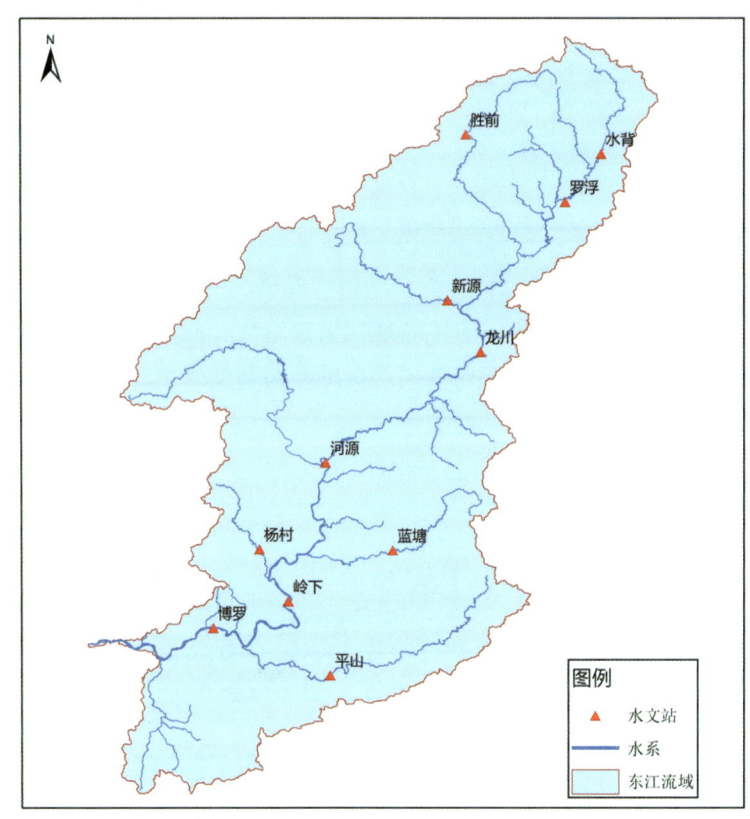

图 1.3　东江流域主要水文（水位）站网分布示意图

在珠江三角洲水系内，西江干流水道马口、西海水道天河、东海水道蚬沙（南华）、北江干流水道三水、顺德水道三多、潭江水道紫洞、潭江潢步头、高明河尼教、流溪河太平场镇、西福河活动陂、增江麒麟咀、沙河龙华等水文（水位）站。珠江三角洲主要水文（水位）站网分布示意图见图1.4。

在韩江水系内，干流从琴江至韩江，布设有尖山、水口、梅县、横山、三河坝、潮安等水文（水位）站；各支流主要布设有五华河河子口、石窟河新铺、松源河宝坑、汀江上杭和溪口、梅潭河百侯等水文（水位）站。韩江流域主要水文（水位）站网分布示意图见图1.5。

1.5 水 文 站 网

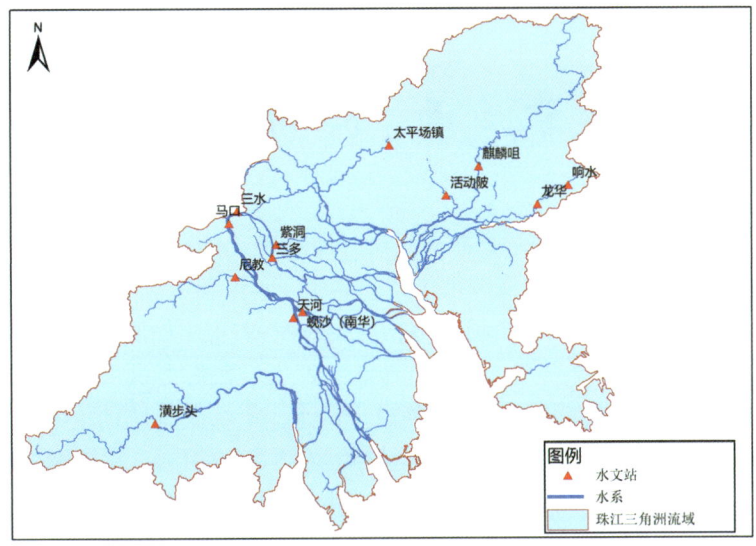

图 1.4 珠江三角洲主要水文（水位）站网分布示意图

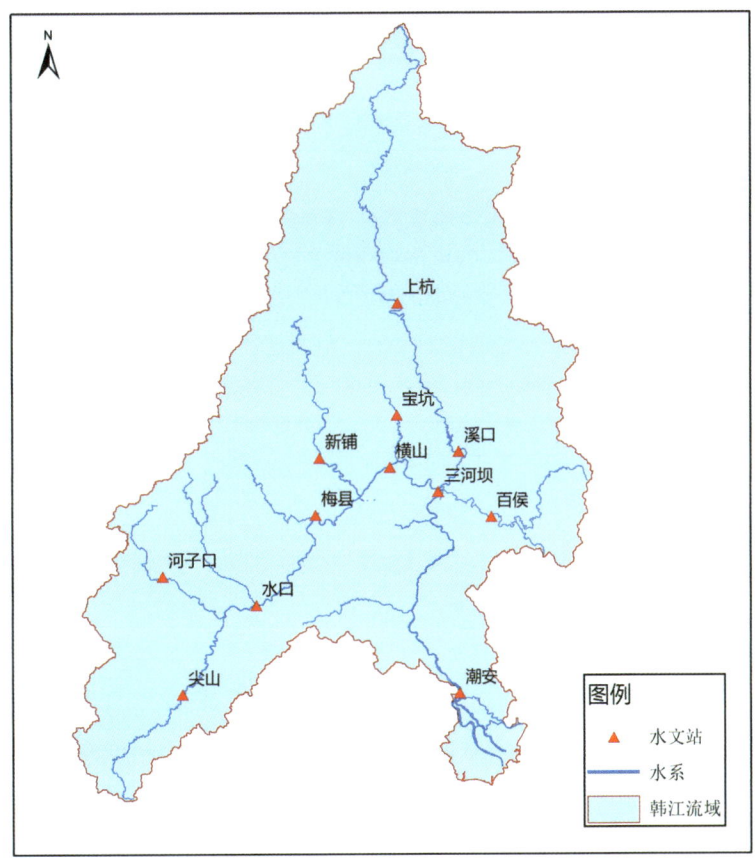

图 1.5 韩江流域主要水文（水位）站网分布示意图

第 2 章 雨水情概况

2022年5月下旬至7月上旬，受西南气流、高空槽、切变线及台风等天气系统共同影响，珠江流域（片）出现了11场强降雨过程，其中5月下旬3场、6月上旬2场、6月中旬3场、6月下旬1场、7月上旬2场，单场降雨持续时间多为3~5d，11场强降雨过程累计历时长达近50d。受持续强降雨影响，珠江共发生8次编号洪水过程，其中西江、北江共发生7次编号洪水，并形成两次流域性较大洪水。第二次流域性较大洪水期间北江发生特大洪水，北江上游干流浈江新韶水文站洪峰流量6350m³/s，重现期达到100年，为历史实测最大洪水；连江高道水文站洪峰流量8350m³/s，重现期超100年，是1954年建站以来第二大流量；北江干流英德水文站洪峰水位35.97m，超警戒水位9.97m，为历史最高实测水位；北江飞来峡水库最大入库流量19900m³/s，重现期超100年，为1915年之后最大入库流量；北江石角水文站最大流量19500m³/s，为1924年建站以来的实测最大洪水。2022年珠江编号洪水与降雨过程对照见表2.1。

表2.1　　　　　　2022年珠江编号洪水与降雨过程对照表

编号洪水	降雨过程序号	降雨过程起止时间
西江第1号洪水	1	5月21—24日
	2	5月25—27日
	3	5月28—30日
西江第2号洪水	4	6月2—6日
	5	6月7—9日
西江第3号洪水	6	6月10—14日
西江第4号洪水	7	6月15—17日
	8	6月18—21日
	9	6月27—29日
北江第1号洪水	6	6月10—14日
	7	6月15—17日
北江第2号洪水	8	6月18—21日
北江第3号洪水	10	7月1—5日
	11	7月6—7日
韩江第1号洪水	6	6月10—14日
	7	6月15—17日

2.1 降雨过程

2.1.1 第1次降雨过程

5月21—24日，受季风低压和切变线的共同影响，红河、西江上中游等地累计降雨量

50~100mm，其中红河下游、柳江上游、桂江上游、北江上游、桂南沿海等地部分地区累计降雨量 100~250mm，其分布见图 2.1。降雨量超过 50mm、100mm 的笼罩面积分别为 30.59 万 km^2、3.29 万 km^2，分别占珠江流域（片）总面积的 53%、6%。较大累计雨量站有云南省文山壮族苗族自治州麻栗坡县天保站（354mm）、广西防城港市防城区六市站（266mm）、广东省湛江市徐闻县北楼坡站（259mm）。

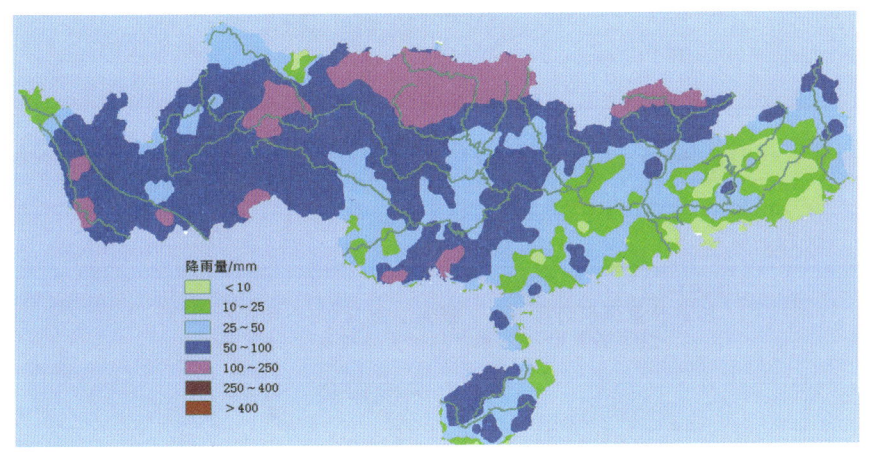

图 2.1　5月21—24日珠江流域（片）累计降雨量分布图

降雨中心主要集中在柳江上游、桂江上游，其中第 1 天集中在南盘江和北盘江下游，第 2 天集中在红水河上游、柳江上游、桂江上游、北江上游，第 3 天集中在柳江上游、北江上游，第 4 天降雨减弱，逐日降雨量分布见图 2.2。主要流域累计面雨量为西江 63.4mm、北江 59.9mm。

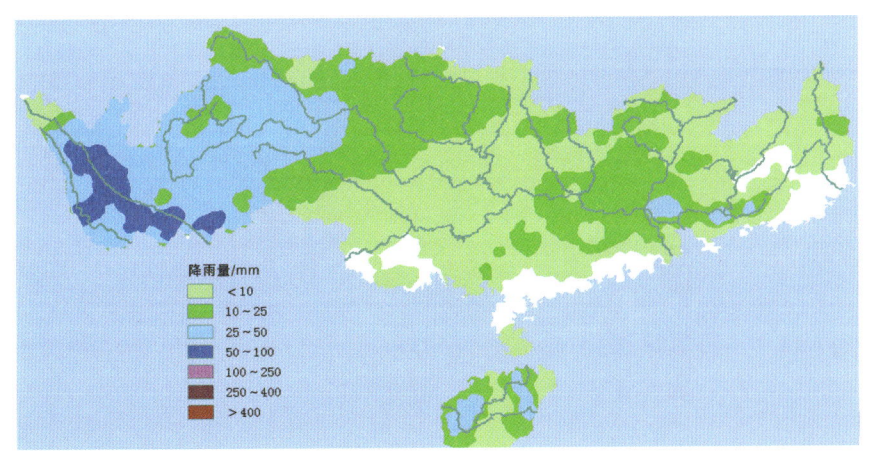

(a) 5月21日

图 2.2（一）　5月21—24日珠江流域（片）逐日降雨量分布图

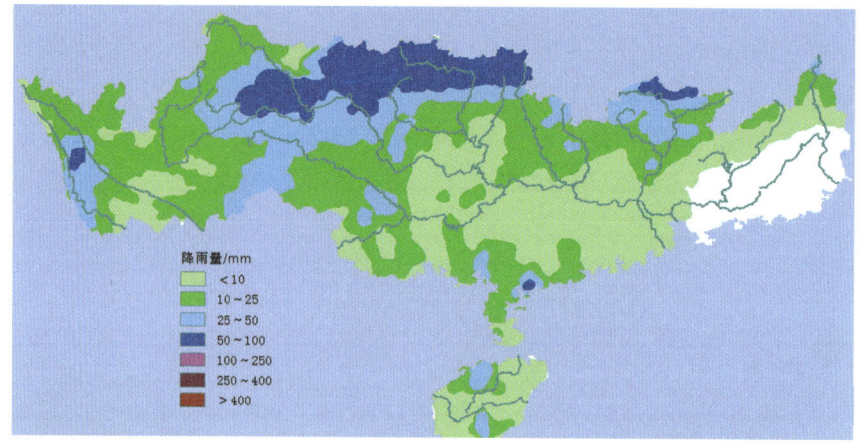

(b) 5月22日

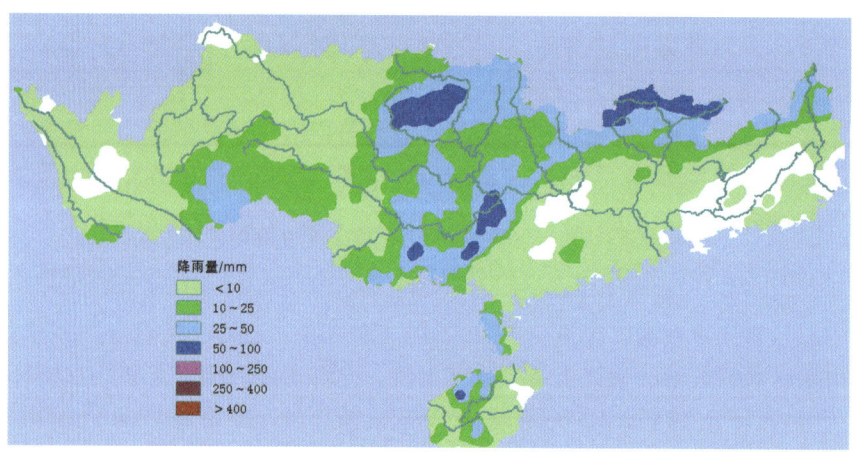

(c) 5月23日

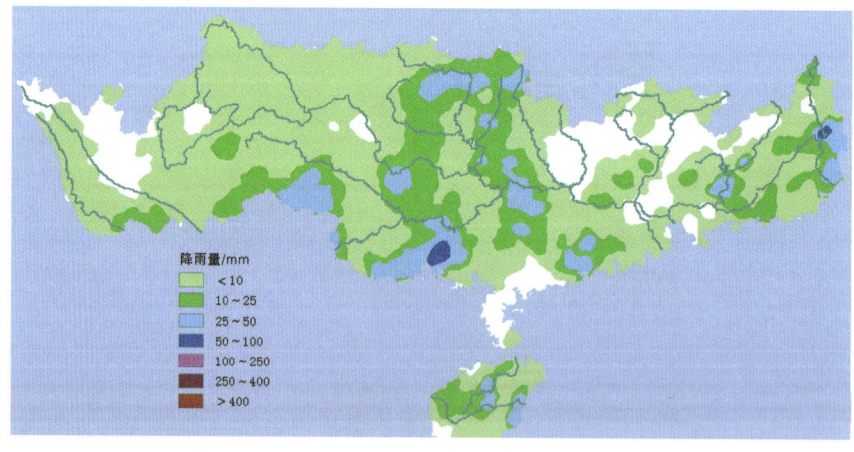

(d) 5月24日

图2.2（二） 5月21—24日珠江流域（片）逐日降雨量分布图

2.1.2 第2次降雨过程

5月25—27日，受高空槽和切变线影响，南盘江下游、北盘江上游、红水河、黔浔江、柳江中下游、右江上游、桂江中下游、贺江、北江上中游、东江上游、珠江三角洲部分地区、汀江、粤东沿海等地累计降雨量50~100mm，其中红水河中游、柳江下游、右江上游、桂江中游、贺江上中游、汀江上游等地部分地区累计降雨量100~250mm，累计降雨量分布见图2.3。降雨量超过50mm、100mm的笼罩面积分别为20.37万km²、3.13万km²，分别占珠江流域（片）总面积的36%、5%。较大累计雨量站有广西来宾市金秀县罗杜站（391mm）、福建省龙岩市上杭县梅溪站（371mm）、广西贺州市昭平县思庇站（318mm）。

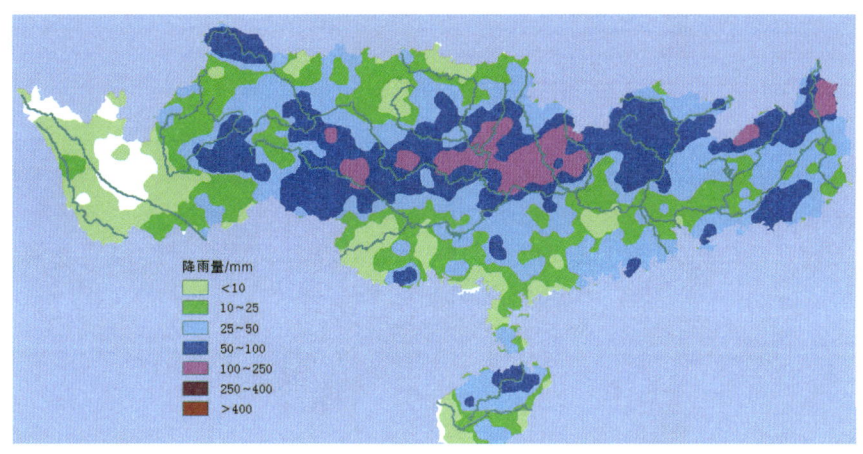

图2.3　5月25—27日珠江流域（片）累计降雨量分布图

降雨中心主要集中在黔江部分地区、浔江部分地区、柳江下游、右江上游、桂江中下游、贺江中游，其中第1天集中在黔江、浔江、桂江下游，第2天集中在南盘江中游、红水河、黔江、浔江、柳江下游、右江上游、桂江下游、贺江中游、北江上中游、东江上游、汀江，第3天集中在桂江下游、贺江上游，逐日降雨量分布见图2.4。主要流域累计面雨量为西江51.6mm、北江53.5mm、韩江56.5mm。

2.1.3 第3次降雨过程

5月28—30日，受高空槽和切变线的共同影响，珠江流域（片）中西部大部地区累计降雨量25~50mm，其中南盘江下游、北盘江中下游、红水河上中游、黔江、浔江部分地区、柳江上中游、郁江局地、桂江、贺江上游等地累计降雨量50~100mm，柳江中游、桂江下游等地部分地区累计降雨量100~250mm，累计降雨量分布见图2.5。降雨量超过50mm、100mm的笼罩面积分别为10.90万km²、0.31万km²，分别占珠江流域（片）总面积的19%、1%。较大累计雨量站有广西梧州市蒙山县茶挪站（224mm）、广西桂林市荔浦市高寨瑶站（194mm）、广西桂林市平乐县巴江口站（188mm）。

降雨中心主要集中在柳江中游、桂江下游，其中第1天集中在柳江上游、桂江中游，第2天集中在南盘江下游、红水河上游、柳江上游，第3天集中在黔江、柳江中下游、桂江下游，逐日降雨量分布见图2.6。主要流域累计面雨量为西江40.5mm。

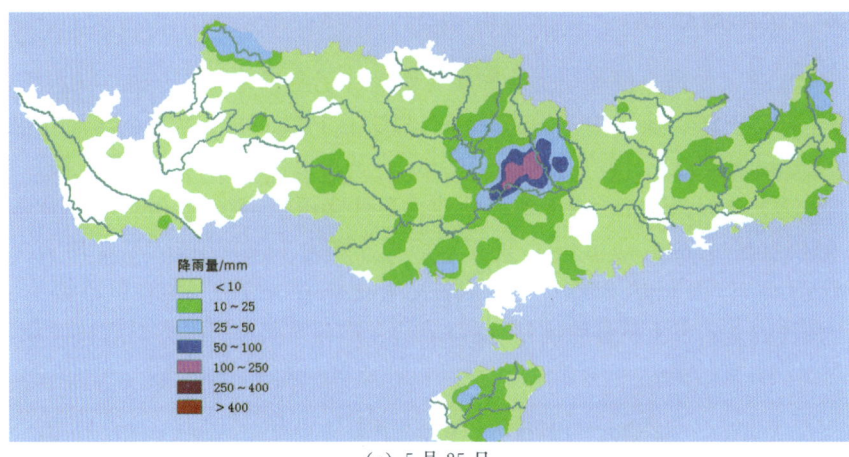

(a) 5月25日

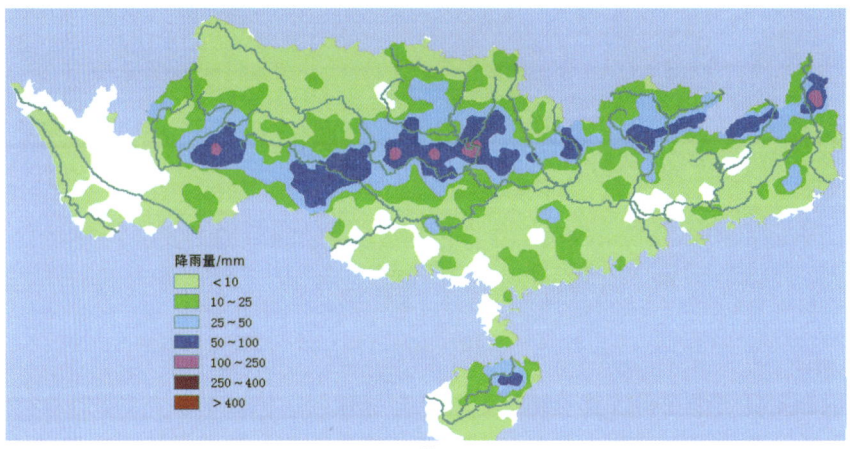

(b) 5月26日

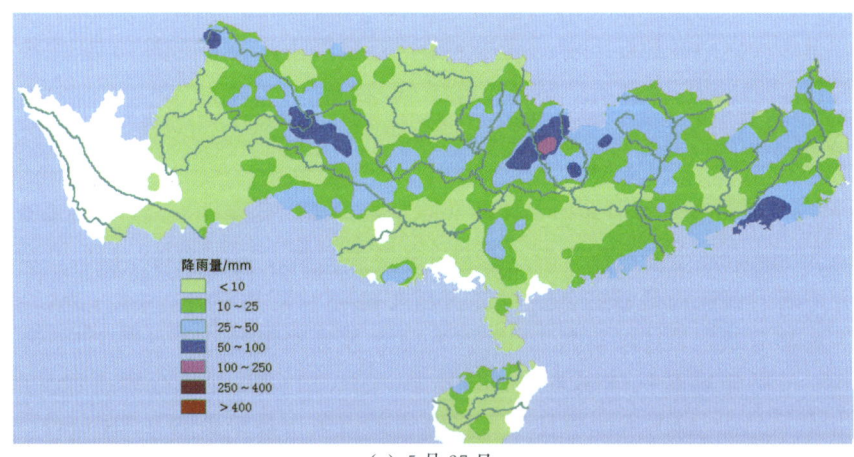

(c) 5月27日

图 2.4　5月25—27日珠江流域（片）逐日降雨量分布图

2.1 降 雨 过 程

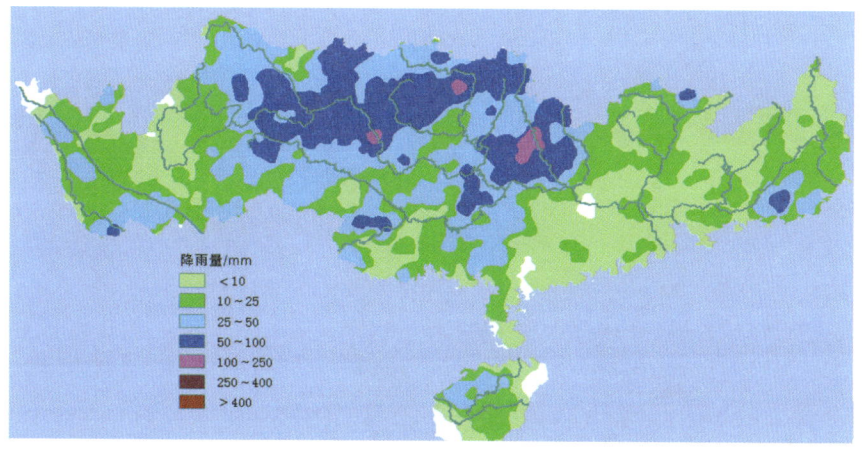

图 2.5　5 月 28—30 日珠江流域（片）累计降雨量分布图

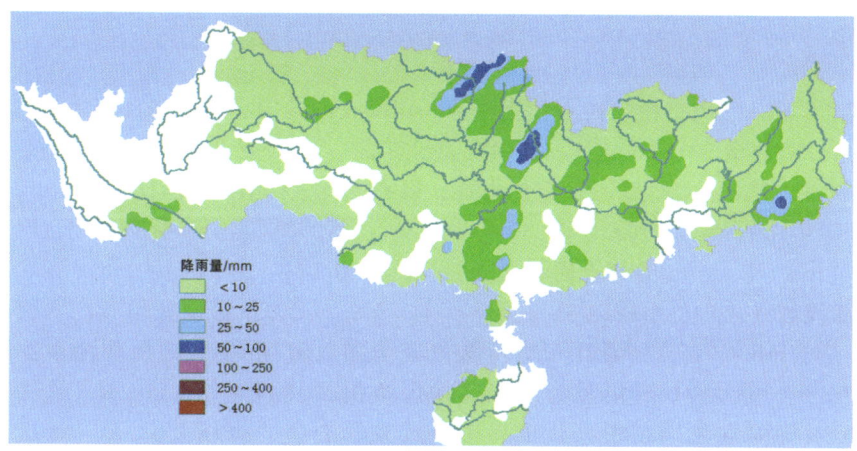

(a) 5 月 28 日

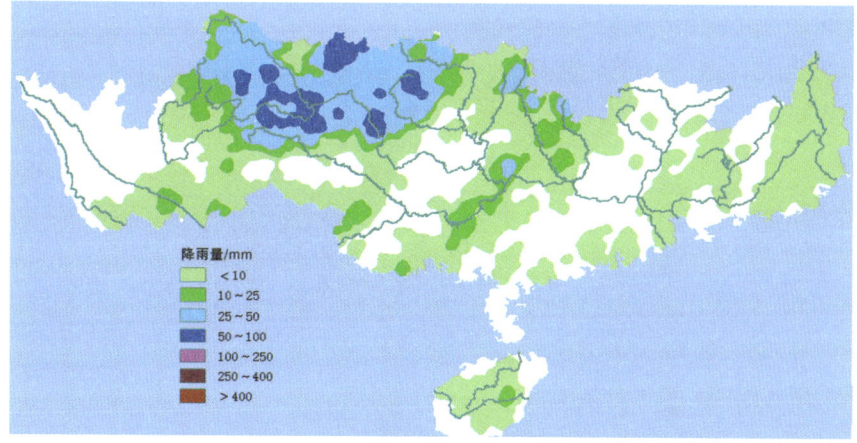

(b) 5 月 29 日

图 2.6（一）　5 月 28—30 日珠江流域（片）逐日降雨量分布图

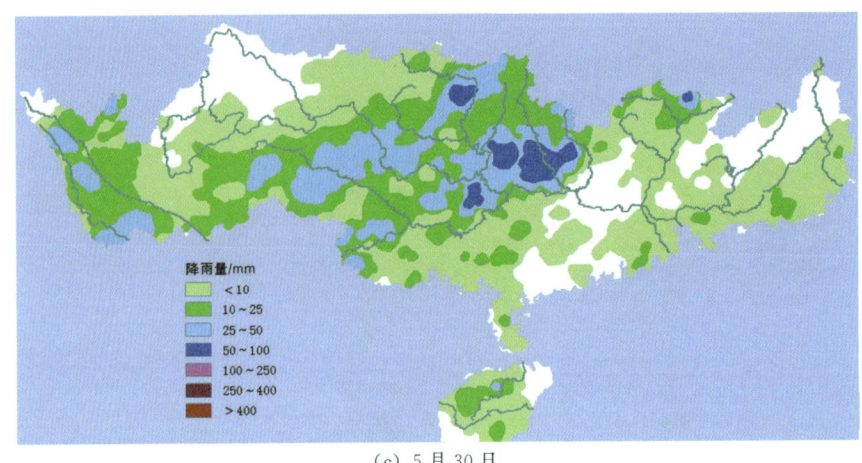

(c) 5月30日

图2.6（二） 5月28—30日珠江流域（片）逐日降雨量分布图

2.1.4 第4次降雨过程

6月2—6日，受高空槽、西南气流和低涡切变线的共同影响，珠江流域（片）中北部大部地区累计降雨量50～100mm，其中北盘江中游、红水河上游、柳江上中游、桂江上游、贺江中游、北江上中游、汀江中下游、粤东沿海等地部分地区累计降雨量100～250mm，柳江中游局地累计降雨量250～400mm，累计降雨量分布见图2.7。降雨量超过50mm、100mm、250mm的笼罩面积分别为34.73万 km^2、10.38万 km^2、0.28万 km^2，分别占珠江流域（片）总面积的61%、18%、0.5%。较大累计雨量站有广西柳州市融水县再老站（565mm）、广东省汕尾市海丰县红花地站（517mm）、广西河池市罗城县大坡岭站（517mm）。最大1h降雨量为广东省揭阳市揭西县和南站148mm（超过100年一遇）；最大3h降雨量为广东省惠州市惠东县巽寮管委会巽寮站237mm（超过100年一遇）；最大6h降雨量为广西柳州市融水县麻石站267mm（超过本站历史纪录）。

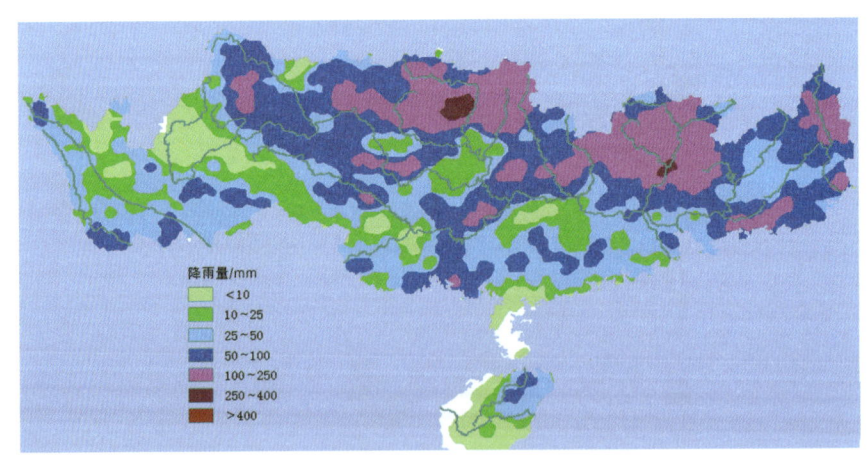

图2.7 6月2—6日珠江流域（片）累计降雨量分布图

降雨中心主要集中在柳江、桂江、贺江、北江、汀江、粤东沿海，其中第1天集中在柳江中游，第 2 天集中在柳江上中游、北江上中游，第 3 天集中在红水河中游、柳江中游、桂江上游、北江上游，第 4 天集中在郁江、北江中游、汀江，第 5 天集中在桂江下游、贺江下游、北江、汀江、粤东沿海，过程逐日降雨量分布见图 2.8。主要流域累计面雨量为西江 69.5mm、北江 124.0mm、东江 71.3mm、韩江 82.0mm。

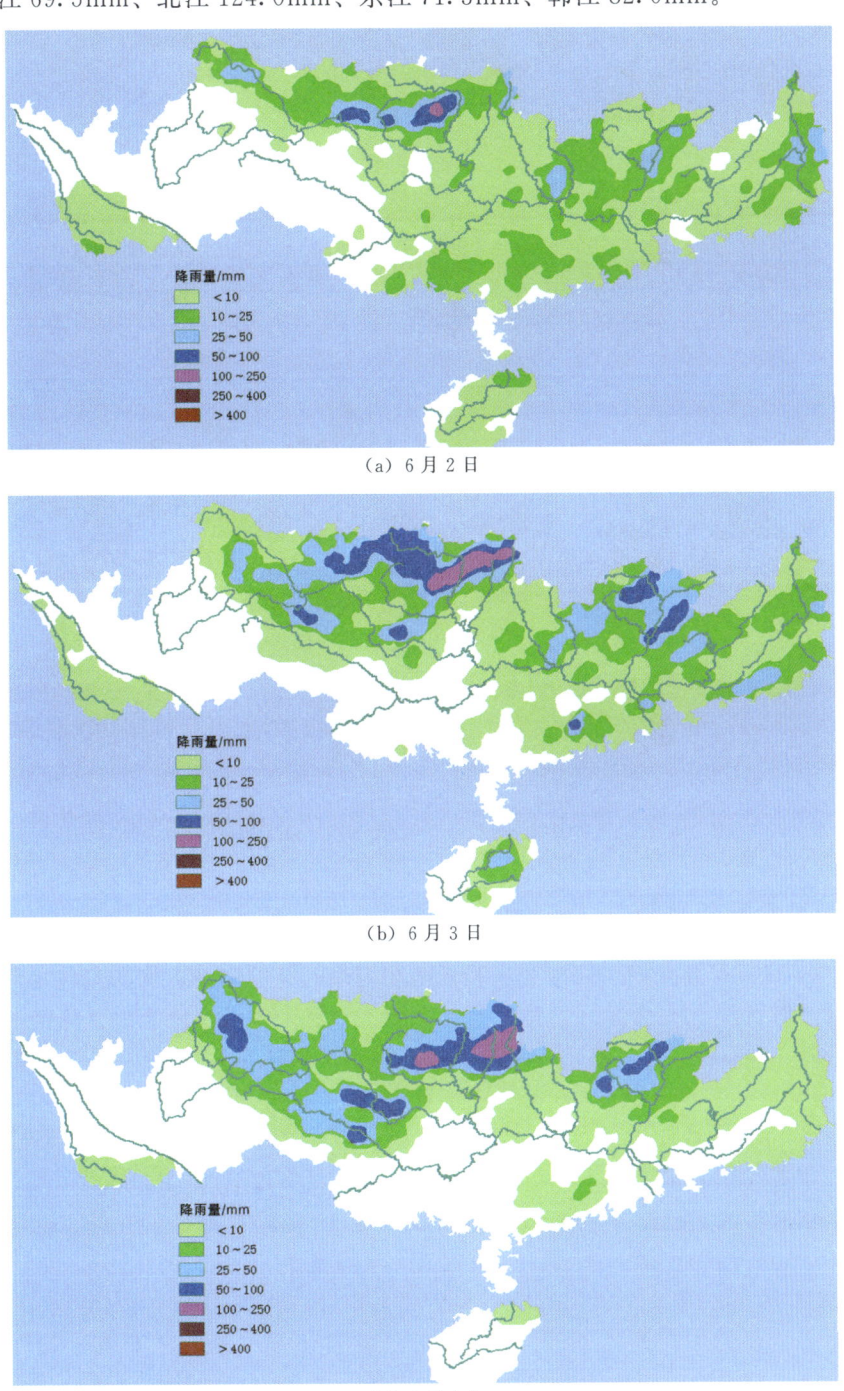

(a) 6 月 2 日

(b) 6 月 3 日

(c) 6 月 4 日

图 2.8（一） 6 月 2—6 日珠江流域（片）逐日降雨量分布图

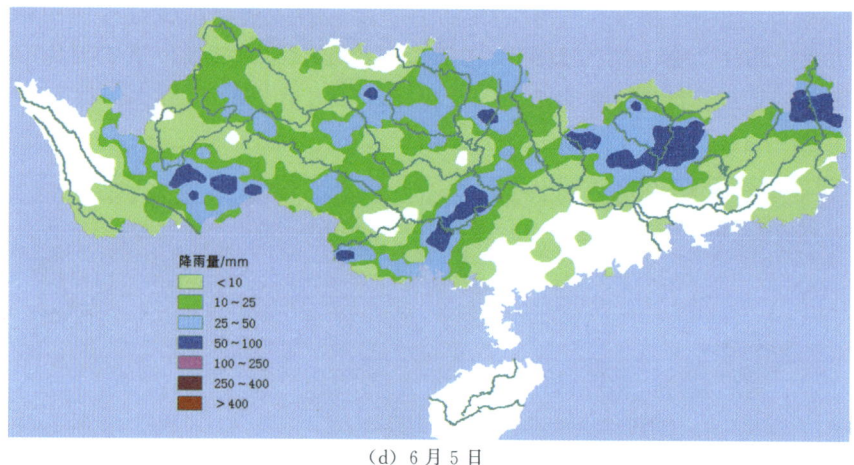

(d) 6月5日

(e) 6月6日

图 2.8（二） 6月2—6日珠江流域（片）逐日降雨量分布图

2.1.5 第5次降雨过程

6月7—9日，受高空槽、西南气流和低涡切变线的共同影响，珠江流域（片）中东部大部地区累计降雨量50～100mm，其中西江下游、北江中游、东江下游、珠江三角洲、韩江、粤东沿海、粤西沿海等地部分地区累计降雨量100～250mm，累计降雨量分布见图2.9。降雨量超过 50mm、100mm、250mm 的笼罩面积分别为 28.25 万 km^2、7.33 万 km^2、0.02 万 km^2，分别占珠江流域（片）总面积的49%、13%、0.03%。较大累计雨量站有广东省湛江市廉江市高桥开发区站（441mm）、广西北海市合浦县山口站（410mm）、广东省茂名市信宜市大田顶974m站（379mm）。最大1h降雨量为广东省湛江市雷州市唐家镇土乐站104mm（接近20年一遇）；最大3h降雨量为广东省湛江市雷州市杨家镇站197mm（超过20年一遇）。

降雨中心主要集中在西江下游、北江中游、东江下游、珠江三角洲、韩江、粤东沿海、粤西沿海，其中第1天集中在浔江、西江下游、东江中游、韩江、粤西桂南沿海，第2天集中在西江下游、北江中游、东江下游、粤东沿海、粤西沿海，第3天集中在红水河

2.1 降 雨 过 程

中游、右江下游、北江中游、东江、珠江三角洲,逐日降雨量分布见图 2.10。主要流域累计面雨量为北江 71.4mm、东江 83.7mm、珠江三角洲 89.3mm、韩江 82.0mm。

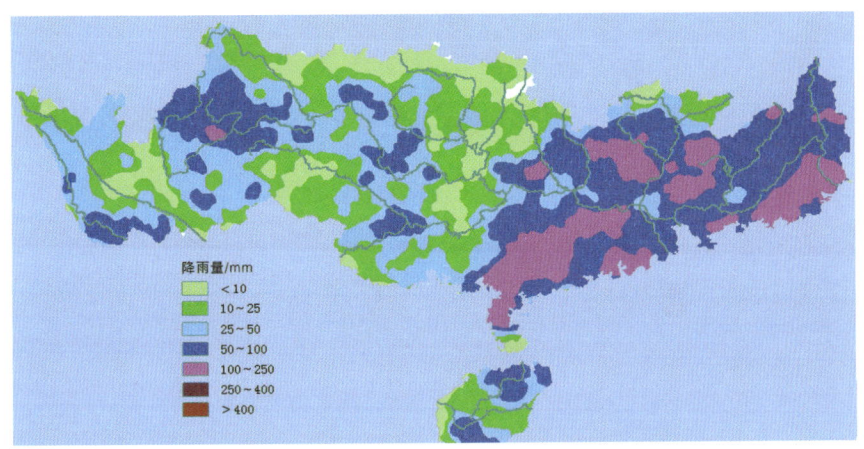

图 2.9　6月7—9日珠江流域（片）累计降雨量分布图

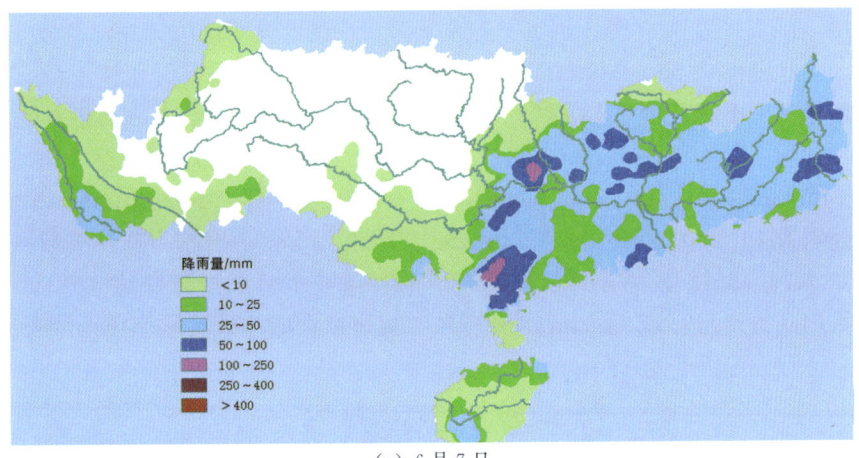

(a) 6月7日

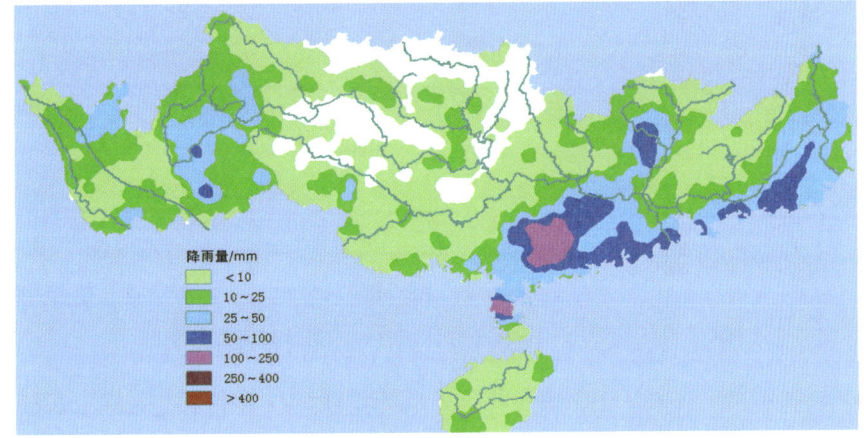

(b) 6月8日

图 2.10（一）　6月7—9日珠江流域（片）逐日降雨量分布图

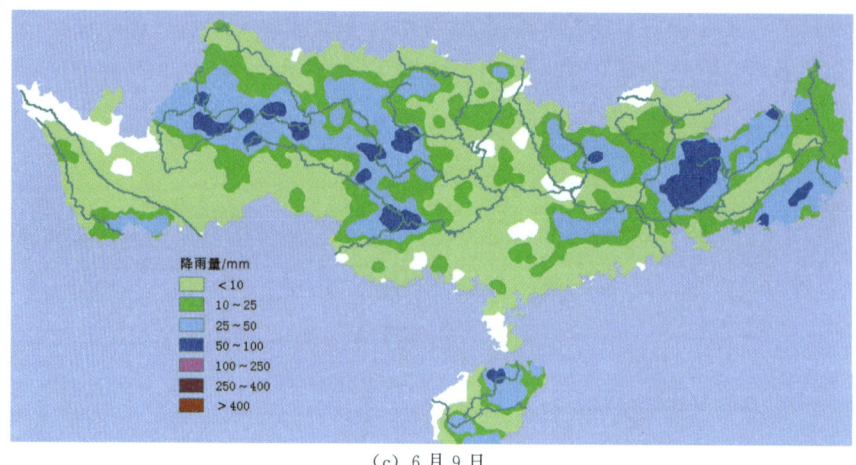

(c) 6月9日

图 2.10（二） 6月7—9日珠江流域（片）逐日降雨量分布图

2.1.6 第 6 次降雨过程

6月10—14日，受高空槽、西南气流和低涡切变线的共同影响，珠江流域（片）中东部大部地区累计降雨量 50~100mm，红水河中下游、黔江、浔江、西江下游、柳江中下游、郁江、桂江中下游、贺江、北江、东江、珠江三角洲、韩江、粤东粤西桂南沿海等地部分地区累计降雨量 100~250mm，其中北江中游、东江中游、汀江上游等地局地累计降雨量 250~400mm，累计降雨量分布见图 2.11。降雨量超过 50mm、100mm、250mm 的笼罩面积分别为 42.45 万 km²、23.79 万 km²、1.21 万 km²，分别占珠江流域（片）总面积的 74%、42%、2%。较大累计雨量站有广东省韶关市翁源县贵联站（521mm）、广东省惠州市龙门县梅州水库站（483mm）、广东省梅州市大埔县横溪站（464mm）。

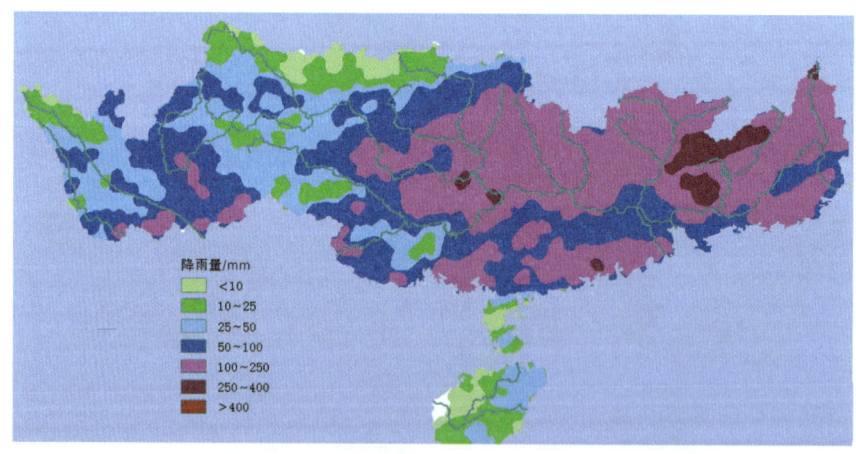

图 2.11 6月10—14日珠江流域（片）累计降雨量分布图

降雨中心主要集中在西江中下游、北江、东江、韩江，其中第 1 天集中在红水河中下游、柳江中下游、郁江、粤西桂南沿海，第 2 天集中在红水河下游、黔江、贺江上游、粤西桂南沿海，第 3 天集中在黔江、柳江中下游、北江上中游、东江上中游、汀江，第 4 天集中在黔江、贺江下游、北江、东江、珠江三角洲、汀江，第 5 天集中在东江、韩江，逐日降雨量分布见图 2.12。主要流域累计面雨量为西江 82.8mm、北江 149.7mm、东江 175.6mm、珠江三角洲 134.0mm、韩江 144.7mm。

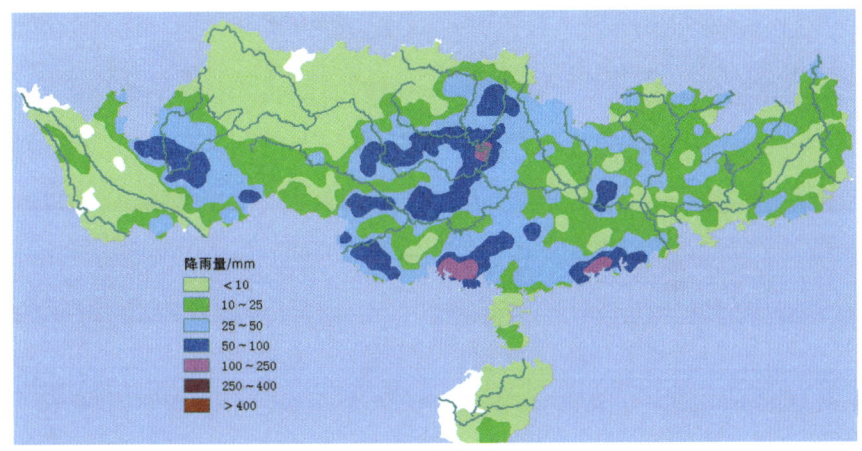

(a) 6 月 10 日

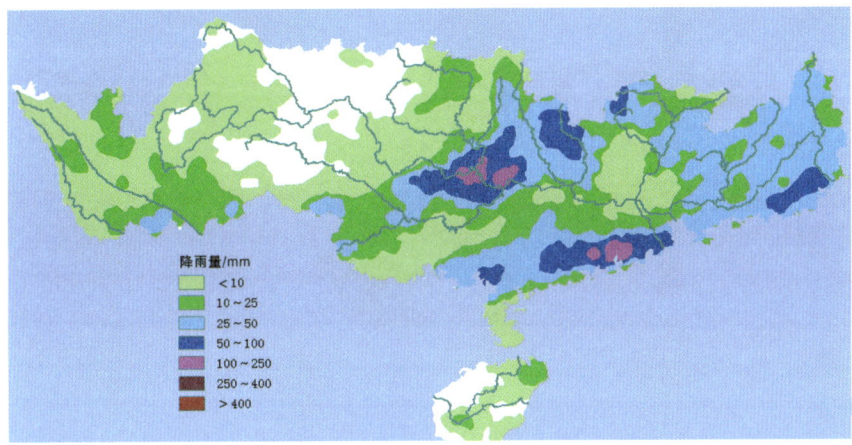

(b) 6 月 11 日

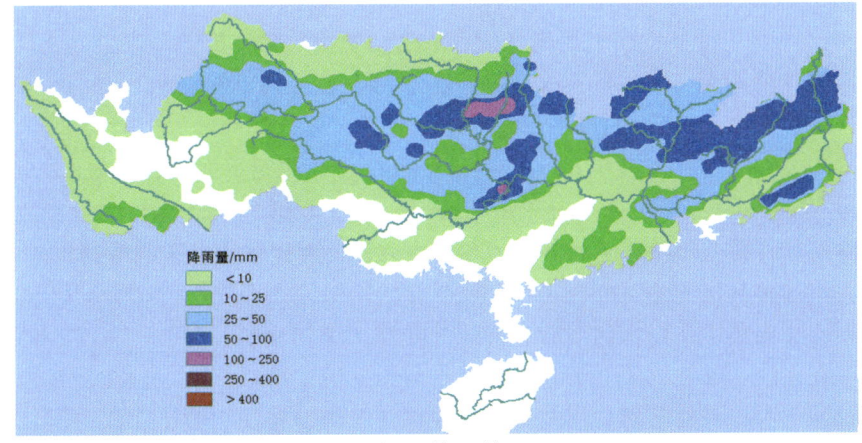

(c) 6 月 12 日

图 2.12（一） 6 月 10—14 日珠江流域（片）逐日降雨量分布图

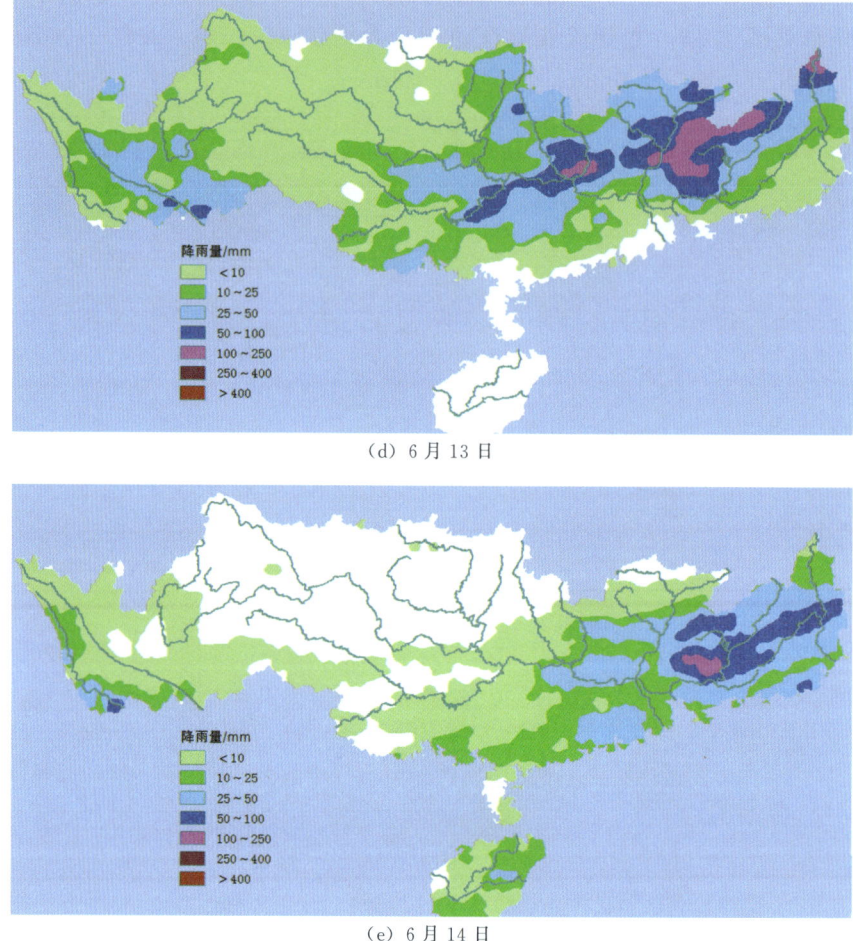

(d) 6月13日

(e) 6月14日

图2.12（二） 6月10—14日珠江流域（片）逐日降雨量分布图

2.1.7 第7次降雨过程

6月15—17日，受高空槽、西南气流和低涡切变线的共同影响，珠江流域（片）中北部大部地区累计降雨量50~100mm，其中红水河下游、柳江中下游、桂江、贺江中游、北江中游、东江中游、梅江、汀江中下游等地部分地区累计降雨量100~250mm，累计降雨量分布见图2.13。降雨量超过50mm、100mm、250mm的笼罩面积分别为21.68万km^2、6.59万km^2、0.01万km^2，分别占珠江流域（片）总面积的38%、11%、0.02%。较大累计雨量站有广西柳州市融水县香粉站（537mm）、广西桂林市阳朔县顺梅站（334mm）、广东省韶关市翁源县民光站（332mm）。

降雨中心主要集中在红水河下游、柳江、桂江、贺江中游、北江、东江、韩江，其中第1天集中在东江、韩江，第2天集中在红水河中下游、柳江下游、桂江、贺江中游、北江下游、东江下游、汀江下游，第3天集中在柳江上游、桂江上游、北江中游，逐日降雨量分布见图2.14。主要流域累计面雨量为北江77.7mm、东江91.6mm、韩江91.0mm。

2.1 降 雨 过 程

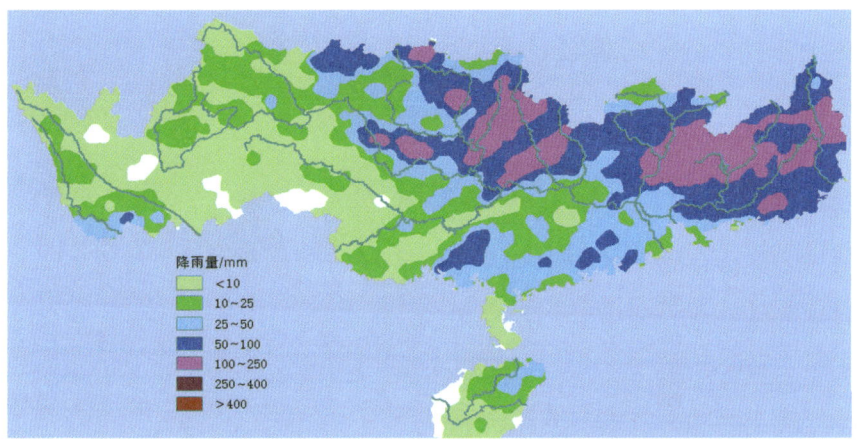

图 2.13　6月15—17日珠江流域（片）累计降雨量分布图

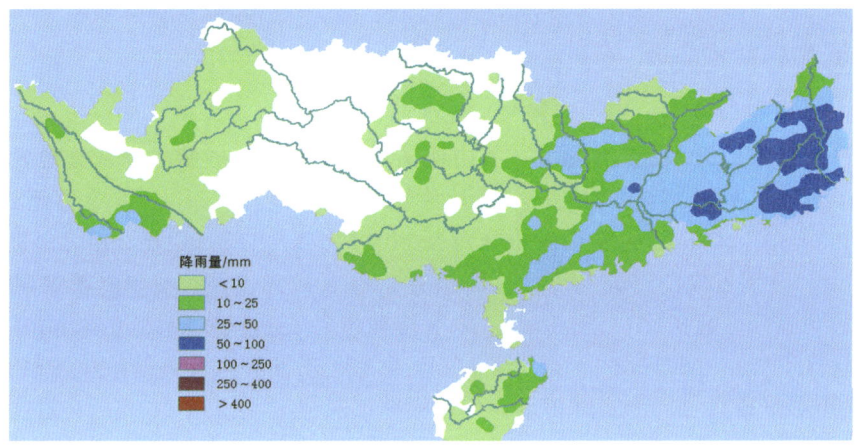

(a) 6月15日

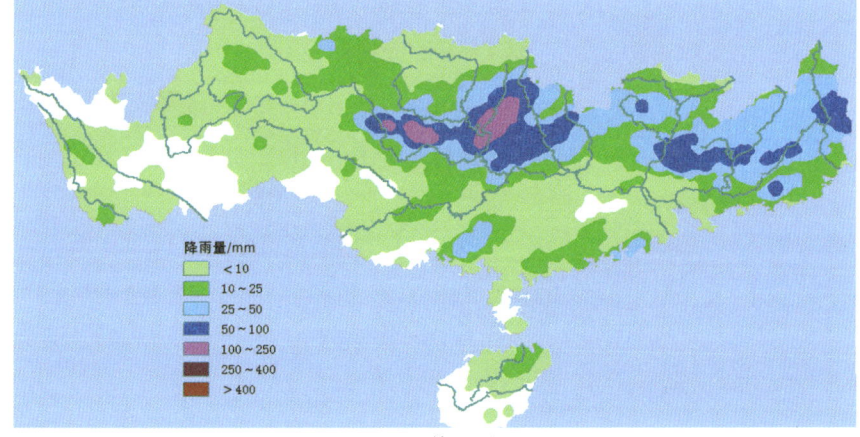

(b) 6月16日

图 2.14（一）　6月15—17日珠江流域（片）逐日降雨量分布图

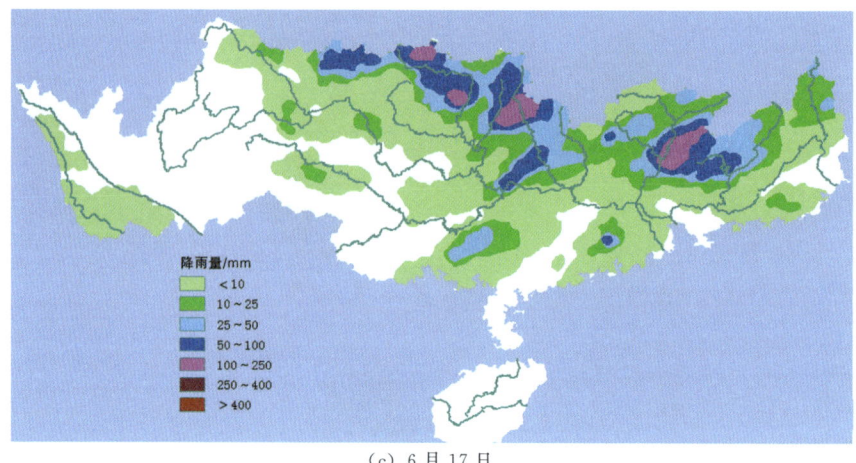

(c) 6月17日

图 2.14（二） 6月15—17日珠江流域（片）逐日降雨量分布图

2.1.8 第 8 次降雨过程

6月18—21日，受高空槽、西南气流和低涡切变线的共同影响，珠江流域（片）中北部大部地区累计降雨量100～250mm，其中桂江上游、北江上中游等地部分地区累计降雨量250～400mm，局地超过400mm，累计降雨量分布见图2.15。降雨量超过50mm、100mm、250mm、400mm的笼罩面积分别为17.51万 km^2、9.88万 km^2、2.35万 km^2、0.29万 km^2，分别占珠江流域（片）总面积的31％、17％、4％、1％。较大累计雨量站有广西桂林市临桂区宛田站（791mm）、广西桂林市兴安县枫木凹站（780mm）、广东省韶关市曲江区下坡站（664mm）。最大1h降雨量为广东省清远市英德市鱼湾站126.5mm（超过本站历史纪录）；最大3h降雨量为广西桂林市临桂区宛田站214mm（超过本站历史纪录）；最大6h降雨量为广西桂林市临桂区宛田站306mm（超过本站历史纪录）。

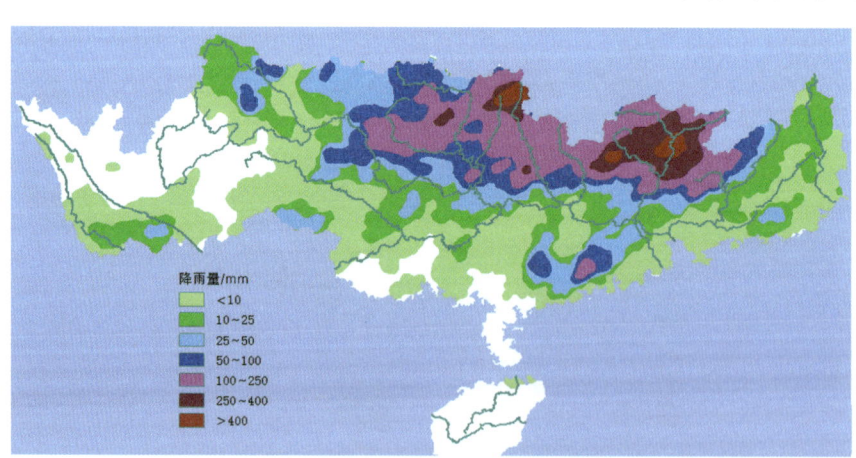

图 2.15 6月18—21日珠江流域（片）累计降雨量分布图

降雨中心主要集中在桂江上游、北江上中游，其中第1天集中在桂江上游、北江上中游，第2天集中在柳江上中游，第3天集中在桂江上游、贺江上游、北江上中游，第4天集中在桂

2.1 降 雨 过 程

江上游、贺江上游、北江中游,逐日降雨量分布见图 2.16。主要流域累计面雨量为北江 207.2mm。

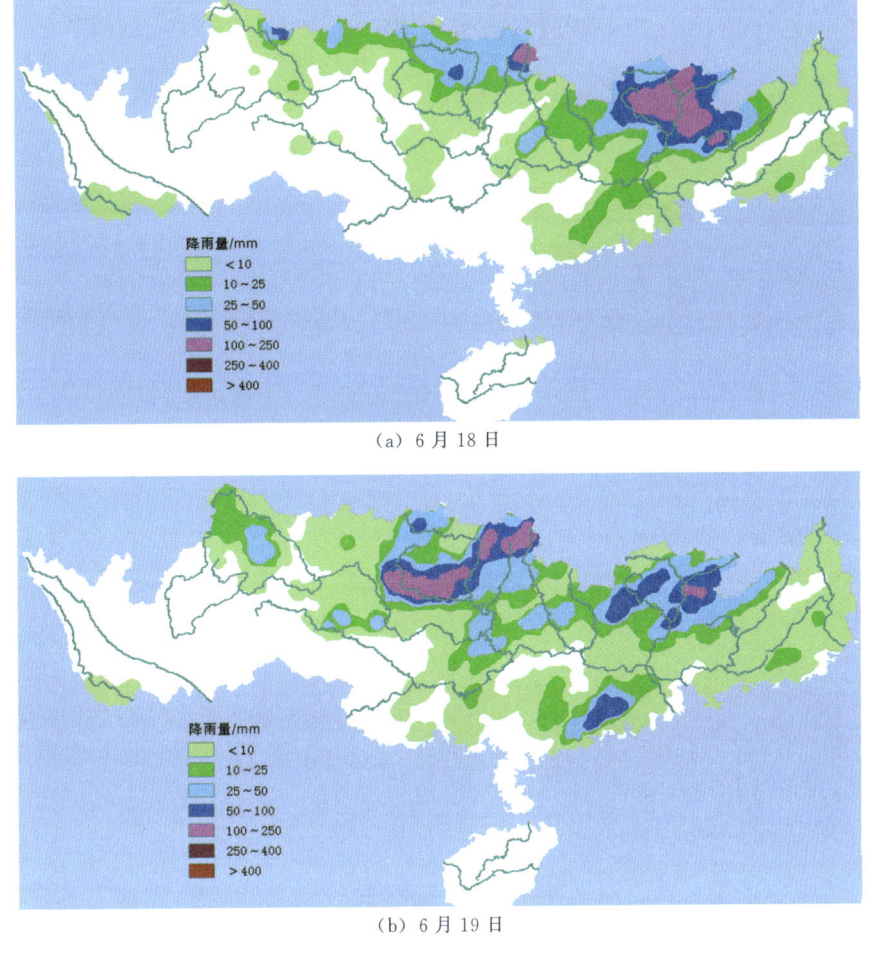

(a) 6月18日

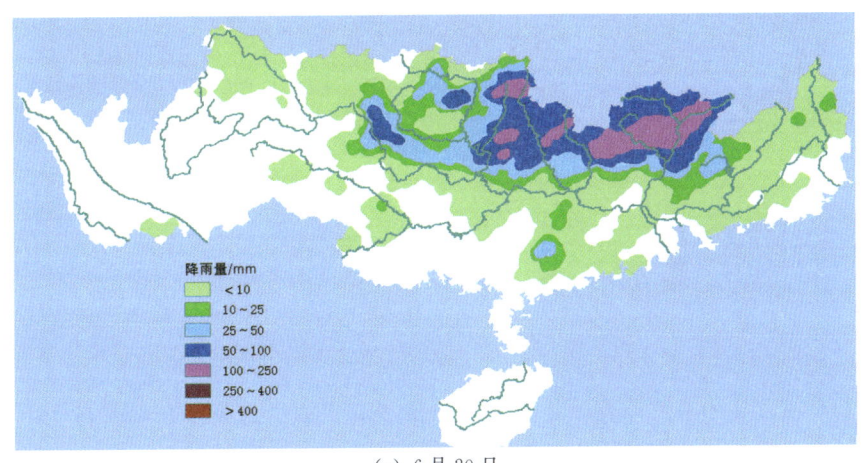

(b) 6月19日

(c) 6月20日

图 2.16(一) 6月18—21日珠江流域(片)逐日降雨量分布图

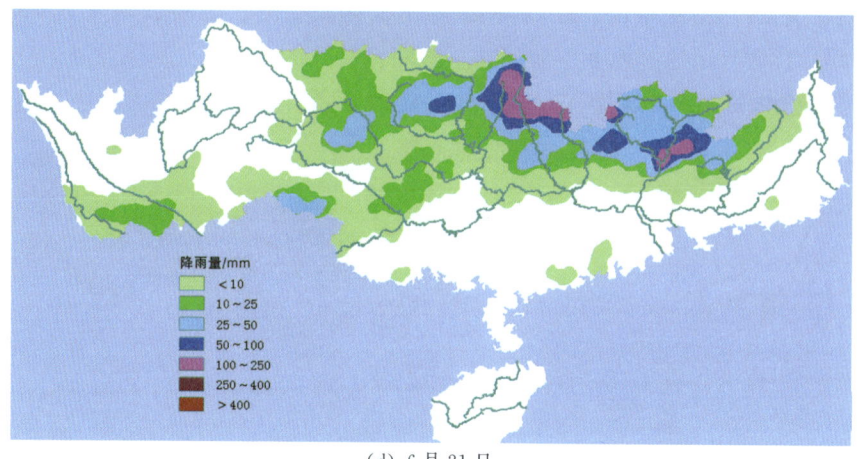

(d) 6月21日

图 2.16（二） 6月18—21日珠江流域（片）逐日降雨量分布图

2.1.9 第 9 次降雨过程

6月27—29日，受高空槽、西南气流和低涡切变线的共同影响，珠江流域（片）中部大部地区累计降雨量 25～50mm，红河下游、红水河中下游、柳江、桂江上中游等地部分地区累计降雨量 50～100mm，其中红水河下游局地、柳江中游部分地区等地累计降雨量 100～250mm，累计降雨量分布见图 2.17。降雨量超过 50mm、100mm 的笼罩面积分别为 6.70 万 km²、1.09 万 km²，分别占珠江流域（片）总面积的 12%、2%。较大累计雨量站有广西南宁市马山县六仰站（255mm）、广西柳州市鹿寨县户堂站（219mm）、广西桂林市永福县鲁脚站（206mm）。

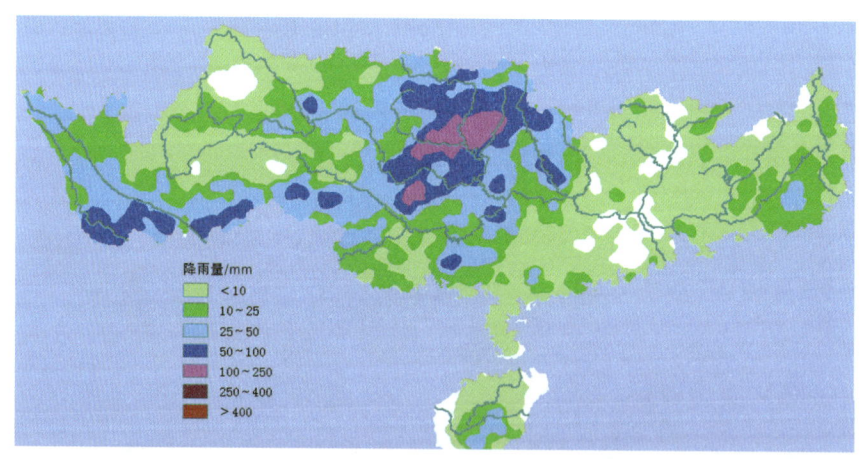

图 2.17 6月27—29日珠江流域（片）累计降雨量分布图

降雨中心主要集中在红水河下游、柳江中游，其中第 1 天集中在南北盘江下游、柳江上游，第 2 天集中在红水河中下游、柳江中游，第 3 天集中在柳江下游，逐日降雨量分布见图 2.18。主要流域累计面雨量为西江 31.9mm。

2.1 降 雨 过 程

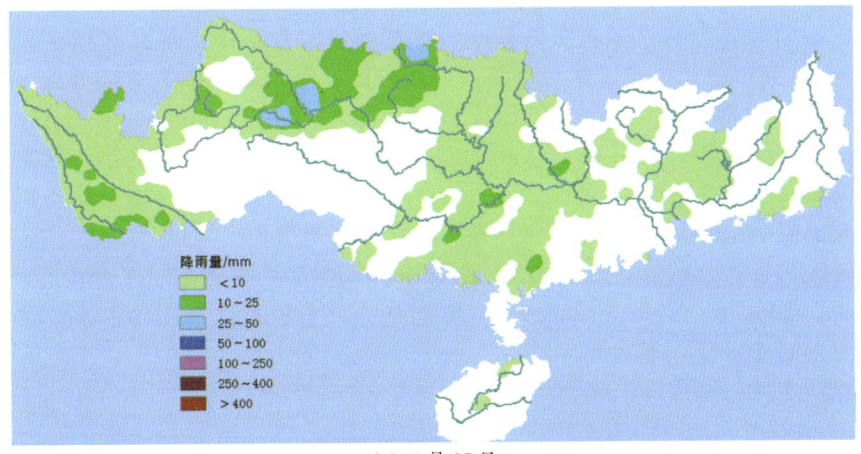

(a) 6月27日

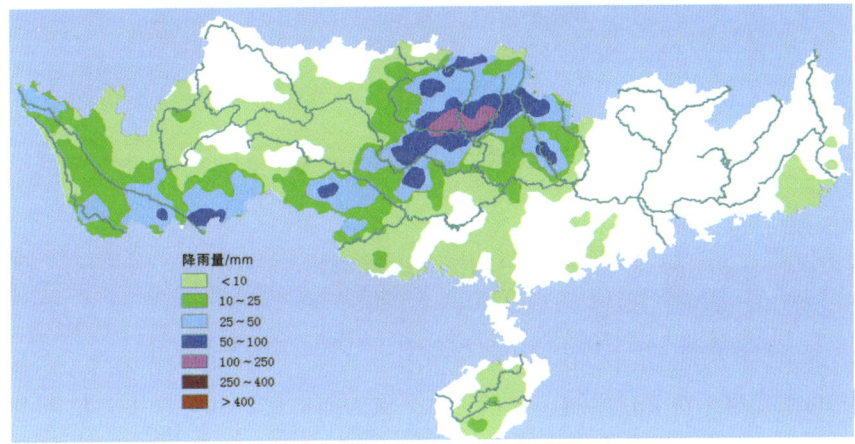

(b) 6月28日

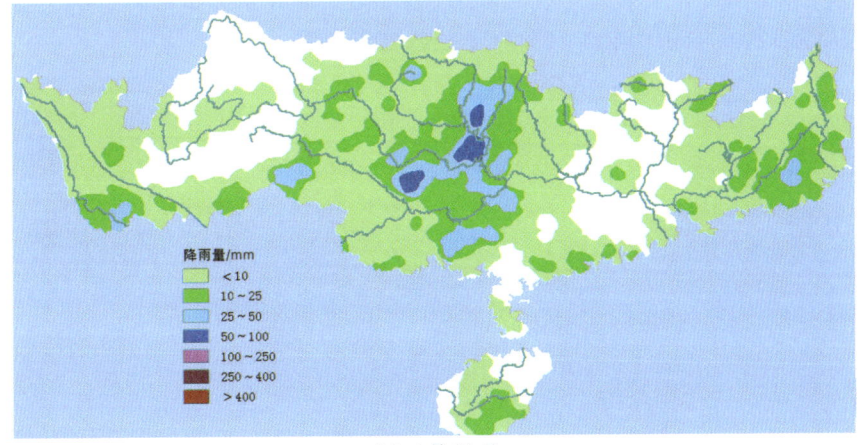

(c) 6月29日

图 2.18　6月 27—29 日珠江流域（片）逐日降雨量分布图

2.1.10 第10次降雨过程

7月1—5日,受台风"暹芭"的影响,珠江流域(片)中东部大部地区累计降雨量100～250mm,其中北江中游、东江中游、粤西沿海、海南西南部等地部分地区累计降雨量250～400mm,累计降雨量分布见图2.19。降雨量超过50mm、100mm、250mm、400mm的笼罩面积分别为35.49万km^2、27.13万km^2、4.99万km^2、0.02万km^2,分别占珠江流域(片)总面积的62%、47%、9%、0.03%。较大累计雨量站有广东省茂名市信宜市大田顶974m站(696mm)、广东省茂名市高州市仙人洞景区站(686mm)、广东清远市清新区马屋(二)站(629mm)。最大1h降雨量为广东省阳江市阳春市永宁镇张公龙站247mm(超过100年一遇);最大3h降雨量为广东省阳江市阳春市永宁镇张公龙站255.5mm(超过100年一遇)。

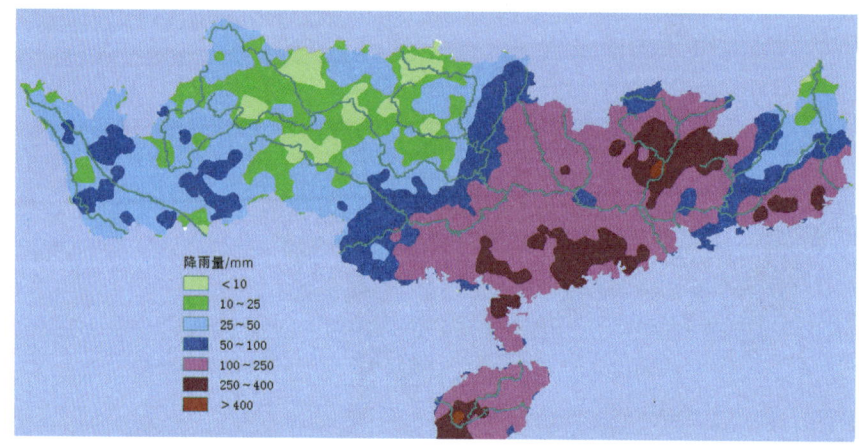

图2.19　7月1—5日珠江流域(片)累计降雨量分布图

降雨中心主要集中在北江中游、粤西沿海、海南西南部,其中第1天集中在海南,第2天集中在北江中下游、粤西沿海,第3天集中在桂江、北江,第4天集中在北江上中游、东江上中游、桂南沿海,第5天集中在北江中游,逐日降雨量分布见图2.20。主要流域累计面雨量为北江210.5mm、东江125.7mm、珠江三角洲198.7mm。

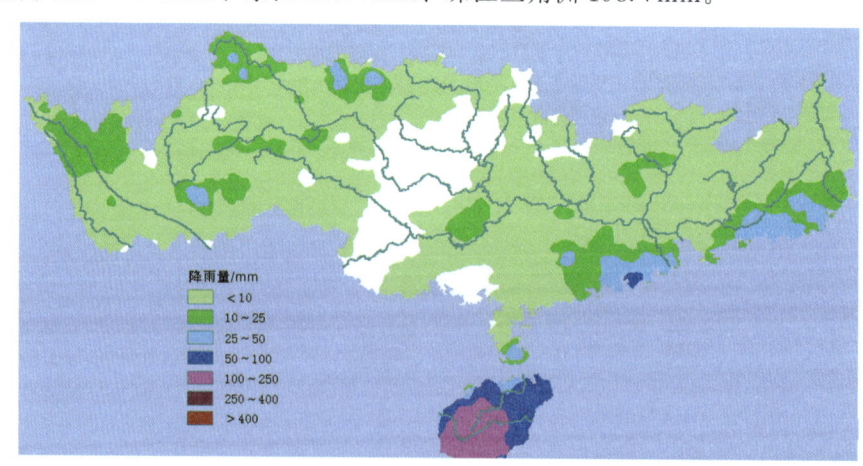

(a)7月1日

图2.20(一)　7月1—5日珠江流域(片)逐日降雨量分布图

2.1 降 雨 过 程

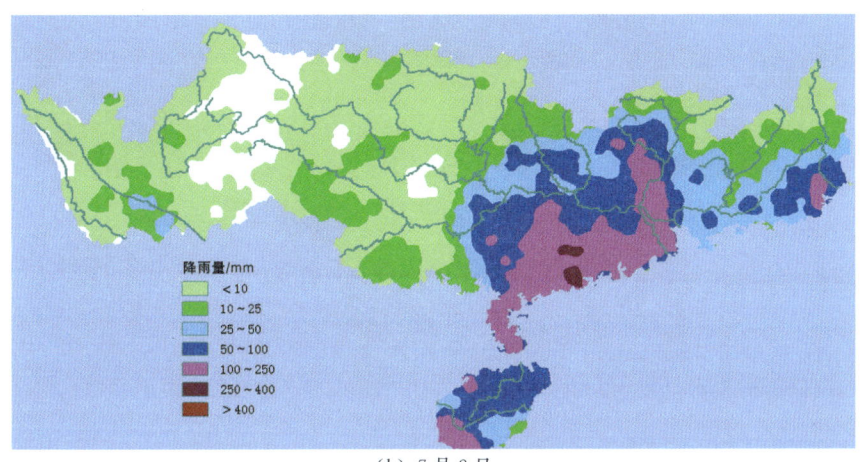

(b) 7月2日

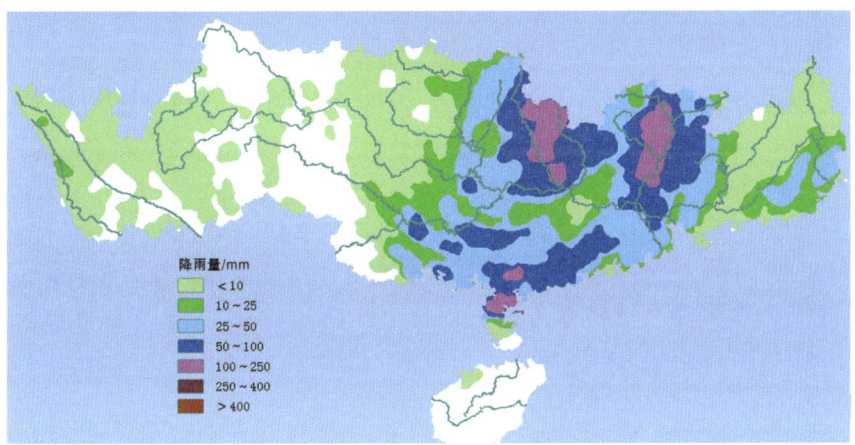

(c) 7月3日

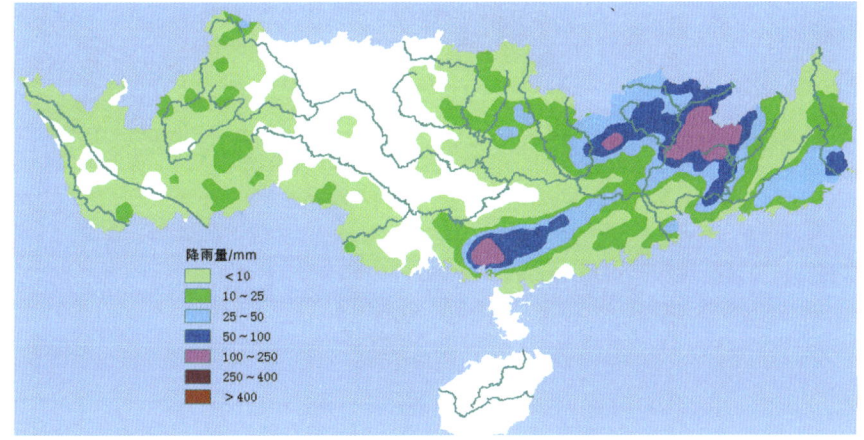

(d) 7月4日

图 2.20（二） 7月1—5日珠江流域（片）逐日降雨量分布图

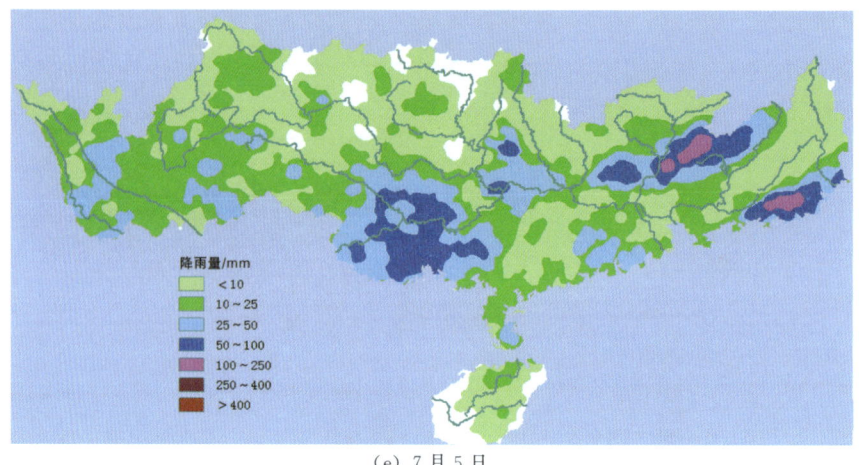

(e) 7月5日

图2.20（三） 7月1—5日珠江流域（片）逐日降雨量分布图

2.1.11 第11次降雨过程

7月6—7日，受西南季风的影响，浔江、西江下游、桂江中游、贺江上中游、北江上中游、粤东沿海、粤西沿海、桂南沿海等地部分地区累计降雨量50～100mm，其中贺江上游、粤东沿海、粤西沿海、桂南沿海等地局地累计降雨量100～250mm，累计降雨量分布见图2.21。降雨量超过50mm、100mm的笼罩面积分别为9.26万km^2、1.51万km^2，分别占珠江流域（片）总面积的16%、3%。较大累计雨量站有广东省茂名市电白区新河站（393mm）、广东省茂名市高州市分界圩站（361mm）、广东省茂名市市区车角山站（340mm）。最大1h降雨量为广东省茂名市茂南区山阁镇车角山站109.5mm（接近20年一遇）。

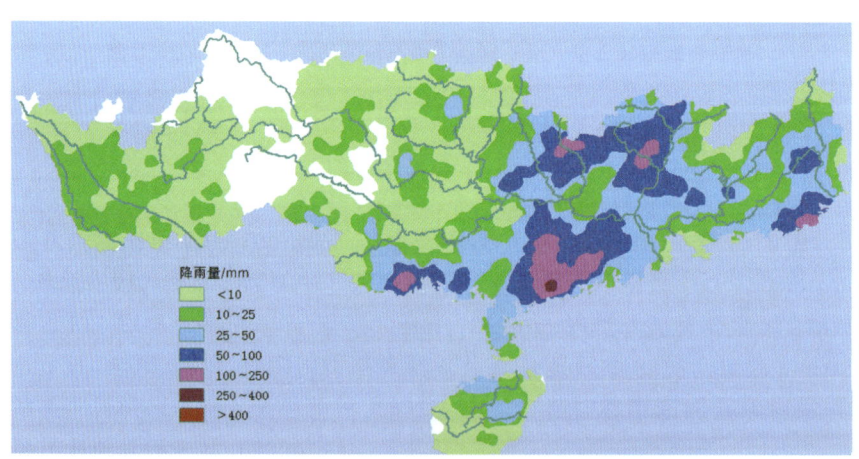

图2.21 7月6—7日珠江流域（片）累计降雨量分布图

降雨中心主要集中在贺江上游、粤东沿海、粤西沿海、桂南沿海，其中第1天集中在贺江上游、北江、珠江三角洲、粤东沿海、粤西沿海，第2天集中在粤西沿海、桂南沿海，逐日降雨量分布见图2.22。主要流域累计面雨量为北江49.6mm、珠江三角洲38.0mm。

2.2 洪水过程

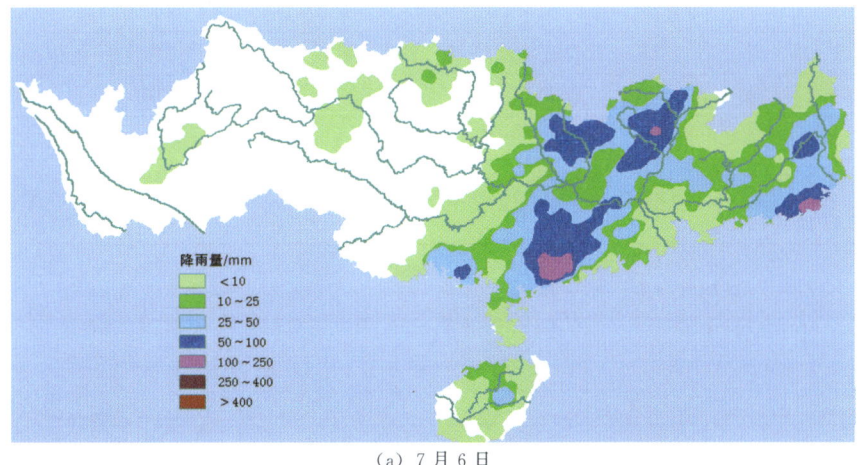

(a) 7月6日

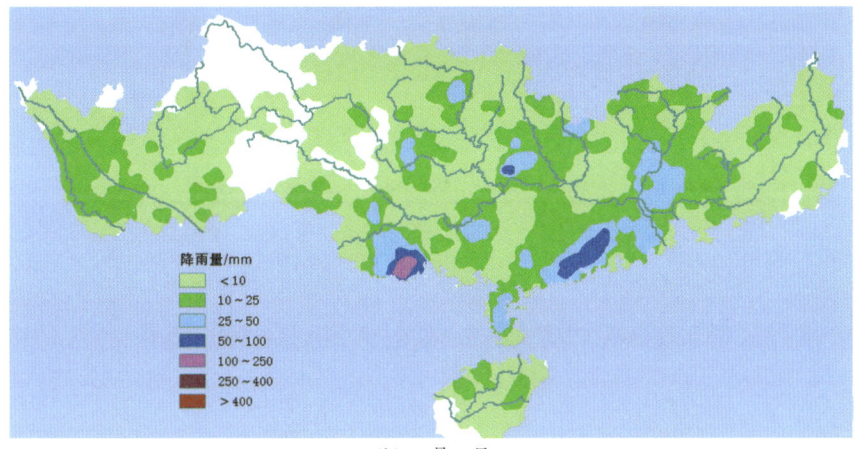

(b) 7月7日

图 2.22　7月6—7日珠江流域（片）逐日降雨量分布图

2.2　洪水过程

2022年5月下旬至7月上旬，受降雨影响，珠江共发生8次编号洪水过程，其中西江4次、北江3次、韩江1次，编号洪水统计见表2.2，西江梧州水文站4次编号洪水水位、流量过程线见图2.23，北江石角水文站3次编号洪水水位、流量过程线见图2.24，韩江三河坝水文站1次编号洪水水位过程线见图2.25。

表 2.2　　　　　　　　　　2022年珠江编号洪水表

编号洪水	代表站点	依据要素	编号时间（年-月-日 时：分）
西江第1号洪水	龙滩	流量	2022-05-30 11：00
西江第2号洪水	武宣	流量	2022-06-06 17：00
西江第3号洪水	梧州	水位	2022-06-12 20：00
西江第4号洪水	梧州	水位	2022-06-19 8：00

续表

编号洪水	代表站点	依据要素	编号时间（年-月-日 时：分）
北江第 1 号洪水	石角	流量	2022-06-14 11:30
北江第 2 号洪水	石角	流量	2022-06-19 12:00
北江第 3 号洪水	石角	流量	2022-07-05 7:35
韩江第 1 号洪水	三河坝	流量	2022-06-13 14:00

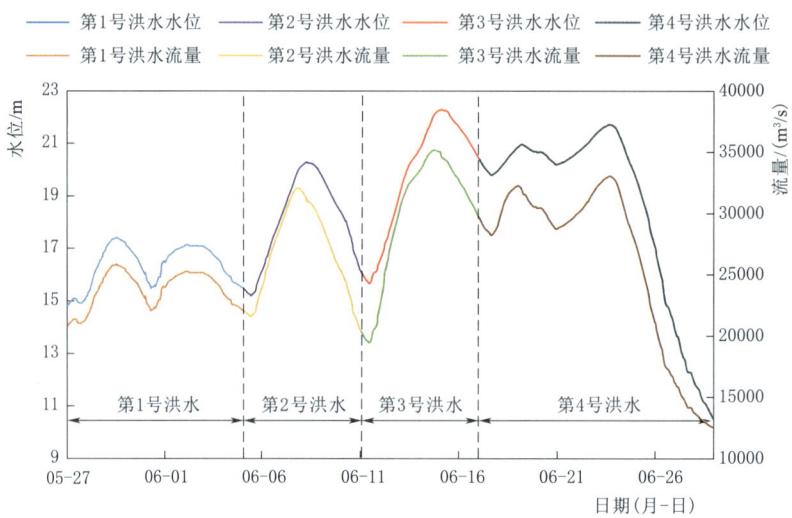

图 2.23　西江梧州水文站 4 次编号洪水水位、流量过程线

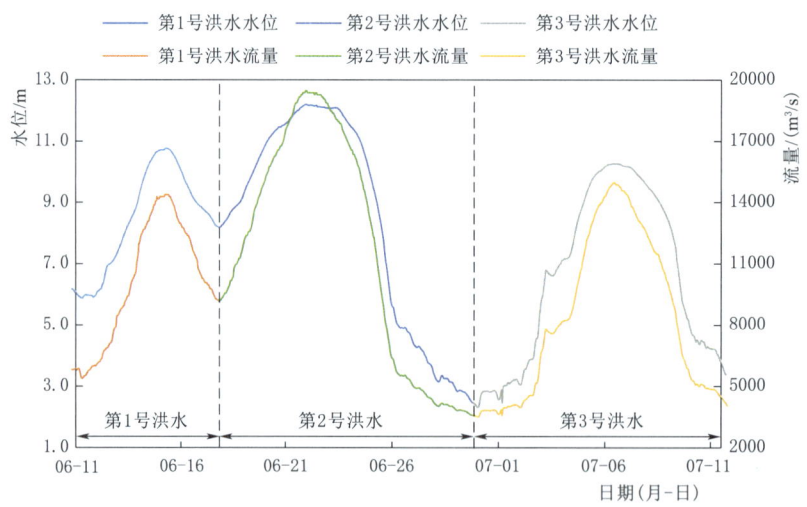

图 2.24　北江石角水文站 3 次编号洪水水位、流量过程线

2.2.1　西江第 1 号洪水

受上游来水及持续降雨影响，5 月 23 日至 6 月 5 日西江支流柳江、桂江、蒙江及西江

2.2 洪 水 过 程

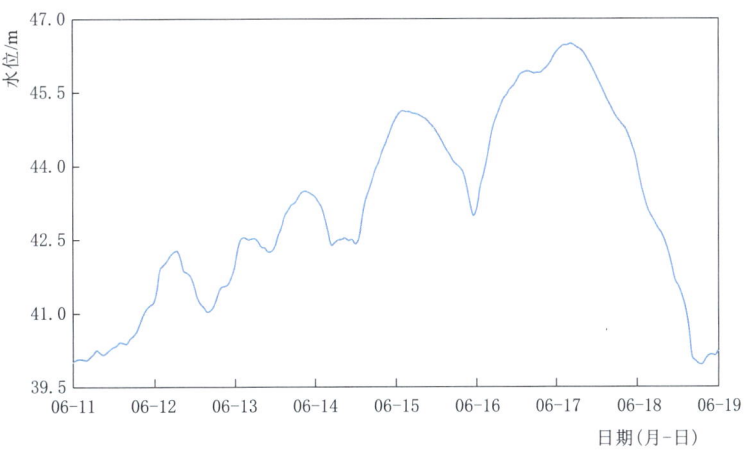

图 2.25 韩江三河坝水文站 1 次编号洪水水位过程线

干流相继涨水。随着降雨过程的发展，各河流主要控制站分别于 5 月 28 日至 6 月 2 日出现洪峰。5 月 30 日 11 时西江上游龙滩水库入库流量涨至 10900m³/s，达到水利部《全国主要江河洪水编号规定》的标准，编号为"西江 2022 年第 1 号洪水"。西江第 1 号洪水期间（5 月 27 日至 6 月 5 日）各河流的洪水演进过程分述如下。

2.2.1.1 支流

1. 柳江

柳江上游融江融水水文站洪水于 5 月 30 日 12 时 05 分起涨，起涨水位 102.85m，于 30 日 22 时 55 分达到洪峰水位 104.26m，未超警戒水位（106.60m），最大流量 5470m³/s，涨水历时 11h，水位涨幅 1.41m。6 月 1 日 0 时水位退至 102.95m，相应流量 3060m³/s，洪水过程历时 36h。融水水文站洪水水位、流量过程线见图 2.26。

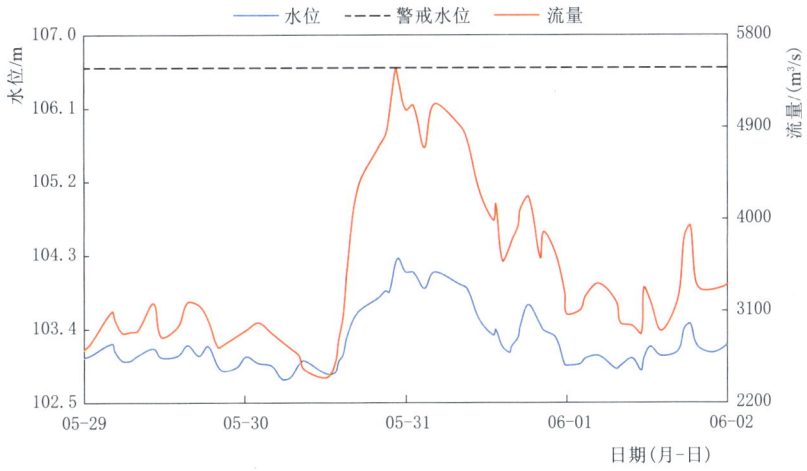

图 2.26 融水水文站洪水水位、流量过程线

柳江支流龙江三岔水文站洪水于 5 月 30 日 12 时 40 分起涨，起涨水位 97.65m，于 31 日 8 时 10 分达到洪峰水位 101.53m，未超警戒水位（107.60m），最大流量 3920m³/s，涨

水历时 20h，水位涨幅 3.88m。6 月 2 日 23 时水位退至 98.02m，相应流量 1410m³/s，洪水过程历时 82h。三岔水文站洪水水位、流量过程线见图 2.27。

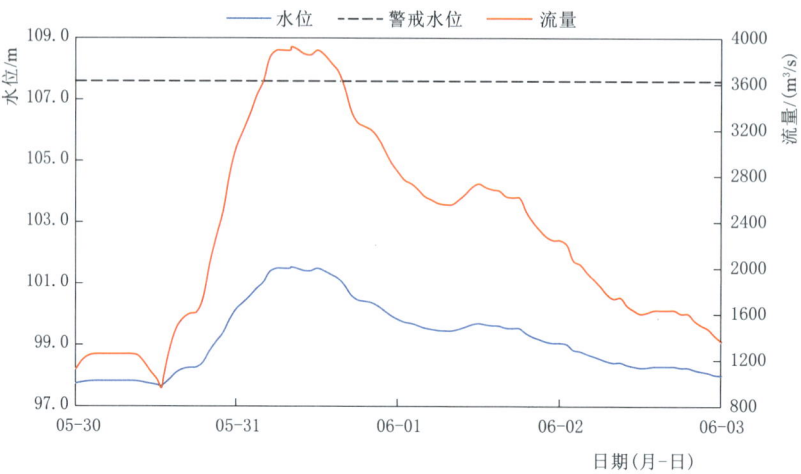

图 2.27 三岔水文站洪水水位、流量过程线

柳江柳州水文站洪水于 5 月 30 日 13 时 05 分起涨，起涨水位 78.26m，于 31 日 7 时 25 分达到洪峰水位 78.92m，未超警戒水位（82.50m），最大流量 9170m³/s，涨水历时 17h，水位涨幅 0.66m。6 月 3 日 1 时 40 分水位退至 78.19m，洪水过程历时 84h。西江第 1 号洪水期间柳江支流洛清江对亭水文站仅发生小洪水，于 24 日 1 时起涨，起涨水位 72.79m，于 27 日 5 时 25 分达到洪峰水位 77.00m，未超警戒水位（81.70m），涨水历时 76h，水位涨幅 4.21m，最大流量 1930m³/s。柳州水文站洪水水位、流量过程线见图 2.28。

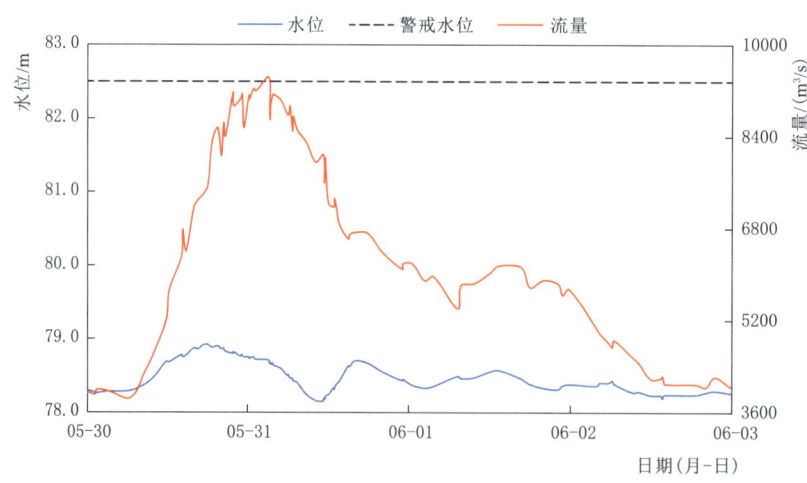

图 2.28 柳州水文站洪水水位、流量过程线

2. 郁江

右江百色水库于 5 月 23 日 14 时起涨，起涨库水位 211.73m，入库流量 534m³/s，出库流量 429m³/s，于 5 月 31 日 2 时达到入库洪峰流量 2310m³/s，涨水历时 180h，入库流量

涨幅 1776m³/s，31 日 17 时达到最大出库流量 1750m³/s，31 日 10 时达到最高库水位 214.18m，库水位涨幅 2.45m。6 月 2 日 18 时入库流量退至 840m³/s，洪水过程历时 244h。百色水库库水位、出入库流量过程线见图 2.29。

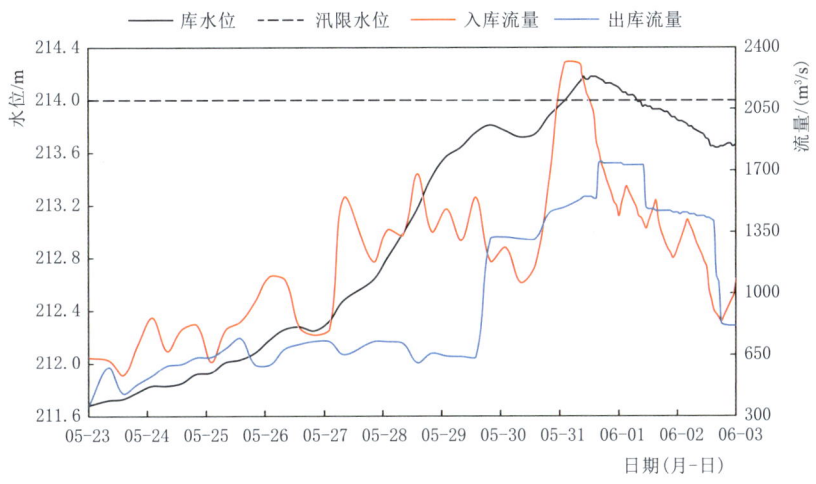

图 2.29　百色水库库水位、出入库流量过程线

左江崇左水文站洪水于 5 月 26 日 0 时起涨，起涨水位 87.58m，于 26 日 19 时达到第 1 个洪峰水位 90.71m，未超警戒水位（101.20m），涨水历时 19h，水位涨幅 3.13m。受降水补给影响，31 日 10 时水位退至 89.62m 后又复涨，6 月 1 日 13 时再次出现洪峰，洪峰水位 92.35m，未超警戒水位，最大流量 2210m³/s，涨水历时 27h，水位涨幅 2.73m。6 月 2 日 23 时水位退至 89.57m，相应流量 1150m³/s，洪水过程历时 191h。崇左水文站洪水水位、流量过程线见图 2.30。

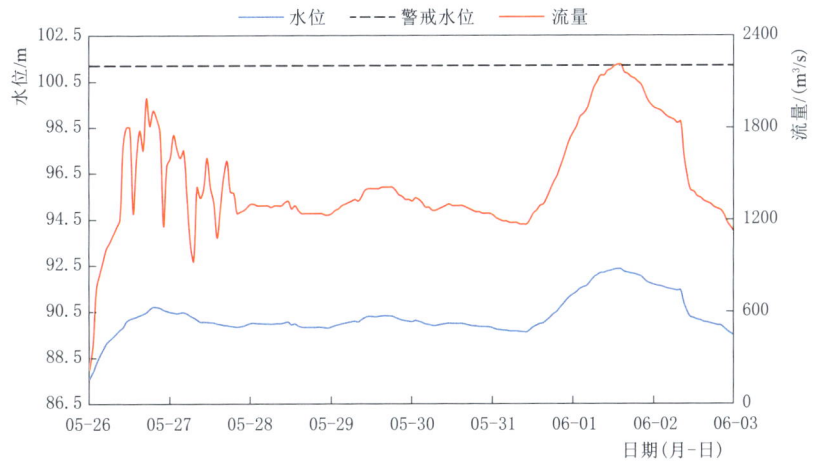

图 2.30　崇左水文站洪水水位、流量过程线

右江、左江洪水汇合后，郁江南宁水文站未发生较大洪水，出现 2 次涨水过程。郁江南宁水文站洪水于 5 月 26 日 13 时起涨，起涨水位 66.84m，于 29 日 2 时 05 分达到第 1 个

洪峰水位 68.34m，未超警戒水位（73.00m），29 日 0 时达到最大流量 4670m³/s，涨水历时 61h，水位涨幅 1.50m。30 日 16 时 35 分水位退至 67.13m 后又复涨，6 月 2 日 5 时 50 分达到洪峰，洪峰水位 68.99m，未超警戒水位，最大流量 5090m³/s，涨水历时 61h，水位涨幅 1.86m。6 月 2 日 23 时水位退至 67.90m，相应流量 4280m³/s，洪水过程历时 178h。南宁水文站洪水水位、流量过程线见图 2.31。

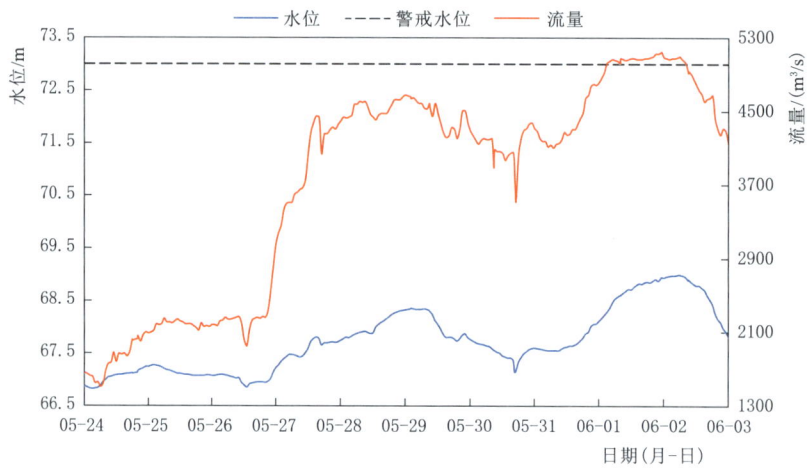

图 2.31　南宁水文站洪水水位、流量过程线

郁江贵港水文站未发生较大洪水，出现 2 次涨水过程，于 5 月 25 日 14 时起涨，起涨水位 33.30m，29 日 19 时 25 分达到洪峰水位 37.72m，未超警戒水位（41.20m），水位涨幅 4.42m，洪峰流量 4680m³/s。31 日 16 时 15 分水位退至 36.49m 后复涨，6 月 2 日 17 时再次达到洪峰，洪峰水位 38.39m，相应流量 5020m³/s。6 月 4 日 20 时水位退至 34.09m，相应流量 2330m³/s，洪水过程历时 246h。由于受上下游水利工程影响，部分时段水位与流量过程不相应。贵港水文站洪水水位、流量过程线见图 2.32。

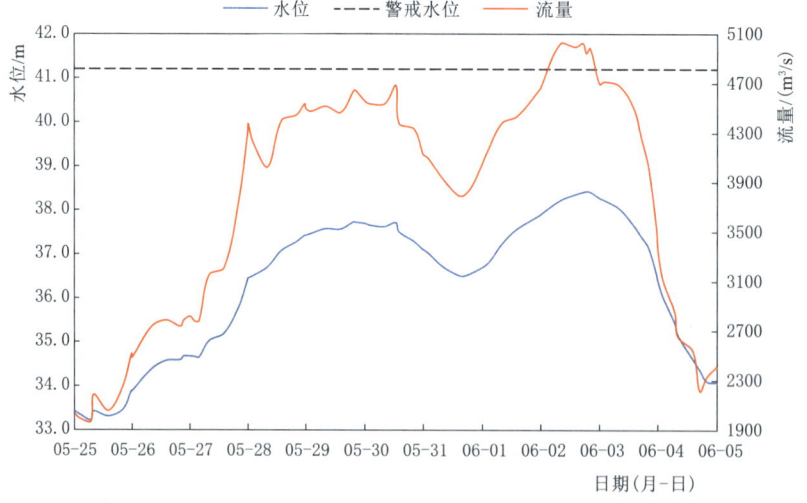

图 2.32　贵港水文站洪水水位、流量过程线

3. 桂江

甘棠江青狮潭水库、六洞河斧子口水库、川江川江水库、小溶江小溶江水库均未出现明显洪水过程。

桂江上游桂林水文站出现 4 次明显涨水过程，均未超警戒水位（146.00m），于 5 月 30 日 8 时起涨，起涨水位 142.96m，30 日 18 时 20 分达到洪峰水位 144.07m，相应流量 933m³/s，水位涨幅 1.11m，涨水历时 10h。受降水补给影响，5 月 31 日 0 时水位退至 143.94m 后复涨，于 31 日 2 时 50 分达到洪峰，洪峰水位 144.11m，相应流量 960m³/s。6 月 1 日 4 时 25 分水位退至 143.57m 后再次复涨，于 1 日 18 时 10 分达到洪峰，洪峰水位 144.29m，相应流量 1080m³/s，水位涨幅 0.72m，涨水历时 14h。6 月 2 日 8 时水位退至 143.74m 后再次复涨，于 3 日 3 时 20 分达到洪峰，洪峰水位 144.05m，相应流量 920m³/s，水位涨幅 0.31m，涨水历时 19h。6 月 3 日 20 时 35 分水位退至 143.67m，相应流量 700m³/s，洪水过程历时 108h。桂林水文站洪水水位、流量过程线见图 2.33。

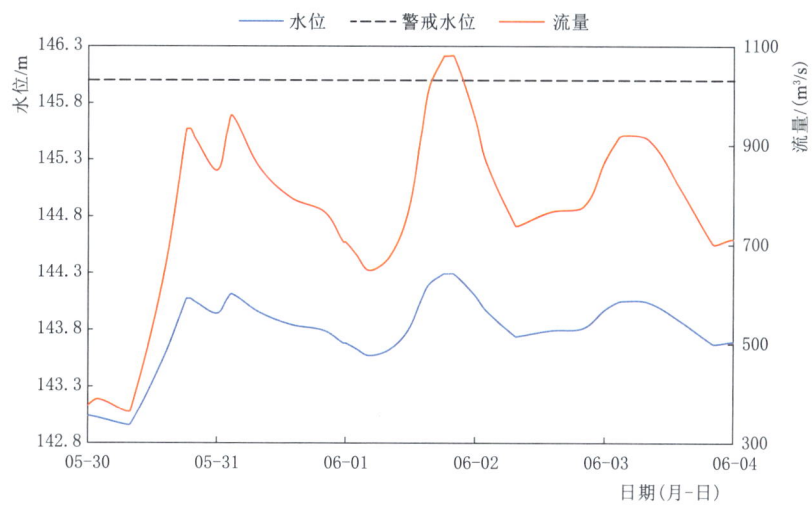

图 2.33　桂林水文站洪水水位、流量过程线

桂江京南水文站出现 3 次明显涨水过程，均未超警戒水位（24.00m）。于 5 月 27 日 0 时起涨，起涨水位 19.78m，28 日 9 时 50 分达到洪峰水位 22.94m，相应流量 5010m³/s，水位涨幅 3.16m，涨水历时 34h。受降水补给影响，5 月 28 日 16 时 10 分水位退至 22.01m 后又复涨，29 日 1 时 30 分达到洪峰，洪峰水位 22.81m，相应流量 4870m³/s。5 月 30 日 19 时 25 分水位退至 19.65m 后再次复涨，于 31 日 16 时 15 分达到洪峰，洪峰水位 23.17m，相应流量 5270m³/s，水位涨幅 3.52m，涨水历时 21h。6 月 5 日 3 时 10 分水位退至 19.33m，相应流量 1380m³/s，洪水过程历时 219h。其洪水水位、流量过程线见图 2.34。

4. 蒙江

蒙江太平水文站出现 3 次明显涨水过程，出现 2 次超警洪水，于 5 月 27 日 12 时起涨，起涨水位 36.02m，28 日 14 时达到洪峰水位 37.46m 后小幅退水，受降水补给影响，29 日 0 时再次达到洪峰，洪峰水位 37.61m，超警戒水位（37.20m）0.41m，相应流量 2150m³/s，水位总涨幅 1.59m，涨水历时 36h。30 日 22 时 10 分水位退至 35.40m 后再次

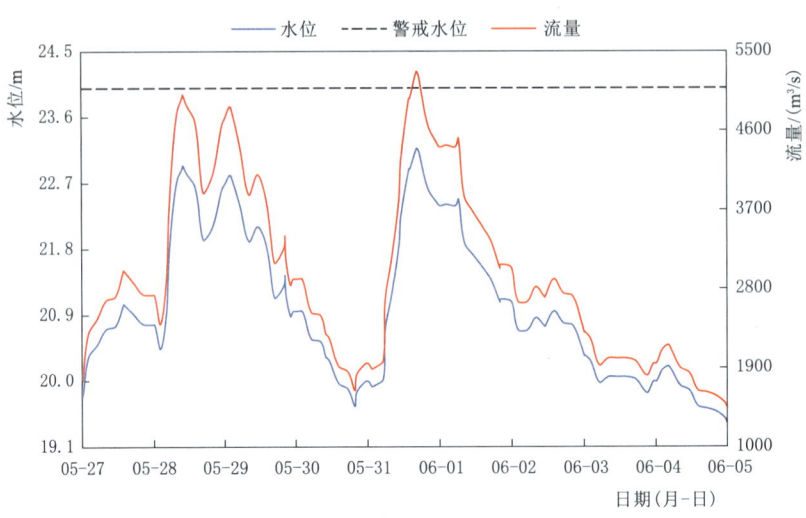

图 2.34　京南水文站洪水水位、流量过程线

复涨，于 31 日 18 时 05 分达到洪峰，洪峰水位 36.68m，未超警戒水位，相应流量 1400m³/s，水位涨幅 1.28m，涨水历时 20h。6 月 3 日 19 时 25 分水位退至 35.15m，相应流量 371m³/s，洪水过程历时 175h。太平水文站洪水水位、流量过程线见图 2.35。

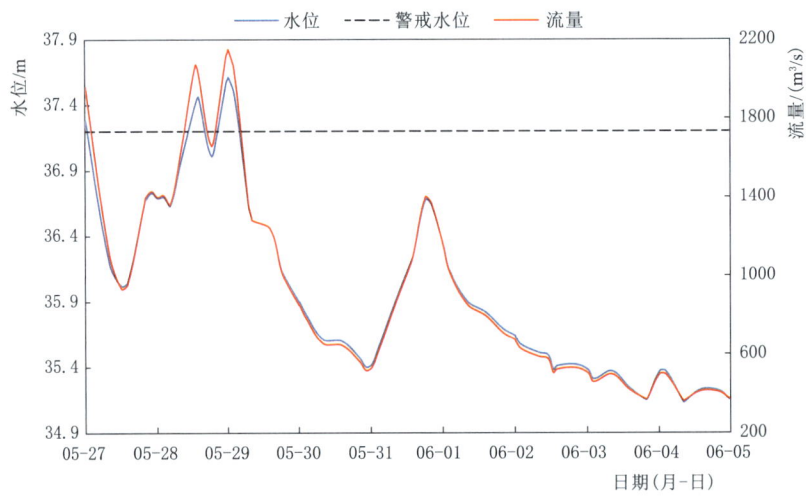

图 2.35　太平水文站洪水水位、流量过程线

2.2.1.2　干流

1. 红水河段

受上游来水及降雨影响，西江上游红水河龙滩水库于 5 月 22 日 2 时起涨，起涨库水位 341.49m，入库流量 1420m³/s，出库流量 1790m³/s，23 日 14 时达到入库洪峰流量 7570m³/s，涨水历时 36h，入库流量涨幅 6150m³/s；5 月 28 日 2 时入库流量退至 3570m³/s 后复涨，于 28 日 14 时达到入库洪峰流量 10700m³/s；5 月 29 日 20 时入库流量退至 4820m³/s 后再次复涨，于 5 月 30 日 11 时涨至最大入库流量，为 10900m³/s，达到

2.2 洪 水 过 程

水利部《全国主要江河洪水编号规定》的标准,编号为"西江2022年第1号洪水"。本次洪水过程涨水历时201h,入库流量涨幅9480m³/s,6月2日5时最大出库流量4170m³/s,6月2日13时达到最高库水位352.80m,未超汛限水位(359.30m),库水位涨幅11.31m。6月2日19时入库流量退至3490m³/s,本次洪水过程总历时281h。龙滩水库库水位、出入库流量过程线见图2.36。

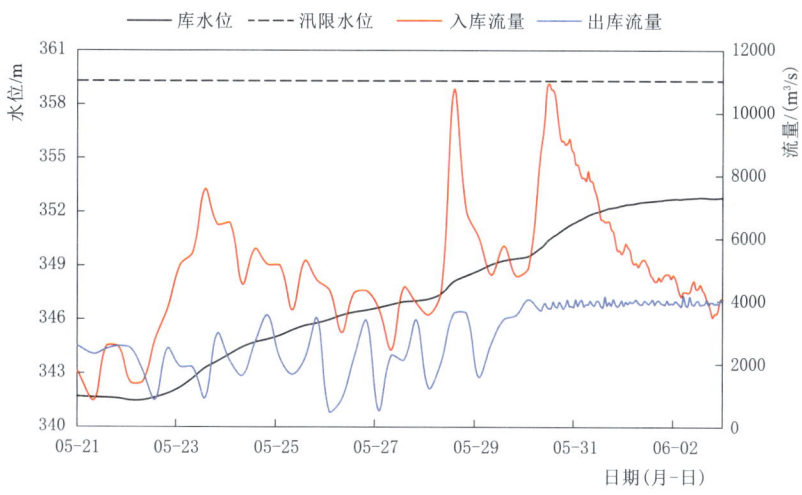

图 2.36 龙滩水库库水位、出入库流量过程线

受上游来水及降雨影响,红水河岩滩水库于5月23日8时起涨,起涨库水位219.96m,入库流量1490m³/s,出库流量1960m³/s,5月31日8时入库流量涨至最大,为5300m³/s,涨水历时192h,入库流量涨幅3810m³/s,6月1日8时达到最大出库流量5950m³/s,5月30日14时达到最高库水位220.82m,未超汛限水位(221.00m),库水位涨幅0.86m。6月2日14时入库流量退至4570m³/s,洪水过程历时246h。岩滩水库库水位、出入库流量过程线见图2.37。

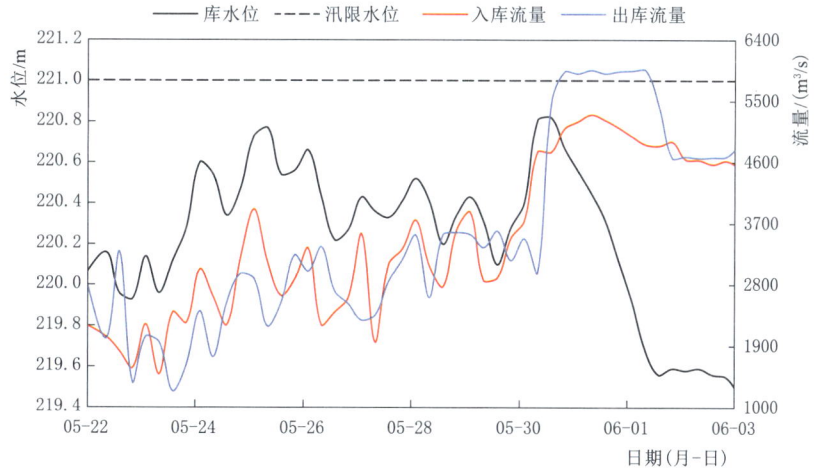

图 2.37 岩滩水库库水位、出入库流量过程线

红水河迁江水文站受上游来水及持续降雨影响，江河底水不断抬高，出现 2 次明显洪水过程，均未超警戒水位（81.70m），于 5 月 25 日 8 时起涨，起涨水位 69.19m，28 日 17 时 30 分达到洪峰水位 74.24m，洪峰流量 6610m³/s，水位涨幅 5.05m，涨水历时 82h。30 日 17 时 30 分水位退至 71.48m 后复涨，于 6 月 1 日 7 时 10 分达到洪峰，洪峰水位 75.54m，相应流量 7460m³/s，水位涨幅 4.06m，涨水历时 38h。6 月 4 日 0 时水位退至 72.29m，相应流量 5160m³/s，洪水过程历时 232h。迁江水文站洪水水位、流量过程线见图 2.38。

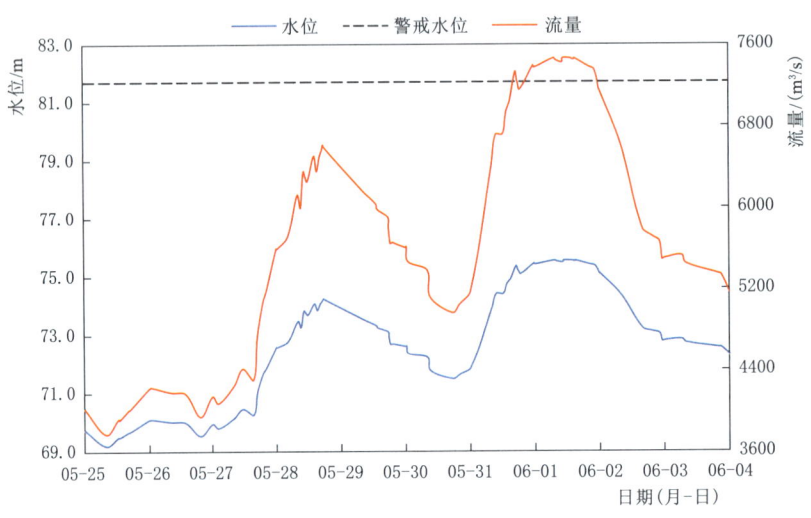

图 2.38　迁江水文站洪水水位、流量过程线

2. 黔江段

受红水河与柳江洪水汇合后不同组合影响，黔江武宣水文站出现 2 次明显洪水过程，均未发生超警洪水。受红水河来水影响，黔江底水不断抬高，5 月 27 日 5 时 50 分起涨，起涨水位 51.08m，于 28 日 18 时 05 分达到洪峰水位 53.00m，未超警戒水位（55.70m），相应流量 15600m³/s，水位涨幅 1.92m，涨水历时 36h。受柳江及红水河来水共同影响，31 日 4 时 05 分水位退至 51.28m 后复涨，于 6 月 1 日 3 时 10 分达到第 2 个洪峰，洪峰水位 54.12m，未超警戒水位，相应流量 16400m³/s，水位涨幅 2.84m，涨水历时 23h。6 月 3 日 17 时 45 分水位退至 51.57m，相应流量 12900m³/s，洪水过程历时 180h。武宣水文站洪水水位、流量过程线见图 2.39。

3. 浔江段

受黔江来水影响，浔江大湟江口水文站相应也出现 2 次明显洪水过程，均未发生超警洪水。从 5 月 27 日 12 时 10 分起涨，起涨水位 27.90m，29 日 5 时 35 分达到第 1 个洪峰，洪峰水位 29.55m，相应流量 20100m³/s，水位涨幅 1.65m，涨水历时 41h。5 月 31 日 11 时水位退至 28.36m 后复涨，6 月 2 日 8 时 45 分达到第 2 个洪峰，洪峰水位 30.09m，相应流量 21700m³/s，水位涨幅 1.73m，涨水历时 47h。6 月 5 日 0 时水位退至 28.19m，相应流量 16900m³/s，洪水过程历时 204h。大湟江口水文站洪水水位、流量过程线见图 2.40。

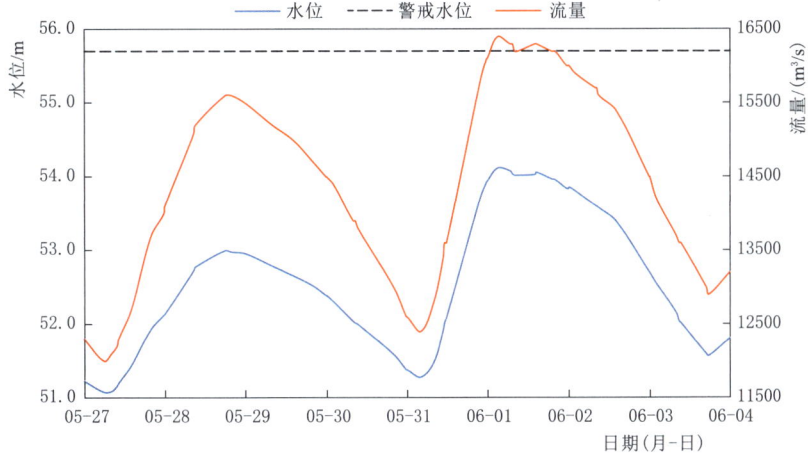

图 2.39　武宣水文站洪水水位、流量过程线

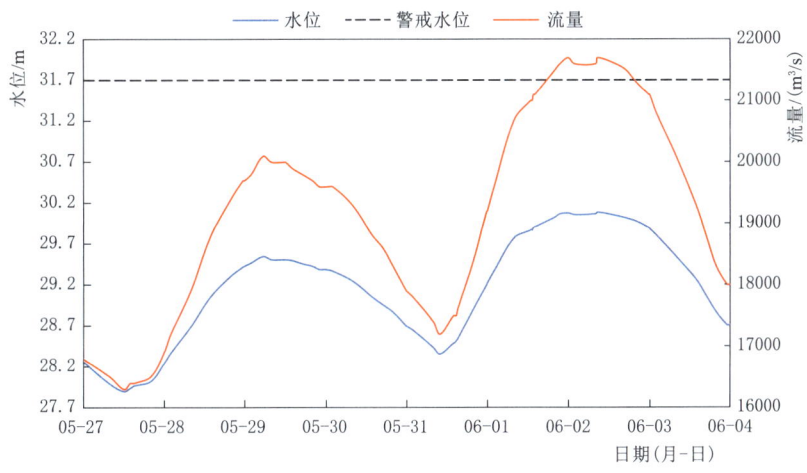

图 2.40　大湟江口水文站洪水水位、流量过程线

受上游来水及降雨影响，浔江长洲水库于 5 月 27 日 14 时起涨，起涨库水位 18.60m，入库流量 18000m³/s，出库流量 18000m³/s，5 月 29 日 8 时达到第 1 个入库洪峰流量 26000m³/s，出库流量 26000m³/s，涨水历时 42h，入库流量涨幅 8000m³/s，31 日 8 时入库流量退至 14000m³/s 后复涨，6 月 1 日 20 时达到第 2 个入库洪峰流量 25500m³/s，出库流量 26000m³/s，涨水历时 36h，入库流量涨幅 11500m³/s。5 月 27 日 14 时达到最高库水位 18.60m，未超汛限水位（19.30m）。6 月 4 日 14 时入库流量退至 14500m³/s，洪水过程历时 192h。长洲水库库水位、出入库流量过程线见图 2.41。

4. 西江段

受浔江、桂江及蒙江洪水共同影响，西江梧州水文站出现 2 次洪水过程，其中第 1 个洪峰出现后受上游来水持续补充影响，回落一点又继续上涨出现第 2 个洪峰，第 2 个洪峰起涨前河道底水较高。梧州水文站 5 月 27 日 18 时水位从 14.94m 起涨，至 29 日 12 时 40 分达到洪峰，洪峰水位 17.44m，未超警戒水位（18.50m），相应流量 25900m³/s，水位

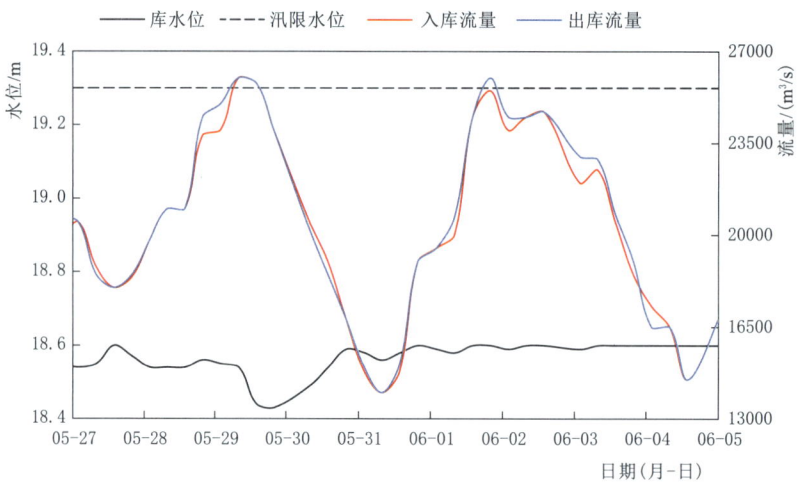

图 2.41　长洲水库库水位、出入库流量过程线

涨幅 2.50m，涨水历时 43h。30 日、31 日桂江、蒙江、浔江先后复涨，受其影响，31 日 6 时 50 分水位退至 15.50m 后复涨，于 6 月 2 日 4 时 15 分达到第 2 个洪峰，洪峰水位 17.17m，未超警戒水位，相应流量 25300m³/s，水位涨幅 1.67m，涨水历时 45h。6 月 4 日 23 时 20 分水位退至 15.54m，相应流量 22200m³/s，洪水过程历时 197h。梧州水文站洪水水位、流量过程线见图 2.42。

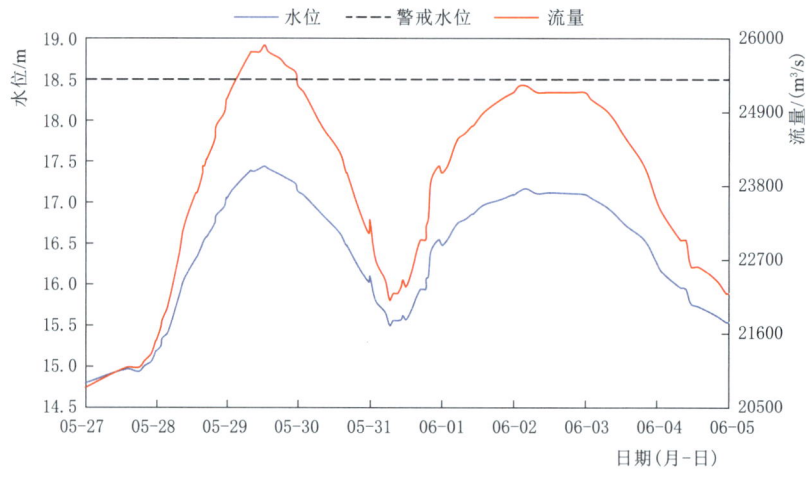

图 2.42　梧州水文站洪水水位、流量过程线

受上游来水影响，西江高要水文站出现 2 次洪水过程，其中第 1 个洪峰出现后受上游来水持续补充影响，回落一点又继续上涨出现第 2 个洪峰，第 2 个洪峰起涨前河道底水较高。高要水文站 5 月 28 日 11 时水位从 5.08m 起涨，至 29 日 19 时达到洪峰，洪峰水位 6.27m，未超警戒水位，相应流量 26500m³/s，水位涨幅 1.19m，涨水历时 32h。31 日 22 时水位退至 5.33m 后出现复涨，于 6 月 2 日 20 时达到第 2 个洪峰，洪峰水位 6.13m，未超警戒水位，相应流量 26400m³/s，水位涨幅 0.80m，涨水历时 46h。6 月 5 日 15 时水位

退至 5.41m，相应流量 22400m³/s，洪水过程历时 196h。高要水文站洪水水位、流量过程线见图 2.43。

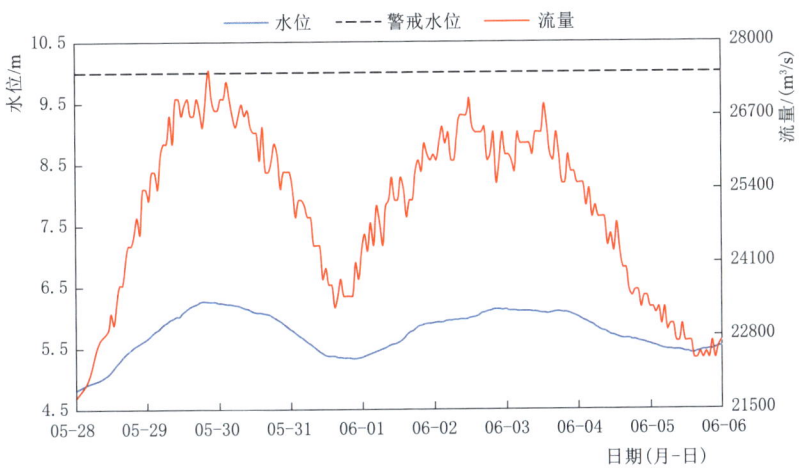

图 2.43　高要水文站洪水水位、流量过程线

2.2.2　西江第 2 号洪水

受 6 月 2 日持续降雨影响，6 月 3—11 日西江支流柳江、桂江、蒙江及西江干流相继涨水。随着降雨过程的发展，各河流主要控制站分别于 6 月 3—11 日出现洪峰。西江中游武宣水文站于 6 月 3 日 17 时 45 分复涨，6 日 17 时西江中游武宣水文站流量涨至 25200m³/s，达到水利部《全国主要江河洪水编号规定》的标准，编号为"西江 2022 年第 2 号洪水"。

西江梧州水文站于 6 月 8 日 7 时 10 分出现 20.31m 的洪峰水位，超警 1.81m，相应流量 31300m³/s，为 2～5 年一遇洪水。西江 2 号洪水期间（6 月 3—11 日）各河流的洪水演进过程分述如下。

2.2.2.1　支流

1. 柳江

受 6 月 3—8 日强降雨影响，柳江出现一次超警洪水过程，柳江上游融江融水水文站于 6 月 3 日 19 时 25 分起涨，起涨水位 103.06m，5 日 2 时 50 分达到洪峰水位 110.43m，超警戒水位（106.60m）3.83m，洪峰流量 14600m³/s，为 5 年一遇洪水，水位超警戒持续 30h，水位涨幅 7.37m，涨水历时 31h。6 月 9 日 13 时 20 分水位退至 102.35m，相应流量 1560m³/s，洪水过程历时 138h。融水水文站洪水水位、流量过程线见图 2.44。

柳江支流龙江三岔水文站于 6 月 3 日 11 时 25 分起涨，起涨水位 97.77m，5 日 5 时达到洪峰水位 104.05m，未超警戒水位（106.60m），洪峰流量 4630m³/s，水位涨幅 6.28m，涨水历时 42h。6 月 5 日 13 时 50 分水位落至 102.69m 后复涨，5 日 23 时 02 分达到洪峰水位 105.28m，未超警戒水位，相应流量 5350m³/s，水位涨幅 2.59m，涨水历时 9h。6 月 9 日 17 时水位退至 97.93m，相应流量 1230m³/s，洪水过程历时 150h。三岔水文站洪水水位、流量过程线见图 2.45。

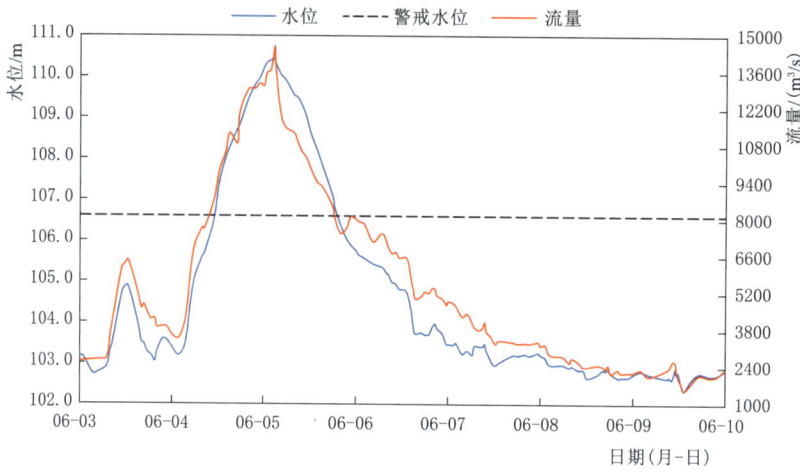

图 2.44　融水水文站洪水水位、流量过程线

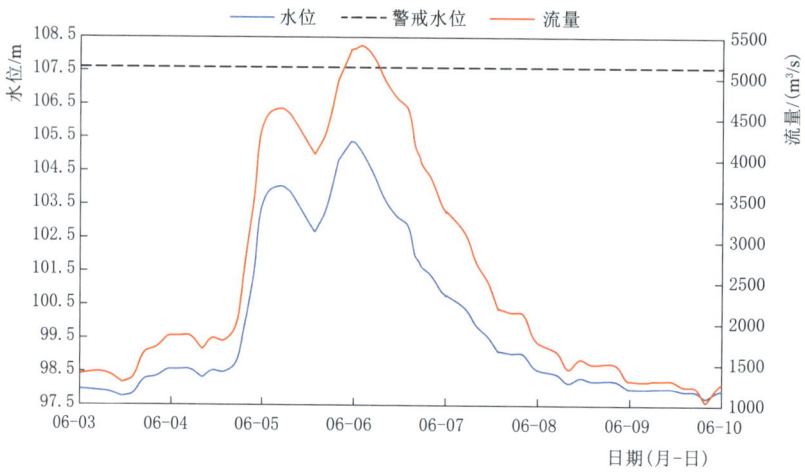

图 2.45　三岔水文站洪水水位、流量过程线

相应柳江柳州水文站出现一次超警洪水过程。受上游融江及支流龙江、阳江等来水影响，柳江柳州水文站洪水于 6 月 4 日 5 时 50 分起涨，起涨水位 76.96m，相应流量 6100m³/s，受前期降雨影响，江河底水较高，于 5 日 22 时 15 分达到洪峰水位 84.64m，超警戒水位（82.50m）2.14m，水位超警戒持续 39h，水位涨幅 7.68m，涨水历时 40h，最大流量 18900m³/s，为 2~5 年一遇洪水，过程历时 143h。6 月 9 日 22 时 40 分流量退至 3120m³/s，相应水位 78.51m，洪水过程历时 137h。受下游红花电站影响，柳江柳州水文站流量过程线呈锯齿状，其洪水水位、流量过程线见图 2.46。

柳江支流洛清江对亭水文站洪水过程为单峰型，6 月 4 日 19 时 20 分开始起涨，起涨水位 74.09m，前期底水较低，但涨势快，6 日 2 时 30 分达到洪峰水位 82.18m，超警戒水位（81.70m）0.48m，水位涨幅 8.09m，涨水历时 31h，最大流量 4630m³/s，过程历时 132h。6 月 10 日 7 时 45 分水位退至 73.73m，相应流量 473m³/s，洪水过程历时 132h。对亭水文站洪水水位、流量过程线见图 2.47。

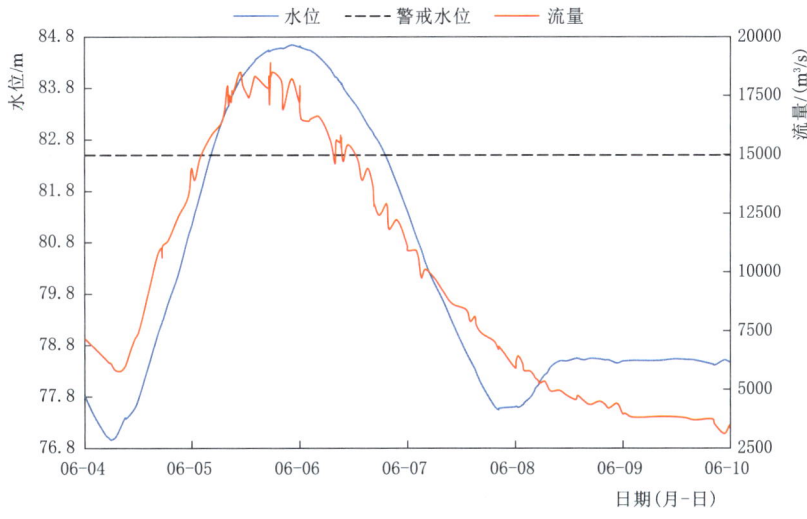

图 2.46　柳州水文站洪水水位、流量过程线

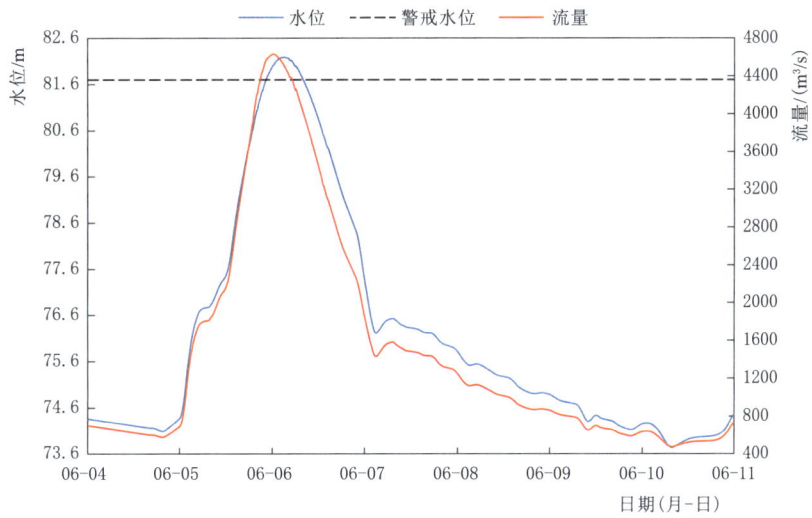

图 2.47　对亭水文站洪水水位、流量过程线

2. 郁江

右江百色水库于 6 月 3 日 18 时起涨，起涨库水位 213.49m，入库流量 640m³/s，出库流量 1230m³/s，于 4 日 1 时达到入库洪峰流量 980m³/s，涨水历时 7h，入库流量涨幅 340m³/s。6 月 4 日 16 时入库流量退至 620m³/s 后复涨，5 日 13 时达到入库洪峰流量 1260m³/s，涨水历时 21h，入库流量涨幅 640m³/s。6 月 5 日 20 时入库流量退至 1040m³/s 后复涨，6 日 0 时达到入库洪峰流量 1310m³/s，涨水历时 4h，入库流量涨幅 270m³/s。6 月 9 日 6 时入库流量退至 500m³/s，洪水过程历时 132h。百色水库库水位、出入库流量过程线见图 2.48。

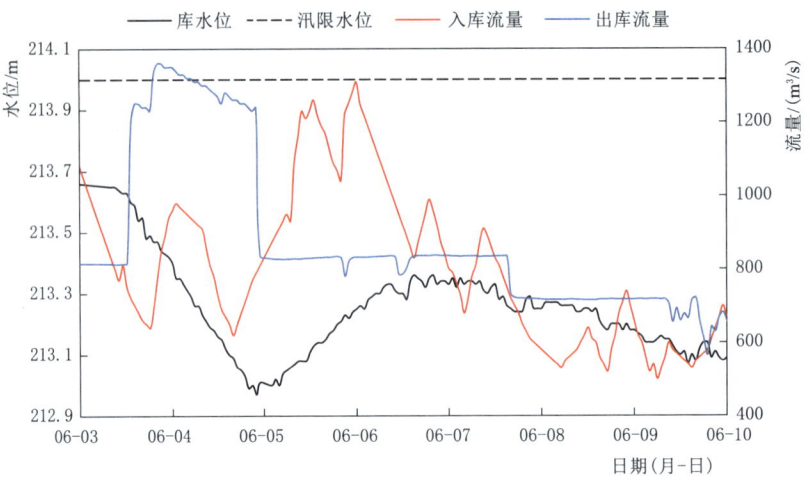

图 2.48　百色水库库水位、出入库流量过程线

左江崇左水文站、郁江南宁水文站均未出现明显洪水过程。

郁江贵港水文站未发生较大洪水，出现 1 次涨水过程，未超警戒水位（41.20m），于 6 月 4 日 23 时起涨，起涨水位 34.00m，7 日 15 时 20 分达到洪峰水位 38.04m，未超警戒水位，水位涨幅 4.04m，涨水历时 64h，6 日 19 时 10 分达到洪峰流量 3910m³/s。6 月 10 日 6 时 35 分水位退至 35.62m，相应流量 3340m³/s，洪水过程历时 128h。由于受水利工程影响，部分时段水位与流量过程不相应。贵港水文站洪水水位、流量过程线见图 2.49。

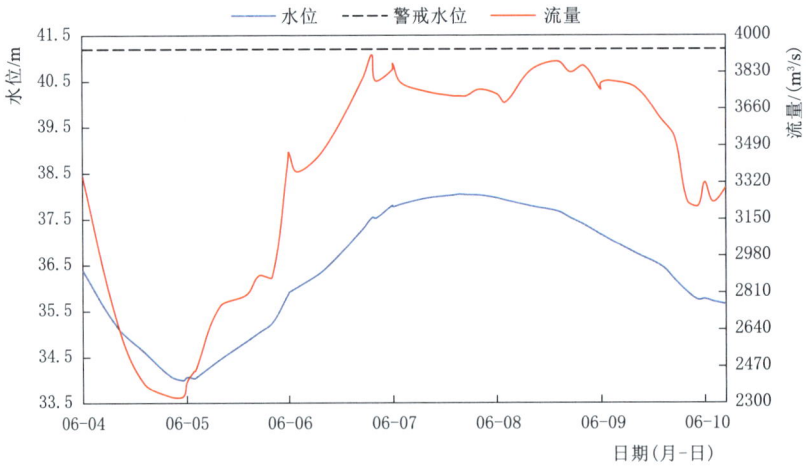

图 2.49　贵港水文站洪水水位、流量过程线

3. 桂江

桂江上游支流甘棠江青狮潭水库于 6 月 3 日 8 时起涨，起涨库水位 218.49m，入库流量 160m³/s，出库流量 54.2m³/s，于 4 日 8 时达到入库洪峰流量 548m³/s，涨水历时 24h，入库流量涨幅 388m³/s。6 月 8 日 8 时达到最高库水位 221.96m，未超汛限水位（224.20m），9 日 8 时出现最大出库流量 76.5m³/s。6 月 9 日 8 时入库流量退至 67.8m³/s，洪水过程历时 144h。青狮潭水库库水位、出入库流量过程线见图 2.50。

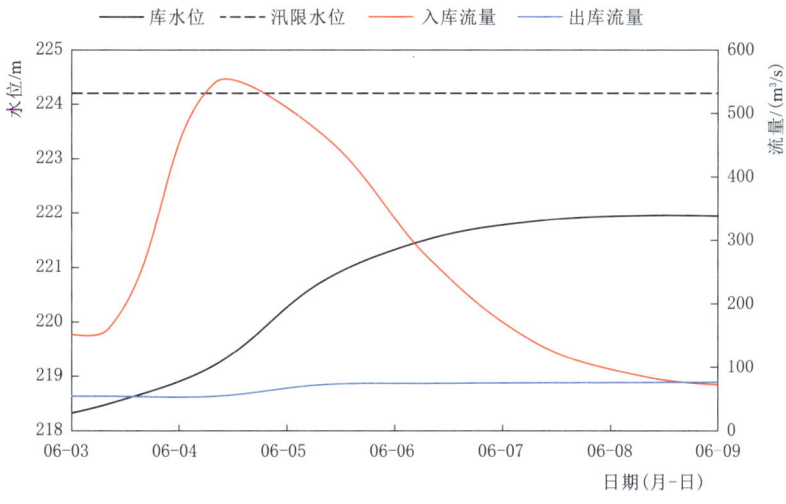

图 2.50　青狮潭水库库水位、出入库流量过程线

桂江上游干流六洞河斧子口水库于 6 月 3 日 23 时起涨，起涨库水位 252.04m，入库流量 115m³/s，出库流量 143m³/s，于 4 日 4 时达到入库洪峰流量 1220m³/s，涨水历时 5h，入库流量涨幅 1105m³/s。6 月 6 日 8 时达到最高库水位 256.26m，超过汛限水位（252.00m）4.26m，4 日 13 时出现最大出库流量 548m³/s。6 月 7 日 20 时入库流量退至 44.8m³/s，洪水过程历时 93h。斧子口水库库水位、出入库流量过程线见图 2.51。

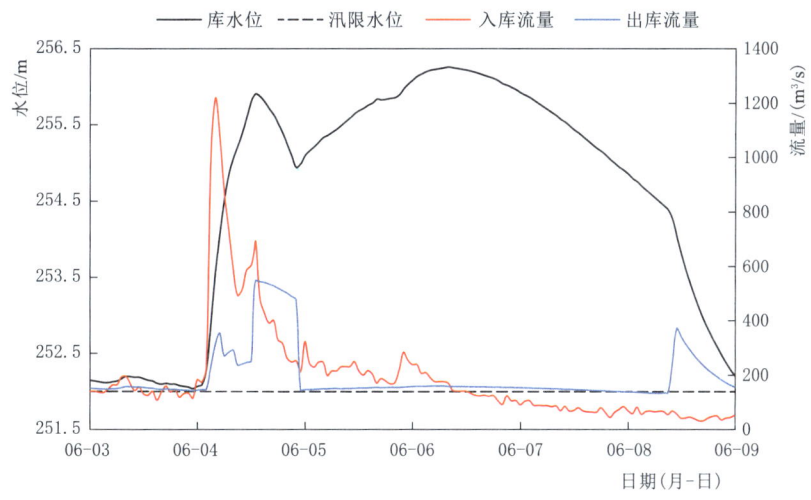

图 2.51　斧子口水库库水位、出入库流量过程线

桂江上游支流川江川江水库于 6 月 3 日 21 时起涨，起涨库水位 261.82m，入库流量 49.3m³/s，出库流量 57.6m³/s，于 4 日 3 时达到入库洪峰流量 360m³/s，涨水历时 6h，入库流量涨幅 310.7m³/s。6 月 7 日 3 时达到最高库水位 265.73m，超过汛限水位（263.00m）2.73m，4 日 21 时出现最大出库流量 133m³/s。6 月 7 日 14 时入库流量退至 22.6m³/s，洪水过程历时 89h。川江水库库水位、出入库流量过程线见图 2.52。

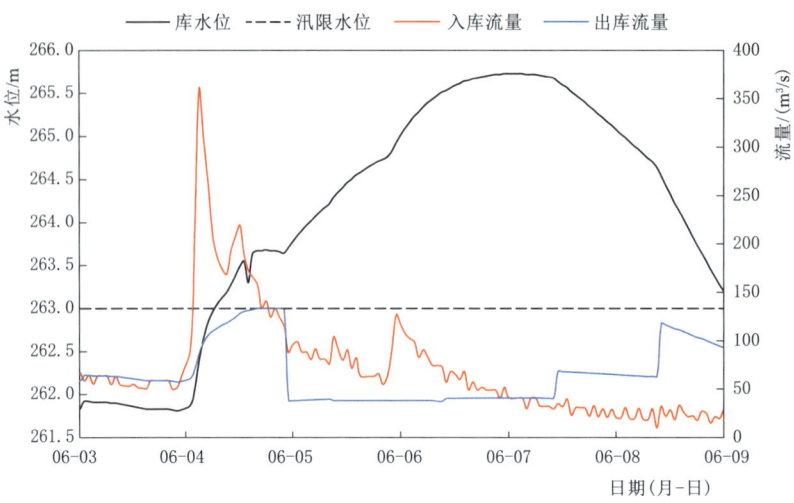

图 2.52　川江水库库水位、出入库流量过程线

桂江上游支流小溶江小溶江水库于 6 月 3 日 8 时起涨，起涨库水位 253.03m，入库流量 115m³/s，出库流量 103m³/s，于 4 日 13 时达到入库洪峰流量 546m³/s，涨水历时 29h，入库流量涨幅 431m³/s。6 月 6 日 18 时达到最高库水位 257.55m，超过汛限水位 （252.50m） 5.05m，4 日 13 时出现最大出库流量 431m³/s。6 月 8 日 21 时入库流量退至 30.9m³/s，洪水过程历时 133h。小溶江水库库水位、出入库流量过程线见图 2.53。

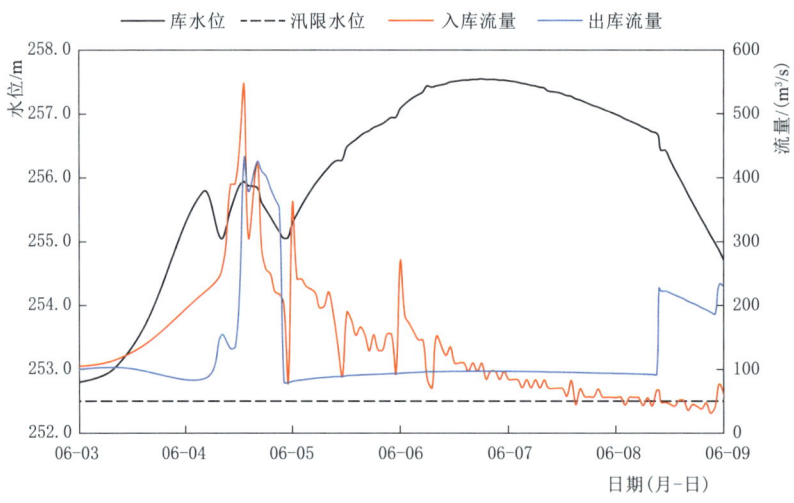

图 2.53　小溶江水库库水位、出入库流量过程线

受上游来水影响，桂江上游桂林水文站洪水过程为驼峰型，6 月 4 日 6 时起涨，起涨水位 143.64m，5 日 2 时达到洪峰水位 146.09m，超过警戒水位（146.00m）0.09m，水位涨幅 2.45m。5 日 5 时 25 分水位退至 145.99m 后复涨，5 日 10 时 58 分再次达到洪峰，洪峰水位 146.14m，比第 1 次洪峰高 0.05m，超过警戒水位 0.14m，洪峰流量 2560m³/s，水位总涨幅 2.50m，涨水总历时 29h，过程历时 104h。6 月 8 日 14 时 10 分水位退至

143.49m，相应流量607m³/s，洪水过程历时104h。桂林水文站水位、流量过程线见图2.54。

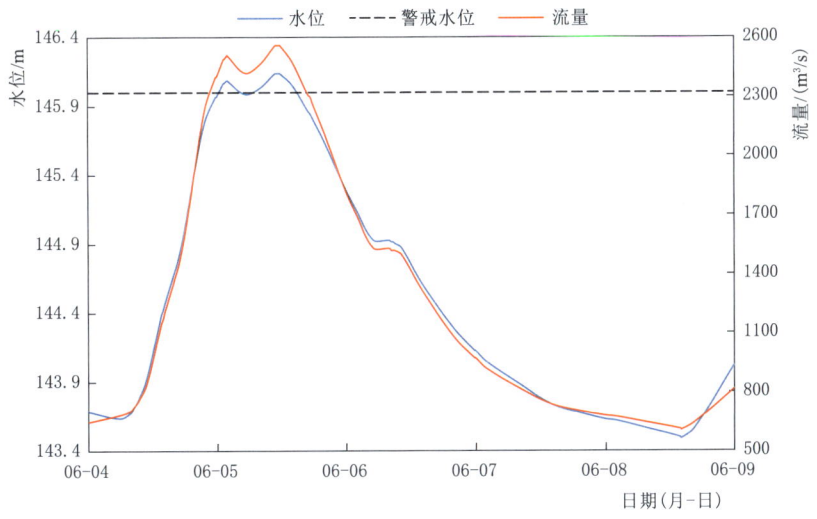

图2.54 桂林水文站水位、流量过程线

桂江下游京南水文站受桂江上游来水及区间来水补充影响，出现复式洪水过程。受上游来水影响，于6月5日3时10分起涨，起涨水位19.33m，6日9时35分达到洪峰水位23.33m，未超警戒水位（24.00m），洪峰流量5030m³/s。受区间降雨补充影响，7日0时水位退至22.59m后复涨，7日18时55分再次达到洪峰，洪峰水位25.04m，比第1次洪峰高1.71m，超过警戒水位1.04m，洪峰流量6320m³/s，水位总涨幅5.71m，涨水总历时64h，过程历时140h。6月10日23时水位退至20.11m，相应流量1850m³/s，洪水过程历时140h。受京南电站影响，京南水文站流量过程线呈锯齿状，其水位、流量过程线见图2.55。

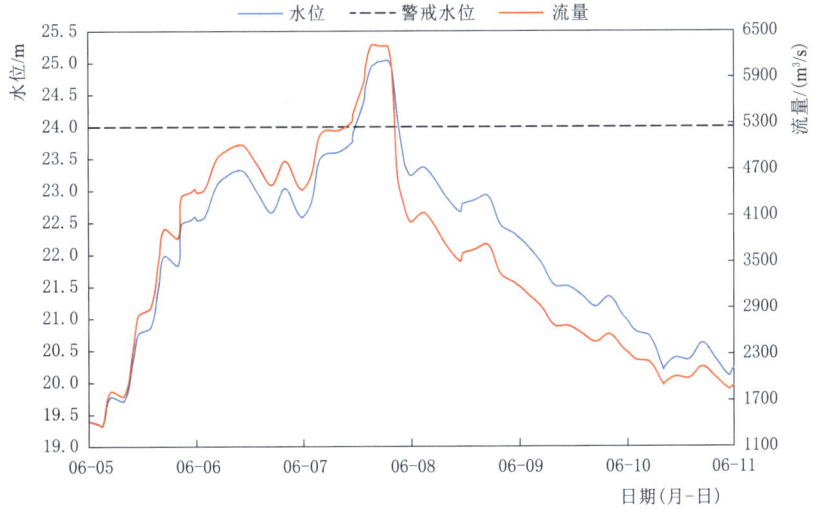

图2.55 京南水文站水位、流量过程线

4. 蒙江

蒙江太平水文站洪水过程为单峰型，6月6日3时45分开始起涨，起涨水位34.95m，涨势快，6月7日20时40分达到洪峰水位37.43m，超过警戒水位（37.20m）0.23m，水位涨幅2.48m，涨水历时41h，最大流量2000m³/s。6月10日12时25分水位退至35.38m，相应流量504m³/s，洪水过程历时105h。太平水文站水位、流量过程线见图2.56。

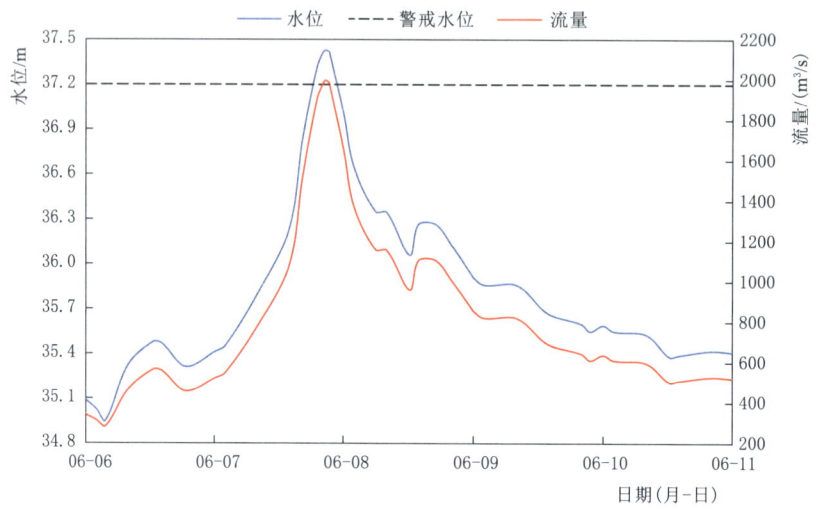

图2.56 太平水文站水位、流量过程线

2.2.2.2 干流

1. 红水河段

受上游来水及降雨影响，西江上游红水河龙滩水库于6月3日17时起涨，起涨库水位353.03m，入库流量4180m³/s，出库流量3700m³/s，5日17时达到入库洪峰流量8090m³/s，涨水历时48h，入库流量涨幅3910m³/s，6月6日12时最大出库流量4250m³/s，6月8日12时达到最高库水位355.79m，未超汛限水位（359.30m）。6月7日18时入库流量退至4120m³/s，洪水过程历时97h。龙滩水库库水位、出入库流量过程线见图2.57。

红水河岩滩水库、迁江水文站均未发生较大洪水。

2. 黔江段

受前期来水影响，黔江底水较高，当柳江干流洪水与支流洛清江洪水汇合后，演进形成黔江武宣水文站洪水过程。武宣水文站洪水于6月3日17时45分起涨，起涨水位51.57m，7日0时50分出现洪峰水位57.24m，超警戒水位（55.70m）1.54m，水位涨幅为5.67m，涨水历时79h。6月10日16时30分水位退至50.74m，相应流量11100m³/s，洪水过程历时167h。武宣水文站水位、流量过程线见图2.58。

3. 浔江段

受黔江来水影响，浔江大湟江口水文站相应也出现1次明显洪水过程，于6月5日0时起涨，起涨水位28.19m，7日11时30分达到洪峰水位32.55m，超警戒水位

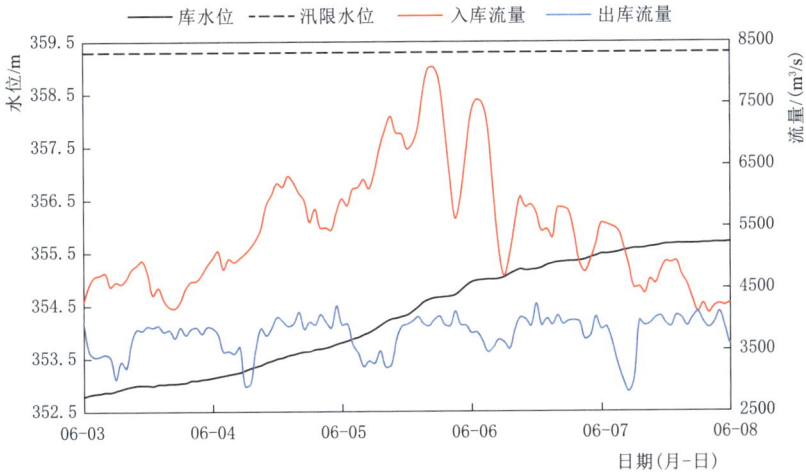

图 2.57 龙滩水库库水位、出入库流量过程线

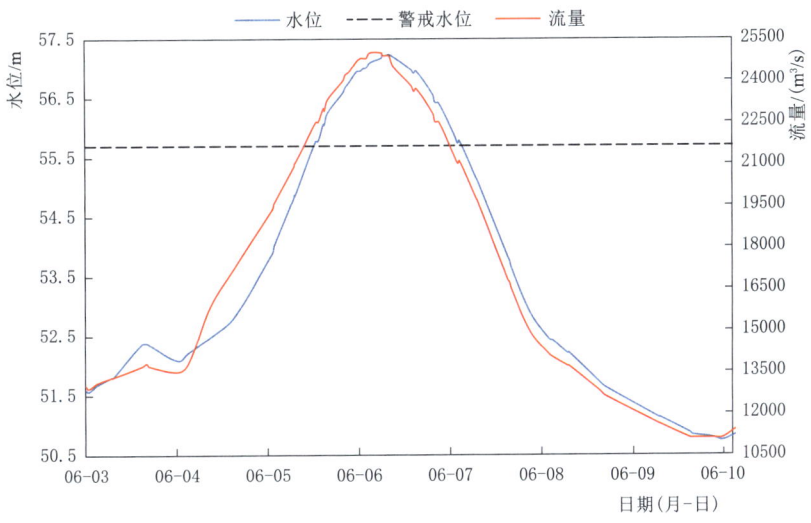

图 2.58 武宣水文站水位、流量过程线

（31.70m）0.85m，最大流量 27800m³/s，水位涨幅 4.36m，涨水历时 59h。6 月 10 日 22 时 10 分水位退至 27.46m，相应流量 16000m³/s，洪水过程历时 142h。大湟江口水文站水位、流量过程线见图 2.59。

受上游来水及降雨影响，浔江长洲水库于 6 月 5 日 8 时起涨，起涨库水位 18.60m，入库流量 16500m³/s，出库流量 16500m³/s，6 月 8 日 8 时达到入库洪峰流量 29200m³/s，出库流量 29200m³/s，涨水历时 72h，入库流量涨幅 12700m³/s。6 月 8 日 8 时达到最高库水位 21.13m，超过汛限水位（19.30m）1.83m。6 月 11 日 2 时入库流量退至 16300m³/s，洪水过程历时 138h。长洲水库库水位、出入库流量过程线见图 2.60。

4. 西江段

受浔江来水及桂江、蒙江来水影响，西江梧州水文站相应出现 1 次洪水过程。受前期

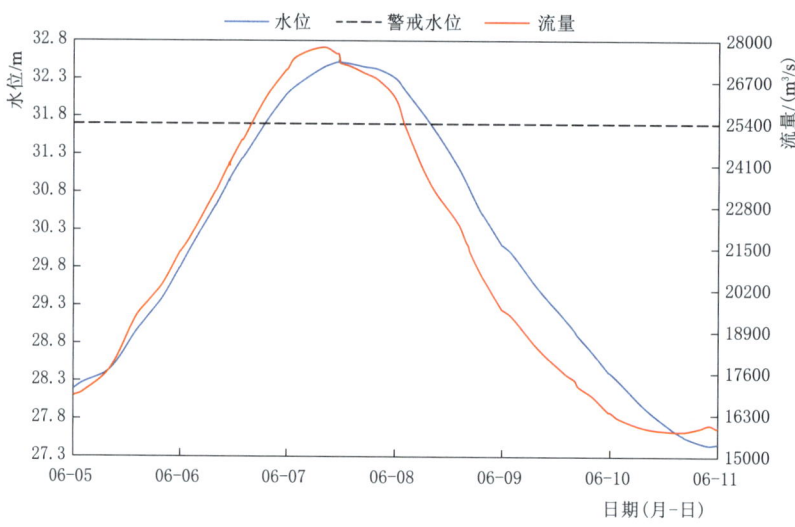

图 2.59　大湟江口水文站水位、流量过程线

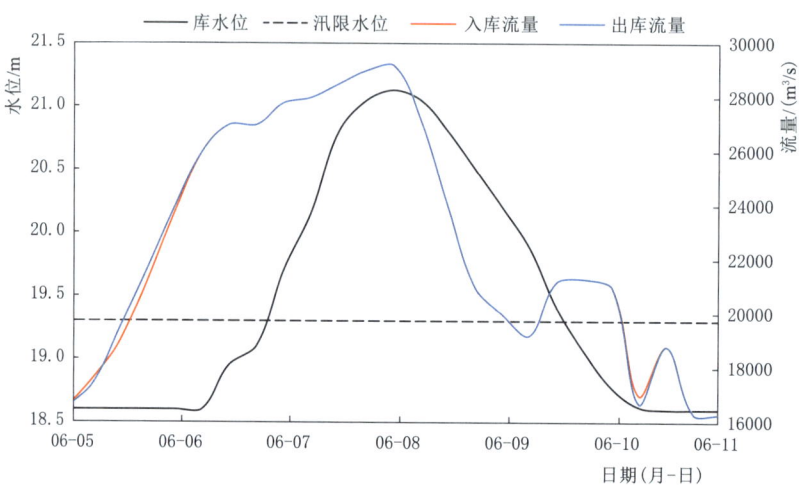

图 2.60　长洲水库库水位、出入库流量过程线

降雨影响，河段底水较高，梧州水文站洪水于 6 月 5 日 10 时 55 分起涨，起涨水位 15.22m，8 日 7 时 10 分出现洪峰水位 20.31m，超过警戒水位（18.50m）1.81m，7 日 20 时出现最大流量 32100m³/s，为 2～5 年一遇洪水，水位涨幅 5.09m，涨水历时 68h。6 月 11 日 11 时 35 分水位退至 15.68m，相应流量 19500m³/s，洪水过程历时 145h。梧州水文站水位、流量过程线见图 2.61。

受上游来水影响，西江高要水文站相应出现 1 次洪水过程。受前期降雨影响，河段底水较高，高要水文站 6 月 5 日 15 时水位从 5.41m 起涨，至 8 日 22 时达到洪峰，洪峰水位 8.66m，未超警戒水位（10.00m），相应洪峰流量 35200m³/s，水位涨幅 3.25m，涨水历时 79h。6 月 11 日 23 时水位退至 6.23m，相应流量 24200m³/s，过程历时 152h。高要水文站水位、流量过程线见图 2.62。

2.2 洪 水 过 程

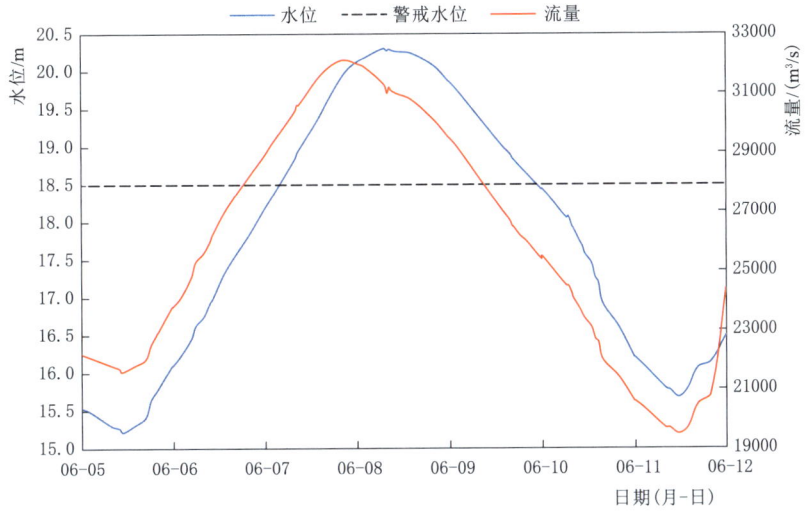

图 2.61 梧州水文站水位、流量过程线

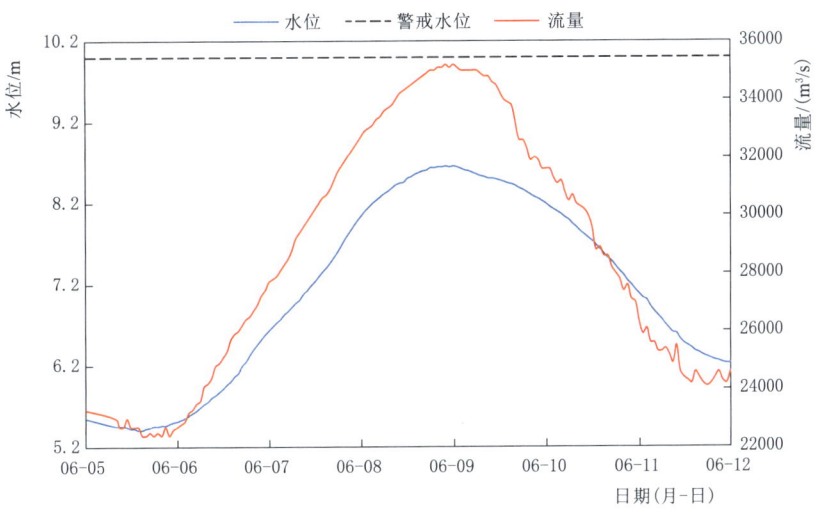

图 2.62 高要水文站水位、流量过程线

2.2.3 第一次流域性较大洪水

6月12日20时，西江梧州水文站水位18.52m，编号为"西江2022年第3号洪水"；6月14日11时30分，北江石角水文站流量涨至12000m³/s，编号为"北江2022年第1号洪水"，珠江流域第1次流域性较大洪水形成。

2.2.3.1 西江第3号洪水

受6月10日以来持续降雨影响，10—15日西江中下游、桂江中下游、洛清江、郁江下游、贺江等江河相继涨水。随着降雨过程的发展，各河流主要控制站分别于6月11—15日出现洪峰。6月12日20时，西江下游梧州水文站水位涨至18.52m（警戒水位

18.50m），达到水利部《全国主要江河洪水编号规定》的标准，编号为"西江 2022 年第 3 号洪水"。

西江梧州水文站于 6 月 15 日 3 时 25 分出现 22.31m 的洪峰水位，超警 3.81m，相应流量 34700m³/s，为 5 年一遇洪水。西江 3 号洪水期间（6 月 10—15 日）各河流的洪水演进过程分述如下。

1. 支流

（1）柳江。柳江上游融江融水水文站未发生较大洪水，出现 1 次涨水过程，未超警戒水位（106.60m）。于 6 月 12 日 20 时 10 分起涨，起涨水位 102.45m，13 日 16 时 40 分达到洪峰水位 103.12m，相应流量 2500m³/s，6 月 16 日 19 时 45 分水位退至 102.41m，相应流量 1500m³/s，洪水过程历时 96h。融水水文站水位、流量过程线见图 2.63。

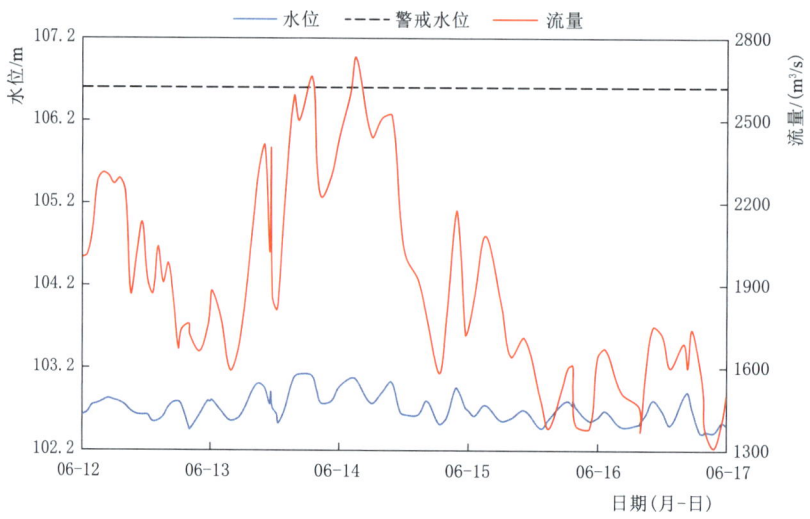

图 2.63 融水水文站水位、流量过程线

柳江支流龙江三岔水文站洪水于 6 月 13 日 4 时 25 分起涨，起涨水位 97.97m，13 日 21 时达到洪峰水位 101.86m，未超警戒水位（107.60m），洪峰流量 4100m³/s，涨水历时 17h，水位涨幅 3.89m。6 月 16 日 14 时水位退至 97.85m，相应流量 1280m³/s，洪水过程历时 82h。三岔水文站水位、流量过程线见图 2.64。

受上游融江及支流龙江、阳江等来水影响，柳江柳州水文站洪水于 6 月 13 日 4 时 05 分起涨，起涨水位 78.08m，相应流量 3580m³/s，于 13 日 23 时 20 分达到洪峰水位 78.95m，未超警戒水位（82.50m），最大流量 8740m³/s。6 月 16 日 14 时水位退至 78.34m，相应流量 3000m³/s，洪水过程历时 82h。受下游红花电站影响，柳州水文站流量过程线呈锯齿状，其水位、流量过程线见图 2.65。

柳江支流洛清江对亭水文站洪水过程为单峰型，6 月 10 日 12 时 45 分起涨，起涨水位 73.93m，前期底水较低，但涨幅较大，13 日 22 时 40 分出现洪峰水位 82.02m，超过警戒水位（81.70m）0.32m，水位涨幅 8.09m，涨水历时 82h，最大流量 4610m³/s。6 月 16 日 12 时 05 分水位退至 75.14m，相应流量 959m³/s，洪水过程历时 143h。对亭水文站水位、流量过程线见图 2.66。

2.2 洪水过程

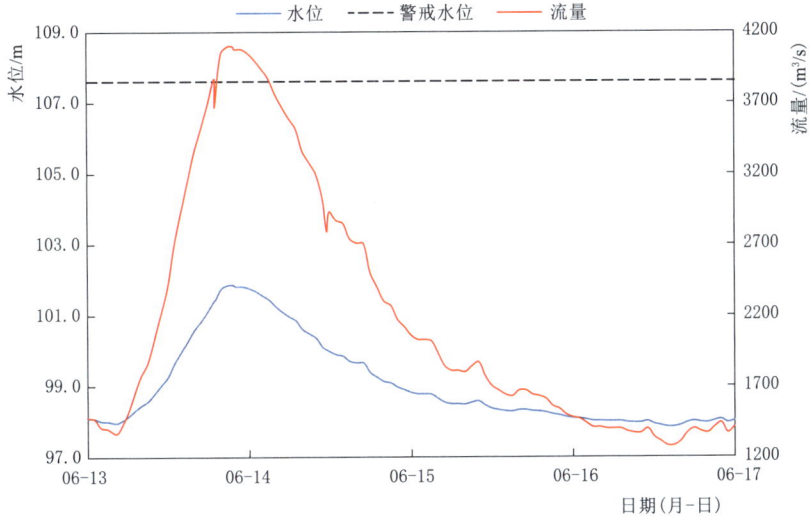

图 2.64　三岔水文站水位、流量过程线

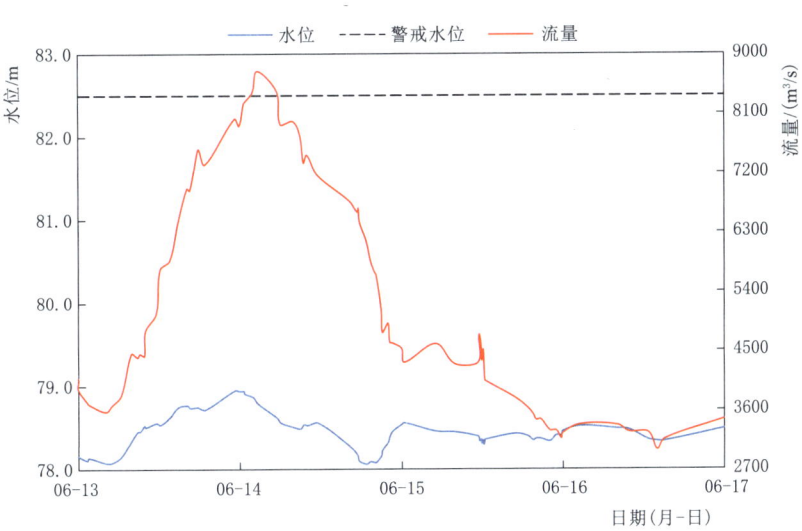

图 2.65　柳州水文站水位、流量过程线

（2）郁江。右江百色水库未发生明显洪水过程。

左江崇左水文站洪水于 6 月 10 日 21 时起涨，起涨水位 89.18m，于 12 日 17 时达到洪峰水位 94.91m，未超警戒水位（101.20m），涨水历时 44h，水位涨幅 5.73m。6 月 17 日 23 时水位退至 89.80m，相应流量 1230m³/s，洪水过程历时 170h。崇左水文站水位、流量过程线见图 2.67。

左江洪水汇入干流后，郁江南宁水文站出现 1 次涨水过程，6 月 10 日 23 时起涨，起涨水位 67.78m，于 13 日 8 时 15 分达到洪峰水位 70.28m，未超警戒水位（73.00m），涨水历时 57h，水位涨幅 2.50m，13 日 6 时 25 分达到洪峰流量 6190m³/s。6 月 16 日 13 时水位退至 67.36m，相应流量 3750m³/s，洪水过程历时 134h。南宁水文站水位、流量过程

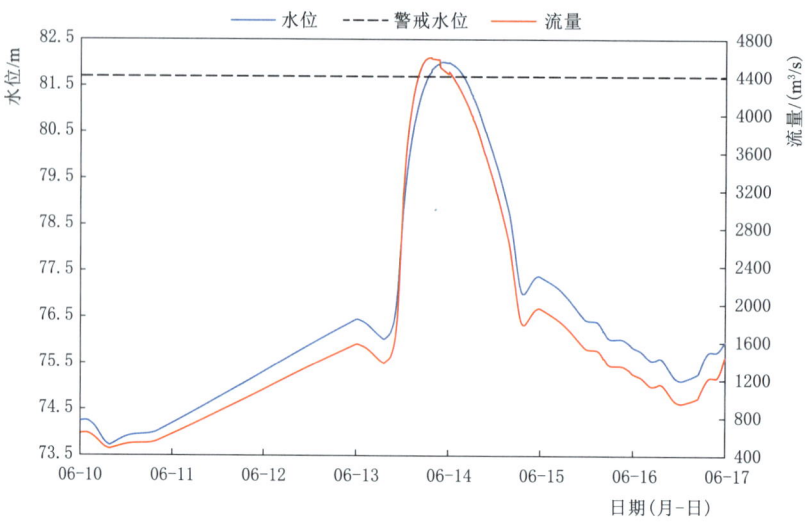

图 2.66　对亭水文站水位、流量过程线

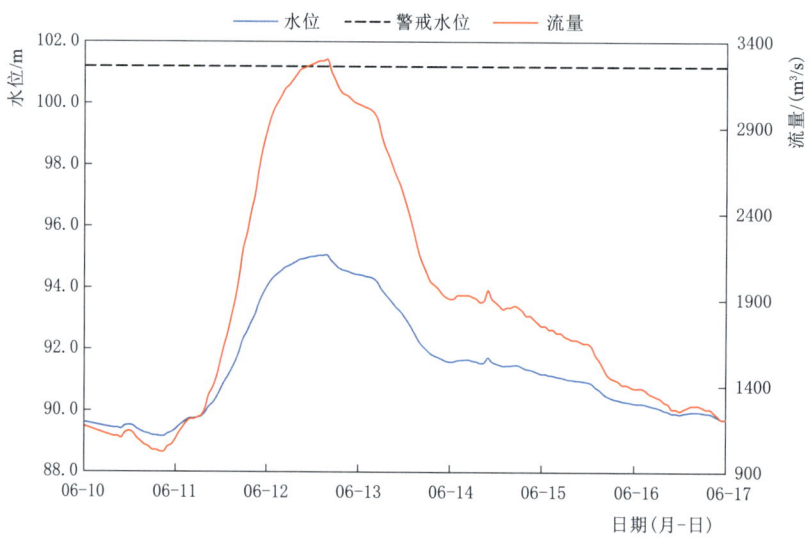

图 2.67　崇左水文站水位、流量过程线

线见图 2.68。

郁江贵港水文站未发生较大洪水，出现 1 次涨水过程，未超警戒水位（41.20m），于 6 月 10 日 14 时起涨，起涨水位 35.78m，14 日 16 时 05 分达到洪峰水位 41.65m，水位涨幅 5.87m，涨水历时 98h，相应流量 7800m³/s。6 月 17 日 2 时水位退至 37.78m，相应流量 4060m³/s，洪水过程历时 156h。由于受水利工程影响，部分时段水位与流量过程不相应。贵港水文站水位、流量过程线见图 2.69。

（3）桂江。桂江青狮潭水库、斧子口水库、川江水库、小溶江水库均未发生明显洪水过程。

桂江上游桂林水文站出现 2 次洪水过程，均未超警戒水位。桂林水文站于 6 月 10 日

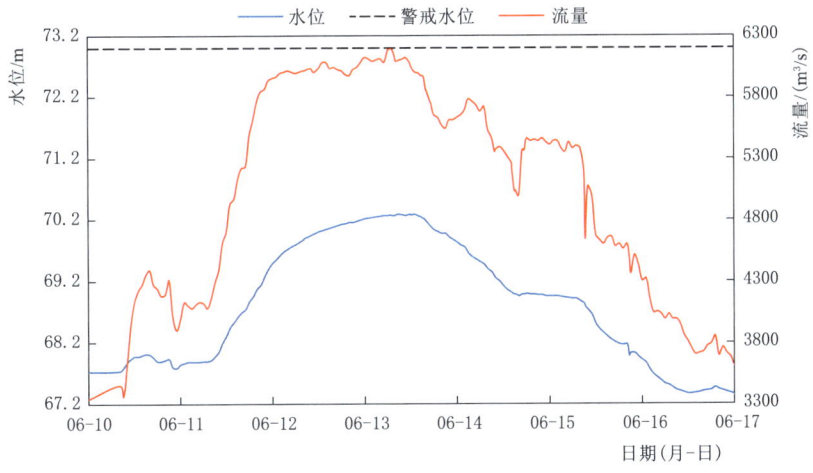

图2.68 南宁水文站水位、流量过程线

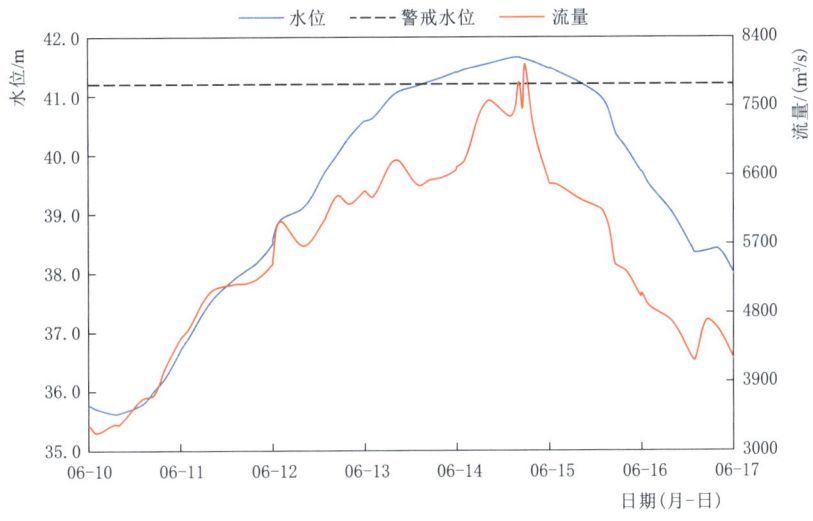

图2.69 贵港水文站水位、流量过程线

23时35分开始起涨,起涨水位142.90m,11日6时35分达到洪峰水位143.67m,相应洪峰流量700m³/s,涨水历时7h,水位涨幅0.77m。6月13日1时50分水位退至142.90m后复涨,于13日15时20分达到洪峰水位143.90m,未超警戒水位(146.00m),水位涨幅1.00m,涨水历时14h。6月16日19时水位退至142.61m,相应流量247m³/s,洪水过程历时139h。桂林水文站水位、流量过程线见图2.70。

桂江下游京南水文站受桂江上游来水及区间来水补充影响,出现复式洪水过程。受上游来水影响,于6月10日23时起涨,起涨水位20.11m,于13日2时达到第1个洪峰水位24.79m,涨水历时51h,水位涨幅4.68m。6月13日15时30分水位退至24.13m后复涨,于14日13时15分达到最高洪峰水位27.60m,超过警戒水位(24.00m)3.60m,相应流量7940m³/s。本次洪水过程水位总涨幅7.49m,涨水总历时86h。6月16日23时50

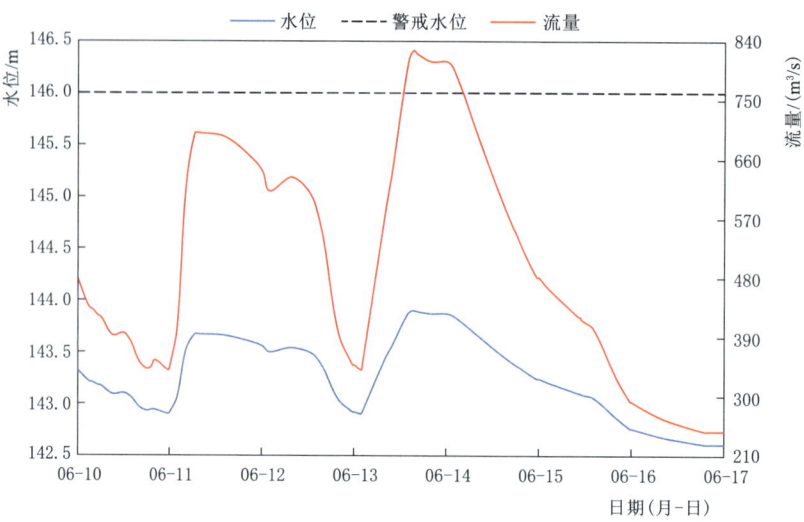

图 2.70 桂林水文站水位、流量过程线

分水位退至 22.40m，相应流量 2420m³/s，洪水过程历时 145h。受京南电站影响，京南水文站流量过程线呈锯齿状，其水位、流量过程线见图 2.71。

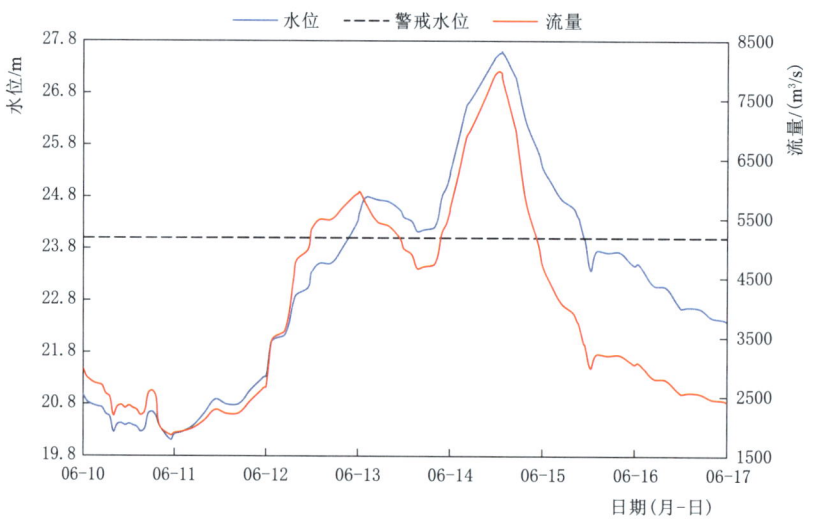

图 2.71 京南水文站水位、流量过程线

（4）蒙江。蒙江太平水文站洪水过程为单峰型，6月11日10时35分起涨，起涨水位 35.26m，13日1时20分达到洪峰水位 37.45m，超过警戒水位（37.20m）0.25m，水位涨幅 2.19m，涨水历时 39h，最大流量 2020m³/s。6月16日19时30分水位退至 35.31m，相应流量 459m³/s，洪水过程历时 129h。太平水文站水位、流量过程线见图 2.72。

2. 干流

（1）红水河段。红水河龙滩水库、岩滩水库均未发生明显洪水过程。

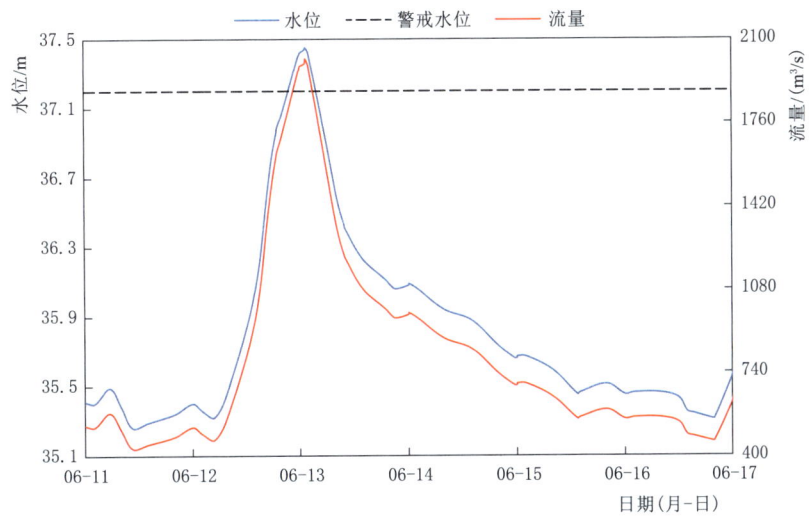

图 2.72　太平水文站水位、流量过程线

红水河迁江水文站未发生较大洪水，出现 2 次涨水过程，未超警戒水位（81.70m），于 6 月 9 日 13 时 05 分起涨，起涨水位 71.83m，12 日 9 时 17 分达到洪峰水位 78.10m，最大流量 7980m³/s，水位涨幅 6.27m，涨水历时 68h。14 日 0 时 35 分再次出现涨水过程，洪峰水位 75.93m，洪峰流量 6410m³/s。6 月 16 日 22 时 25 分水位退至 73.53m，相应流量 5090m³/s，洪水过程历时 177h。迁江水文站水位、流量过程线见图 2.73。

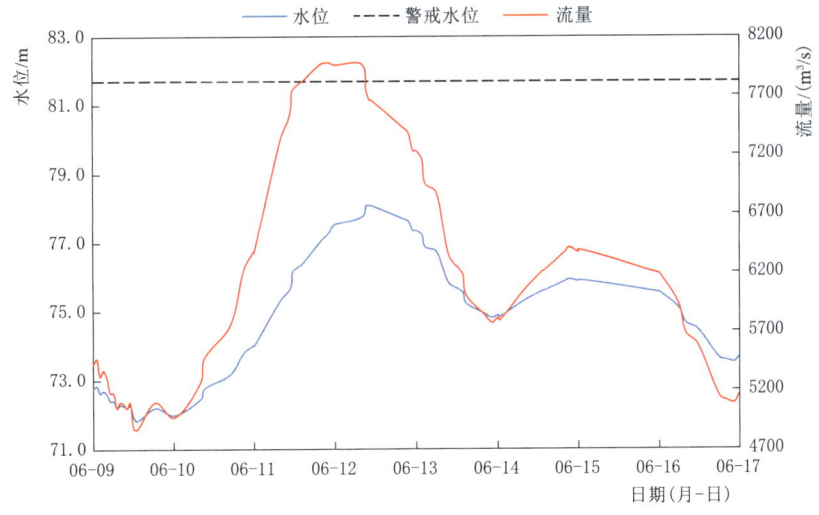

图 2.73　迁江水文站水位、流量过程线

（2）黔江段。黔江武宣水文站出现复式洪水过程，于 6 月 10 日 16 时 30 分起涨，起涨水位 50.74m，13 日 1 时达到洪峰水位 55.48m，未超警戒水位（55.70m），水位涨幅 4.74m，涨水历时 57h。6 月 13 日 20 时 05 分水位退至 54.46m 后复涨，于 14 日 12 时 35 分达到洪峰水位 55.47m，相应洪峰流量 21000m³/s，水位涨幅 1.01m，涨水历时 17h。6

月 17 日 3 时 05 分水位退至 50.98m，相应流量 12800m³/s，洪水过程历时 155h。武宣水文站水位、流量过程线见图 2.74。

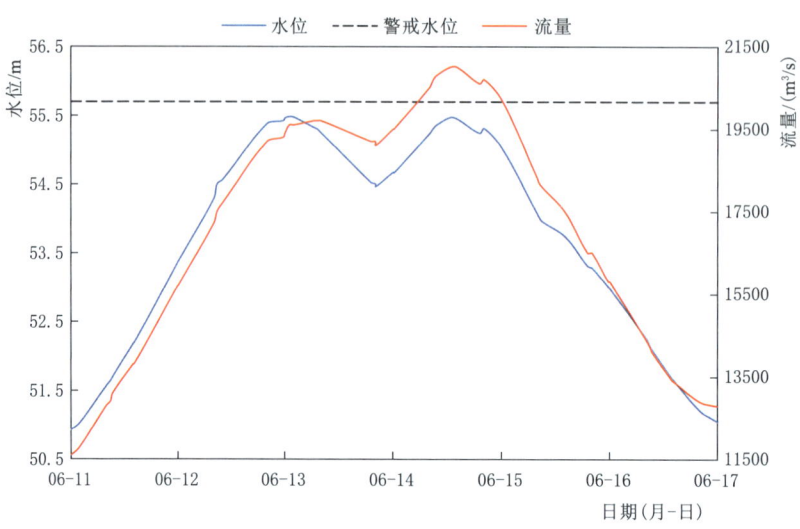

图 2.74　武宣水文站水位、流量过程线

（3）浔江段。受郁江及黔江复式洪水影响，浔江大湟江口水文站相应出现 1 次明显洪水过程，于 6 月 11 日 0 时 30 分起涨，起涨水位 27.45m，15 日 2 时达到洪峰水位 33.38m，超过警戒水位（31.70m）1.68m，最大流量 28800m³/s，水位涨幅 5.93m，涨水历时 94h。6 月 17 日 2 时水位退至 30.41m，相应流量 19900m³/s，洪水过程历时 146h。大湟江口水文站水位、流量过程线见图 2.75。

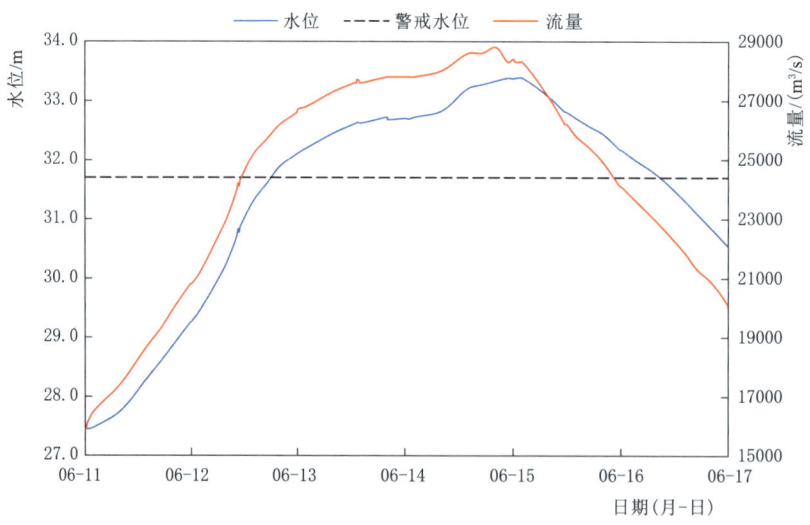

图 2.75　大湟江口水文站水位、流量过程线

受上游来水及降雨影响，浔江长洲水库于 6 月 11 日 8 时起涨，起涨库水位 18.60m，入库流量 16300m³/s，出库流量 16300m³/s，6 月 15 日 2 时达到入库洪峰流量 33500m³/s，出

库流量33500m³/s，涨水历时90h，入库流量涨幅17200m³/s。6月15日8时达到最高库水位23.06m，超过汛限水位（19.30m）3.76m。6月17日20时入库流量退至23100m³/s，洪水过程历时156h。长洲水库库水位、出入库流量过程线见图2.76。

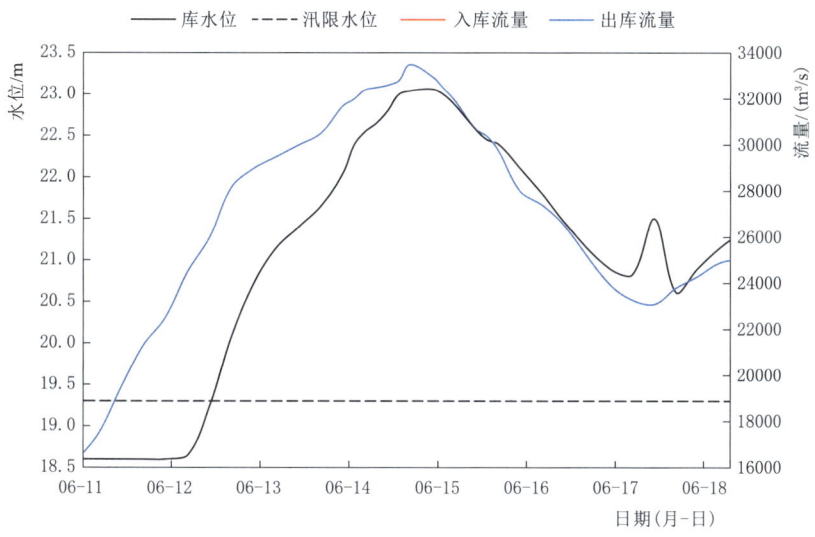

图2.76　长洲水库库水位、出入库流量过程线

（4）西江段。受浔江来水及桂江、蒙江来水影响，西江梧州水文站相应出现1次洪水过程。受前期降雨影响，河段底水较高，梧州水文站洪水于6月11日11时35分起涨，起涨水位15.68m，15日3时25分达到洪峰水位22.31m，超警戒水位（18.50m）3.81m，水位涨幅6.63m，涨水历时88h，相应流量34700m³/s。6月14日17时35分达到最大流量35200m³/s，为5年一遇洪水。6月17日10时水位退至19.81m，相应流量28300m³/s，洪水过程历时150h。梧州水文站水位、流量过程线见图2.77。

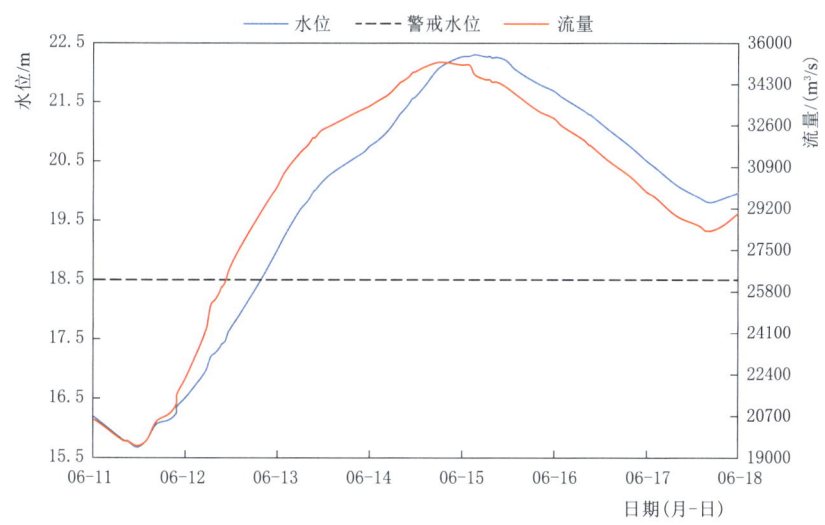

图2.77　梧州水文站水位、流量过程线

受降雨及上游来水影响,西江高要水文站相应出现1次洪水过程。受前期降雨影响,河段底水较高,高要水文站6月12日0时水位从6.23m起涨,至15日20时达到洪峰,洪峰水位10.40m,超过警戒水位(10.00m)0.40m,相应洪峰流量39800m³/s,水位涨幅4.17m,涨水历时92h。6月17日23时水位退至8.87m,相应流量34300m³/s,洪水过程历时143h。高要水文站水位、流量过程线见图2.78。

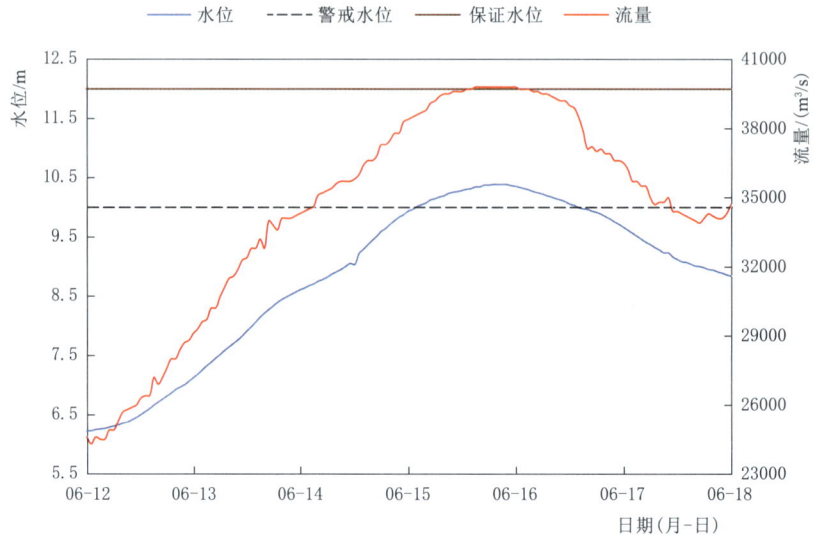

图2.78 高要水文站水位、流量过程线

2.2.3.2 北江第1号洪水

受6月10—14日降雨影响,北江中下游干流、北江上游支流武江、中游支流连江出现明显洪水过程。随着降雨过程的发展,各河流主要控制站分别于6月13—16日出现洪峰。6月14日11时30分,北江石角水文站流量涨至12000m³/s,达到水利部《全国主要江河洪水编号规定》的标准,编号为"北江2022年第1号洪水"。

北江石角水文站于6月15日15时40分达到洪峰水位10.74m,15日8时出现洪峰流量14400m³/s,为超10年一遇洪水。北江1号洪水期间(6月12—17日)各河流的洪水演进过程分述如下。

1. 支流

(1)武江。北江上游支流武江乐昌峡水库于6月11日14时起涨,起涨库水位144.30m,入库流量397m³/s,出库流量397m³/s,14日0时达到入库洪峰流量3200m³/s,涨水历时58h,入库流量涨幅2803m³/s,6月13日19时达到最大出库流量2610m³/s,6月14日8时达到最高库水位147.93m,超汛限水位(144.50m)3.43m。6月17日5时入库流量退至475m³/s,洪水过程历时135h。乐昌峡水库库水位、出入库流量过程线见图2.79。

武江下游犁市水文站由于受上下游水利工程调度的影响,水位涨落趋势不明显,从流量过程看,洪水过程为单峰型,犁市水文站6月12日1时流量从698m³/s起涨,至13日22时达到洪峰,洪峰流量3100m³/s,流量涨幅2402m³/s,涨水历时45h。6月15日11

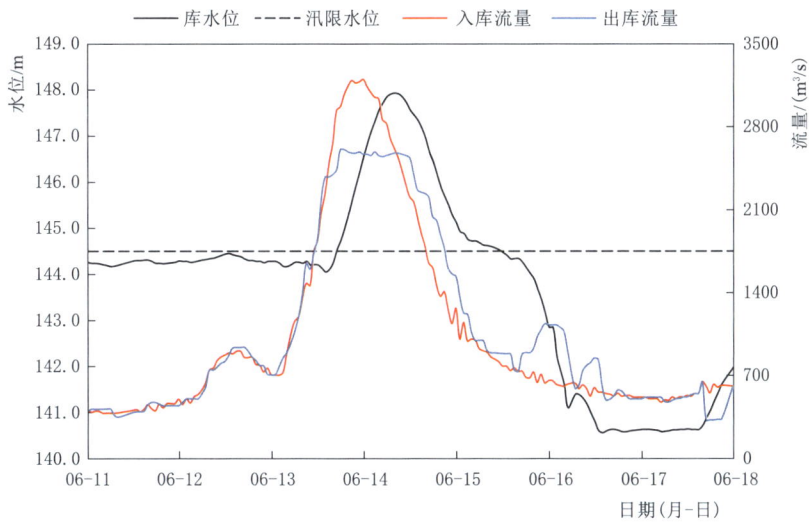

图 2.79　乐昌峡水库库水位、出入库流量过程线

时流量退至 547m³/s，洪水过程历时 82h。犁市水文站水位、流量过程线见图 2.80。

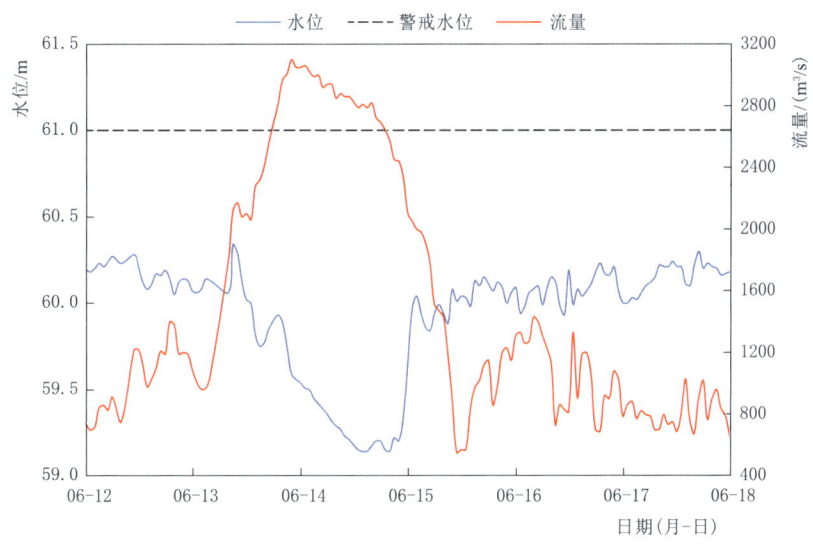

图 2.80　犁市水文站水位、流量过程线

（2）滃江。北江支流滃江滃江水文站洪水过程是 1 次单峰洪水过程，6 月 12 日 7 时水位从 95.92m 起涨，至 14 日 3 时达到洪峰，洪峰水位 101.34m，超过警戒水位（98.50m）2.84m，相应洪峰流量 2360m³/s，水位涨幅 5.42m，涨水历时 44h。6 月 17 日 10 时水位退至 96.68m，相应流量 481m³/s，洪水过程历时 123h。滃江水文站水位、流量过程线见图 2.81。

（3）连江。北江支流连江高道水文站洪水过程是 1 次单峰洪水过程，6 月 12 日 12 时05 分起涨，起涨水位 24.33m，对应起涨流量为 1560m³/s，14 日 23 时达到洪峰水位 28.47m，涨水历时 59h，水位涨幅 4.14m，14 日 19 时 55 分达到洪峰流量 4530m³/s，接

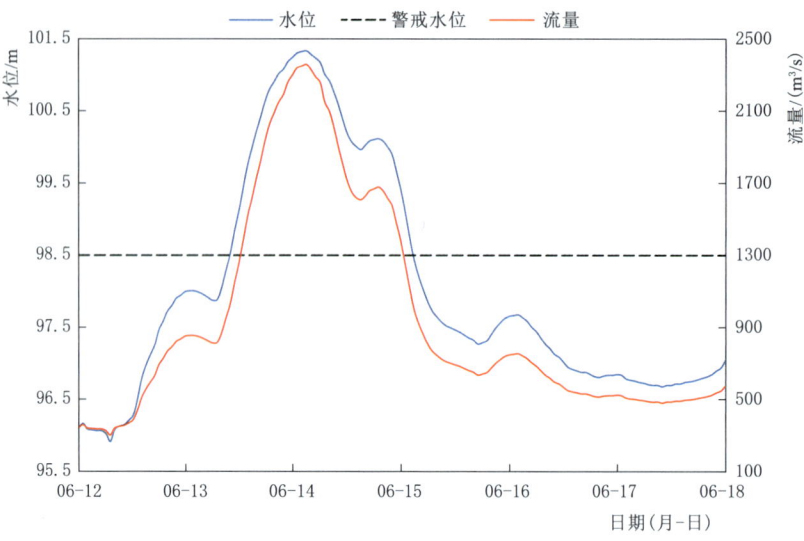

图 2.81　潖江水文站水位、流量过程线

近 5 年一遇（5 年一遇洪峰流量为 4940m³/s）。6 月 16 日 18 时水位退至 24.30m，相应流量 1580m³/s，洪水过程历时 102h。高道水文站水位、流量过程线见图 2.82。

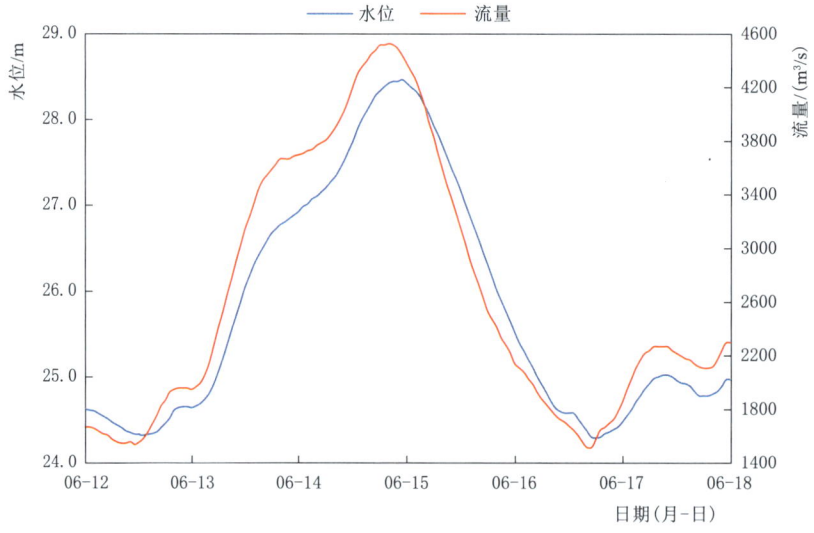

图 2.82　高道水文站水位、流量过程线

（4）潖江。北江支流潖江大庙峡水文站出现 3 次洪水过程，于 6 月 13 日 13 时水位从 45.72m 起涨，至 13 日 20 时达到洪峰，洪峰水位 47.80m，未超警戒水位（50.00m），相应洪峰流量 486m³/s，水位涨幅 2.08m，涨水历时 7h。6 月 14 日 4 时水位退至 46.17m 后复涨，14 日 12 时达到洪峰，洪峰水位 48.50m，未超警戒水位，相应洪峰流量 640m³/s，水位涨幅 2.33m，涨水历时 8h。6 月 16 日 16 时水位退至 45.75m 后复涨，16 日 23 时达到洪峰，洪峰水位 48.32m，未超警戒水位，相应洪峰流量 599m³/s，水位涨幅 2.57m，涨

水历时7h。6月17日12时水位退至46.09m，相应流量175m³/s，洪水过程历时95h。大庙峡水文站水位、流量过程线见图2.83。

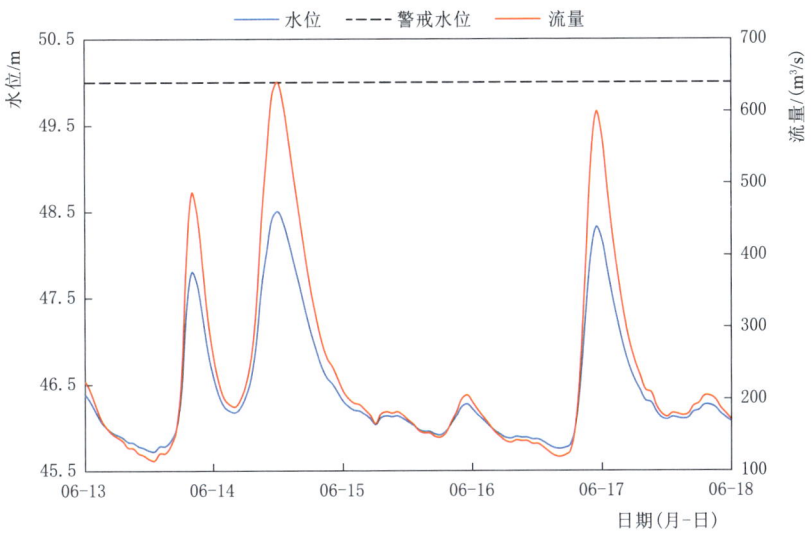

图2.83 大庙峡水文站水位、流量过程线

（5）滨江。北江支流滨江珠坑水文站出现1次洪水过程，于6月14日3时水位从20.19m起涨，至14日13时达到洪峰，洪峰水位23.49m，未超警戒水位（24.50m），相应洪峰流量984m³/s，水位涨幅3.30m，涨水历时10h。6月17日23时水位退至20.07m，相应流量209m³/s，洪水过程历时92h。珠坑水文站水位、流量过程线见图2.84。

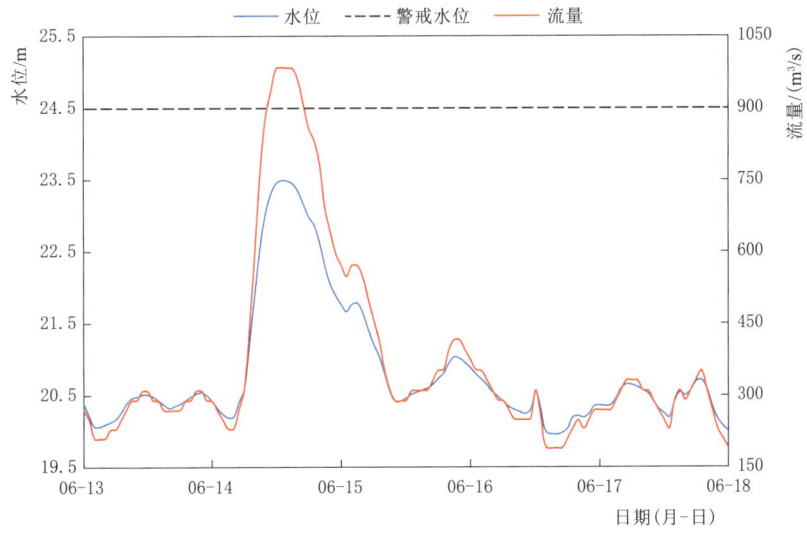

图2.84 珠坑水文站水位、流量过程线

2. 干流

北江上游浈江新韶水文站出现1次洪水过程，于6月12日18时水位从52.99m起涨，

至 14 日 13 时达到洪峰,洪峰水位 54.80m,未超警戒水位(57.50m),相应流量 2300m³/s,水位涨幅 1.81m,涨水历时 43h。6 月 17 日 13 时水位退至 53.06m,相应流量 963m³/s,洪水过程历时 115h。新韶水文站水位、流量过程线见图 2.85。

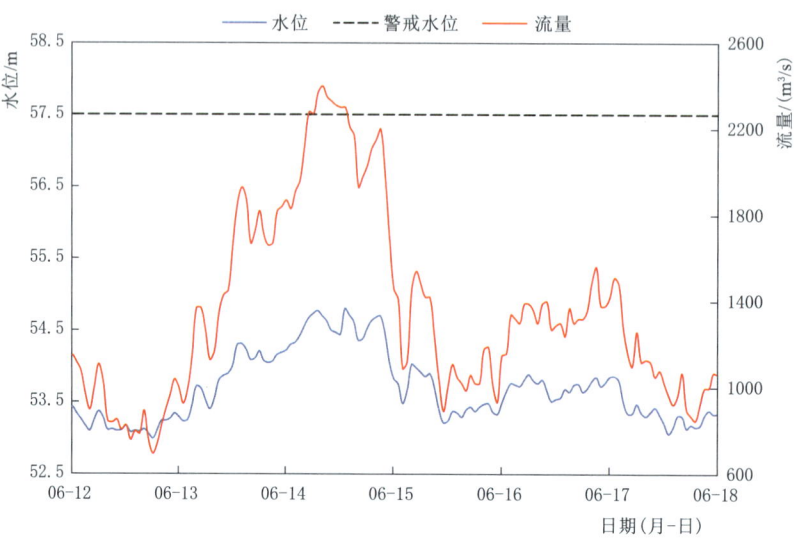

图 2.85 新韶水文站水位、流量过程线

由于受上、下游水利工程调度的影响,北江干流韶关水文站水位涨落过程不明显。

北江干流英德水位站出现 1 次洪水过程,于 6 月 12 日 15 时水位从 24.26m 起涨,至 14 日 21 时达到洪峰,洪峰水位 31.40m,超过警戒水位(26.00m)5.40m,水位涨幅 7.14m,涨水历时 54h,超警历时 77h。6 月 17 日 19 时水位退至 24.74m,洪水过程历时 124h。英德水位站水位过程线见图 2.86。

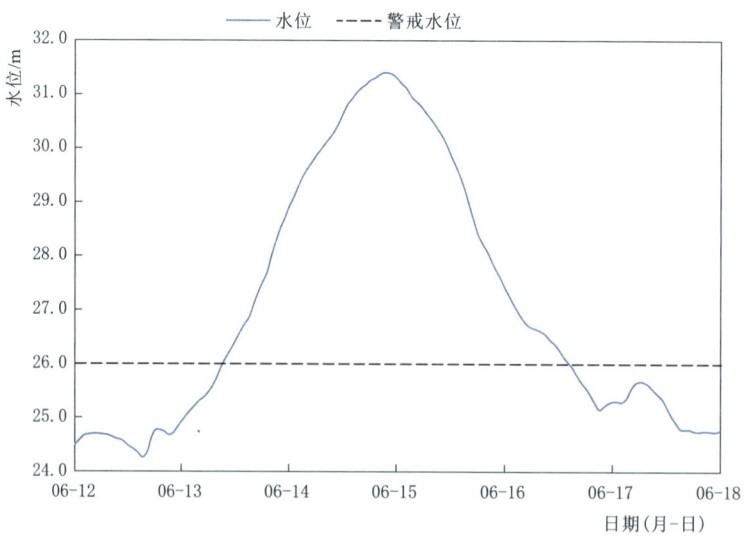

图 2.86 英德水位站水位过程线

2.2 洪水过程

北江干流飞来峡水库于 6 月 11 日 12 时起涨,起涨入库流量 4900m³/s,出库流量 4400m³/s,15 日 1 时达到入库洪峰流量 12500m³/s,最大出库流量 12500m³/s,涨水历时 85h,入库流量涨幅 7600m³/s。6 月 16 日 20 时入库流量退至 6500m³/s,洪水过程历时 128h。飞来峡水库库水位、出入库流量过程线见图 2.87。

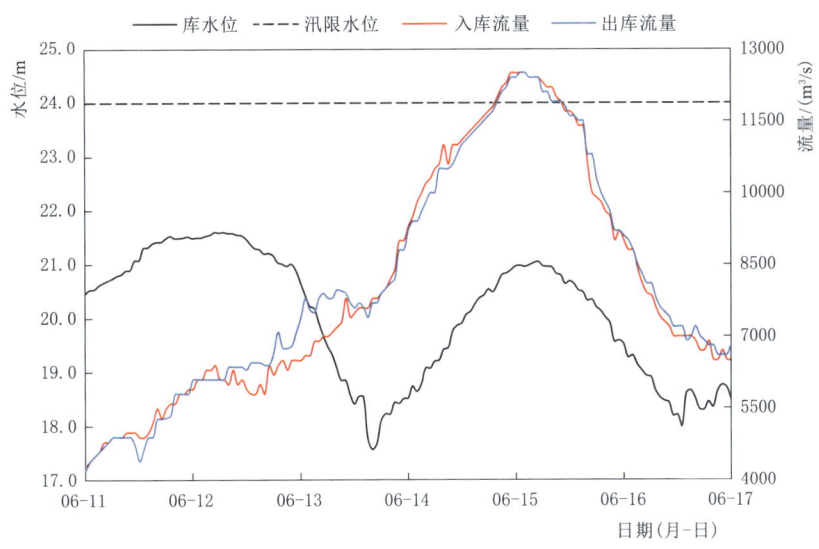

图 2.87 飞来峡水库库水位、出入库流量过程线

北江控制站石角水文站洪水过程是 1 次单峰洪水过程,于 6 月 12 日 8 时起涨,起涨水位 5.94m,对应起涨流量为 5730m³/s,15 日 15 时 40 分达到洪峰水位 10.74m,未超警戒水位(11.00m),涨水历时 80h,水位涨幅 4.80m,15 日 8 时达到洪峰流量 14400m³/s,超 10 年一遇(10 年一遇洪水流量为 13900m³/s)。6 月 17 日 23 时水位退至 8.51m,相应流量 9800m³/s,洪水过程历时 135h。石角水文站水位、流量过程线见图 2.88。

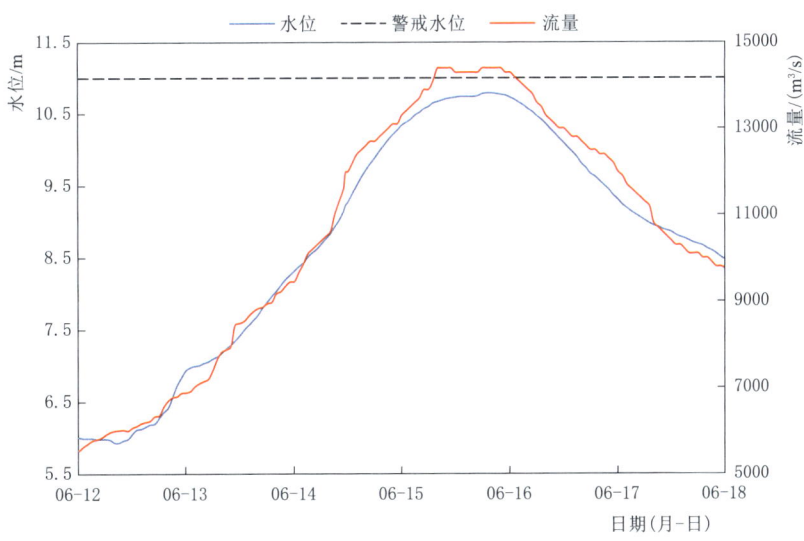

图 2.88 石角水文站水位、流量过程线

2.2.3.3 珠江三角洲洪水

受上游来水、降雨及天文潮顶托的共同影响,珠江三角洲各站点出现不同程度的涨水过程。思贤滘西江干流水道马口水文站 6 月 15 日 18 时达到洪峰水位 7.66m,15 日 17 时达到洪峰流量 43300m³/s,为超 20 年一遇洪水;北江干流水道三水水文站 6 月 15 日 19 时达到洪峰水位 7.92m,15 日 14 时达到洪峰流量 15000m³/s,为超 50 年一遇洪水;西海水道天河水文站、东海水道蚬沙(南华)水位站、顺德水道三多水位站、潭洲水道紫洞水位站发生小幅超警洪水,最大超警幅度 0.07~0.76m。第 1 次流域性较大洪水期间(6 月 12—17 日)各河流的洪水演进过程分述如下。

1. 思贤滘

西江干流水道马口水文站出现 1 次洪水过程,于 6 月 12 日 8 时水位从 4.26m 起涨,至 15 日 18 时达到洪峰,洪峰水位 7.66m,超过警戒水位(7.50m)0.16m,水位涨幅 3.40m,涨水历时 82h。15 日 17 时达到洪峰流量 43300m³/s,超 20 年一遇(20 年一遇洪峰流量为 41900m³/s)。6 月 17 日 23 时水位退至 6.39m,相应流量 35300m³/s,洪水过程历时 135h。马口水文站水位、流量过程线见图 2.89。

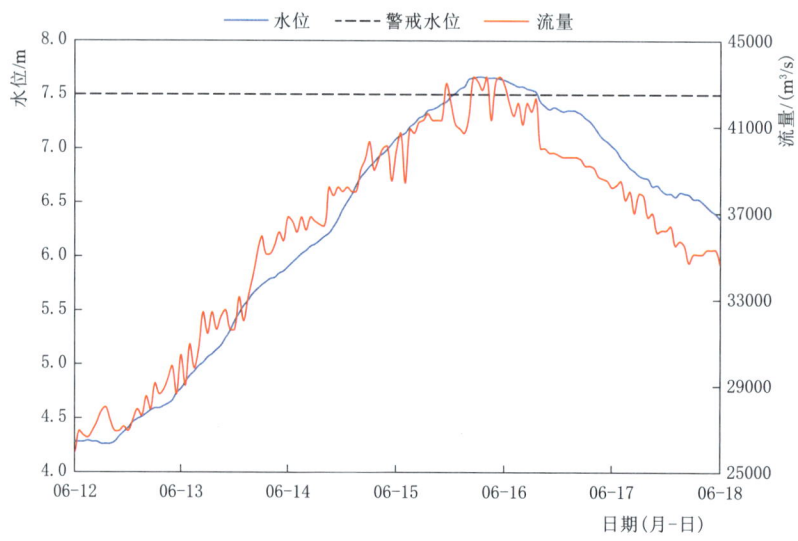

图 2.89 马口水文站水位、流量过程线

北江干流水道三水水文站出现 1 次洪水过程,于 6 月 12 日 9 时水位从 4.31m 起涨,至 15 日 19 时达到洪峰,洪峰水位 7.92m,超警戒水位(7.50m)0.42m,水位涨幅 3.61m,涨水历时 82h。15 日 14 时达到洪峰流量 15000m³/s,超 50 年一遇(50 年一遇洪峰流量为 14800m³/s)。6 月 18 日 0 时水位退至 6.52m,相应流量 10900m³/s,洪水过程历时 135h。三水水文站水位、流量过程线见图 2.90。

2. 其他重要控制站

珠江三角洲西海水道天河水文站出现 1 次洪水过程,于 6 月 12 日 20 时水位从 3.40m 起涨,至 15 日 14 时 15 分达到洪峰,洪峰水位 5.81m,超过警戒水位(5.74m)0.07m,水位涨幅 2.41m,涨水历时 66h。15 日 22 时达到洪峰流量 20700m³/s。6 月 17 日 23 时 45

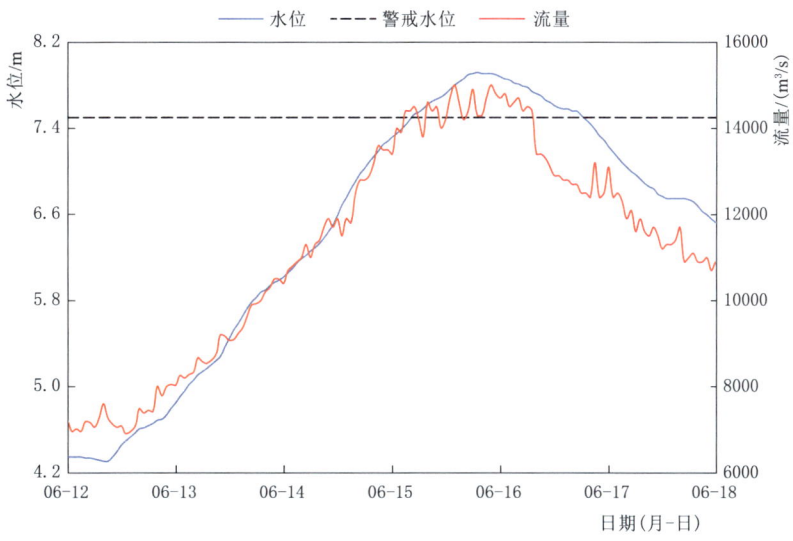

图 2.90 三水水文站水位、流量过程线

分水位退至 4.73m，相应流量 17100m³/s，洪水过程历时 124h。天河水文站水位、流量过程线见图 2.91。

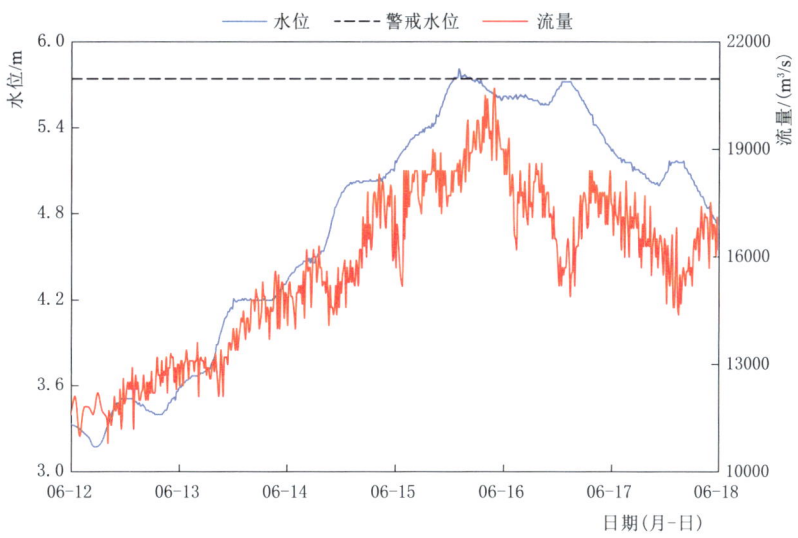

图 2.91 天河水文站水位、流量过程线

珠江三角洲东海水道蚬沙（南华）水位站出现 1 次洪水过程，于 6 月 12 日 6 时水位从 2.43m 起涨，至 15 日 14 时达到洪峰，洪峰水位 4.92m，超过警戒水位（4.50m）0.42m，相应洪峰流量 17900m³/s，水位涨幅 2.49m，涨水历时 80h。6 月 18 日 0 时水位退至 3.90m，相应流量 15600m³/s，洪水过程历时 138h。蚬沙（南华）水位站水位、流量过程线见图 2.92。

珠江三角洲顺德水道三多水位站出现 1 次洪水过程，于 6 月 12 日 8 时水位从 2.88m

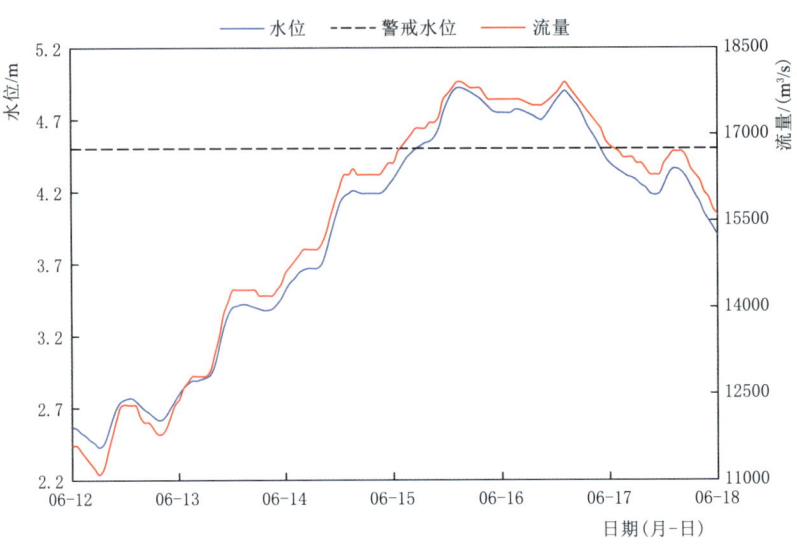

图 2.92 蚬沙（南华）水位站水位、流量过程线

起涨，至 15 日 18 时达到洪峰，洪峰水位 5.76m，超警戒水位（5.00m）0.76m，相应洪峰流量 8570m³/s，水位涨幅 2.88m，涨水历时 82h。6 月 18 日 0 时水位退至 4.63m，相应流量 7170m³/s，洪水过程历时 136h。三多水位站水位、流量过程线见图 2.93。

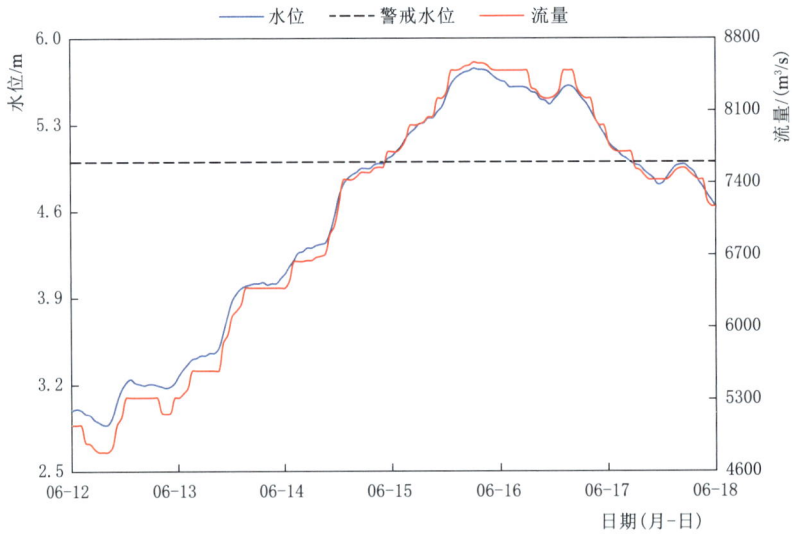

图 2.93 三多水位站水位、流量过程线

珠江三角洲潭洲水道紫洞水位站出现 1 次洪水过程，于 6 月 12 日 8 时水位从 3.00m 起涨，至 15 日 17 时达到洪峰，洪峰水位 6.01m，超过警戒水位（5.30m）0.71m，相应洪峰流量 2290m³/s，水位涨幅 3.01m，涨水历时 81h。6 月 18 日 0 时水位退至 4.85m，相应流量 1780m³/s，洪水过程历时 136h。紫洞水位站水位、流量过程线见图 2.94。

2.2 洪水过程

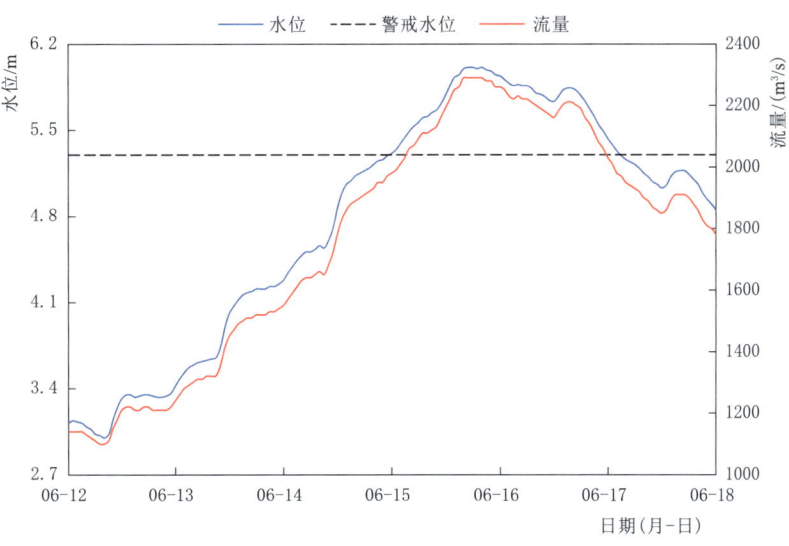

图 2.94 紫洞水位站水位、流量过程线

2.2.4 第二次流域性较大洪水

6月19日8时，西江梧州水文站水位复涨至20.95m，超过警戒水位2.45m，编号为"西江2022年第4号洪水"；6月19日12时，北江干流石角水文站流量涨至12000m³/s，编号为"北江2022年第2号洪水"，珠江流域第二次流域性较大洪水形成。

2.2.4.1 北江特大洪水（北江第2号洪水）

受6月15—21日降雨影响，北江干流、中游支流连江出现特大洪水过程，干流飞来峡水库入库洪峰流量重现期超100年，为1915年之后最大入库流量。随着降雨过程的发展，各河流主要控制站分别于6月18—23日出现洪峰。6月19日12时，北江干流石角水文站流量涨至12000m³/s，达到水利部《全国主要江河洪水编号规定》的标准，编号为"北江2022年第2号洪水"。

北江石角水文站于6月22日10时40分出现12.24m的洪峰水位，超警1.24m，22日10时15分出现洪峰流量19500m³/s[6]，为接近100年一遇（100年一遇洪峰流量为19900m³/s）特大洪水。北江特大洪水期间（6月18—26日）各河流的洪水演进过程分述如下。

1. 支流

（1）武江。北江上游支流武江乐昌峡水库于6月19日1时起涨，起涨库水位141.55m，入库流量468m³/s，出库流量498m³/s，21日11时达到入库洪峰流量2840m³/s，涨水历时58h，入库流量涨幅2372m³/s，6月21日19时达到最大出库流量2390m³/s，6月23日1时达到最高库水位153.25m，超汛限水位（144.50m）8.75m。6月26日14时入库流量退至353m³/s，洪水过程历时181h。乐昌峡水库库水位、出入库流量过程线见图2.95。

武江下游犁市水文站由于受上、下游水利工程调度的影响，水位涨落趋势不明显，从

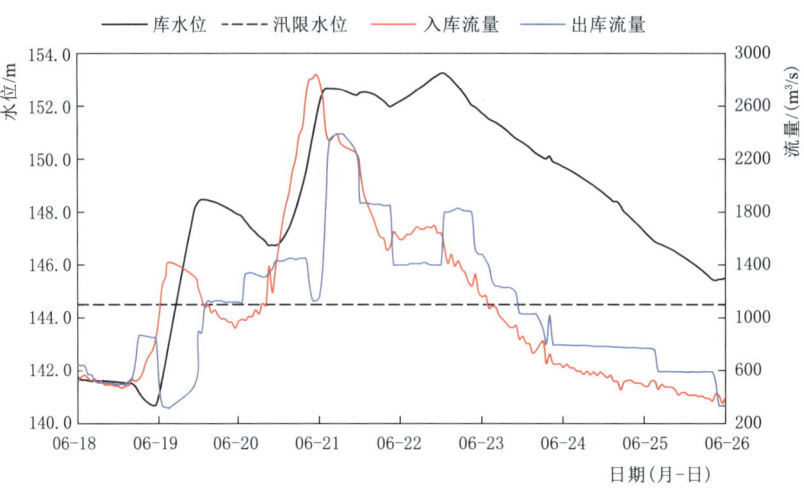

图 2.95 乐昌峡水库库水位、出入库流量过程线

流量过程看,洪水过程为多峰型,于 6 月 18 日 0 时起涨,起涨流量为 651m³/s,19 日 11 时出现第 1 次洪峰,流量为 3510m³/s,相应水位 60.11m,涨水历时 35h,流量涨幅 2859m³/s。6 月 20 日 0 时 45 分流量退至 914m³/s 后复涨,22 日 1 时 10 分出现第 2 次洪峰,流量为 3350m³/s,相应水位 60.21m,涨水历时 48h,流量涨幅 2436m³/s。6 月 26 日 15 时流量退至 484m³/s,洪水过程历时 207h。犁市水文站水位、流量过程线见图 2.96。

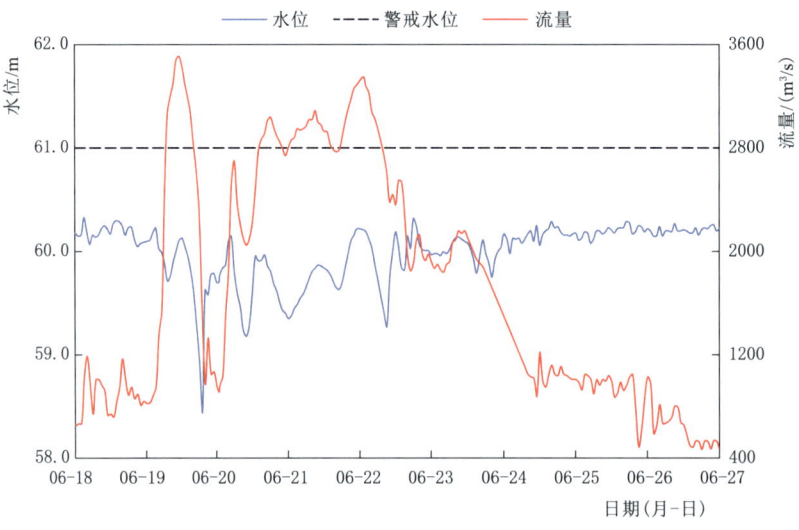

图 2.96 犁市水文站水位、流量过程线

(2) 滃江。北江支流滃江滃江水文站出现 2 次洪水过程,于 6 月 17 日 12 时起涨,起涨水位 96.70m,18 日 22 时达到洪峰水位 101.49m,涨水历时 34h,水位涨幅 4.79m,18 日 20 时 20 分达到最大洪峰流量 2350m³/s。6 月 19 日 13 时退至 98.52m 后复涨,于 19 日 20 时出现第 2 个洪峰,洪峰水位 99.27m,相应洪峰流量 1320m³/s,涨水历时 7h,水位涨幅 0.75m。6 月 21 日 10 时退至 97.00m 后再次复涨,于 21 日 19 时 15 分出现洪峰水位

99.34m，相应流量 1430m³/s，涨水历时 9h，水位涨幅 2.34m。6 月 26 日 19 时水位退至 95.12m，相应流量 151m³/s，洪水过程历时 223h。瀚江水文站水位、流量过程线见图 2.97。

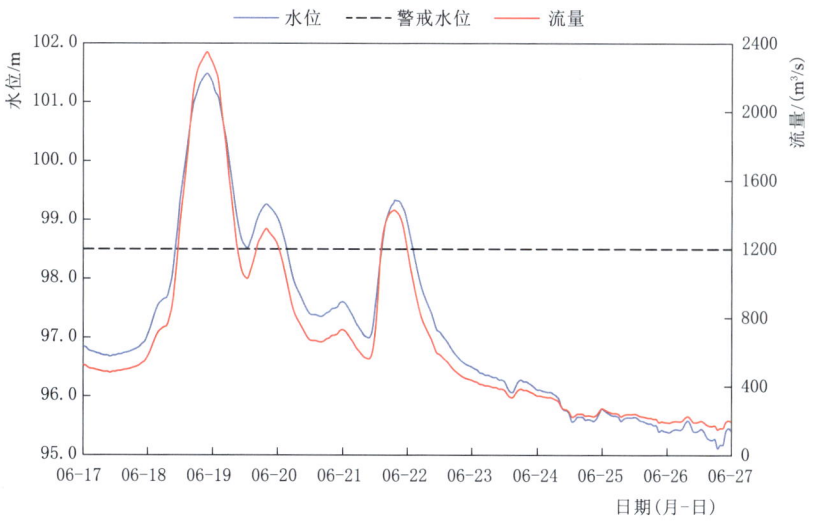

图 2.97　瀚江水文站水位、流量过程线

（3）连江。北江支流连江高道水文站洪水是 1 次双峰洪水过程，于 6 月 18 日 22 时起涨，起涨水位 25.27m，20 日 12 时出现第 1 个洪峰，洪峰水位 30.42m，相应洪峰流量 6090m³/s；6 月 20 日 23 时水位退至 30.33m 后复涨，23 日 0 时达到洪峰水位 33.37m，本次洪水过程涨水总历时 98h，水位涨幅 8.10m，洪峰流量 8530m³/s，超 100 年一遇（100 年一遇洪峰流量为 7880m³/s）。6 月 26 日 5 时水位退至 23.40m，相应流量 1580m³/s，洪水过程历时 175h。高道水文站水位、流量过程线见图 2.98。

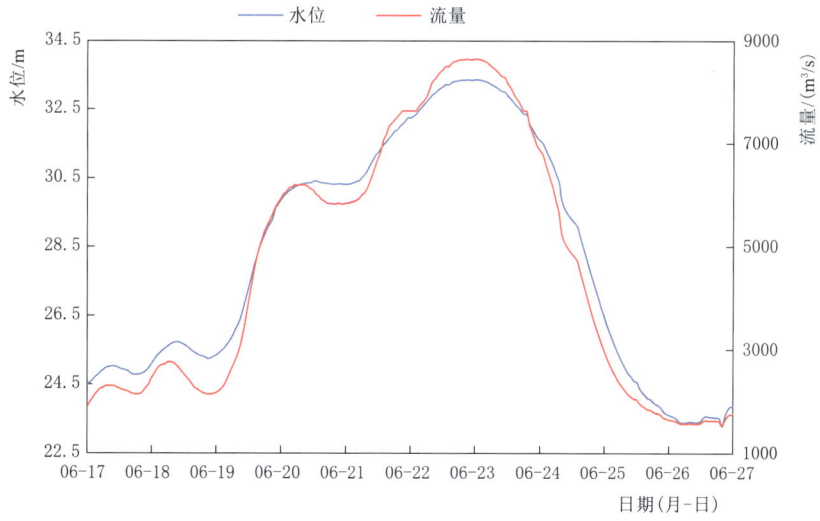

图 2.98　高道水文站水位、流量过程线

（4）潖江。北江支流潖江大庙峡水文站洪水是 1 次单峰洪水过程，于 6 月 18 日 6 时起涨，起涨水位 46.03m，18 日 11 时达到洪峰水位 49.62m，涨水历时 5h，水位涨幅 3.59m，18 日 10 时 40 分达到洪峰流量 886m³/s。6 月 23 日 10 时水位退至 45.36m，相应流量 52.8m³/s，洪水过程历时 124h。大庙峡水文站水位、流量过程线见图 2.99。

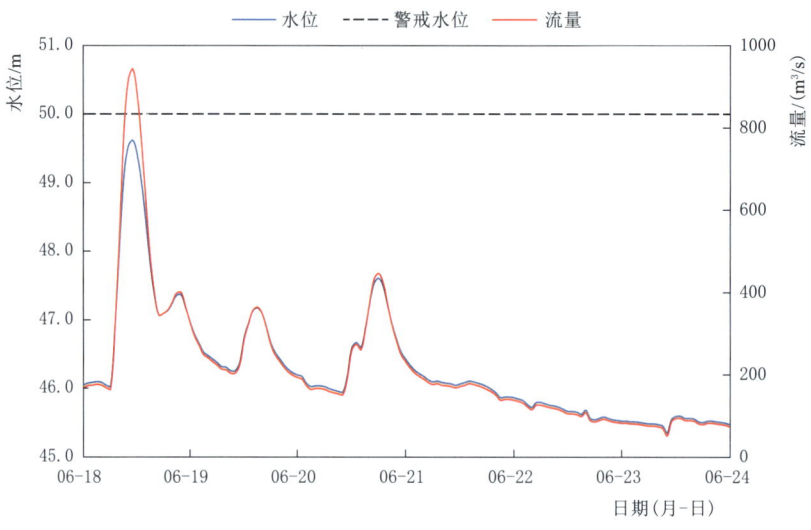

图 2.99　大庙峡水文站水位、流量过程线

（5）滨江。北江支流滨江珠坑水文站出现 2 次洪水过程，于 6 月 19 日 6 时起涨，起涨水位 19.53m，19 日 12 时达到洪峰水位 21.88m，未超警戒水位（24.50m），相应洪峰流量 594m³/s，涨水历时 6h，水位涨幅 2.35m。20 日 23 时水位退至 19.74m 后复涨，于 21 日 20 时达到洪峰水位 21.95m，未超警戒水位，涨水历时 21h，水位涨幅 2.21m，21 日 19 时 45 分达到洪峰流量 776m³/s。6 月 23 日 14 时水位退至 19.27m，相应流量 66.5m³/s，洪水过程历时 104h。珠坑水文站水位、流量过程线见图 2.100。

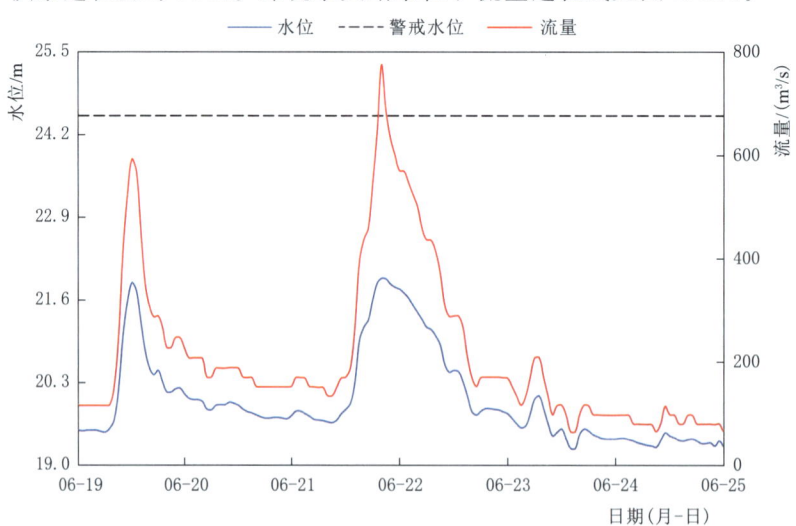

图 2.100　珠坑水文站水位、流量过程线

2. 干流

北江上游浈江新韶水文站洪水是1次双峰洪水过程，于6月18日8时起涨，起涨水位53.31m，19日23时出现第1个洪峰水位58.17m，超警戒水位（57.50m）0.67m；20日13时水位退至56.61m后复涨，21日16时达到洪峰水位59.56m，超警戒水位2.06m。本次洪水过程涨水历时共计80h，水位涨幅6.25m，洪峰流量6350m³/s，达到100年一遇（100年一遇洪峰流量为6260m³/s）。6月26日23时水位退至52.77m，洪水过程历时207h。新韶水文站水位、流量过程线见图2.101。

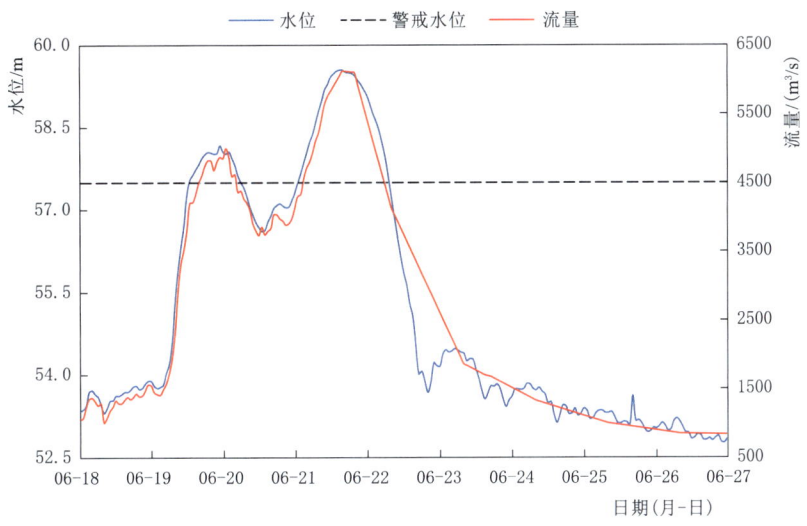

图2.101 新韶水文站水位、流量过程线

北江干流韶关水位站洪水是1次双峰洪水过程，于6月18日13时25分起涨，起涨水位52.72m，19日16时30分出现第1个洪峰水位54.77m，超警戒水位（53.00m）1.77m；20日3时水位退至53.46m后复涨，21日15时25分达到洪峰水位56.14m，超警戒水位3.14m。本次洪水过程涨水历时共计74h，水位涨幅3.42m。6月26日12时水位退至52.47m，洪水过程历时196h。韶关水位站水位过程线见图2.102。

北江干流英德水位站洪水是1次单峰洪水过程，于6月17日22时45分起涨，起涨水位24.72m，22日12时35分达到洪峰水位35.97m，超警戒水位（26.00m）9.97m，为历史最高实测水位，涨水历时109h50min，水位涨幅11.25m，超警历时165h。6月26日6时水位退至23.43m，洪水过程历时约199h。英德水位站水位过程线见图2.103。

北江干流飞来峡水库洪水是1次单峰洪水过程，于6月17日23时起涨，起涨入库流量6300m³/s，出库流量6500m³/s，22日23时达到入库洪峰流量19900m³/s，涨水历时120h，入库流量涨幅13600m³/s，22日16时达到最大出库流量12500m³/s，23日6时达到最高库水位26.82m。6月26日8时入库流量退至4200m³/s，洪水过程历时201h。飞来峡水库库水位、出入库流量过程线见图2.104。

下游石角水文站洪水是1次单峰洪水过程，于6月18日9时起涨，起涨水位8.20m，22日10时40分达到洪峰水位12.24m，涨水历时98h，水位涨幅4.04m，超警历时105h，洪峰流量19500m³/s，接近100年一遇（100年一遇洪峰流量为19900m³/s）。6月26日

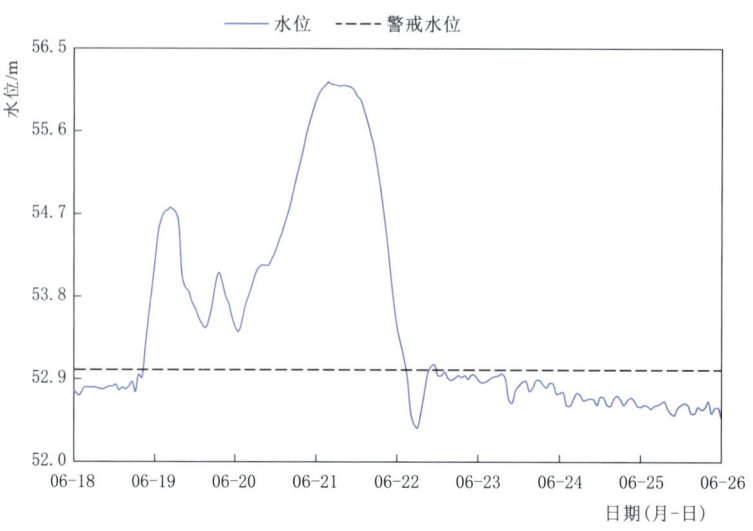

图 2.102 韶关水位站水位过程线

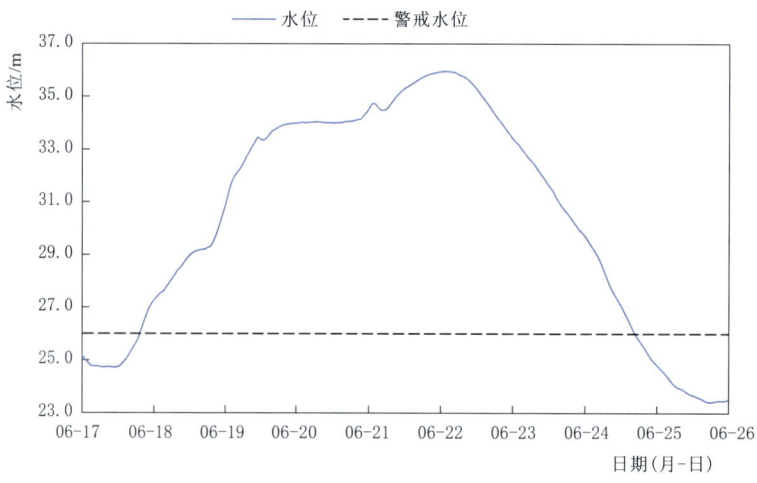

图 2.103 英德水位站水位过程线

22 时水位退至 4.92m，相应流量 5540m³/s，洪水过程历时 205h。石角水文站水位、流量过程线见图 2.105。

2.2.4.2 西江第 4 号洪水

受 6 月 15 日持续降雨影响，6 月 16—23 日西江支流柳江、桂江、蒙江及西江干流相继涨水。随着降雨过程的发展，各河流主要控制站分别于 6 月 17—23 日出现洪峰。西江下游梧州水文站水位于 6 月 17 日 18 时再次复涨，19 日 8 时水位涨至 20.95m，超警戒水位（18.50m）2.45m，依据水利部《全国主要江河洪水编号规定》，编号为"西江 2022 年第 4 号洪水"。

西江梧州水文站于 6 月 23 日 16 时 25 分出现 21.73m 的洪峰水位，超警戒水位 3.23m，相应流量 33100m³/s。西江 4 号洪水期间（6 月 16—29 日）各河流的洪水演进过

2.2 洪 水 过 程

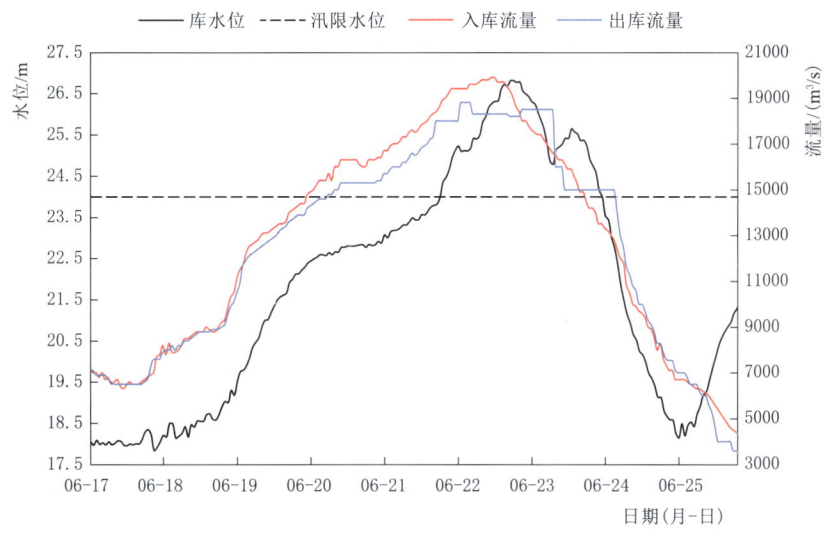

图 2.104 飞来峡水库库水位、出入库流量过程线

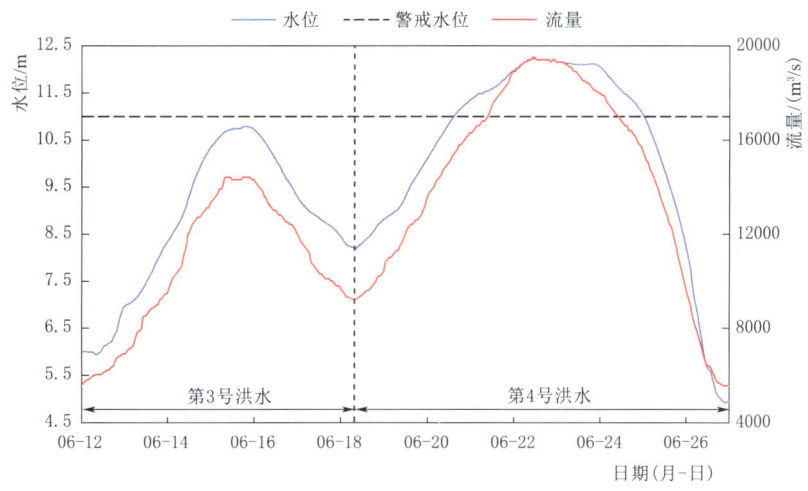

图 2.105 石角水文站水位、流量过程线

程分述如下。

1. 支流

(1) 柳江。受 6 月 15—21 日强降雨影响，柳江出现 1 次超警洪水过程。柳江上游融江融水水文站出现 3 次洪水过程。融水水文站于 6 月 16 日 19 时 45 分起涨，起涨水位 102.41m，19 日 2 时 55 分达到洪峰水位 106.43m，相应流量 9490m³/s，涨水历时 55h，水位涨幅 4.02m。6 月 19 日 19 时 05 分水位退至 103.18m 后复涨，于 20 日 18 时 10 分达到最高洪峰水位 106.81m，超警戒水位（106.60m）0.21m，最大洪峰流量 14600m³/s，为 5 年一遇洪水，涨水历时 22h，水位涨幅 3.63m。6 月 21 日 7 时 05 分水位退至 104.29m 后复涨，于 22 日 2 时 30 分达到洪峰水位 106.22m，相应流量 9350m³/s，涨水历时 19h，水位涨幅 1.93m。6 月 24 日 18 时水位退至 102.55m，相应流量 2040m³/s，洪

水过程历时 190h。融水水文站水位、流量过程线见图 2.106。

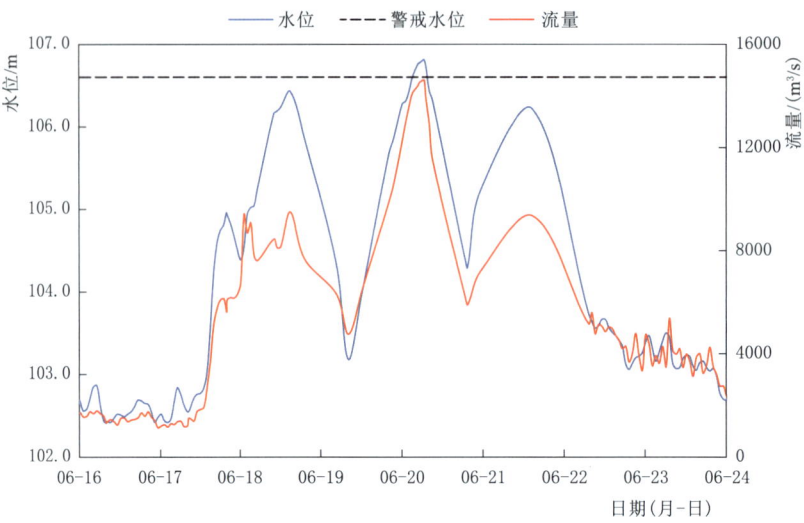

图 2.106　融水水文站水位、流量过程线

柳江支流龙江三岔水文站于 6 月 20 日 4 时 55 分起涨，起涨水位 97.86m，20 日 19 时 55 分达到洪峰水位 106.50m，未超警戒水位（107.60m），洪峰流量 6810m³/s，涨水历时 15h，水位涨幅 8.64m。6 月 25 日 18 时水位退至 98.18m，相应流量 1540m³/s，洪水过程历时 133h。三岔水文站水位、流量过程线见图 2.107。

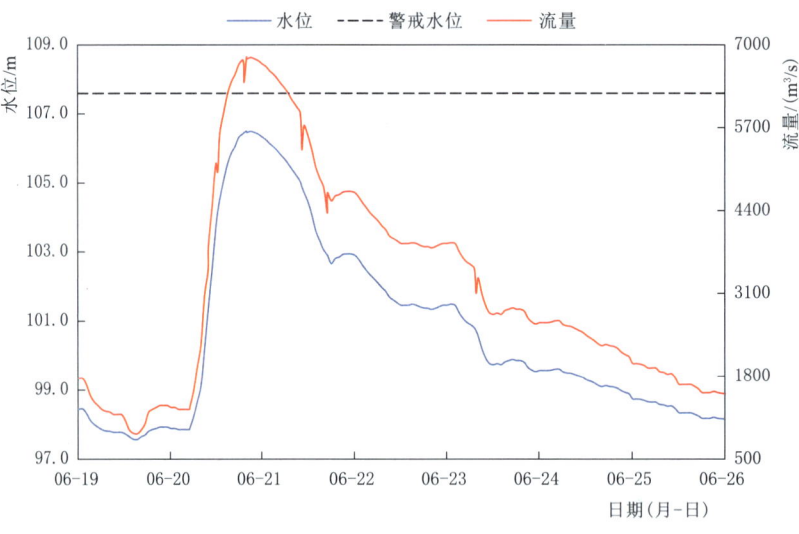

图 2.107　三岔水文站水位、流量过程线

柳江柳州水文站出现 1 次超警洪水过程。受上游融江及支流龙江、阳江等来水影响，柳江柳州水文站洪水于 6 月 20 日 5 时 40 分起涨，起涨水位 77.49m，相应流量 8400m³/s，受前期降雨影响，江河底水较高，于 21 日 6 时 10 分达到洪峰水位 83.59m，超警戒水位（82.50m）1.09m，水位超警戒持续 39h，水位涨幅 6.1m，涨水历时 25h，相应流量

15300m³/s，21日0时30分达到最大流量16700m³/s，为2～5年一遇洪水。6月26日12时水位退至78.27m，相应流量3190m³/s，洪水过程历时150h。柳州水文站水位、流量过程线见图2.108。

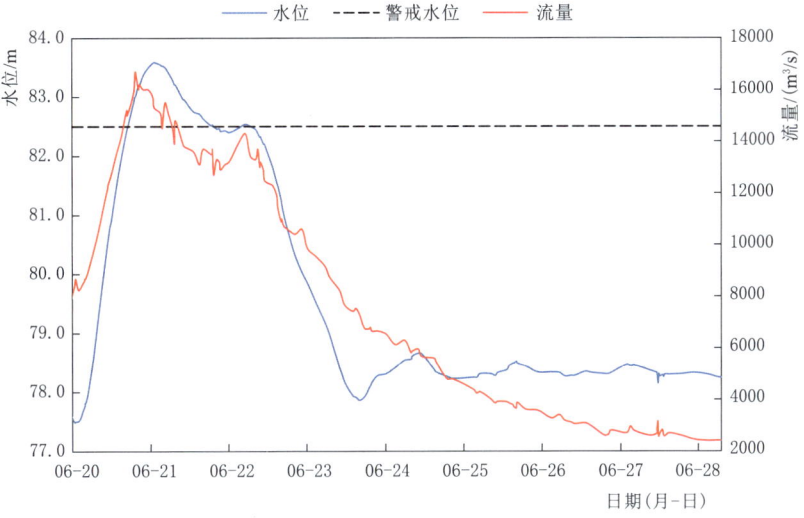

图2.108　柳州水文站水位、流量过程线

柳江支流洛清江对亭水文站洪水过程为驼峰型，于6月16日12时05分开始起涨，起涨水位75.14m，前期底水较低，但涨势快，18日0时40分达到洪峰水位84.04m，超警戒水位（81.70m）2.34m，水位涨幅8.90m，涨水历时37h，相应流量6050m³/s，17日21时达到最大流量6170m³/s。6月20日8时05分水位退至76.20m后复涨，于21日7时达到洪峰水位82.88m，超警戒水位1.18m，水位涨幅6.68m，涨水历时23h，相应流量5090m³/s。6月28日12时20分水位退至73.26m，相应流量355m³/s，洪水过程历时288h。对亭水文站水位、流量过程线见图2.109。

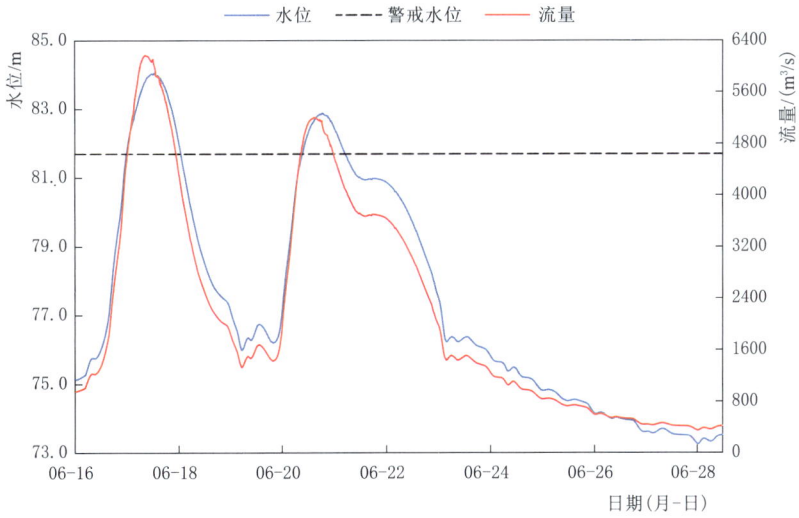

图2.109　对亭水文站水位、流量过程线

(2) 郁江。右江百色水库，左江崇左水文站，郁江南宁水文站、贵港水文站均未发生明显洪水过程。

(3) 桂江。桂江上游支流甘棠江青狮潭水库于 6 月 17 日 2 时起涨，起涨库水位 220.62m，入库流量 31.5m³/s，出库流量 75.5m³/s，于 20 日 5 时达到入库洪峰流量 1820m³/s，涨水历时 75h，入库流量涨幅 1790m³/s。6 月 21 日 15 时出现最高库水位 225.74m 和最大出库流量 884m³/s，最高库水位超过汛限水位（224.20m）1.54m。6 月 24 日 11 时入库流量退至 104m³/s，过程历时 177h。青狮潭水库库水位、出入库流量过程线见图 2.110。

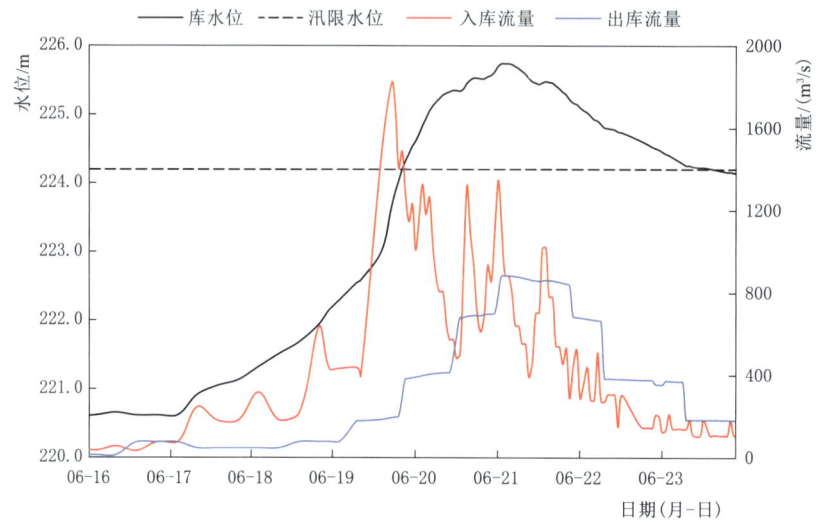

图 2.110　青狮潭水库库水位、出入库流量过程线

桂江上游干流六洞河斧子口水库于 6 月 17 日 8 时起涨，起涨库水位 250.47m，入库流量 34.2m³/s，出库流量 48.0m³/s，于 19 日 3 时达到入库洪峰流量 1400m³/s，涨水历时 43h，入库流量涨幅 1370m³/s。6 月 20 日 8 时出现最高库水位 265.97m，超过汛限水位（252.00m）13.97m，20 日 10 时出现最大出库流量 636m³/s。6 月 24 日 6 时入库流量退至 74.4m³/s，过程历时 166h。斧子口水库库水位、出入库流量过程线见图 2.111。

桂江上游支流川江川江水库于 6 月 17 日 2 时起涨，起涨库水位 260.63m，入库流量 3.31m³/s，出库流量 17.2m³/s，于 20 日 2 时达到入库洪峰流量 805m³/s，涨水历时 72h，入库流量涨幅 802m³/s。6 月 20 日 9 时出现最高库水位 272.86m，超过汛限水位（263.00m）9.86m，20 日 10 时出现最大出库流量 319m³/s。6 月 23 日 15 时入库流量退至 24.7m³/s，过程历时 157h。川江水库库水位、出入库流量过程线见图 2.112。

桂江上游支流小溶江小溶江水库于 6 月 17 日 2 时起涨，起涨库水位 251.43m，入库流量 19.6m³/s，出库流量 30.0m³/s，于 20 日 5 时达到入库洪峰流量 872m³/s，涨水历时 75h，入库流量涨幅 852.4m³/s。6 月 22 日 1 时出现最高库水位 265.79m 和最大出库流量 333m³/s，最高库水位超汛限水位（252.50m）13.29m。6 月 23 日 21 时入库流量退至 53.2m³/s，过程历时 163h。小溶江水库库水位、出入库流量过程线见图 2.113。

桂江上游桂林水文站洪水过程为多峰型，主峰起涨前有 1 次小洪水过程，抬高了江河

2.2 洪 水 过 程

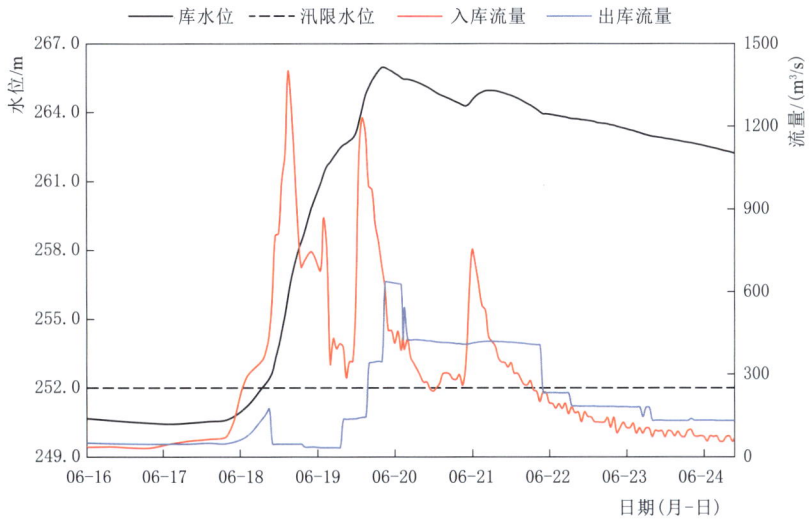

图 2.111　斧子口水库库水位、出入库流量过程线

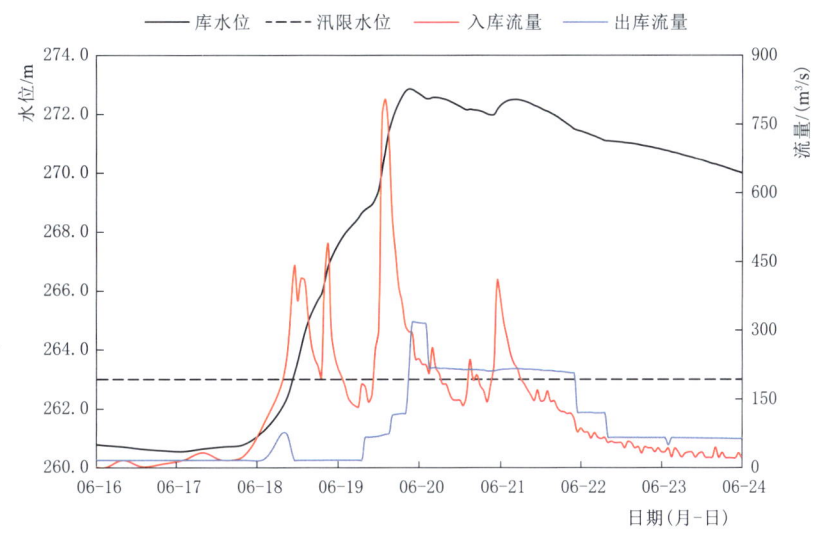

图 2.112　川江水库库水位、出入库流量过程线

底水。主峰洪水 18 日 14 时 25 分起涨，起涨水位 143.78m，19 日 9 时 55 分达到洪峰水位 146.70m，超警戒水位（146.00m）0.70m，水位涨幅 2.92m，涨水历时 20h。6 月 20 日 0 时 55 分水位退至 144.42m 后复涨，20 日 21 时 30 分再次达到洪峰，洪峰水位 147.36m，比第 1 次洪峰高 0.66m，超警戒水位 1.36m，超保证水位（147.00m）0.36m，洪峰流量 3690m³/s，水位涨幅 2.94m，涨水历时 21h。6 月 21 日 4 时 30 分水位退至 146.87m 后复涨，22 日 5 时 05 分第 3 次达到洪峰，洪峰水位 147.90m，比第 2 次洪峰水位高 0.54m，超警戒水位 1.90m，超保证水位 0.90m，洪峰流量 4100m³/s，水位涨幅 1.03m，涨水历时 25h。本次洪水过程中，桂林站水位总涨幅 4.12m，最大流量 4110m³/s。6 月 27 日 5 时 55 分水位退至 142.71m，相应流量 276m³/s，洪水过程历时 208h。桂林水文站水位、流

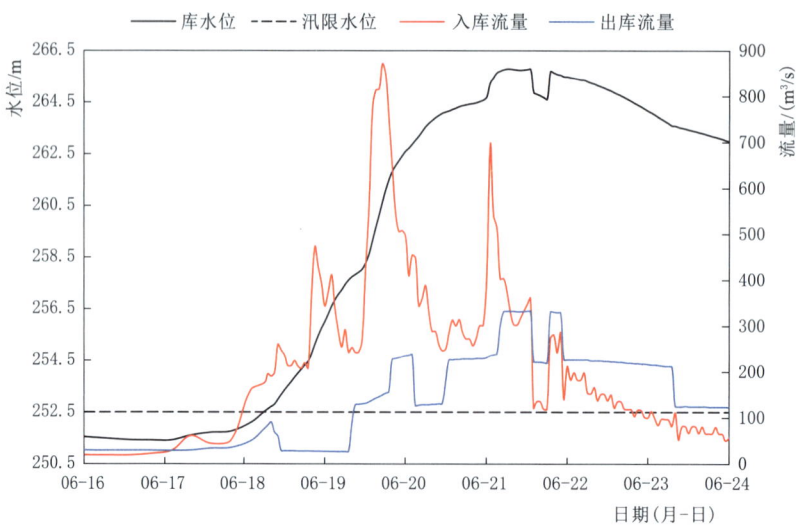

图 2.113　小溶江水库库水位、出入库流量过程线

量过程线见图 2.114。

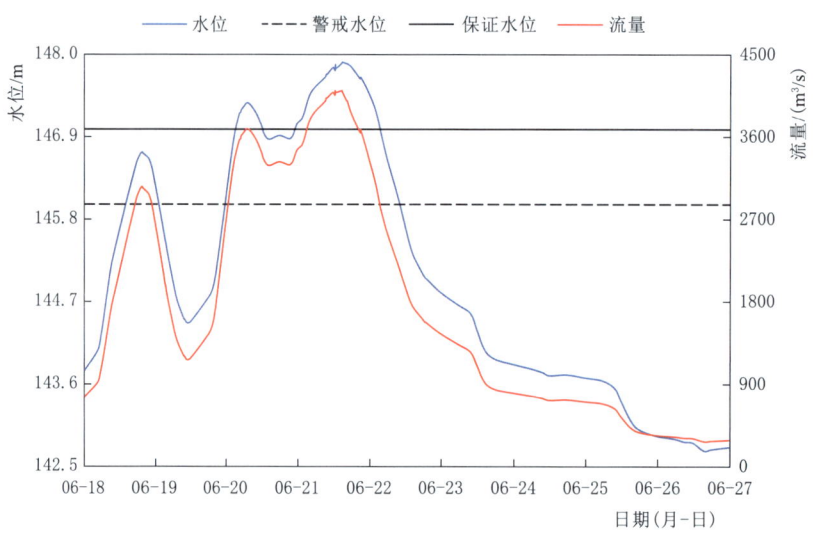

图 2.114　桂林水文站水位、流量过程线

桂江支流荔浦水文站洪水过程为驼峰型，16 日 17 时起涨，起涨水位 140.84m，前期底水较低，但涨势快，17 日 14 时 30 分达到洪峰水位 142.55m，未超警戒水位（143.20m），水位涨幅 1.71m，涨水历时 22h，洪峰流量 502m³/s。6 月 20 日 8 时水位退至 140.70m 后复涨，20 日 21 时 25 分再次达到洪峰，洪峰水位 143.18m，比第 1 次洪峰高 0.63m，未超警戒水位，水位涨幅 2.48m，涨水历时 14h，洪峰流量 912m³/s。6 月 25 日 16 时 50 分水位退至 140.32m，相应流量 9.53m³/s，洪水过程历时 216h。荔浦水文站水位、流量过程线见图 2.115。

桂江支流恭城河恭城水文站洪水过程为驼峰型。6 月 16 日 11 时 05 分起涨，起涨水位

2.2 洪水过程

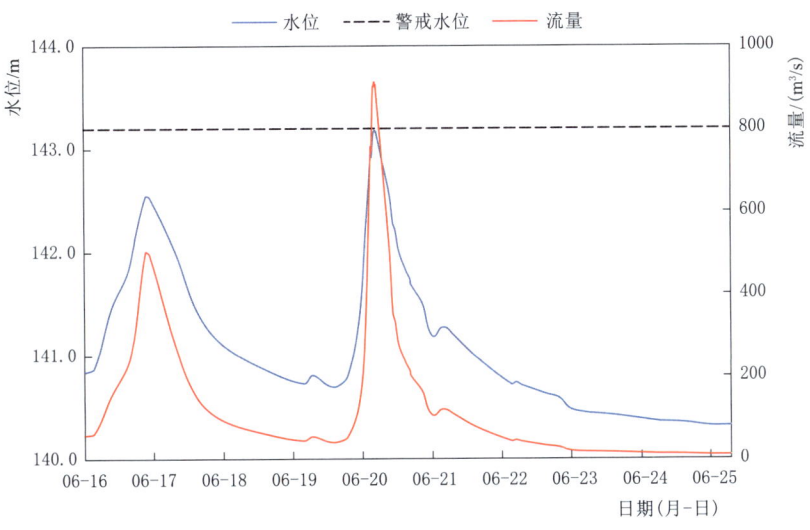

图 2.115 荔浦水文站水位、流量过程线

129.61m，18 日 4 时 25 分达到洪峰水位 132.33m，超警戒水位（132.00m）0.33m，水位涨幅 2.72m，涨水历时 41h，洪峰流量 2030m³/s。6 月 20 日 6 时 50 分水位退至 129.61m 后复涨，于 22 日 9 时达到洪峰，洪峰水位 134.70m，比第 1 次洪峰高 2.37m，超警戒水位 2.70m，洪峰流量 4590m³/s，水位涨幅 5.09m，涨水历时 50h。6 月 28 日 21 时 45 分水位退至 128.84m，相应流量 153m³/s，洪水过程历时 299h。恭城水文站水位、流量过程线见图 2.116。

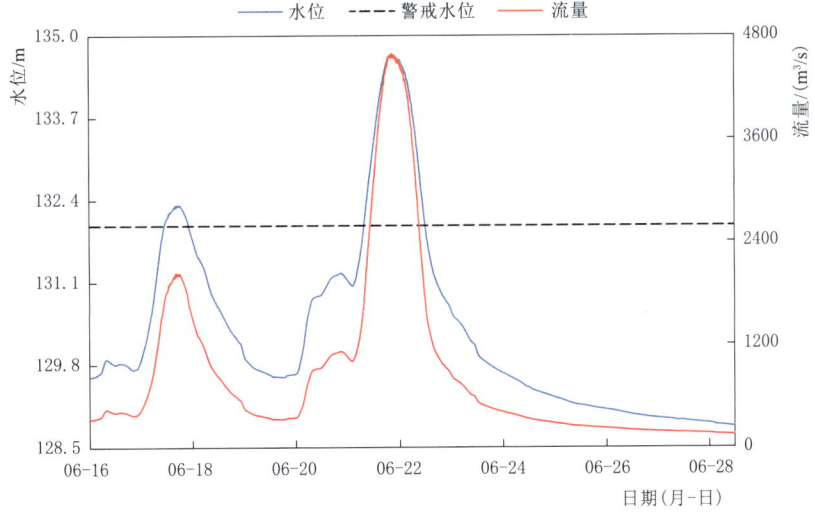

图 2.116 恭城水文站水位、流量过程线

桂江支流思勤江劳村水文站洪水过程为驼峰型，6 月 16 日 14 时 40 分起涨，起涨水位 78.06m，17 日 17 时 35 分达到洪峰水位 81.01m，超过警戒水位（80.00m）1.01m，水位涨幅 2.95m，涨水历时 27h，洪峰流量 1110m³/s。6 月 20 日 8 时水位退至 78.61m 后复

涨，21 日 0 时 05 分达到洪峰，洪峰水位 81.40m，比第 1 次洪峰高 0.39m，超警戒水位 1.40m，洪峰流量 1270m³/s，水位涨幅 2.79m，涨水历时 16h。本次洪水过程中，劳村水文站水位总涨幅 3.34m。6 月 25 日 16 时 30 分水位退至 77.27m，相应流量 125m³/s，本次洪水过程历时 218h。劳村水文站水位、流量过程线见图 2.117。

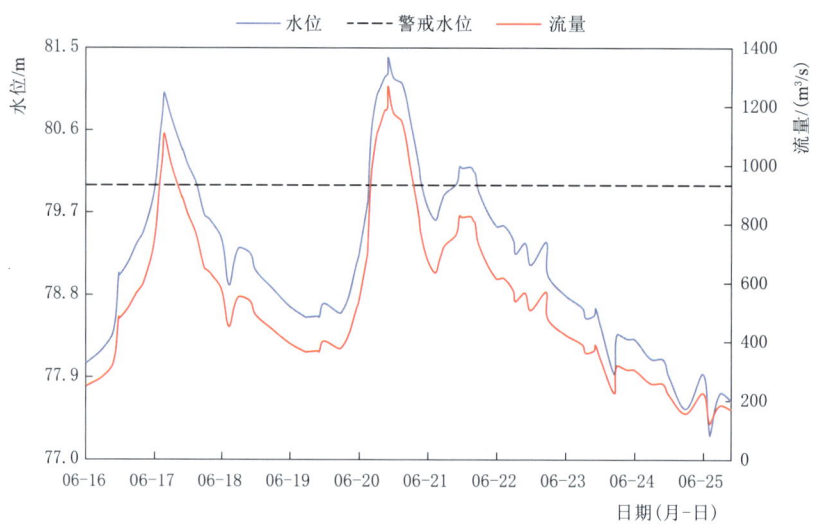

图 2.117 劳村水文站水位、流量过程线

桂江下游京南水文站受桂江上游来水及区间来水补充影响，同样呈多峰型。受前期降雨影响，江河底水较高，于 6 月 17 日 0 时起涨，起涨水位 22.39m，18 日 18 时 35 分达到洪峰水位 27.74m，超警戒水位（24.00m）3.74m，洪峰流量为 8620m³/s。受区间降雨补充影响，20 日 10 时 40 分水位退至 24.40m 后复涨，23 日 8 时 25 分再次达到洪峰，洪峰水位 29.88m，比第 1 次洪峰高 2.14m，超警戒水位 5.88m，洪峰流量 10600m³/s。本次洪水过程中，京南水文站水位总涨幅 7.49m，涨水总历时 152h，超警历时 161h。6 月 26 日 8 时水位退至 19.65m，相应流量 1600m³/s，洪水过程历时 224h。受京南电站影响，京南水文站流量过程线呈锯齿状，其水位、流量过程线见图 2.118。

2. 干流

（1）红水河段。红水河龙滩水库、岩滩水库、迁江水文站均未发生明显洪水过程。

（2）黔江段。黔江武宣水文站洪水过程为驼峰型，受前期来水影响，黔江底水较高，武宣水文站洪水于 6 月 17 日 3 时 05 分起涨，起涨水位 50.98m，19 日 3 时 55 分达到洪峰水位 54.68m，未超警戒水位（55.70m），水位涨幅 3.70m，涨水历时 49h，相应流量 20500m³/s。20 日 17 时 15 分水位退至 52.16m 后复涨，23 日 8 时 35 分达到洪峰水位 58.11m，比第 1 次洪峰高 3.43m，超警戒水位 2.41m，相应流量 20400m³/s，水位涨幅 5.67m，涨水历时 79h。6 月 28 日 23 时 05 分水位退至 49.44m，相应流量 8080m³/s，洪水过程历时 284h。武宣水文站水位、流量过程线见图 2.119。

（3）浔江段。受黔江来水影响，浔江大湟江口水文站洪水过程为驼峰型，受前期来水影响，浔江底水较高，于 6 月 17 日 2 时起涨，起涨水位 30.41m，19 日 10 时 15 分达到洪峰水位 31.66m，未超警戒水位（31.70m），水位涨幅 1.25m，涨水历时 56h，洪峰流量

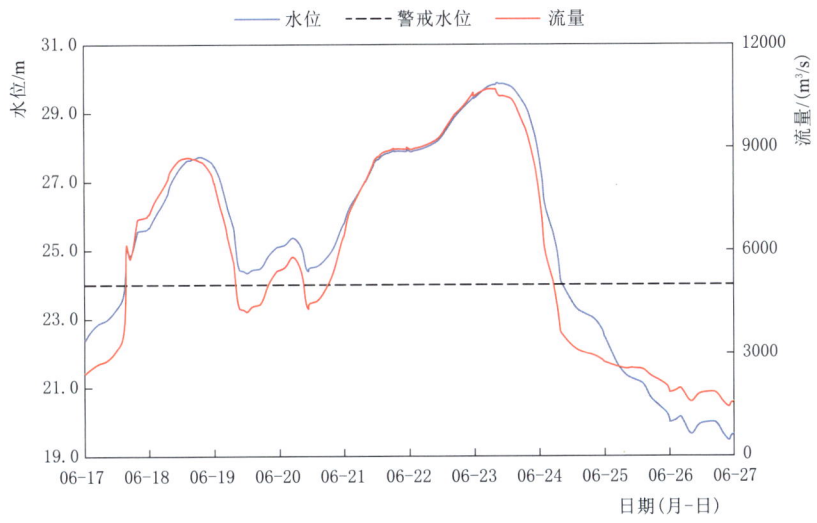

图 2.118　京南水文站水位、流量过程线

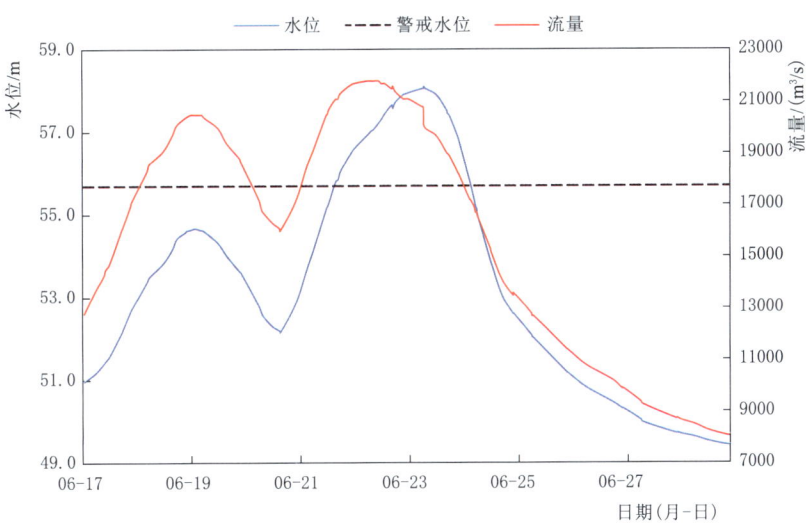

图 2.119　武宣水文站水位、流量过程线

24900m³/s。6 月 21 日 0 时水位退至 29.91m 后复涨，23 日 21 时 40 分达到洪峰水位 30.98m，未超警戒水位，水位涨幅 1.07m，涨水历时 70h，洪峰流量 23200m³/s。6 月 28 日 11 时 15 分水位退至 24.68m，相应流量 8880m³/s，洪水过程历时 273h。大湟江口水文站水位、流量过程线见图 2.120。

受前期来水影响，浔江底水较高。浔江长洲水库于 6 月 17 日 20 时起涨，起涨库水位 21.50m，入库流量 23100m³/s，出库流量 23100m³/s，6 月 23 日 14 时达到入库洪峰流量 27700m³/s，最大出库流量 27700m³/s，最高库水位 22.22m，超过汛限水位（19.30m）2.92m，涨水历时 138h，入库流量涨幅 4600m³/s。6 月 27 日 20 时入库流量退至 11700m³/s，洪水过程历时 240h。长洲水库库水位、出入库流量过程线见图 2.121。

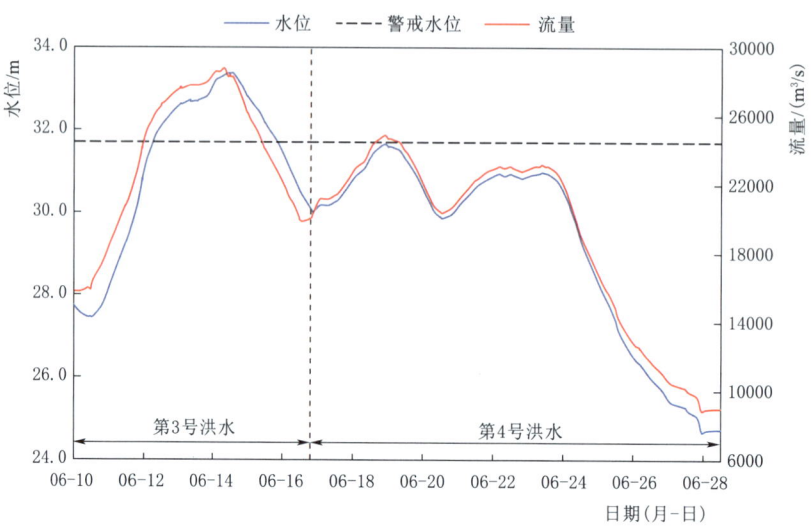

图 2.120　大湟江口水文站水位、流量过程线

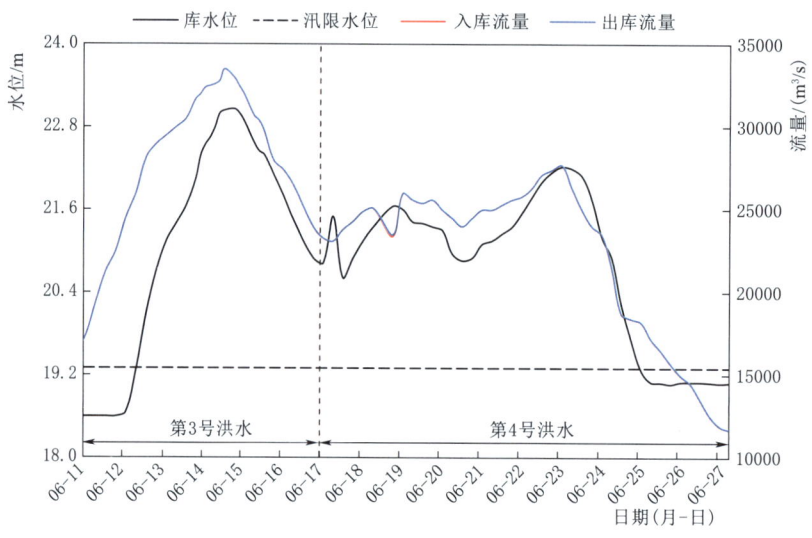

图 2.121　长洲水库库水位、出入库流量过程线

（4）西江段。受浔江来水及桂江来水影响，西江梧州水文站洪水过程为驼峰型，受前期来水影响，西江底水较高，梧州水文站洪水于 6 月 17 日 17 时 10 分起涨，起涨水位 19.81m，19 日 4 时 50 分达到洪峰水位 20.98m，超警戒水位（18.50m）2.48m，水位涨幅 1.17m，涨水历时 36h，相应流量 32100m³/s。6 月 20 日 22 时 35 分水位退至 20.21m 后复涨，23 日 16 时 25 分达到洪峰水位 21.73m，超警戒水位 3.23m，水位涨幅 1.52m，涨水历时 66h，洪峰流量 33100m³/s，本次洪水过程涨水总历时 143h。6 月 29 日 1 时 15 分水位退至 10.50m，相应流量 12600m³/s，洪水过程历时 272h。梧州水文站水位、流量过程线见图 2.122。

受前期来水影响，西江底水较高，高要水文站 6 月 18 日 8 时水位从 8.72m 起涨，至

2.2 洪 水 过 程

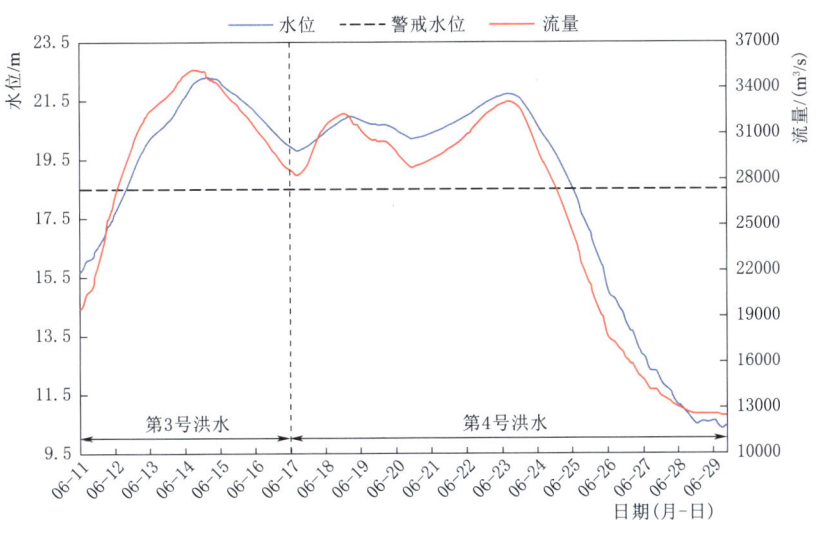

图 2.122　梧州水文站水位、流量过程线

23 日 21 时达到洪峰，洪峰水位 10.27m，超警戒水位（10.00m）0.27m，相应洪峰流量 38600m³/s，超 5 年一遇（5 年一遇洪峰流量为 37900m³/s），水位涨幅 1.55m，涨水历时 133h。6 月 29 日 11 时水位退至 2.70m，相应流量 13900m³/s，洪水过程历时 267h。高要水文站水位、流量过程线见图 2.123。

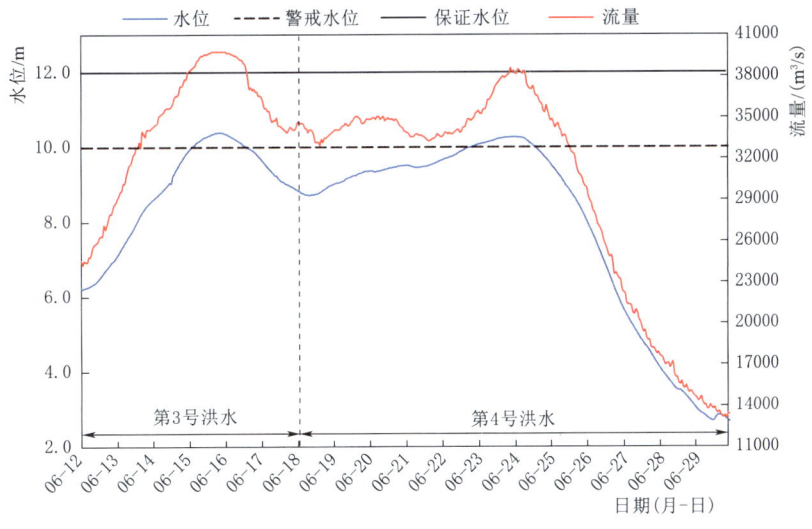

图 2.123　高要水文站水位、流量过程线

2.2.4.3　珠江三角洲洪水

受上游来水、降雨及天文潮顶托的共同影响，珠江三角洲各站点出现不同程度的涨水过程。思贤滘西江干流水道马口水文站 6 月 23 日 23 时达到洪峰水位 7.69m，23 日 21 时达到洪峰流量 44700m³/s，为超 20 年一遇洪水；北江干流水道三水水文站 6 月 22 日 22 时达到洪峰水位 8.10m，22 日 22 时 20 分达到洪峰流量 15500m³/s，为超 50 年一遇洪水；

— 105 —

西海水道天河水文站、东海水道蚬沙（南华）水位站、顺德水道三多水位站、潭洲水道紫洞水位站发生小幅超警洪水，最大超警幅度 0.01～0.83m。第 2 次流域性较大洪水期间（6 月 18—28 日）各河流的洪水演进过程分述如下。

1. 思贤滘

受前期来水影响，思贤滘底水较高，西江干流水道马口水文站出现 1 次洪水过程。马口水文站 6 月 18 日 12 时水位从 6.15m 起涨，至 23 日 23 时达到洪峰，洪峰水位 7.69m，超过警戒水位（7.50m）0.19m，水位涨幅 1.54m，涨水历时 131h。23 日 21 时达到洪峰流量 44700m³/s，超 20 年一遇（20 年一遇洪峰流量为 41900m³/s）。6 月 29 日 13 时水位退至 2.14m，相应流量 12200m³/s，洪水过程历时 269h。马口水文站水位、流量过程线见图 2.124。

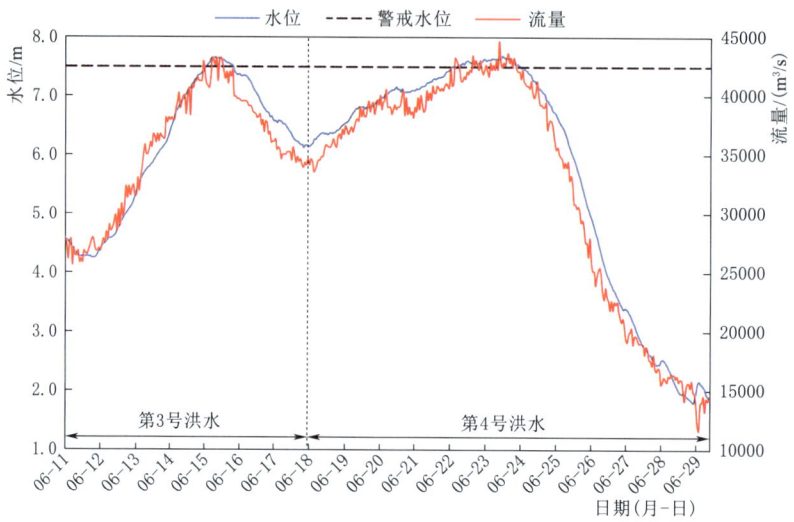

图 2.124　马口水文站水位、流量过程线

北江干流水道三水水文站出现 1 次洪水过程。三水水文站 6 月 18 日 11 时水位从 6.29m 起涨，至 22 日 22 时达到洪峰，洪峰水位 8.10m，超警戒水位（7.50m）0.60m，水位涨幅 1.81m，涨水历时 107h，22 日 22 时 20 分达到洪峰流量 15500m³/s，超 50 年一遇（50 年一遇洪峰流量为 14800m³/s）。6 月 29 日 10 时水位退至 1.84m，相应流量 3920m³/s，洪水过程历时 261h。三水水文站水位、流量过程线见图 2.125。

2. 其他重要控制站

珠江三角洲西海水道天河水文站出现 1 次洪水过程。天河水文站 6 月 18 日 10 时 45 分水位从 4.61m 起涨，至 23 日 12 时 15 分达到洪峰，洪峰水位 5.75m，超警戒水位（5.74m）0.01m，水位涨幅 1.14m，涨水历时 121h。24 日 6 时达到洪峰流量 23000m³/s。6 月 28 日 6 时 30 分水位退至 2.12m，相应流量 9050m³/s，洪水过程历时 236h。天河水文站水位、流量过程线见图 2.126。

珠江三角洲东海水道蚬沙（南华）水位站出现 1 次洪水过程。蚬沙（南华）水位站 6 月 19 日 2 时水位从 3.83m 起涨，至 23 日 11 时达到洪峰，洪峰水位 4.85m，超警戒水位（4.50m）0.35m，相应洪峰流量 17800m³/s，水位涨幅 1.02m，涨水历时 105h。6 月 27

2.2 洪 水 过 程

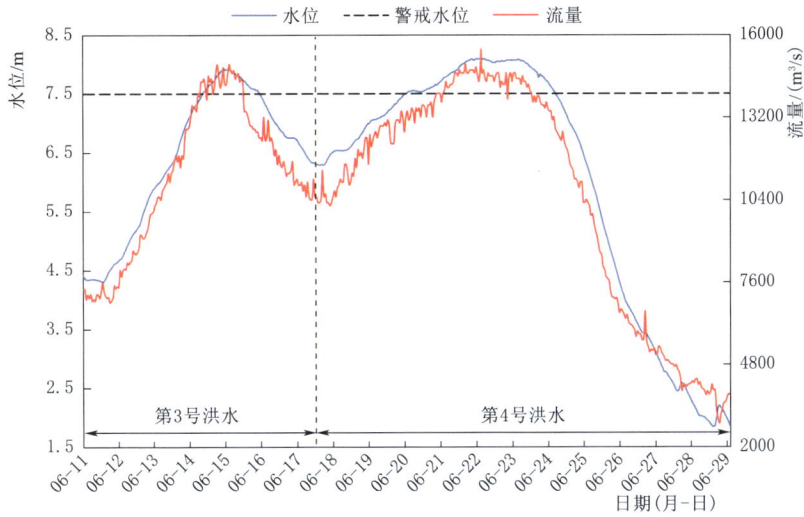

图 2.125　三水水文站水位、流量过程线

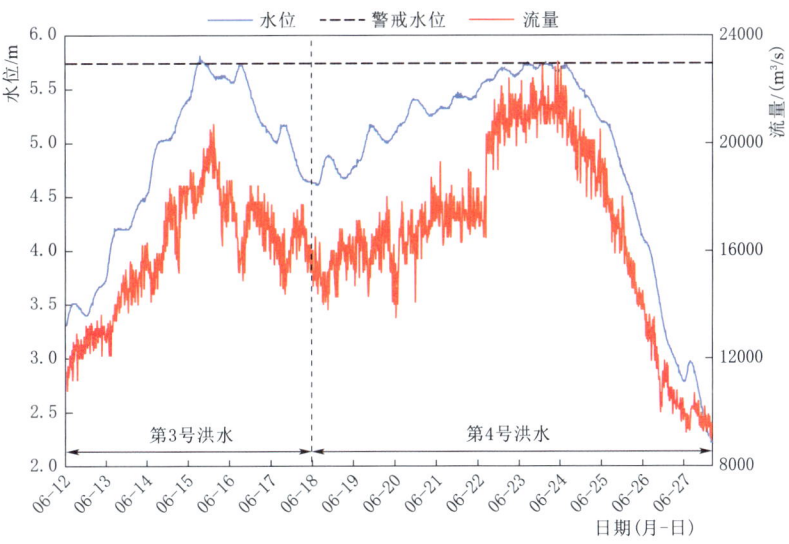

图 2.126　天河水文站水位、流量过程线

日 23 时水位退至 1.53m，相应流量 7550m³/s，洪水过程历时 213h。蚬沙（南华）水位站水位、流量过程线见图 2.127。

珠江三角洲顺德水道三多水位站出现 1 次洪水过程。三多水位站 6 月 18 日 12 时水位从 4.41m 起涨，至 22 日 22 时达到洪峰，洪峰水位 5.83m，超过警戒水位（5.00m）0.83m，相应洪峰流量 8750m³/s，水位涨幅 1.42m，涨水历时 106h。6 月 27 日 23 时水位退至 1.79m，相应流量 3320m³/s，洪水过程历时 227h。三多水位站水位、流量过程线见图 2.128。

珠江三角洲潭洲水道紫洞水位站出现 1 次洪水过程。紫洞水位站 6 月 18 日 13 时水位从 4.60m 起涨，至 22 日 23 时达到洪峰，洪峰水位 6.10m，超过警戒水位（5.30m）

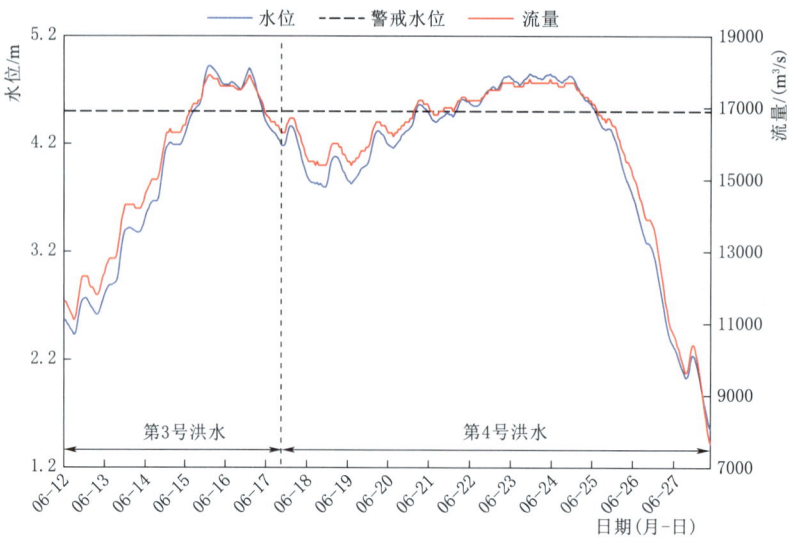

图 2.127　蚬沙（南华）水位站水位、流量过程线

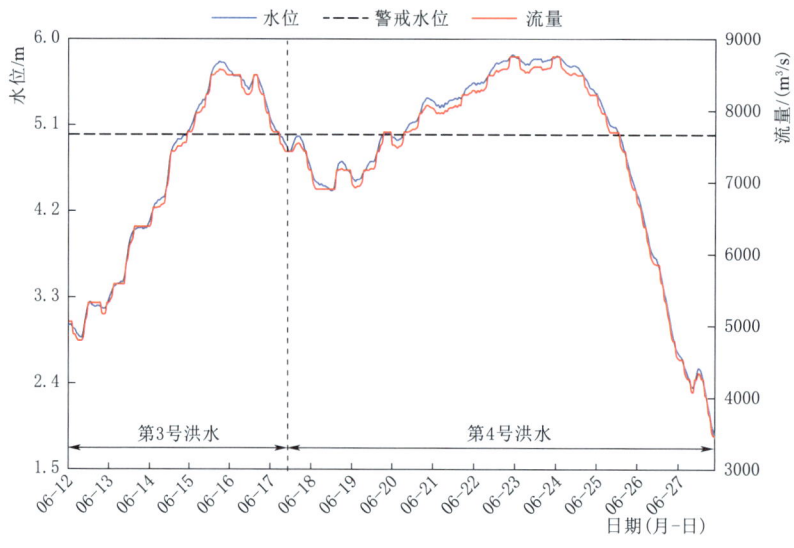

图 2.128　三多水位站水位、流量过程线

0.80m，相应洪峰流量 2340m³/s，水位涨幅 1.50m，涨水历时 106h。6 月 27 日 23 时水位退至 1.88m，相应流量 703m³/s，洪水过程历时 226h。紫洞水位站水位、流量过程线见图 2.129。

2.2.5　北江第 3 号洪水

受 7 月 1—7 日降雨影响，北江中下游干流、北江中游支流连江、滃江出现明显洪水过程。随着降雨过程的发展，各河流主要控制站分别于 7 月 3—7 日出现洪峰。7 月 5 日 7 时 35 分，北江干流石角水文站实测流量 12000m³/s，达到水利部《全国主要江河洪水编号规定》的标准，编号为"北江 2022 年第 3 号洪水"。

2.2 洪 水 过 程

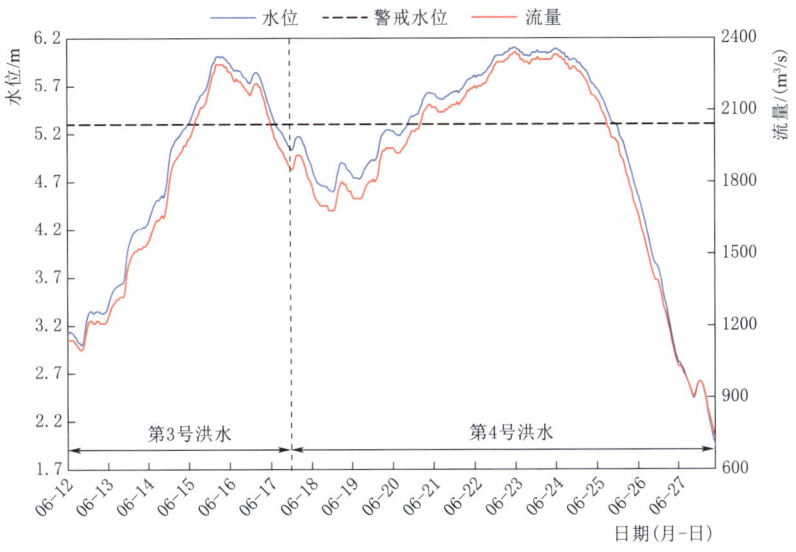

图 2.129　紫洞水位站水位、流量过程线

北江石角水文站于 7 月 6 日 21 时 30 分出现 10.30m 的洪峰水位，未超警戒水位，相应流量 15000m³/s，为接近 20 年一遇洪水。北江 3 号洪水期间（7 月 2—13 日）各河流的洪水演进过程分述如下。

1. 支流

（1）武江。北江上游支流武江乐昌峡水库于 7 月 2 日 8 时起涨，起涨库水位 142.94m，入库流量 204m³/s，出库流量 333m³/s，5 日 8 时达到入库洪峰流量 1700m³/s，涨水历时 72h，入库流量涨幅 1496m³/s，7 月 5 日 14 时达到最大出库流量 979m³/s，7 月 5 日 17 时达到最高库水位 150.62m，超汛限水位（144.50m）6.12m。7 月 13 日 8 时入库流量退至 201m³/s，洪水过程历时 264h。乐昌峡水库库水位、出入库流量过程线见图 2.130。

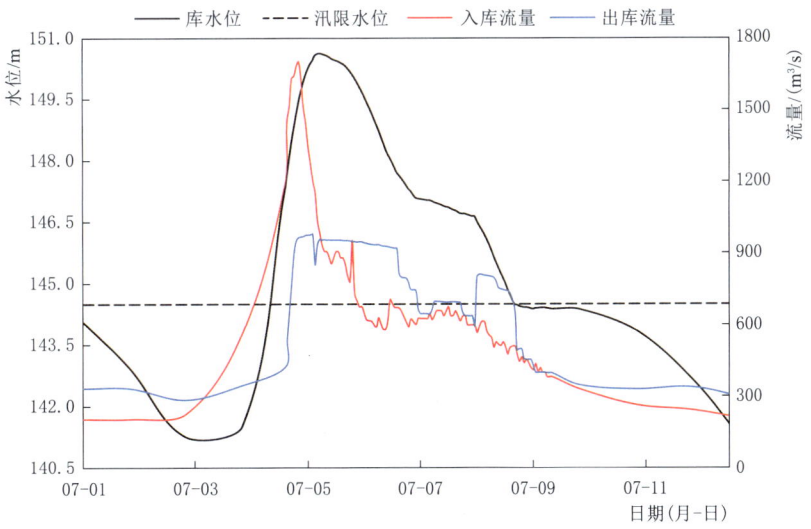

图 2.130　乐昌峡水库库水位、出入库流量过程线

武江下游犁市水文站由于受上、下游水利工程调度的影响，水位涨落过程不明显，从流量过程看，洪水过程为双峰型，犁市水文站 7 月 3 日 12 时流量从 388m³/s 起涨，至 4 日 8 时达到洪峰，洪峰流量 2640m³/s，流量涨幅 2252m³/s，涨水历时 20h。7 月 6 日 18 时流量退至 1150m³/s 后复涨，于 7 日 11 时达到洪峰，洪峰流量 1920m³/s，流量涨幅 770m³/s，涨水历时 17h。7 月 10 日 7 时流量退至 452m³/s，洪水过程历时 163h。犁市水文站水位、流量过程线见图 2.131。

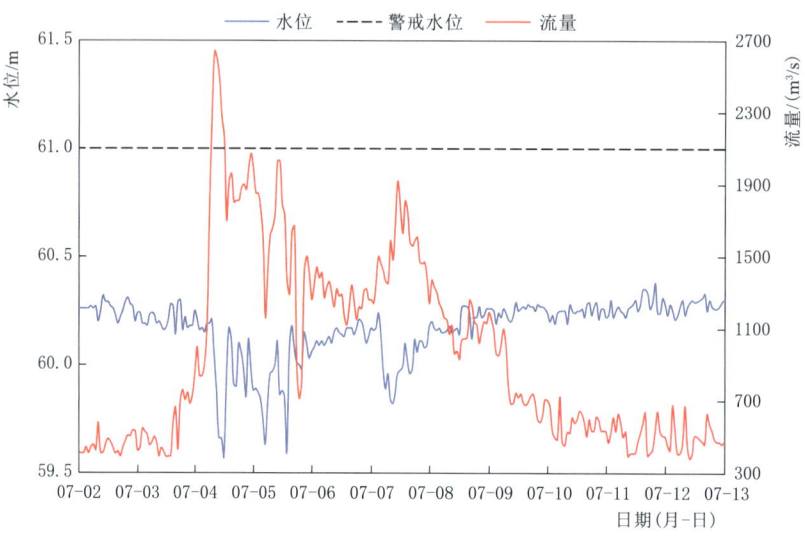

图 2.131　犁市水文站水位、流量过程线

（2）渝江。北江支流渝江渝江水文站洪水过程是 1 次单峰洪水过程。渝江水文站 7 月 3 日 22 时水位从 94.94m 起涨，至 5 日 21 时达到洪峰，洪峰水位 102.30m，超过警戒水位（98.50m）3.80m，相应洪峰流量 3040m³/s，水位涨幅 7.36m，涨水历时 47h。7 月 9 日 15 时水位退至 95.36m，相应流量 186m³/s，洪水过程历时 137h。渝江水文站水位、流量过程线见图 2.132。

（3）连江。连江高道水文站洪水过程是 1 次单峰洪水过程，7 月 3 日 8 时 25 分起涨，起涨水位 23.74m，对应起涨流量为 1220m³/s，5 日 18 时 40 分达到洪峰水位 30.85m，涨水历时 58h，水位涨幅 7.11m，洪峰流量 6460m³/s，略超 20 年一遇（20 年一遇洪峰流量为 6390m³/s）。7 月 10 日 7 时水位退至 24.17m，相应流量 1880m³/s，洪水过程历时 167h。高道水文站水位、流量过程线见图 2.133。

（4）滃江。滃江大庙峡水文站未出现明显洪水过程，有多个较小的涨水过程，其中最大洪水过程是 1 次单峰洪水过程，7 月 4 日 6 时起涨，起涨水位 45.81m，对应起涨流量为 115m³/s，4 日 16 时 30 分达到洪峰水位 48.18m；涨水历时 11h，水位涨幅 2.37m，4 日 18 时 20 分达到洪峰流量 370m³/s（受水利工程调节影响，最大洪峰流量比最高洪峰水位出现时间晚）。7 月 7 日 15 时 35 分水位退至 45.80m，相应流量 118m³/s，洪水过程历时 82h。大庙峡水文站水位、流量过程线见图 2.134。

（5）滨江。滨江珠坑水文站有多个较小的涨水过程，其中最大洪水过程是 1 次双峰洪

2.2 洪水过程

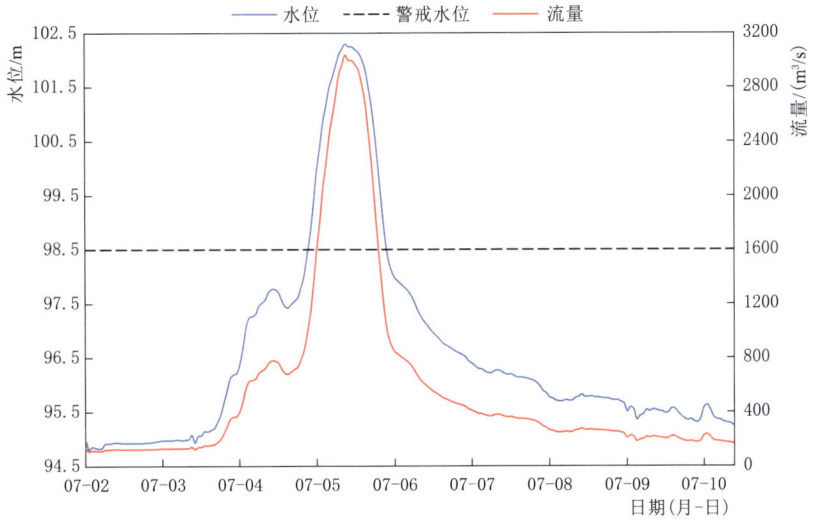

图 2.132　渝江水文站水位、流量过程线

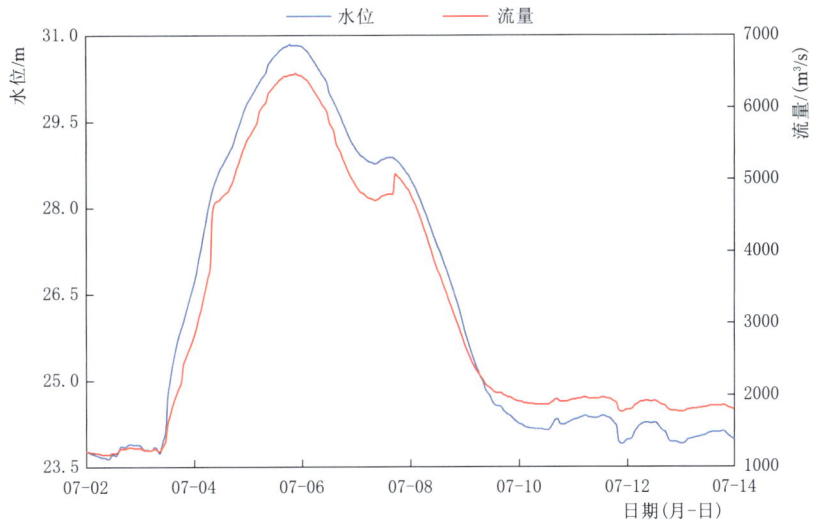

图 2.133　高道水文站水位、流量过程线

水过程，7月2日16时15分起涨，起涨水位18.80m，对应起涨流量为89.6m³/s，3日14时10分达到第1个洪峰，洪峰水位23.58m；7月3日23时25分水位退至23.21m后复涨，4日5时40分达到洪峰水位24.78m，涨水历时37h，水位涨幅5.98m，4日5时40分达到洪峰流量1500m³/s，接近5年一遇（5年一遇洪峰流量为1620m³/s）。7月11日23时水位退至19.31m，相应流量193m³/s，洪水过程历时223h。珠坑水文站水位、流量过程线见图2.135。

2. 干流

北江上游浈江新韶水文站出现1次洪水过程。新韶水文站7月3日12时水位从52.91m起涨，至5日1时达到洪峰，洪峰水位55.08m，未超警戒水位（57.50m），水位

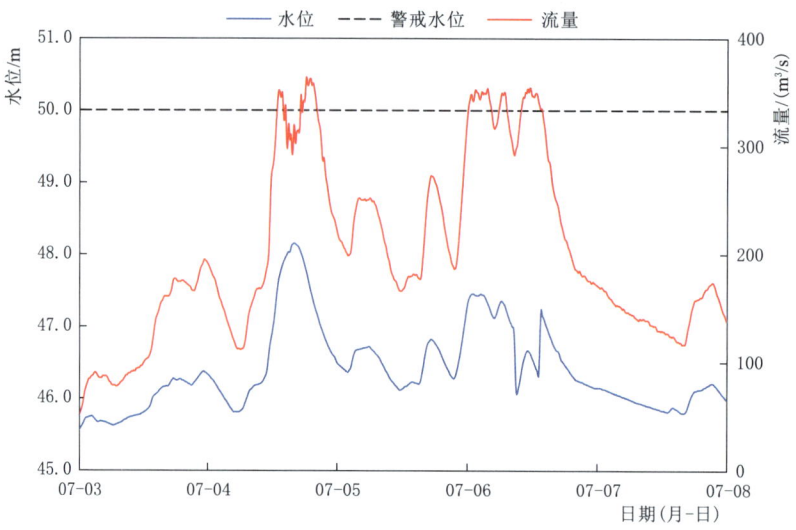

图 2.134　大庙峡水文站水位、流量过程线

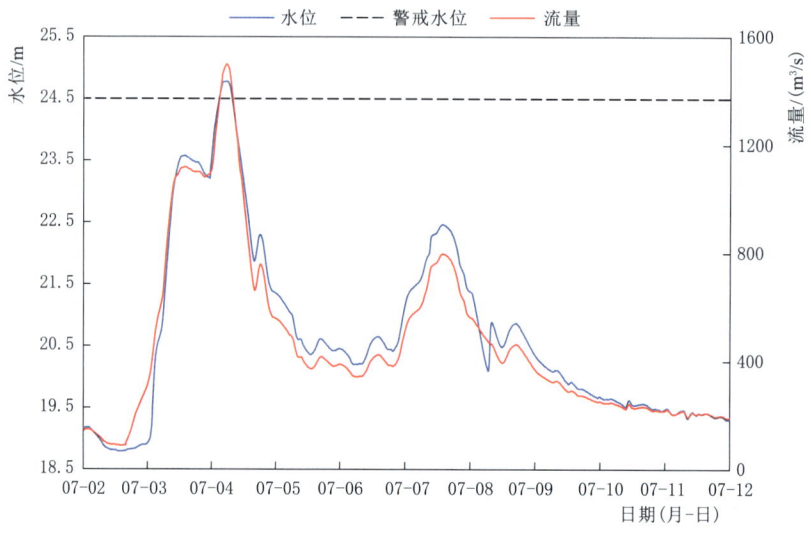

图 2.135　珠坑水文站水位、流量过程线

涨幅 2.17m，涨水历时 37h，5 日 8 时达到洪峰流量 1860m³/s。7 月 12 日 11 时水位退至 53.01m，相应流量 431m³/s，洪水过程历时 215h。新韶水文站水位、流量过程线见图 2.136。

由于受上、下游水利工程调度的影响，北江干流韶关水位站水位涨落过程存在明显波动。韶关水位站 7 月 5 日 15 时水位从 52.64m 起涨，至 6 日 2 时达到洪峰，洪峰水位 53.34m，超警戒水位（53.00m）0.34m，水位涨幅 0.70m，涨水历时 11h。7 月 7 日 9 时水位退至 52.77m，洪水过程历时 42h。韶关水位站水位过程线见图 2.137。

北江干流英德水位站出现 1 次洪水过程。英德水位站 7 月 3 日 16 时水位从 23.77m 起涨，至 6 日 6 时达到洪峰，洪峰水位 32.25m，超警戒水位（26.00m）6.25m，水位涨幅

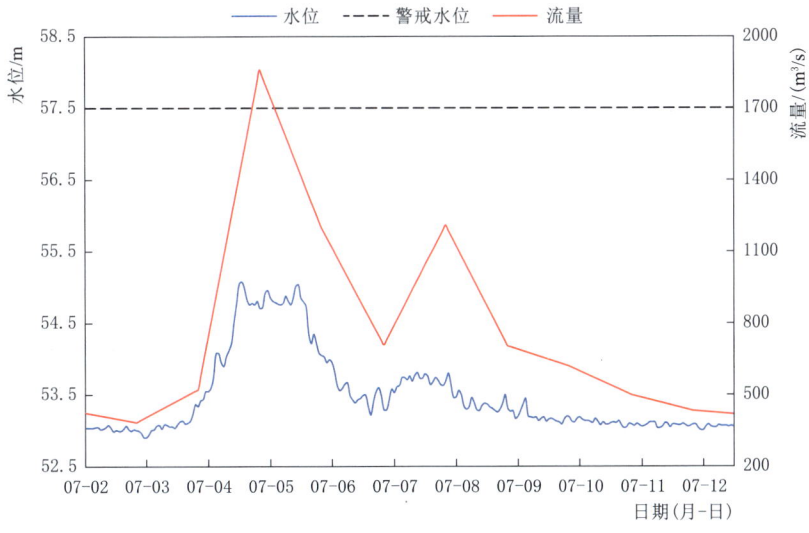

图 2.136 新韶水文站水位、流量过程线

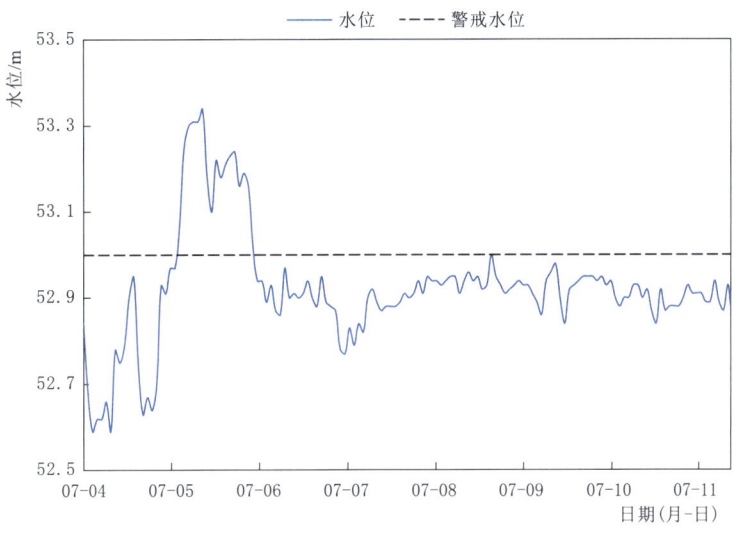

图 2.137 韶关水位站水位过程线

8.48m，涨水历时 62h，超警历时 113h。7 月 10 日 5 时水位退至 23.88m，洪水过程历时 157h。英德水位站水位过程线见图 2.138。

北江干流飞来峡水库于 7 月 2 日 8 时起涨，起涨入库流量 2300m³/s，出库流量 2390m³/s，6 日 10 时达到入库洪峰流量 13500m³/s，涨水历时 98h，入库流量涨幅 11200m³/s。7 月 6 日 1 时达到最大出库流量 12500m³/s，6 日 16 时达到最高库水位 26.94m，超过汛限水位（24.00m）2.94m。7 月 10 日 15 时入库流量退至 4000m³/s，洪水过程历时 199h。飞来峡水库库水位、出入库流量过程线见图 2.139。

北江控制站石角水文站洪水过程是 1 次单峰洪水过程，7 月 1 日 17 时 05 分起涨，起涨水位 2.37m，对应起涨流量为 3170m³/s，6 日 21 时 30 分达到洪峰水位 10.30m；涨水

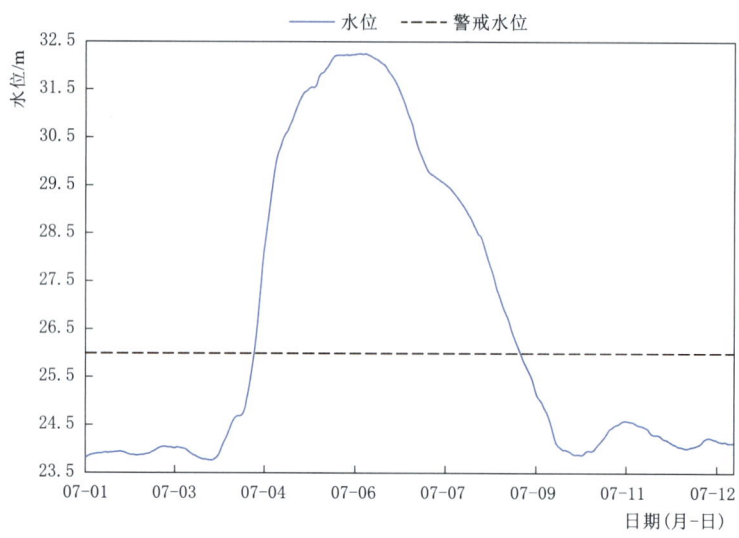

图 2.138　英德水位站水位过程线

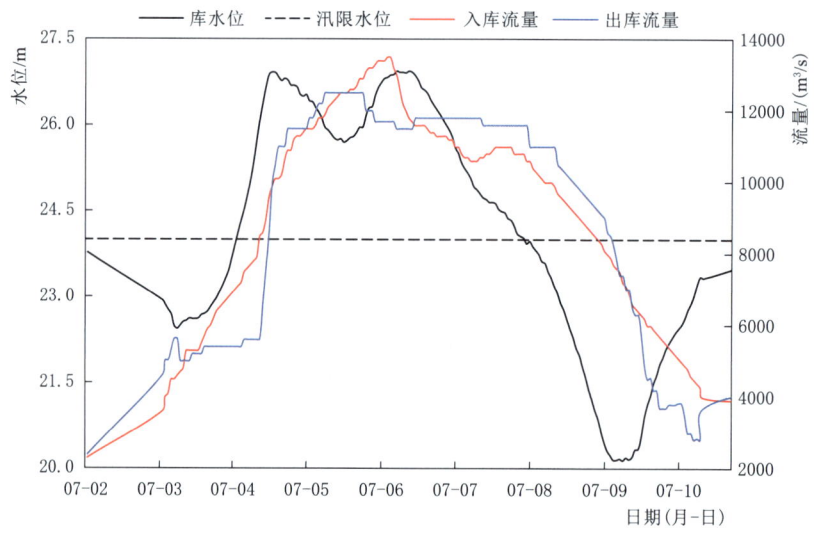

图 2.139　飞来峡水库库水位、出入库流量过程线

历时 124h，水位涨幅 7.93m，相应洪峰流量 15000m³/s，接近 20 年一遇（20 年一遇洪峰流量为 15500m³/s）。7 月 11 日 23 时水位退至 3.88m，相应流量 4520m³/s，洪水过程历时 246h。石角水文站水位、流量过程线见图 2.140。

2.2.6　韩江第 1 号洪水

受 6 月 10—17 日降雨影响，韩江上游梅江、韩江支流汀江、韩江干流均出现明显洪水过程。随着降雨过程的发展，各河流主要控制站分别于 6 月 12—17 日出现洪峰。6 月 13 日 14 时，韩江三河坝水文站流量涨至 4890m³/s，达到水利部《全国主要江河洪水编号规定》的标准，编号为"韩江 2022 年第 1 号洪水"。

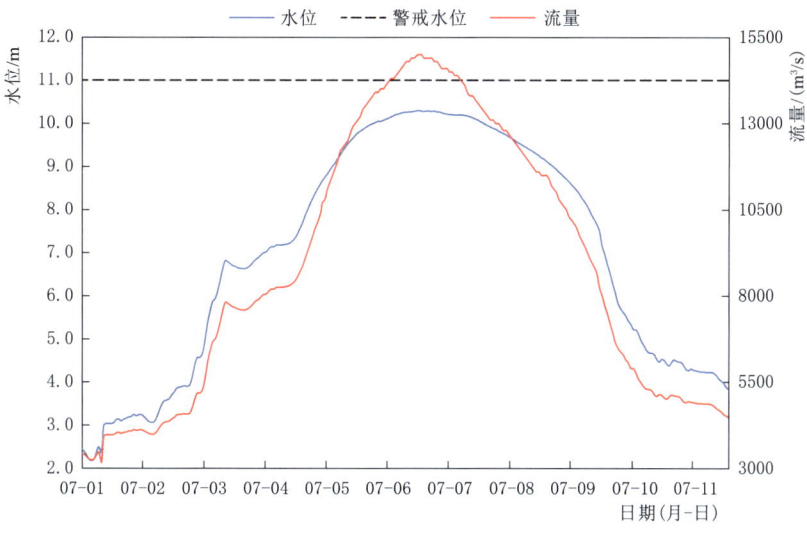

图 2.140　石角水文站水位、流量过程线

韩江控制站潮安水文站于 6 月 17 日 6 时 50 分出现洪峰流量 10500m³/s，为 2008 年以来最大流量，接近 10 年一遇。韩江 1 号洪水期间（6 月 11—19 日）各河流的洪水演进过程分述如下。

1. 支流

（1）五华河。韩江上游梅江支流五华河益塘水库洪水过程是 1 次单峰洪水过程。益塘水库于 6 月 14 日 8 时起涨，起涨库水位 148.02m，入库流量 18.3m³/s，出库流量 8.00m³/s，17 日 8 时达到入库洪峰流量 77.7m³/s，涨水历时 72h，入库流量涨幅 59.4m³/s。6 月 19 日 14 时入库流量退至 20.0m³/s，洪水过程历时 126h。益塘水库库水位、出入库流量过程线见图 2.141。

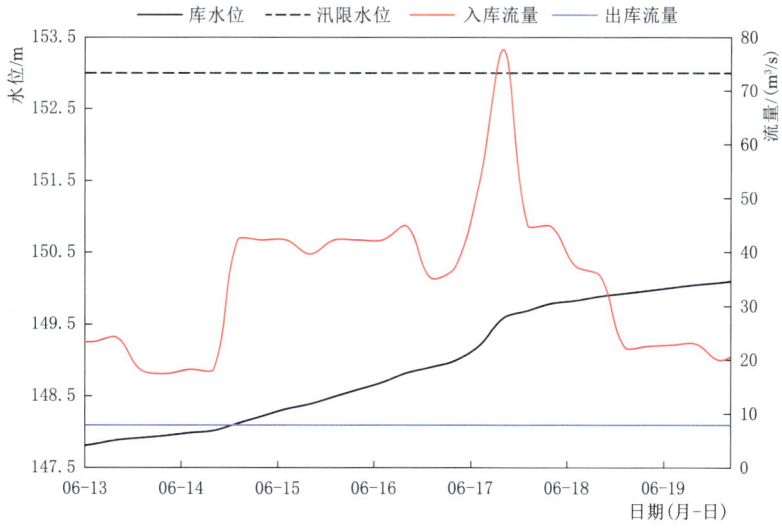

图 2.141　益塘水库库水位、出入库流量过程线

(2) 宁江。韩江上游梅江支流宁江合水水库有 3 个较小的涨水过程。合水水库于 6 月 12 日 8 时起涨，起涨库水位 137.18m，入库流量 62m³/s，出库流量 100m³/s，13 日 14 时达到入库洪峰流量 314m³/s，涨水历时 30h，入库流量涨幅 252m³/s。6 月 14 日 9 时入库流量退至 163m³/s 后复涨，于 14 日 17 时达到入库洪峰流量 415m³/s，涨水历时 8h，入库流量涨幅 252m³/s。6 月 15 日 8 时入库流量退至 132m³/s 后复涨，于 16 日 3 时达到入库洪峰流量 454m³/s，涨水历时 19h，入库流量涨幅 322m³/s。6 月 15 日 7 时出现过程最高库水位 138.07m，超汛限水位（137.50m）0.57m。6 月 18 日 19 时入库流量退至 79m³/s，洪水过程历时 155h。合水水库库水位、出入库流量过程线见图 2.142。

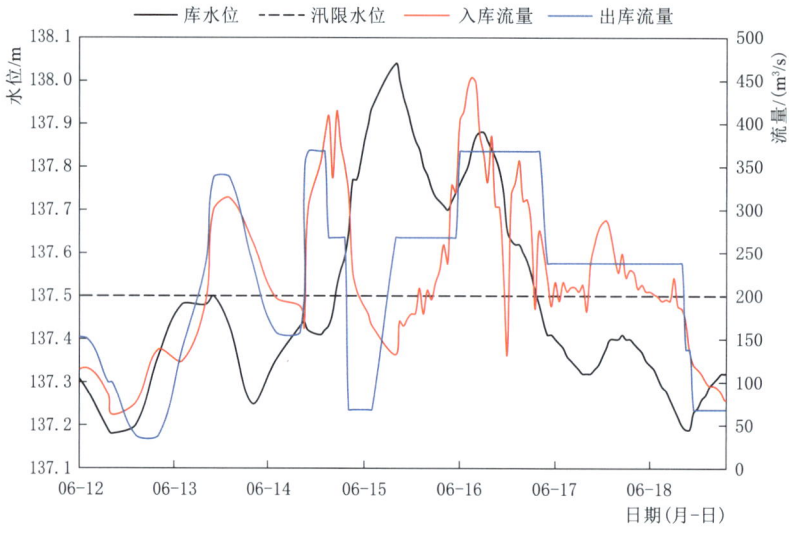

图 2.142 合水水库库水位、出入库流量过程线

(3) 石窟河。韩江上游梅江支流石窟河长潭水库有 3 个较小的涨水过程。长潭水库于 6 月 12 日 11 时起涨，起涨库水位 144.04m，入库流量 271m³/s，出库流量 424m³/s，12 日 19 时达到入库洪峰流量 1070m³/s，涨水历时 8h，入库流量涨幅 799m³/s。6 月 14 日 11 时入库流量退至 426m³/s 后复涨，于 14 日 16 时达到入库洪峰流量 790m³/s，涨水历时 5h，入库流量涨幅 364m³/s。6 月 15 日 11 时入库流量退至 58.5m³/s 后复涨，于 15 日 23 时达到入库洪峰流量 844m³/s，涨水历时 12h，入库流量涨幅 785.5m³/s。6 月 13 日 4 时出现过程最高库水位 145.87m，超过汛限水位（144.00m）1.87m，23 日 16 时出现过程最大出库流量 1050m³/s。6 月 19 日 23 时入库流量退至 193m³/s，洪水过程历时 180h。长潭水库库水位、出入库流量过程线见图 2.143。

(4) 汀江。韩江支流汀江上杭水文站洪水过程为 1 次单峰洪水过程。上杭水文站于 6 月 11 日 10 时 30 分起涨，起涨水位 176.29m，对应起涨流量为 840m³/s，14 日 14 时 40 分达到洪峰水位 180.43m；涨水历时 76h，水位涨幅 4.14m，14 日 15 时 50 分出现洪峰流量 3640m³/s。6 月 19 日 13 时 30 分水位退至 175.94m，相应流量 686m³/s，洪水过程历时 195h。上杭水文站水位、流量过程线见图 2.144。

2.2 洪水过程

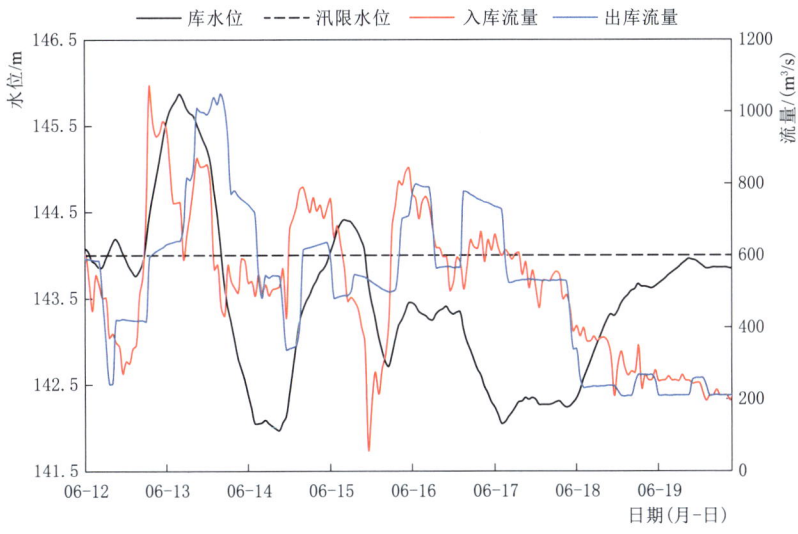

图 2.143　长潭水库库水位、出入库流量过程线

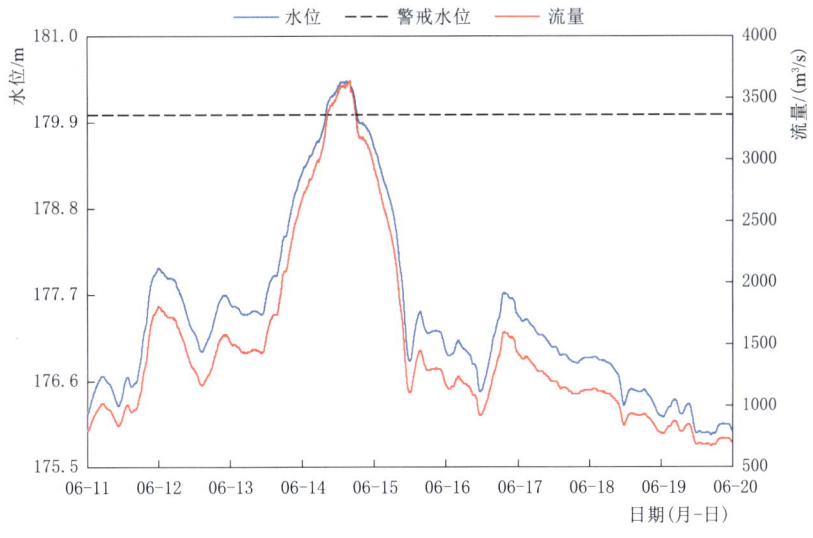

图 2.144　上杭水文站水位、流量过程线

汀江棉花滩水库洪水过程为 1 次单峰洪水过程。棉花滩水库于 6 月 11 日 13 时起涨，起涨库水位 168.55m，入库流量 943m³/s，出库流量 1430m³/s，14 日 18 时达到入库洪峰流量 4270m³/s，涨水历时 77h，入库流量涨幅 3327m³/s。6 月 19 日 17 时入库流量退至 896m³/s，洪水过程历时 196h。棉花滩水库库水位、出入库流量过程线见图 2.145。

受降雨及棉花滩水库调度影响，汀江溪口水文站洪水为 1 次单峰洪水过程。溪口水文站于 6 月 11 日 8 时起涨，起涨水位 9.38m，对应起涨流量为 1230m³/s，16 日 23 时达到洪峰水位 12.54m，涨水历时 135h，水位涨幅 3.16m，相应洪峰流量 3580m³/s。6 月 19

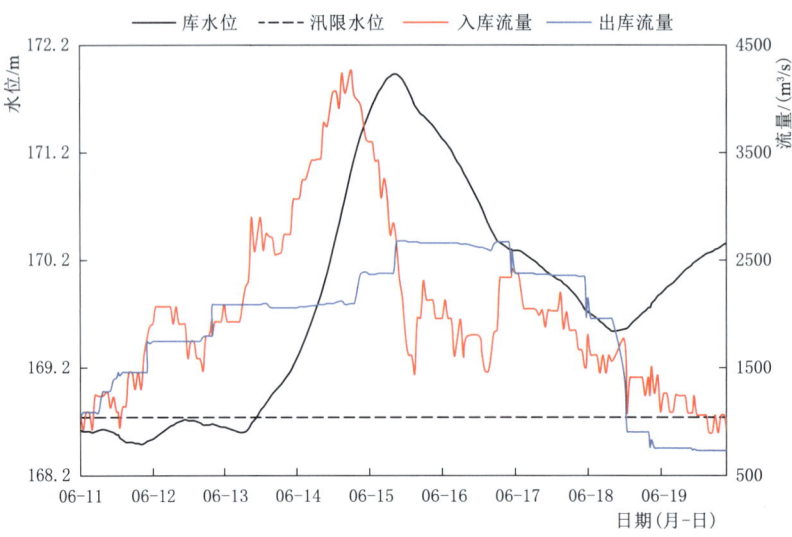

图 2.145　棉花滩水库库水位、出入库流量过程线

日 17 时水位退至 8.90m，相应流量 770m³/s，洪水过程历时 201h。溪口水文站水位、流量过程线见图 2.146。

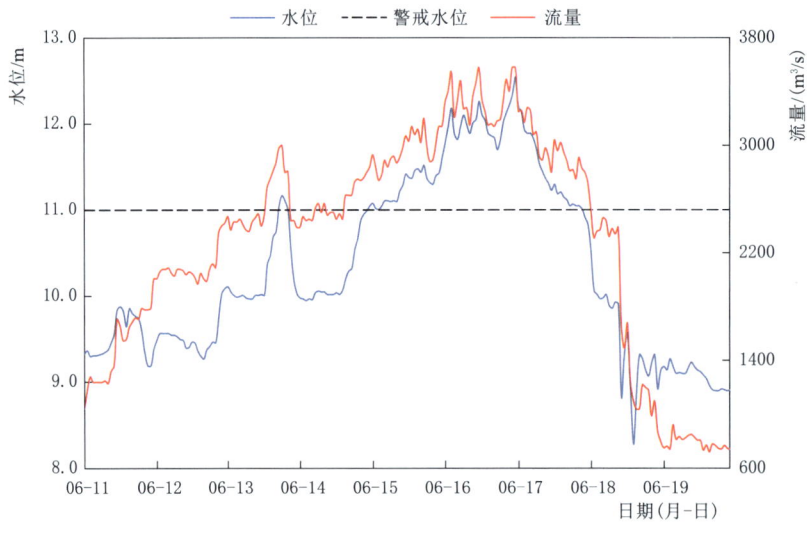

图 2.146　溪口水文站水位、流量过程线

2. 干流

韩江上游梅江水口水文站洪水过程为双峰型。水口水文站 6 月 14 日 11 时水位从 76.85m 起涨，至 15 日 2 时达到洪峰，洪峰水位 79.11m，未超警戒水位（82.50m），水位涨幅 2.26m，涨水历时 15h，相应洪峰流量 1830m³/s。6 月 15 日 22 时水位退至 77.93m 后复涨，于 16 日 22 时达到洪峰，洪峰水位 79.94m，未超警戒水位，水位涨幅 2.01m，涨水历时 24h，相应洪峰流量 2370m³/s。6 月 19 日 16 时水位退至 76.67m，相应流量 374m³/s，洪水过程历时 125h。水口水文站水位、流量过程线见

图 2.147。

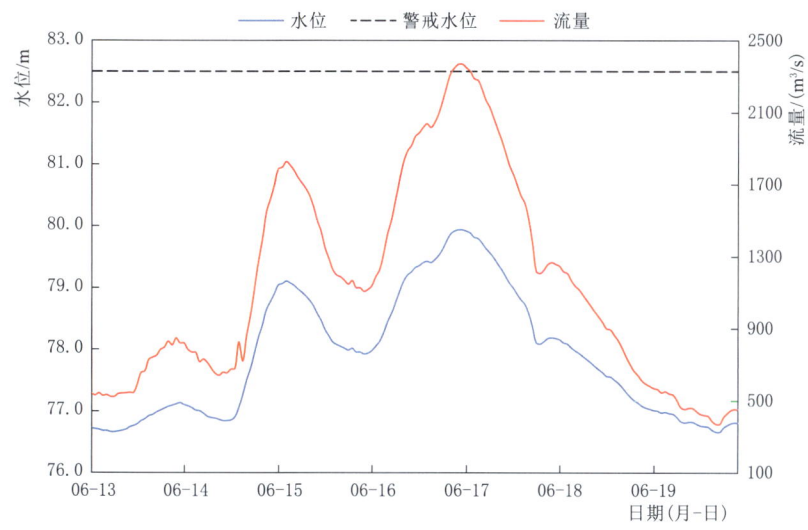

图 2.147　水口水文站水位、流量过程线

　　梅江横山水文站洪水过程为双峰型。横山水文站 6 月 14 日 11 时水位从 48.13m 起涨，至 15 日 3 时达到洪峰，洪峰水位 51.34m，超警戒水位（50.00m）1.34m，水位涨幅 3.21m，涨水历时 16h，相应洪峰流量 4300m³/s。6 月 15 日 21 时水位退至 48.51m 后复涨，于 17 日 3 时达到洪峰，洪峰水位 52.43m，超警戒水位 2.43m，水位涨幅 3.92m，涨水历时 30h，相应洪峰流量 5100m³/s。6 月 19 日 23 时水位退至 46.96m，相应流量 1060m³/s，洪水过程历时 132h。横山水文站水位、流量过程线见图 2.148。

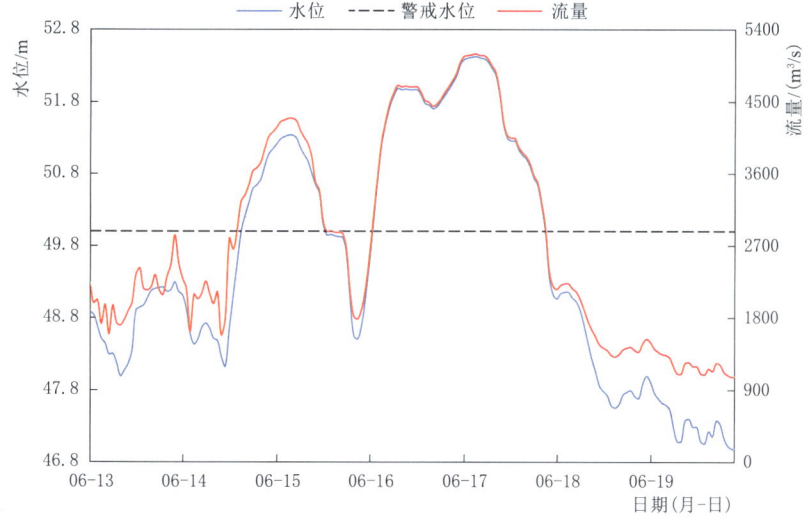

图 2.148　横山水文站水位、流量过程线

　　韩江三河坝水位站出现 4 次洪水过程。三河坝水位站 6 月 11 日 4 时水位从 40.04m 起涨，至 12 日 7 时达到洪峰，洪峰水位 42.26m，超警戒水位（42.00m）0.26m，水位涨幅

2.22m，涨水历时 27h。6 月 12 日 16 时水位退至 41.02m 后复涨，于 13 日 21 时达到洪峰，洪峰水位 43.48m，超过警戒水位 1.48m，水位涨幅 2.46m，涨水历时 29h。6 月 14 日 12 时水位退至 42.40m 后复涨，于 15 日 2 时达到洪峰，洪峰水位 45.11m，超警戒水位 3.11m，水位涨幅 2.71m，涨水历时 14h。6 月 15 日 23 时水位退至 42.98m 后复涨，于 17 日 4 时达到洪峰，洪峰水位 46.48m，超警戒水位 4.48m，水位涨幅 3.50m，涨水历时 29h，本次洪水过程三河坝水位站持续超警历时 128h。6 月 18 日 19 时水位退至 39.95m，洪水过程历时 183h。三河坝水位站水位过程线见图 2.149。

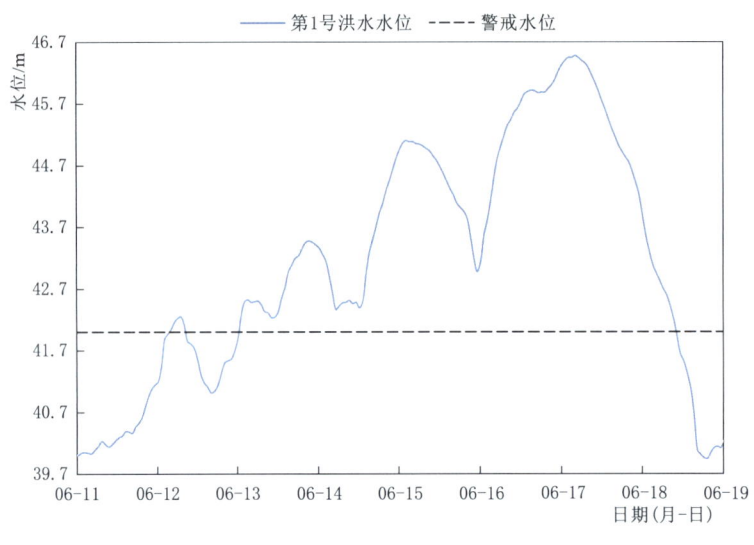

图 2.149　三河坝水位站水位过程线

受上游来水及降雨影响，韩江高陂水库出现 4 次洪水过程。高陂水库于 6 月 11 日 20 时起涨，起涨入库流量 2550m³/s，出库流量 3640m³/s，12 日 8 时达到入库洪峰流量 5700m³/s，涨水历时 12h，入库流量涨幅 3150m³/s。6 月 12 日 20 时入库流量退至 3510m³/s 后复涨，于 13 日 2 时达到入库洪峰流量 6420m³/s，涨水历时 6h，入库流量涨幅 2910m³/s。6 月 14 日 14 时入库流量退至 4540m³/s 后复涨，于 15 日 2 时达到入库洪峰流量 7090m³/s，涨水历时 12h，入库流量涨幅 2550m³/s。6 月 16 日 2 时入库流量退至 6230m³/s 后复涨，于 17 日 2 时达到入库洪峰流量 9020m³/s，涨水历时 24h，入库流量涨幅 2790m³/s。6 月 19 日 14 时入库流量退至 2350m³/s，洪水过程历时 186h。高陂水库库水位、出入库流量过程线见图 2.150。

由于受上、下游水利工程调度的影响，韩江潮安水文站水位存在明显波动。从流量过程来看，潮安水文站洪水过程是 1 次单峰洪水过程，6 月 11 日 1 时 30 分起涨，起涨流量为 2000m³/s，对应起涨水位 12.43m，17 日 6 时 50 分达到洪峰流量 10500m³/s，接近 10 年一遇（10 年一遇洪峰流量为 11800m³/s），相应洪峰水位 13.48m，涨水历时 149h，流量涨幅 8500m³/s。6 月 19 日 20 时流量退至 2390m³/s，洪水过程历时 211h。潮安水文站水位、流量过程线见图 2.151。

2.2 洪 水 过 程

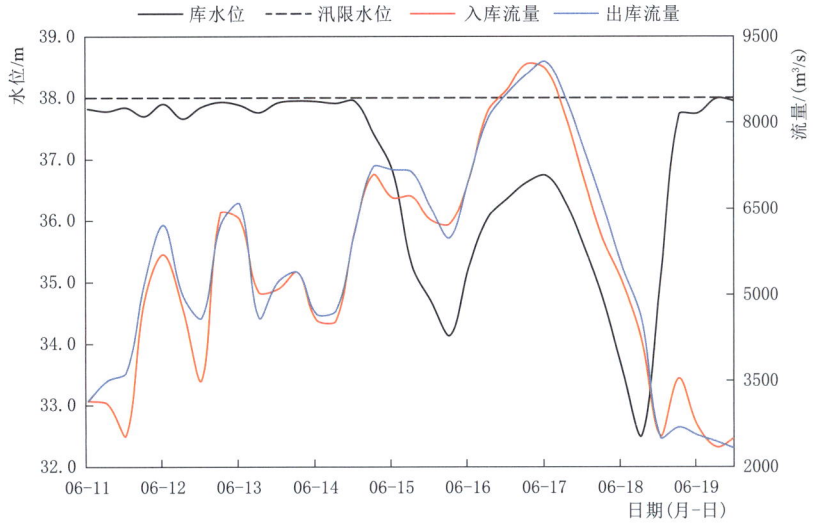

图 2.150 高陂水库库水位、出入库流量过程线

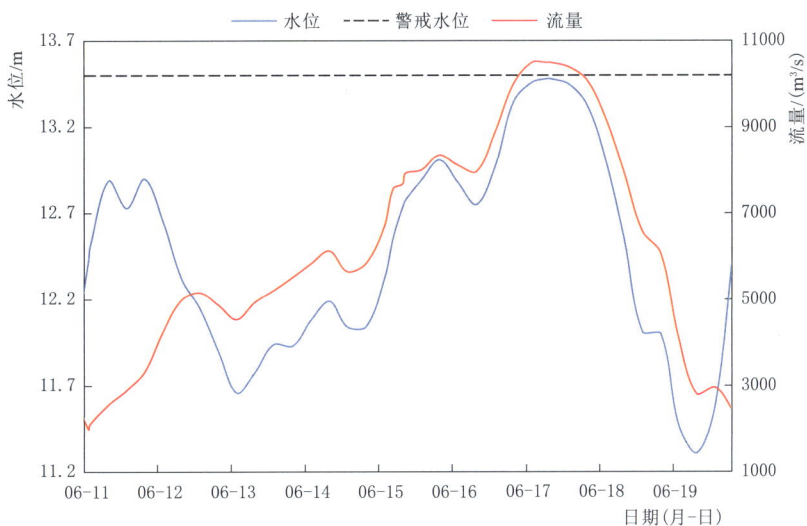

图 2.151 潮安水文站水位、流量过程线

第 3 章 暴 雨 分 析

2022年珠江暴雨洪水期间，流域累计雨量较常年同期明显偏多，降雨呈现强降雨历时长、影响范围广、落区重叠度高、短历时降雨强度大、强降雨累计雨量大等特点。连续暴雨天气与南海夏季风、拉尼娜事件等气候背景密不可分，洪水发展期与关键期出现时间又与亚欧中高纬环流、西太平洋副热带高压的变化息息相关，切变线与台风等天气系统的出现造成强降雨中心在北江、柳江、桂江等区域高度重叠，导致珠江流域（片）主要河流接连出现8次编号洪水，并出现峰高量大的流域性洪水、北江特大洪水。

3.1 暴雨特点

2022年珠江暴雨洪水期间降雨主要呈现以下特点：

（1）强降雨历时长。2022年珠江暴雨洪水期间珠江流域（片）共出现11场强降雨过程。5月下旬至6月中旬"龙舟水"期间，强降雨几乎不间断，6月下旬至7月上旬受西南季风和台风"暹芭"共同影响，流域强降雨过程仍持续发生，强降雨历时长达近50d，流域汛情不断发展变化[7]。

（2）强降雨影响范围广。2022年珠江暴雨洪水期间珠江流域（片）累计降雨量超过400mm、250mm、100mm的笼罩面积分别为43.35万km^2、56.00万km^2、57.32万km^2，分别占珠江总面积的76%、98%、100%。强降雨笼罩面积大、影响范围广，涉及流域多个省（自治区），流域汛情点多面广。

（3）强降雨落区重叠度高。2022年珠江暴雨洪水期间，强降雨主要发生在黔江、柳江、浔江、桂江、西江下游和北江等流域中北部地区，降雨落区高度重叠，土壤含水量长期处于饱和状态，有利于降雨径流形成，江河下游及区间降雨比重大，造成流域性洪水形成与快速传播。部分河流多次出现涨水过程，水位频繁超警戒且长期处于高水位运行，水利工程面临严峻考验。

（4）短历时降雨强度大。珠江流域（片）部分地区短历时降雨强，较大3h降雨量的站点有：广东阳江阳春市永宁镇张公龙站（255.5mm，超过100年一遇）、广东惠州市惠东县巽寮管委会巽寮站（237.0mm，超过100年一遇）、广东阳江阳春市大河站（219.0mm）、广西桂林市临桂区宛田站（214mm，超过本站历史纪录）；较大1h降雨量的站点有：广东阳江阳春市永宁镇张公龙站（247mm，超过100年一遇）、广西柳州市融水县香粉站（153.0mm）、广东揭阳市揭西县和南站（148.0mm，超过100年一遇）、广西来宾市武宣县石祥河站（146.0mm）。突发性短历时强降雨造成中小河流水位陡涨，引发多地山洪、泥石流等灾害。

（5）强降雨累计雨量大。2022年珠江暴雨洪水期间，珠江流域西江、北江、东江以及韩江流域降雨量较常年同期偏多3成~1.2倍。北江和韩江流域均列1961年有资料以来同期第一位，西江、东江累计面雨量均列 1961 年有资料以来同期第四位。降雨量源源不断地补充地表径流和地下径流，导致洪水频繁发生，历时较长。

3.2 暴雨成因

3.2.1 气候背景

1. 南海夏季风爆发偏早为强降雨提供充足水汽

2022 年南海夏季风爆发时间较常年同期偏早，提前为珠江输送暖湿气流，为持续强降雨天气创造了水汽条件[8]，是造成洪水发展期流域主要江河水位持续上涨、洪水关键期伊始河流底水较高的重要气候背景。

南海夏季风是每年 5—10 月中国南海地区对流层低层（850hPa）盛行西南风、高层盛行东北风的一种环流形势。当南海夏季风监测区（10°N～20°N，110°E～120°E）850hPa 平均纬向风由东风转为西风（$U_{850}>0$），850hPa 平均假相当位温大于或等于 340K（$\theta_{se}-340 \geq 0$），这两个指标同时达到持续 2 候且未来中断不超过 1 候时，南海夏季风监测区大部大气呈现高温高湿特征，标志着南海夏季风已进入爆发状态[9]。

南海夏季风爆发时间是汛期气候预测的关键因子，它可以反映北半球大气环流季节转换的快慢，影响东亚地区大气环流演变、夏季风的强弱以及我国夏季主要雨带的分布情况等[10]。通常，南海夏季风爆发后的半个月内，来自热带印度洋和南海的西南暖湿水汽将顺着季风气流被输送到东亚大陆，长江以南地区将更容易出现对流性强降雨过程。国家气候中心亚洲夏季风环流监测表明，2022 年南海夏季风于 5 月第 3 候爆发，较常年同期偏早 1 候（5d）（图 3.1）。暖湿气流源源不断向珠江流域输送，为持续性降雨过程提供充足的水汽，5 月第 5 候（南海夏季风爆发后 1～2 周）即出现 2022 年珠江暴雨洪水的首次降雨过程，且后续降雨过程连续，符合上述规律。

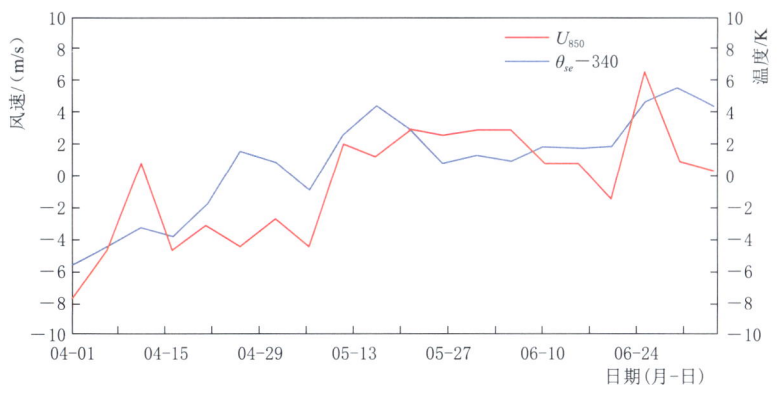

图 3.1 2022 年南海夏季风指数的逐候监测图

2. 拉尼娜事件持续发生导致降雨不确定性增加

拉尼娜是赤道中东太平洋海表温度大范围持续偏冷，通过热带海—气相互作用，造成全球大气环流异常的气候现象[11]。拉尼娜事件通过影响西太平洋副热带高压的位置与强度、东亚季风环流，从而影响东亚夏季降水[12]。

2022年5—6月的持续性强降雨天气可能与前期赤道中东太平洋持续发生的拉尼娜事件密切相关。据国家气候中心监测，2020年8月至2021年3月赤道中东太平洋发生了一次东部型中等强度的拉尼娜事件，此后，关键区海温距平缓慢回升。国家气候中心《气候监测公报》海温数据表明，2021年7月，赤道东太平洋海温正距平中心值超过0.5℃，赤道中东太平洋关键区（Nino3.4区）海温距平上升至0℃。但随后，Nino3.4区海温再次波动下降，并在2021年秋季形成一次新的拉尼娜事件，2022年已是连续第二个拉尼娜年。2022年春季，Nino3.4区海温3月滑动平均有波动上升趋势，表明拉尼娜事件衰减，但是5月海温负距平值比4月大，有阶段性加强的趋势（图3.2），这为珠江入汛偏早、汛期降雨不确定性增加提供了重要的气候背景。

图3.2 2020年以来赤道中东太平洋关键区（Nino3.4区）海温距平演变图

3.2.2 大气环流背景

1. 亚欧中高纬环流经向度大导致冷空气接踵南下

2022年5月以来亚欧中高纬度地区大气环流经向度大，西风带波动明显，北方冷空气接踵南下，在珠江上空频繁活动。亚欧中高纬环流变化与2022年珠江暴雨洪水的强降雨过程出现时间有较大关联。5月中旬至下旬，亚欧中高纬500hPa平均高度场呈现较为稳定的两槽两脊环流分布形势，且槽区为负距平，脊区为正距平，表明槽脊强度较气候平均态更强［图3.3（a）］。6月上中旬，亚欧中高纬高度场有所调整，但整体仍呈现两槽两脊环流分布特点，贝加尔湖以西的冷涡向我国东北地区东移，高空槽也东移发展并南伸，高空槽后的西北气流引导冷空气频繁南下［图3.3（b）］。

2. 西太平洋副热带高压偏西导致冷暖空气频繁交汇

西太平洋副热带高压的位置可以影响东亚地区雨带的分布，在副热带高压的北侧和西北侧，是太平洋和印度洋暖湿气流与南下冷空气交绥形成强降雨的集中地。从副热带高压脊线看，5月下旬副热带高压位置异常偏北，5月29日前后副热带高压脊线越过25°N，6月初副热带高压异常南压，到达16°N附近，6月2日前后副热带高压开始持续北抬。6月上旬副热带高压东退到130°E～140°E附近，6月中旬又再次西伸，此后中下旬维持在110°E～120°E附近。从总体上看，6月西太平洋副热带高压位置偏西且较为稳定，珠江流域处于副热带高压西北侧的西南流场中，致使冷暖空气在珠江流域上空频繁交汇，是导致6月中下旬出现2022年珠江暴雨洪水关键期的重要大气环流背景之一。

3.2 暴雨成因

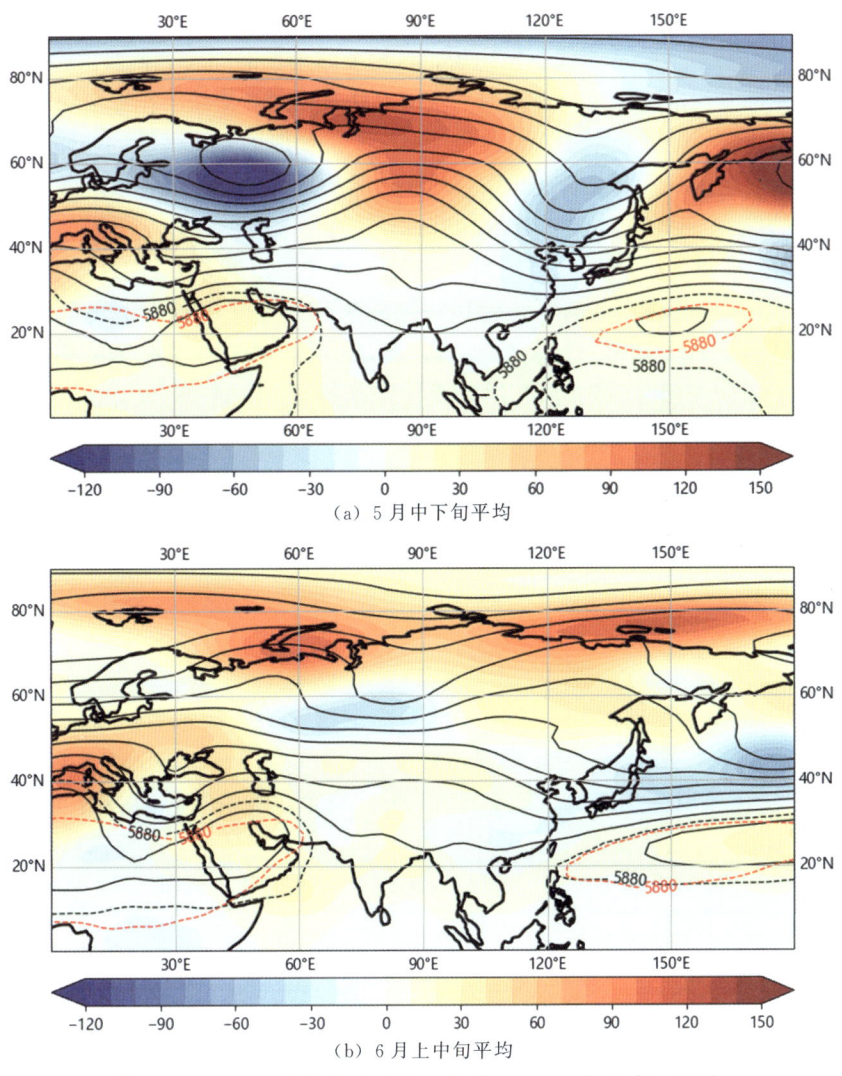

(a) 5月中下旬平均

(b) 6月上中旬平均

图 3.3　500hPa 高度场分布图（单位：gpm；阴影表示距平，红色虚线表示多年同期 5880gpm 等高线）

3.2.3　天气系统影响

1. 切变线频现使得水汽高度汇聚

自南海夏季风爆发以来，西南气流持续偏强，为切变线的维持提供了有利条件。6月2日四川西部有一西南涡生成，随后2—6日西南涡向东南方向移动至珠江流域北部，流域大部地区受低涡切变线影响，为降雨提供了有利的辐合流场。6月7日，低涡切变线位于桂南沿海一带，并逐渐向湖南—江西交界移动，流域受低涡切变线及其南侧强盛的西南气流影响。强盛的西南暖湿气流为该地区源源不断地输送水汽，为持续性强降雨的发生提供有利条件。6月10—15日，副热带高压西伸，低层西南气流进一步加强，一条西南—东北走向的切变线盘踞在流域上空，有利于水汽的抬升凝结形成降雨。6月17—20日，流域受高空槽前西南气流影响，同时流域大部位于低空急流轴附近，大气不稳定度增加，有利于降雨的发生。2022年6月，珠江流域上空切变线频繁出现，且切变线维持时间较长，西南暖湿气流带来的水汽汇聚堆积在切变线南侧，使得充沛的雨水被迫降落在珠江流域。2022年6月，珠江流域范围内多次出现切变线，并且由于切变线较为稳定，持续时间长，强盛的西南暖湿气流为该地区源源不断地输送水汽，并在切变线南侧堆积然后抬升，进而形成持续性强降雨。

2. 台风影响范围与北江强降雨落区高度重叠

2022年6月30日8时，2203号台风"暹芭"生成，并于7月2日15时在广东电白沿海登陆，是2022年登陆珠江的第一个台风，登陆时间恰逢北江特大洪水退水阶段。受台风"暹芭"及其外围环流影响，7月1—5日，流域中东部出现一次较强降雨过程，北江累计降雨量210.5mm，与北江特大洪水洪峰段的降雨过程（6月18—21日）量级相当，降雨落区基本一致。因台风"暹芭"带来的暴雨影响，北江特大洪水尚未完全消退，强降雨落区高度重叠，北江干流复涨，再次发生编号洪水。

3.3 暴雨统计

3.3.1 暴雨场次及落区

2022年珠江暴雨洪水期间，受西南气流、高空槽、切变线及台风影响，珠江流域连续出现强降雨天气，共发生11场强降雨过程（表3.1），其中5月下旬3场、6月上旬2场、6月中旬3场、6月下旬1场、7月上旬2场，单个过程持续时间多为3~5d，过程累计历时长达近50d。尤其在5月下旬至6月中旬"龙舟水"期间，8场强降雨过程几乎连续发生，仅在5月31日和6月1日流域没有出现大范围强降雨天气。

表3.1   2022年5月下旬至7月上旬珠江流域降雨过程统计表

序号	起止时间	主要影响区域	累计面雨量/mm
1	5月21—24日	柳江上游、桂江上游	西江63.4
			北江59.9
2	5月25—27日	黔江部分地区、浔江部分地区、柳江下游、右江上游、桂江中下游、贺江中游	西江51.6
			北江53.5
			韩江56.5
3	5月28—30日	柳江中游、桂江下游	西江40.5
4	6月2—6日	柳江、桂江、贺江、北江、汀江、粤东沿海	西江69.5
			北江124.0
			东江71.3
			韩江82.0
5	6月7—9日	西江下游、北江中游、东江下游、珠江三角洲、韩江、粤东沿海、粤西沿海	北江71.4
			东江83.7
			珠江三角洲89.3
			韩江82.0

3.3 暴雨统计

续表

序号	起止时间	主要影响区域	累计面雨量/mm
6	6月10—14日	西江中下游、北江、东江、韩江	西江 82.8
			北江 149.7
			东江 175.6
			珠江三角洲 134.0
			韩江 144.7
7	6月15—17日	红水河下游、柳江、桂江、贺江中游、北江、东江、韩江	北江 77.7
			东江 91.6
			韩江 91.0
8	6月18—21日	桂江上游、北江上中游	北江 207.2
9	6月27—29日	红水河下游、柳江中游	西江 31.9
10	7月1—5日	北江中游、粤西沿海、海南西南部	北江 210.5
			东江 125.7
			珠江三角洲 198.7
11	7月6—7日	贺江上游、粤东沿海、粤西沿海、桂南沿海	北江 49.6
			珠江三角洲 38.0

2022年珠江暴雨洪水期间,珠江流域(片)累计面雨量624.0mm,较常年同期偏多约4成,列1961年有资料以来同期第三位。珠江流域累计面雨量622.4mm,较常年同期偏多约4成,列1961年有资料以来同期第三位;其中西江、北江、东江累计面雨量分别为555.6mm、974.9mm、835.6mm,较常年同期分别偏多约3成、约1.2倍、近7成,北江累计面雨量列1961年有资料以来同期第一位,西江和东江累计面雨量均列1961年有资料以来同期第四位。韩江流域累计面雨量722.9mm,较常年同期偏多约8成,列1961年有资料以来同期第一位。5月下旬至7月上旬降水过程累计面雨量400mm、250mm、100mm以上笼罩面积分别为43.35万km²、56.00万km²、57.32万km²,分别占珠江流域(片)总面积的76%、98%、100%。累计降雨量较大的站点有:广东清远市清新区马头面站(2230mm)、广东清远市阳山县田湖水库站(2127mm)、广东韶关市翁源县民光站(2110mm);较大3h降雨量的站点有:广东阳江阳春市永宁镇张公龙站(255.5mm)(超过100年一遇)、广东惠州市惠东县巽寮管委会巽寮站(237.0mm)(超过100年一遇)、广东阳江阳春市大河站(219.0mm)、广西桂林市临桂区宛田站(214.0mm)(超过本站历史纪录);较大1h降雨量的站点有:广东阳江阳春市永宁镇张公龙站(247.0mm)(超过100年一遇)、广西柳州市融水县香粉站(153.0mm)、广东揭阳市揭西县和南站(148.0mm)(超过100年一遇)、广西来宾市武宣县石祥河站(146.0mm)。

从总体上看,11场强降雨的影响区域高度重叠,主要集中在黔江、柳江、浔江、桂江、西江下游和北江等流域中北部地区,黔江、柳江、西江下游等地累计降雨量较常年同期偏多49%~52%,浔江、桂江、北江下游等地偏多81%~90%,北江上中游偏多133%~146%。降雨前期集中在西江中北部,后扩展至北江、韩江等地,强降雨带东西摆动,造成西江、北江、韩江接连出现编号洪水，形成两次流域性洪水，其中6月15—17日和6月18—21日2次连续降雨过程导致西江发生第4号洪水、北江发生特大洪水。

第1场强降雨过程中，强降雨主要集中在柳江上游、桂江上游和北江上游。第2场强降雨的降雨集中区域较第1场有所南移，主要集中在红水河下游、黔江、浔江、柳江下游、桂江中下游、贺江中游一带。随后强降雨范围有所缩小，第3场强降雨主要集中在柳江中游、桂江下游。第4场强降雨过程在西江流域主要集中在柳江上中游、桂江、贺江，北江强降雨范围则扩大至北江上中游。第5场强降雨过程的降雨集中区域较第4场往东南移动，主要集中在西江下游、北江中下游、东江下游、粤东粤西沿海。第6场强降雨过程范围进一步扩大，几乎覆盖珠江的中部东部地区。第7场强降雨范围有所北收，强降雨主要区域位于柳江中游、桂江、北江、东江、韩江。第8场强降雨范围继续向珠江北部集中，且强度更强，强降雨主要集中在柳江、桂江、贺江、北江上中游。第9场强降雨范围进一步向珠江中部收缩，强降雨区在红水河下游、柳江中游。由于受台风"暹芭"北上影响，第10场强降雨大范围覆盖珠江中部东部，其中北江中游、粤西沿海、海南西南部降雨较强。第11场强降雨强度较第10场减弱，强降雨仅主要集中在粤西沿海。从图3.4～图3.7可以看出，各次强降雨过程的落区在柳江、桂江、北江等地高度重叠，由此造成西江、北江发生多次编号洪水。

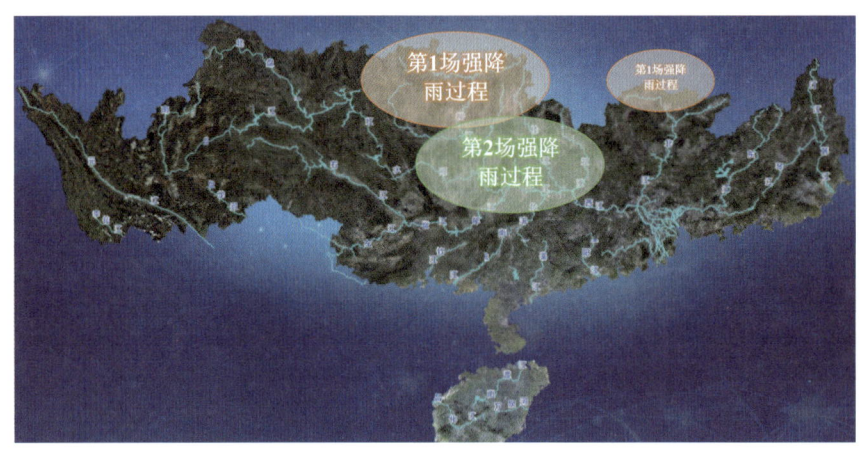

图3.4　第1场、第2场强降雨过程落区分布示意图

3.3.2　与历史暴雨比较

历史上"1994·6""1998·6""2005·6""2008·6"暴雨都属于流域性暴雨，各次暴雨相似之处和不同之处如下。

1. 均受多个天气系统影响

历史上这几次暴雨都是多个天气系统共同影响的结果（表3.2）。"1994·6"暴雨和"2008·6"暴雨受影响的天气系统较少，最多的是"2005·6"暴雨。除"1994·6"暴雨外，其他几次暴雨都受高空槽和西南气流影响，这两种天气系统共同配合下可以为暴雨提供充足的水汽。另外，"2022·6"暴雨还受到台风的影响，这是其他几次暴雨所没有的。

— 128 —

3.3 暴 雨 统 计

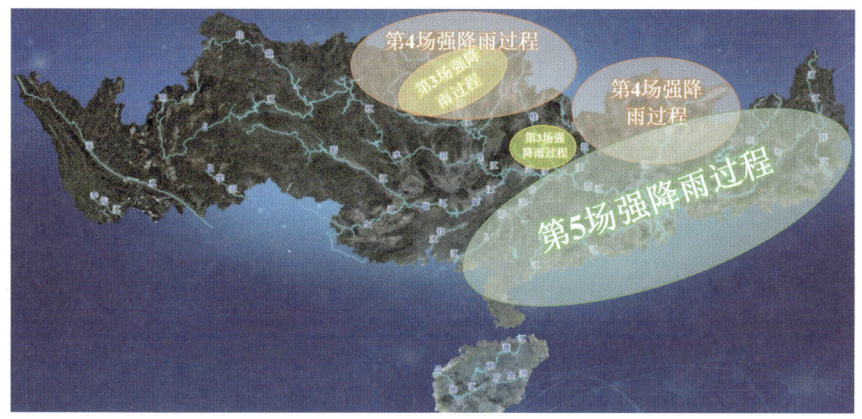

图 3.5　第 3～第 5 场强降雨过程落区分布示意图

图 3.6　第 6～第 8 场强降雨过程落区分布示意图

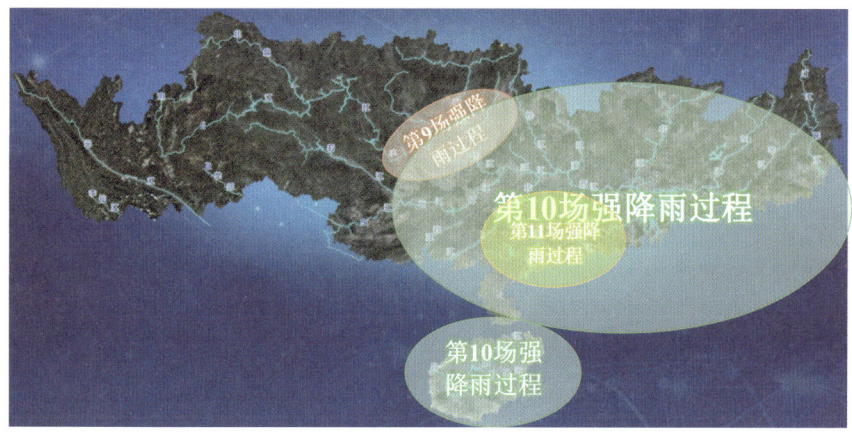

图 3.7　第 9～第 11 场强降雨过程落区分布示意图

表 3.2　　　　　　　　　　　　　　历 史 暴 雨 比 较 表

历史暴雨	天气系统	历　时	暴雨区分布	暴雨强度
"1994·6"	锋面低涡、高空急流	14d（6月7—20日）	西江的桂江上游兴安暴雨区及融江融安暴雨区，北江的绥江上游～连江上游暴雨区、湛江上游暴雨区	最大1h雨量站点：北江清远站113.5mm； 最大日雨量站点：桂江上游兴安县华江站302.0mm
"1998·6"	高空槽、西南急流、地面低压、锋面	13d（6月15—27日）	3个主要暴雨区分别位于西江的桂江、柳江一带，北江中游英德附近，珠江三角洲支流潭江上游	最大3h雨量站点：珠江三角洲潭江上游锦江水库站223.8mm； 100mm以上雨量在珠江流域内笼罩的面积约为38.27万km²
"2005·6"	低涡、切变线、高空槽、地面静止锋、西南季风	17d（6月9—25日）	主要暴雨中心位于柳江、桂江中下游～蒙江一带、北江上游及增江上游一带	最大日雨量站点：珠江三角洲龙门站502.2mm； 100mm以上雨量在珠江流域内笼罩的面积约为31万km²
"2008·6"	西南气流、高空槽	10d（6月7—16日）	主要暴雨区集中在红水河、柳江和桂贺江区域	100mm以上雨量在珠江流域内笼罩的面积约为42.44万km²
"2022·6"	西南气流、高空槽、切变线、台风	51d（5月21日至7月10日）	主要暴雨区集中在柳江、桂江、北江区域	最大1h雨量站点：广东阳江阳春市永宁镇张公龙站247.0mm（超过100年一遇）； 最大3h雨量站点：广东阳江阳春市永宁镇张公龙站255.5mm（超过100年一遇）； 100mm以上雨量在珠江流域（片）内笼罩的面积约为57.32万km²

2. 暴雨历时均比较长

各次暴雨历时均大于等于10d，其中"1994·6"暴雨历时14d，"1998·6"暴雨历时13d，"2005·6"暴雨历时17d，"2008·6"暴雨历时最短，为10d，"2022·6"暴雨历时最长，为51d。

3. 各次暴雨主要落区不同

各次暴雨的主要落区各有不同，但相同的是暴雨区都涉及柳江、桂江、北江。

"1994·6"暴雨主要分布在西江的中、下游地区及北江，主要暴雨区是西江的桂江上游兴安暴雨区及融江融安暴雨区，北江的绥江上游～连江上游暴雨区、湛江上游暴雨区。

"1998·6"主要暴雨区有3个：一个位于西江的桂江、柳江一带，暴雨区呈东北～西南走向；另一个暴雨区位于北江中游英德附近，相对西江暴雨区而言，范围较小，强度也较弱；此外，珠江三角洲支流潭江上游有一个局部暴雨区，范围小，但强度特大。

"2005·6"暴雨主要暴雨中心位于柳江、桂江中下游～蒙江一带、北江上游及增江上游一带。其中第一阶段（6月9—16日）强降雨的主要落区位于左江上游、红水河上游、柳江、桂江、西江干流。第二阶段（6月17—25日）强降雨的主要落区位于柳江中下游、桂江下游、北江和东江。

"2008·6"主要暴雨区集中在红水河、柳江和桂贺江区域。

"2022·6"主要暴雨区集中在柳江、桂江、北江区域。

4. 各次暴雨强度不同

根据现存的资料,最大1h、最大3h雨量站点最大的均出现在"2022·6"暴雨,最大日雨量站点最大的出现在"2005·6"暴雨。"2022·6"暴雨的100mm以上雨量在珠江流域(片)内笼罩的面积约为57.32万km²。100mm以上雨量在珠江流域内笼罩面积最大的为"2008·6"暴雨,为42.44万km²;其次为"1998·6"暴雨,为38.27万km²;最小的为"2005·6"暴雨,为31万km²。

3.4 暴雨地区分布

3.4.1 西江流域

西江流域日降雨量达到大雨级别的有3d,没有达到暴雨及以上级别。从图3.8可以看出,6月22—26日为降雨间歇期,间歇期之前的降雨强度明显强于之后的。

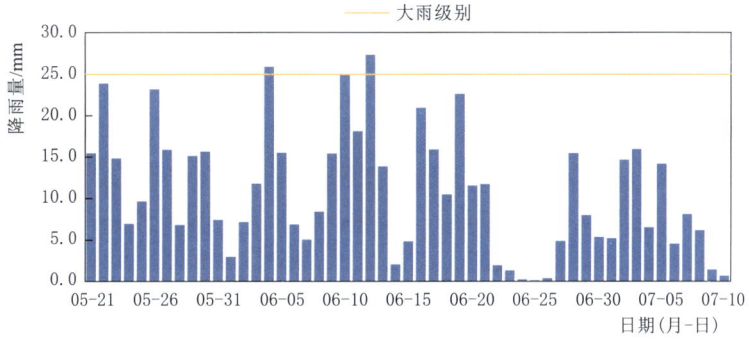

图3.8 西江流域日降雨量过程图

其中,柳江日降雨量达到大雨级别的有9d,达到暴雨级别的有1d,为6月19日(图3.9),暴雨主要分布在融江、龙江和洛清江上游(图3.10)。

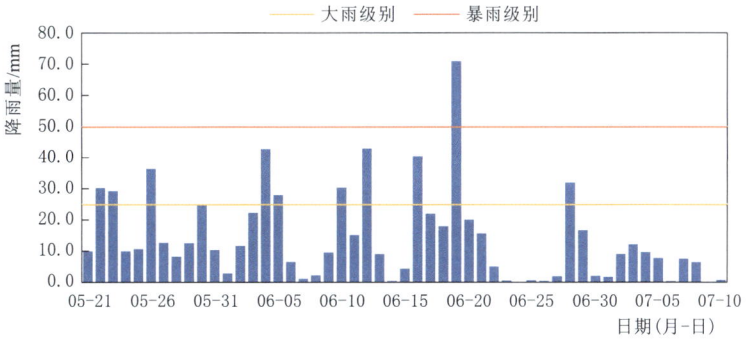

图3.9 柳江日降雨量过程图

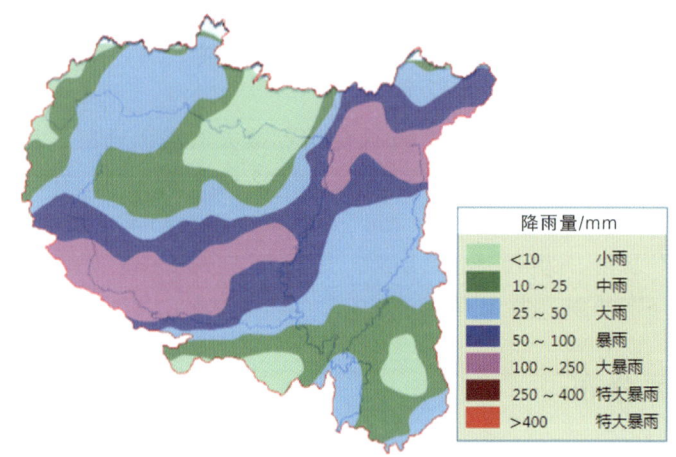

图 3.10　6 月 19 日柳江日降雨量分布图

桂江日降雨量达到大雨级别的有 7d；达到暴雨级别的有 4d，分别为 6 月 12 日、6 月 17 日、6 月 21 日、7 月 3 日（图 3.11）。

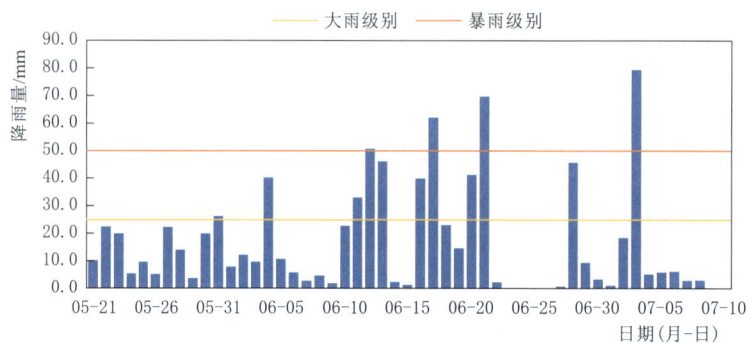

图 3.11　桂江日降雨量过程图

6 月 12 日，桂江上游部分地区降暴雨（图 3.12）。6 月 17 日，桂江上游及下游部分地区降暴雨，其上中游部分地区降大暴雨（图 3.13）。6 月 21 日，桂江上游降暴雨，部分地区降大暴雨（图 3.14）。7 月 3 日，桂江大部地区降暴雨，其中中游部分地区降大暴雨（图 3.15）。

从图 3.11 可以看出，6 月 22—27 日为降雨间歇期，降雨主要集中在间歇期之前，但是间歇期之后的日雨量强度较强。

贺江日降雨量达到大雨级别的有 11d；达到暴雨级别的有 3d，分别为 6 月 13 日、6 月 20 日、7 月 3 日（图 3.16）。

6 月 13 日，贺江下游降暴雨（图 3.17）。6 月 20 日，贺江上游降暴雨，部分地区降大暴雨（图 3.18）。7 月 3 日，贺江大部地区降暴雨，其上中游部分地区降大暴雨（图 3.19）。

从图 3.16 可以看出，6 月 22 日至 7 月 1 日为降雨间歇期，间歇期之后的降雨强度较之前的强。

3.4 暴雨地区分布

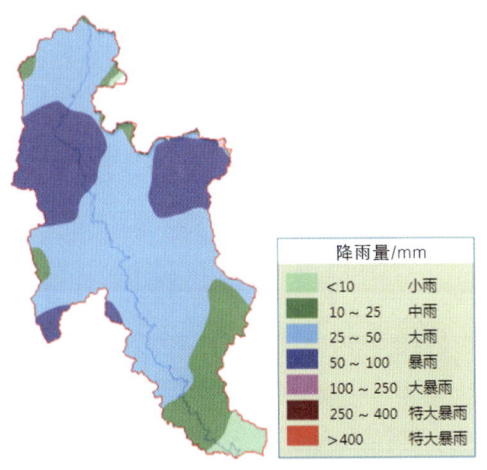

图 3.12　6 月 12 日桂江日降雨量分布图

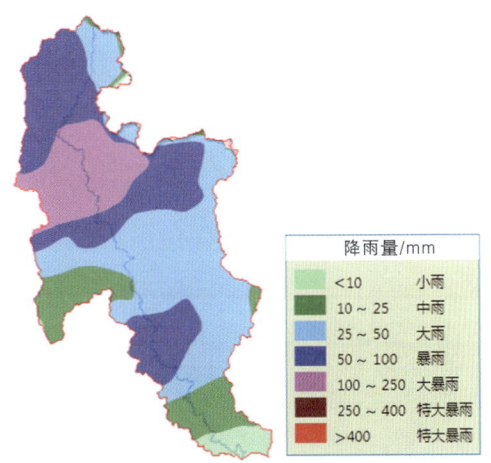

图 3.13　6 月 17 日桂江日降雨量分布图

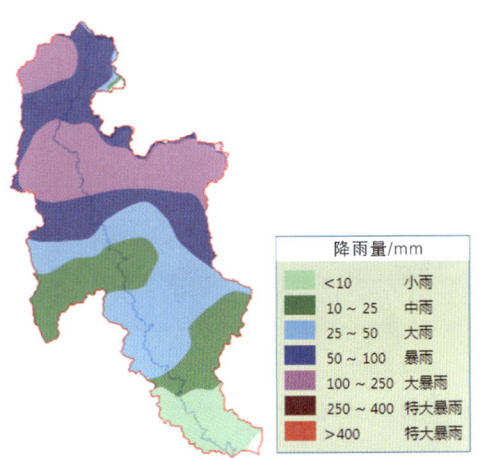

图 3.14　6 月 21 日桂江日降雨量分布图

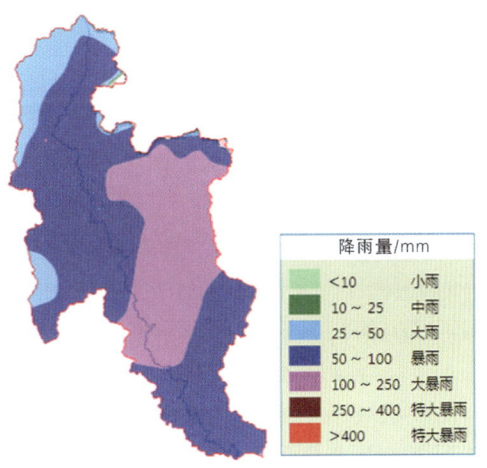

图 3.15　7 月 3 日桂江日降雨量分布图

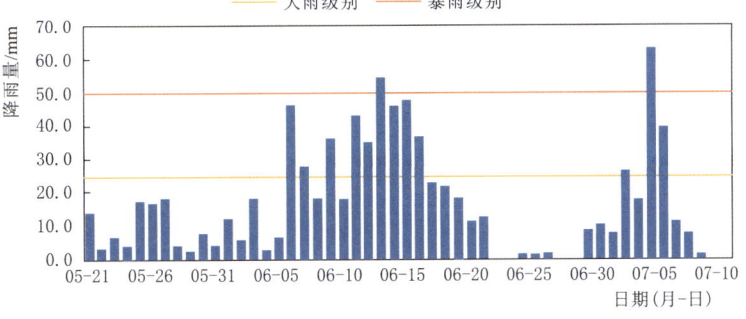

图 3.16　贺江日降雨量过程图

— 133 —

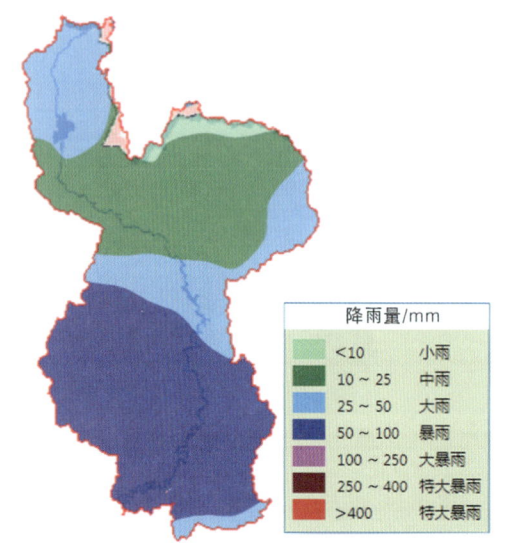
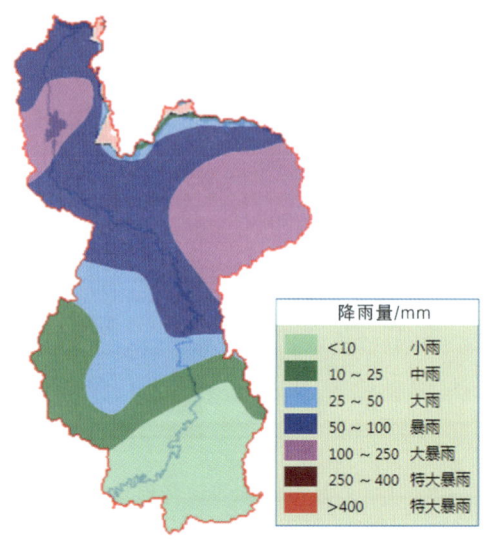

图 3.17　6 月 13 日贺江日降雨量分布图　　　图 3.18　6 月 20 日贺江日降雨量分布图

3.4.2　北江流域

北江流域日降雨量达到大雨级别的有 13d；达到暴雨级别的有 4d，分别为 6 月 18 日、6 月 20 日、7 月 3 日、7 月 4 日（图 3.20）。

6 月 18 日，北江流域上中游大部地区降暴雨，其中浈江下游、北江干流、武江下游、滃江、连江等地降大暴雨（图 3.21）。6 月 20 日，北江流域上中游大部地区降暴雨，其中浈江下游、北江干流、连江、绥江上游等地降大暴雨（图 3.22）。7 月 3 日，北江流域大部地区降暴雨，其中北江干流、武江下游、连江下游、滨江下游等地部分地区降大暴雨（图 3.23）。7 月 4 日，浈江、北江干流、武江下游、连江、潖江上中游、绥江上游等地部分地区降暴雨，滃江、潖江上游等地降大暴雨（图 3.24）。

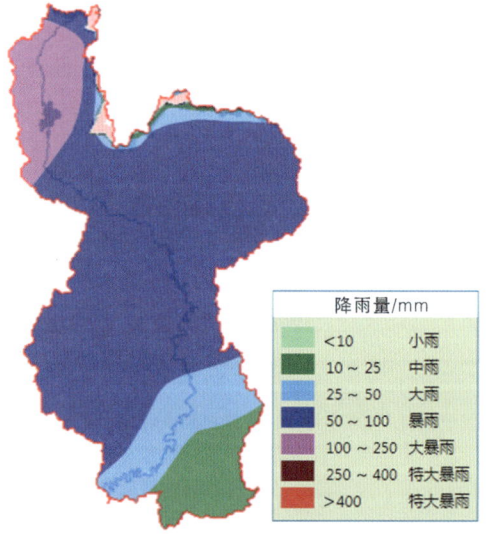

图 3.19　7 月 3 日贺江日降雨量分布图

从图 3.20 可以看出，6 月 22 日至 7 月 1 日为降雨间歇期，间歇期前后的降雨强度都较强。

3.4.3　东江流域

东江流域日降雨量达到大雨级别的有 10d；达到暴雨级别的有 2d，分别为 6 月 13 日、7 月 4 日（图 3.25）。

3.4 暴雨地区分布

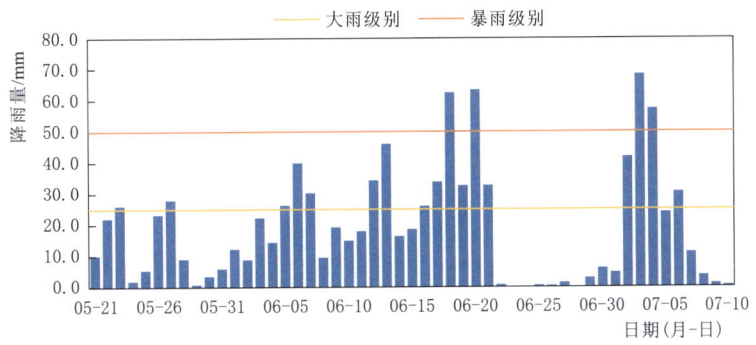

图 3.20 北江流域日降雨量过程图

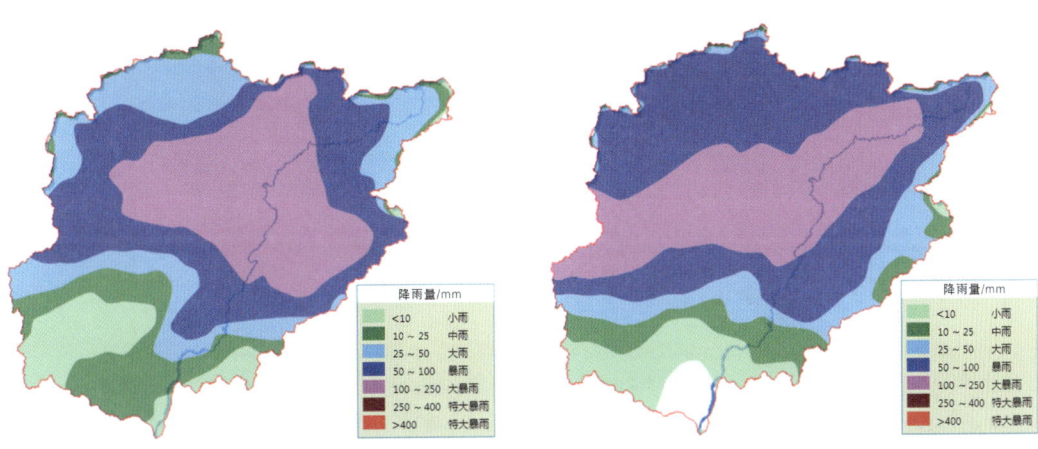

图 3.21　6月18日北江流域日降雨量分布图　　　图 3.22　6月20日北江流域日降雨量分布图

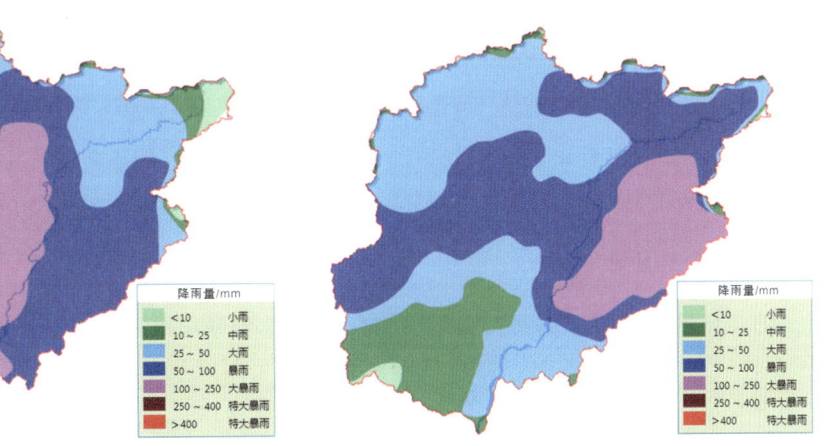

图 3.23　7月3日北江流域日降雨量分布图　　　图 3.24　7月4日北江流域日降雨量分布图

6月13日，东江流域上游降暴雨，其中贝岭水中游、新丰江上游等地降大暴雨（图3.26）。7月4日，东江流域上游部分地区降暴雨，其中新丰江上游等地降大暴雨（图3.27）。

— 135 —

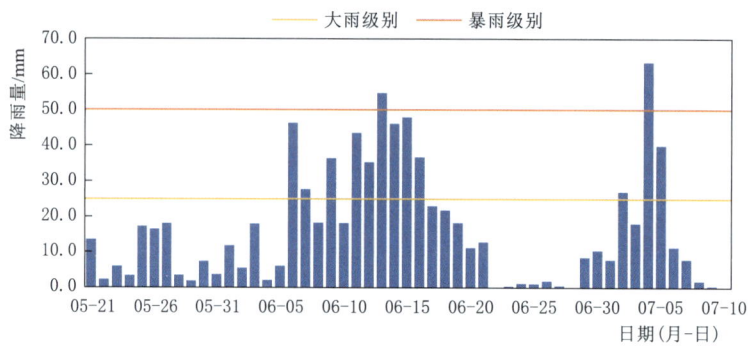

图 3.25　东江流域日降雨量过程图

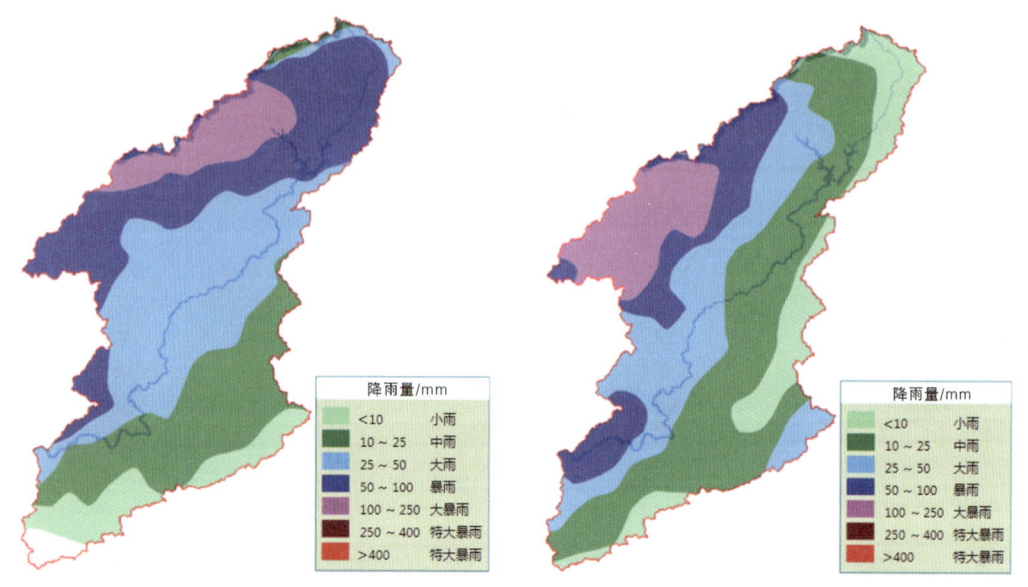

图 3.26　6月13日东江流域日降雨量分布图　　图 3.27　7月4日东江流域日降雨量分布图

从图 3.25 可以看出，6 月 22—29 日为降雨间歇期，间歇期之前的降雨强度明显强于之后的。

3.4.4　韩江流域

韩江流域日降雨量达到大雨级别的有 9d；达到暴雨级别的有 2d，分别为 6 月 6 日、6 月 13 日（图 3.28）。其中，梅江日降雨量达到大雨级别的有 8d，达到暴雨级别的有 2d，分别为 6 月 14 日、6 月 15 日（图 3.29）；汀江日降雨量达到大雨级别的有 6d，达到暴雨级别的有 3d，分别为 5 月 26 日、6 月 5 日、6 月 6 日，达到大暴雨级别的有 1d，为 6 月 13 日（图 3.30）。

5 月 26 日，汀江中游部分地区降暴雨（图 3.31）。6 月 5 日，汀江中游部分地区降暴雨（图 3.32）。6 月 6 日，汀江中游、韩江干流等地部分地区降暴雨（图 3.33）。6 月 13 日，汀江上游降暴雨到大暴雨（图 3.34）。6 月 14 日，梅江、汀江下游、韩江干流等地部

3.4 暴雨地区分布

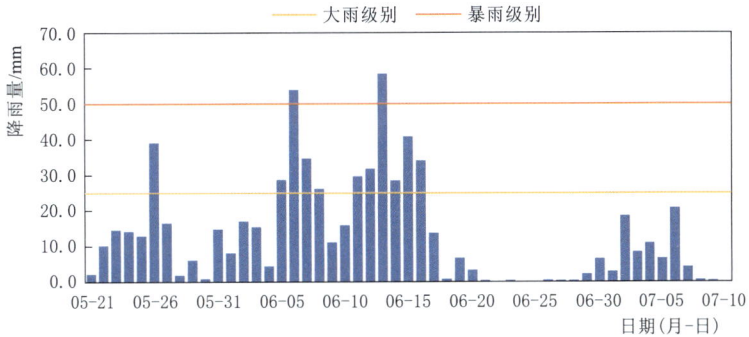

图 3.28 韩江流域日降雨量过程图

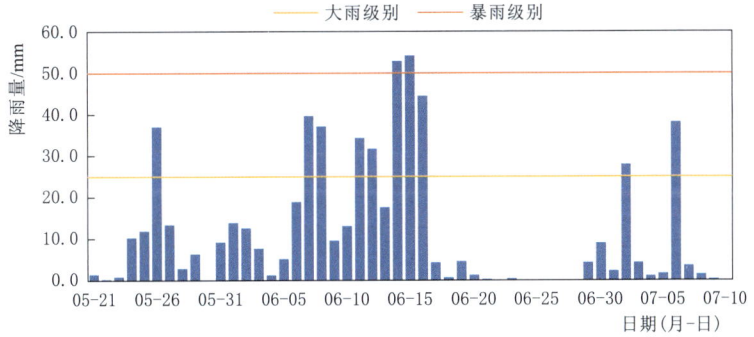

图 3.29 梅江日降雨量过程图

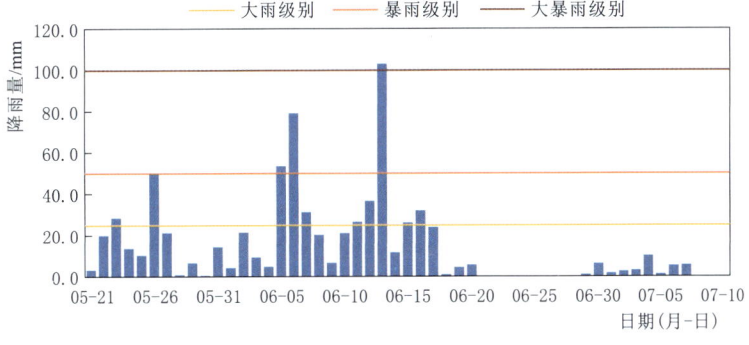

图 3.30 汀江日降雨量过程图

分地区降暴雨（图 3.35）。6 月 15 日，梅江、汀江下游、韩江干流等地部分地区降暴雨（图 3.36）。

从图 3.28 可以看出，6 月 22—29 日为韩江流域降雨间歇期，间歇期之前的降雨强度明显强于之后的。

第3章 暴 雨 分 析

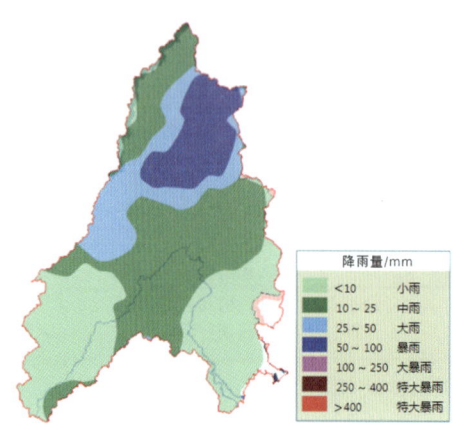

图 3.31　5月 26 日韩江流域日降雨量分布图

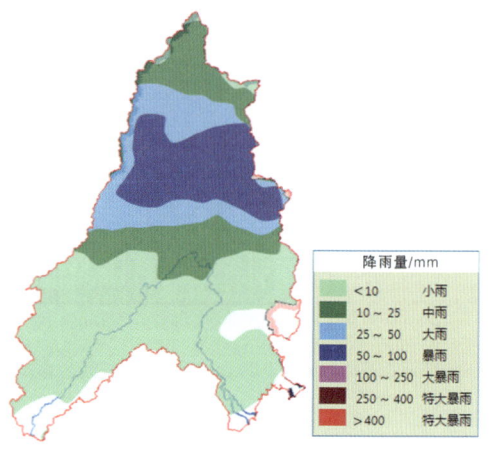

图 3.32　6月 5 日韩江流域日降雨量分布图

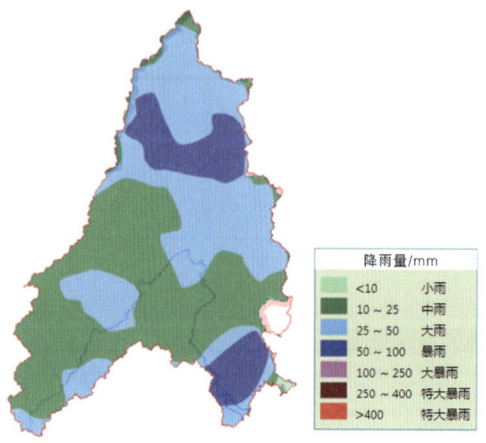

图 3.33　6月 6 日韩江流域日降雨量分布图

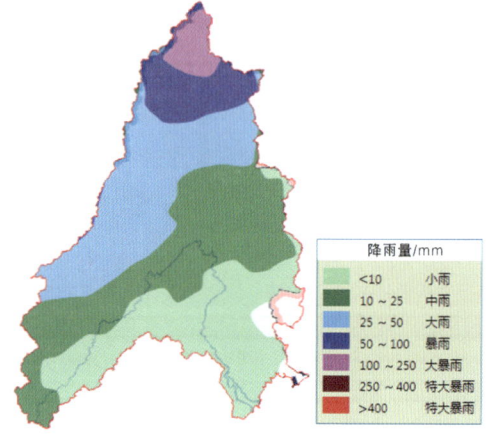

图 3.34　6月 13 日韩江流域日降雨量分布图

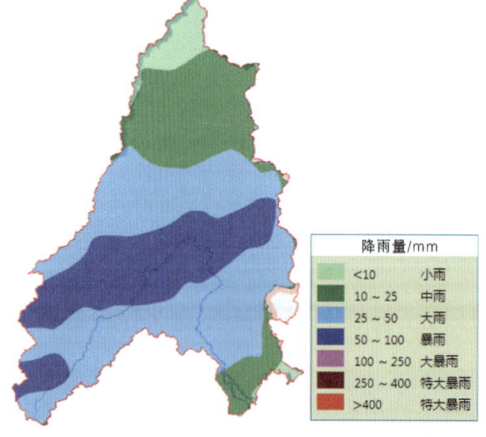

图 3.35　6月 14 日韩江流域日降雨量分布图

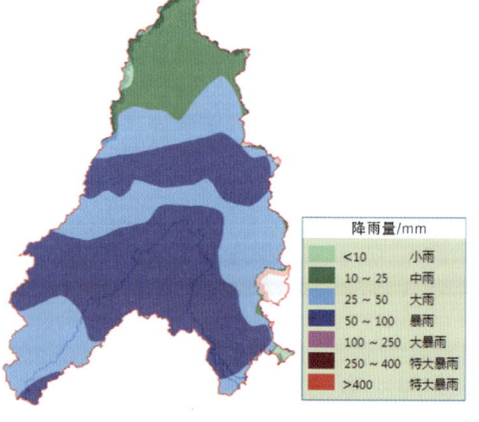

图 3.36　6月 15 日韩江流域日降雨量分布图

第4章 洪 水 分 析

2022年5月下旬至7月上旬，大范围、高强度的降雨致使珠江流域（片）各大江河先后出现不同量级的洪水，西江、北江、韩江发生8次编号洪水并形成两场流域性洪水，北江2号洪水发展成超100年一遇特大洪水。2022年珠江暴雨洪水具有历时长、频次高、量级大、干支流洪水遭遇等特点。其中西江第1号洪水主要来源于上中游，西江第2号洪水主要来源于中游，西江第3号洪水、第4号洪水主要来源于中下游，北江第1号洪水、第3号洪水主要来源于中游，北江第2号洪水（北江特大洪水）主要来源于上中游，韩江第1号洪水主要来源于上游。

4.1 洪水特点

2022年珠江暴雨洪水具有历时长、频次高、量级大、干支流洪水遭遇等特点。西江、北江、韩江共发生8次编号洪水，其中西江4次、北江3次、韩江1次，除北江3号洪水为台风雨所致，其余7次编号洪水均为锋面雨所致。西江和北江编号洪水总数列新中国成立以来第一位，其中西江第3号洪水与北江第1号洪水遭遇形成流域性洪水，西江第4号洪水与北江第2号洪水遭遇再次形成流域性洪水，两次流域性洪水仅相隔5d，北江第2号洪水为仅次于1915年的特大洪水。

4.1.1 洪水历时长

西江梧州水文站洪水总历时859h（约合35.8d），水位超警戒累计369h（约合15.4d），其中20m以上高水位累计284h，均比"1998·6"洪水、"2005·6"洪水历时长。北江第1号洪水和2号洪水连续发生，石角水文站洪水历时约14d，2号洪水期间英德水文站超警戒水位持续165h。

4.1.2 编号洪水多

珠江流域西江和北江共发生7次编号洪水，列新中国成立以来第一位。西江、北江、韩江共发生8次编号洪水，其中西江4次、北江3次、韩江1次。西江共发生4次编号洪水，列新中国成立以来第二位（第一位5次，1994年）。

4.1.3 洪水量级大

北江特大洪水（第2号洪水）演进过程中，北江干流浈江新韶水文站洪峰流量重现期为100年，为历史实测最大洪水；支流连江高道（昂坝）水文站洪峰流量重现期超100年，是1954年建站以来第二大流量；飞来峡水库出现1915年之后最大入库流量，重现期超100年；石角水文站出现1924年建站以来实测最大洪水。

4.1.4 干支流洪水遭遇恶劣

北江上游浈江与武江洪水相遇,并与滃江洪水遭遇,演进至英德站时,形成大洪水,在继续向下传播过程中又与连江洪水遭遇叠加,加上暴雨覆盖范围广、暴雨区域集中,使北江干、支流洪水量级持续增大,最终形成北江干流飞来峡水库、石角水文站的特大洪水。韩江干流梅江洪水与支流汀江洪水遭遇,致使韩江潮安站洪峰流量超5年一遇,为2008年以来最大流量。

4.2 洪水遭遇与组成

4.2.1 西江第1号洪水遭遇与组成

经洪水组成分析,西江第1号洪水主要来源于上中游,上游龙滩水库拦蓄上游洪水,避免了红水河洪水与柳江洪峰遭遇,西江中下游干流洪峰主要由中游支流柳江洪峰传播叠加区间洪水形成。受5月25—30日降雨影响,西江上游干流红水河、中游干流黔江和浔江、中游支流柳江均出现明显洪水过程。5月30日11时,西江上游龙滩水库入库流量涨至10900m³/s,依据水利部《全国主要江河洪水编号规定》,编号为"西江2022年第1号洪水"。柳江柳州站5月31日5时55分出现洪峰水位78.92m(警戒水位82.50m),相应流量7540m³/s;浔江大湟江口站6月2日8时45分出现洪峰水位30.09m(警戒水位31.70m),相应洪峰流量21700m³/s;西江梧州水文站6月2日4时15分出现洪峰水位17.17m(警戒水位18.50m),相应洪峰流量25300m³/s。

4.2.1.1 红水河洪水遭遇与组成

红水河龙滩水库5月30日11时出现入库洪峰流量10900m³/s。龙滩水库入库次洪水量30.75亿m³,其中蒙江和区间(天生桥一级水库~董箐水库~雷公滩站~平湖站~平里河站~龙滩水库)的次洪水量分别为7.7亿m³、13.7亿m³,分别占龙滩水库入库水量的25.0%、44.4%,比例远超过其面积比,是红水河洪水的主要来源,蒙江和区间也是龙滩水库入库洪峰的主要组成部分,见表4.1。西江第1号洪水红水河洪水遭遇见图4.1。

表4.1　　　　　西江第1号洪水龙滩入库洪水组成统计表

河名	站名	次洪水量/亿 m³	占龙滩入库水量比例/%	占龙滩集水面积比例/%	流量 最大值/(m³/s)	出现时间/(月-日 时:分)
南盘江	天生桥一级水库(出库)	3.8	12.5	47.8		
北盘江	董箐水库(出库)	4.1	13.3	18.7		
蒙江	雷公滩	7.7	25.0	5.2	3040	05-31 1:45
六硐河	平湖	0.45	1.5	1.4	317	05-30 16:15
曹渡河	平里河	1.0	3.3	1.3	1110	05-30 8:20
	区间	13.7	44.4	25.6		
红水河	龙滩水库(入库)	30.75			10900	05-30 11:00

4.2 洪水遭遇与组成

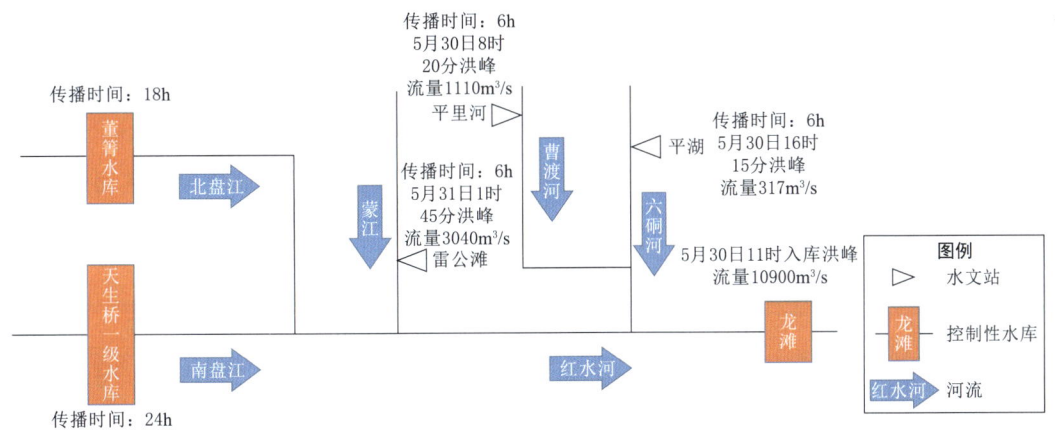

图 4.1　西江第 1 号洪水红水河洪水遭遇示意图

4.2.1.2　柳江洪水遭遇与组成

柳江干流融江融水水文站 5 月 30 日 22 时 30 分出现洪峰流量 5470m³/s；支流龙江三岔水文站 5 月 31 日 8 时 10 分出现洪峰流量 3920m³/s；融江洪水与龙江洪水遭遇，与其他支流洪水汇合后造成柳江柳州水文站 5 月 31 日 9 时 45 分出现最大流量 9170m³/s。

柳州水文站次洪水量为 45.9 亿 m³，其中融水水文站、三岔水文站和区间（融水水文站～三岔水文站～柳州水文站）的次洪水量分别为 26.7 亿 m³、17.4 亿 m³、1.8 亿 m³，分别占柳州水文站次洪水量的 58.3%、37.9%、

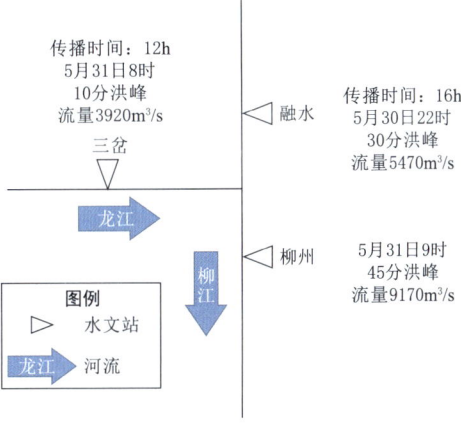

图 4.2　西江第 1 号洪水柳江洪水遭遇示意图

3.8%，其中融水水文站和三岔水文站洪水量比例均超过其面积比例，是柳江洪水的主要来源，见表 4.2。西江第 1 号洪水柳江洪水遭遇见图 4.2。

表 4.2　　　　　　　　　西江第 1 号洪水柳州洪水组成统计表

河名	站　名	次洪水量 /亿 m³	占柳州次洪水量比例/%	占柳州集水面积比例/%	流　量	
					最大值 /(m³/s)	出现时间 （月-日 时：分）
融江	融水	26.7	58.3	52.1	5470	05-30 22：30
龙江	三岔	17.4	37.9	35.8	3920	05-31 8：10
	区间	1.8	3.8	12.1		
柳江	柳州	45.9 (52.0)			9170 (8900)	05-31 9：45

注　表中括号内数据为还原上游水库调蓄影响后的天然值。

4.2.1.3 黔江洪水遭遇与组成

黔江武宣水文站次洪水量114.7亿 m³，其中迁江水文站、柳州水文站、对亭水文站和区间（迁江水文站～柳州水文站～对亭水文站～武宣水文站）的次洪水量分别为45.8亿 m³、45.9亿 m³、9.7亿 m³、13.3亿 m³，分别占武宣水文站入库洪水量的40.0%、40.0%、8.4%、11.6%，其中柳州站、对亭站和区间的次洪水量比例均超过其面积比例，是黔江洪水的主要来源，见表4.3。西江第1号洪水黔江洪水遭遇见图4.3。

表4.3　　　　　西江第1号洪水大藤峡入库洪水组成统计表

河名	站名	次洪水量 /亿 m³	占武宣入库水量比例/%	占武宣集水面积比例/%	流量	
					最大值 /(m³/s)	出现时间 （月-日 时：分）
红水河	迁江	45.8 (79.0)	40.0	64.9	7460 (13000)	06-01 7：10
柳江	柳州	45.9 (52.0)	40.0	22.9	9170 (8900)	05-31 9：45
洛清江	对亭	9.7	8.4	3.7	1930	05-27 5：25
	区间	13.3	11.6	8.5		
黔江	武宣（入库）	114.7 (154.0)				

注　表中括号内数据为还原上游水库调蓄影响后的天然值。

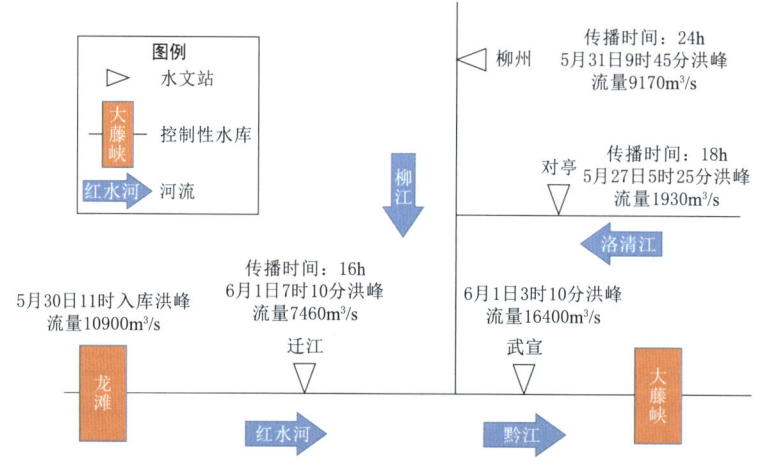

图4.3　西江第1号洪水黔江洪水遭遇示意图

4.2.1.4 西江洪水遭遇与组成

西江梧州水文站6月2日4时15分出现洪峰流量25300m³/s，浔江洪峰与桂江洪峰并未遭遇，洪峰主要由浔江涨水段与桂江退水段组成。梧州水文站次洪水量188.5亿 m³，武宣水文站、京南水文站、太平水文站和区间（武宣水文站～贵港水文站～京南水文站～太平水文站～金鸡水文站～梧州水文站）次洪水量分别为114.7亿 m³、22.3亿 m³、7.6亿 m³、11.5亿 m³，分别占梧州水文站次洪水量的60.9%、11.8%、4.0%、6.1%，次

4.2 洪水遭遇与组成

洪水量比例均超过其面积比例,是西江洪水的主要来源,见表 4.4。西江第 1 号洪水西江洪水遭遇见图 4.4。

表 4.4　　　　　　　　　西江第 1 号洪水梧州洪水组成统计表

河名	站　名	次洪水量 /亿 m³	占梧州次洪水量比例/%	占梧州集水面积比例/%	流量	
					最大值 /(m³/s)	出现时间（月-日 时：分）
黔江	武宣	114.7 (146.8)	60.9	60.7	16400 (21100)	06-01 3：10
郁江	贵港	30.3 (32.8)	16.1	26.4	5020 (4990)	06-02 17：00
桂江	京南	22.3	11.8	5.3	5270	05-31 16：15
蒙江	太平	7.6	4.0	1.1	1400	05-31 18：05
北流河	金鸡	2.1	1.1	2.8		
	区间	11.5 (18.0)	6.1	3.7		
西江	梧州	188.5 (229.6)			25300* (30100)	06-02 4：15

注　表中括号内数据为还原上游水库调蓄影响后的天然值；带 * 数据为广西壮族自治区水文中心提供的整编资料。

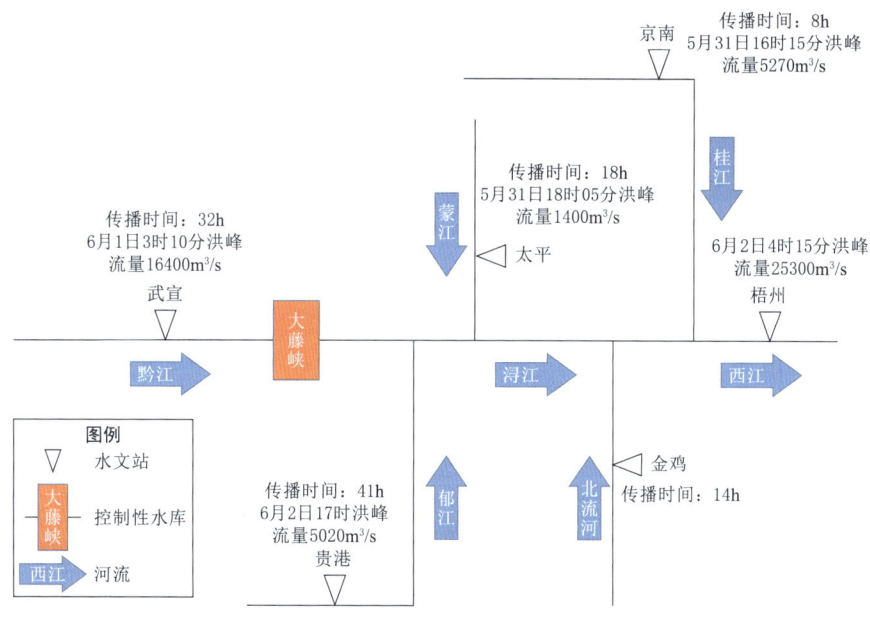

图 4.4　西江第 1 号洪水西江洪水遭遇示意图

4.2.2　西江第 2 号洪水遭遇与组成

西江第 2 号洪水主要来源于中游柳江和桂江,支流洪水快速汇集,抬高西江中下游干流底水,梧州水文站出现 2022 年首次超警洪水。受 6 月 2—9 日降雨影响,西江中游黔江和浔江,中游支流柳江、桂江、蒙江出现明显洪水过程。6月6日17时,西江中游武宣水文站流量涨至25200m³/s,编号为"西江2022年第2号洪水"。西江第2号洪水主要控制断面特征值统计见表4.5。

表4.5　　　　　　　　　西江第2号洪水主要控制断面特征值统计表

断面	洪峰水位			洪峰流量	
	洪峰水位/m	出现时间 (月-日 时:分)	超警戒/m	洪峰流量 /(m³/s)	出现时间 (月-日 时:分)
柳州	84.64	06-05 22:15	2.14	18900	06-05 17:35
对亭	82.18	06-06 2:30	0.48	4630	06-06 0:00
武宣	57.24	06-07 0:50	1.54	25700	06-06 20:00
大湟江口	32.55	06-07 11:30	0.85	27800	06-07 8:00
太平	37.43	06-07 20:40	0.23	2000	06-07 20:40
京南	25.04	06-07 18:55	1.04	6320	06-07 15:15
梧州	20.31	06-08 7:10	1.81	32100	06-07 20:00

4.2.2.1　柳江洪水遭遇与组成

柳江柳州水文站6月5日17时35分出现洪峰流量18900m³/s,洪峰段主要为融江洪水与区间洪水遭遇,而龙江洪水相对滞后,主要参与组成柳州水文站洪水退水段。柳州水文站次洪水量为53.4亿m³,其中融水水文站和区间(融水水文站~三岔水文站~柳州水文站)的次洪水量分别为30.4亿m³、7.1亿m³,分别占柳州站洪水量的56.9%、13.3%,次洪水量比例均超过其面积比例,是柳江洪水的主要来源,见表4.6。西江第2号洪水柳江洪水遭遇见图4.5。

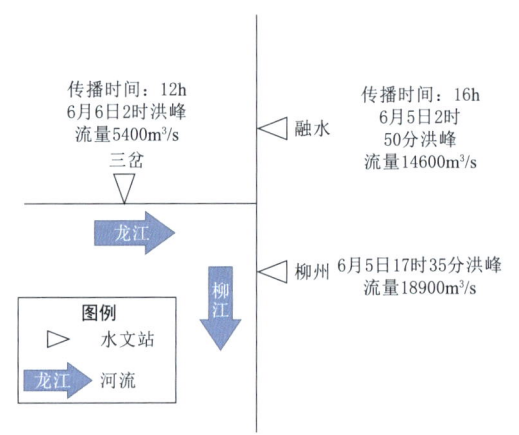

图4.5　西江第2号洪水柳江洪水遭遇示意图

表4.6　　　　　　　　　西江第2号洪水柳州洪水组成统计表

河名	站名	次洪水量 /亿m³	占柳州次洪 水量比例/%	占柳州集水 面积比例/%	流量	
					最大值 /(m³/s)	出现时间 (月-日 时:分)
融江	融水	30.4	56.9	52.1	14600	06-05 2:50
龙江	三岔	15.9	29.8	35.8	5400	06-06 2:00
区间		7.1	13.3	12.1		
柳江	柳州	53.4 (53.9)			18900 (18500)	06-05 17:35

注　表中括号内数据为还原上游水库调蓄影响后的天然值。

4.2 洪水遭遇与组成

4.2.2.2 黔江洪水遭遇与组成

黔江武宣水文站 6 月 6 日 20 时出现洪峰流量 25700m³/s，其中红水河来水相对平稳，洪峰段主要由柳江与洛清江洪水遭遇组成。武宣水文站洪水主要来源于柳江，次洪水量为 91.7 亿 m³，柳州水文站和对亭水文站的次洪水量分别为 53.4 亿 m³、9.2 亿 m³，共占武宣水文站次洪水量的 68.2%，且次洪水量比例均超过其面积比例，是黔江洪水的主要来源，见表 4.7。西江第 2 号洪水黔江洪水遭遇见图 4.6。

表 4.7　　　　　西江第 2 号洪水武宣洪水组成统计表

河 名	站 名	次洪水量 /亿 m³	占武宣次洪 水量比例/%	占武宣集水面 积比例/%	流　量	
					最大值 /(m³/s)	出现时间 (月-日 时：分)
红水河	迁江	27.4 (48.8)	29.9	65.6	(11200)	
柳江	柳州	53.4 (53.9)	58.2	23.1	18900 (18500)	06-05 17：35
洛清江	对亭	9.2	10.0	3.7	4630	06-06 0：00
	区间	1.7 (3.4)	1.9	7.6		
黔江	武宣	91.7 (115.3)			25700 (29300)	06-06 20：00

注　表中括号内数据为还原上游水库调蓄影响后的天然值。

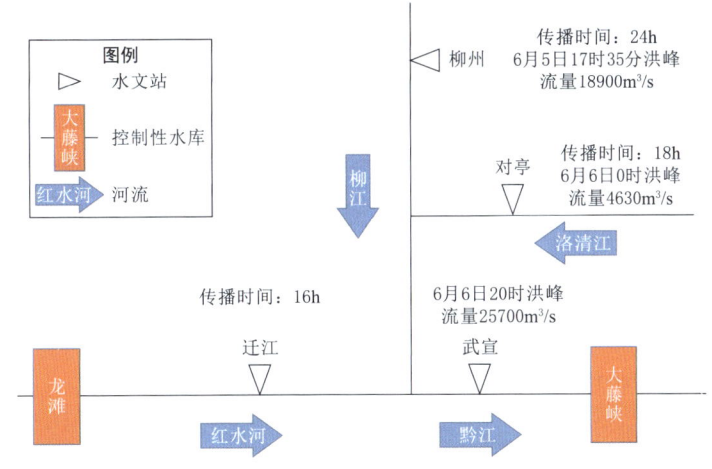

图 4.6　西江第 2 号洪水黔江洪水遭遇示意图

4.2.2.3 西江洪水遭遇与组成

浔江洪水与支流桂江、蒙江洪水遭遇汇合后，西江梧州水文站于 6 月 7 日 20 时出现洪峰流量 32100m³/s。梧州水文站次洪水量 147.1 亿 m³，其中黔江武宣水文站、桂江京南水文站、蒙江太平水文站和区间（武宣水文站～贵港水文站～京南水文站～太平水文站～金鸡水文站～梧州水文站）次洪水量分别为 91.7 亿 m³、20.4 亿 m³、4.0 亿 m³、

10.8亿 m^3，分别占梧州水文站次洪水量的62.4%、13.9%、2.7%、7.3%，次洪水量比例均超过其面积比例，是西江洪水的主要来源，见表4.8。西江第2号洪水西江洪水遭遇见图4.7。

表4.8　　　　　　　　西江第2号洪水梧州洪水组成统计表

河　名	站　名	次洪水量 /亿 m^3	占梧州次洪水量比例/%	占梧州集水面积比例/%	流　量	
					最大值 /(m^3/s)	出现时间 （月-日 时：分）
黔江	武宣	91.7 (115.3)	62.4	60.7	25700 (29300)	06-06 20：00
郁江	贵港	17.5 (168.8)	11.9	26.4	3910	06-06 19：10
桂江	京南	20.4	13.9	5.3	6320	06-07 15：15
蒙江	太平	4.0	2.7	1.1	2000	06-07 20：40
北流河	金鸡	2.7	1.8	2.8		
区间		10.8 (19.8)	7.3	3.7		
西江	梧州	147.1 (179.0)			32100* (37100)	06-07 20：00

注　表中括号内数据为还原上游水库调蓄影响后的天然值；带*数据为广西壮族自治区水文中心提供的整编资料。

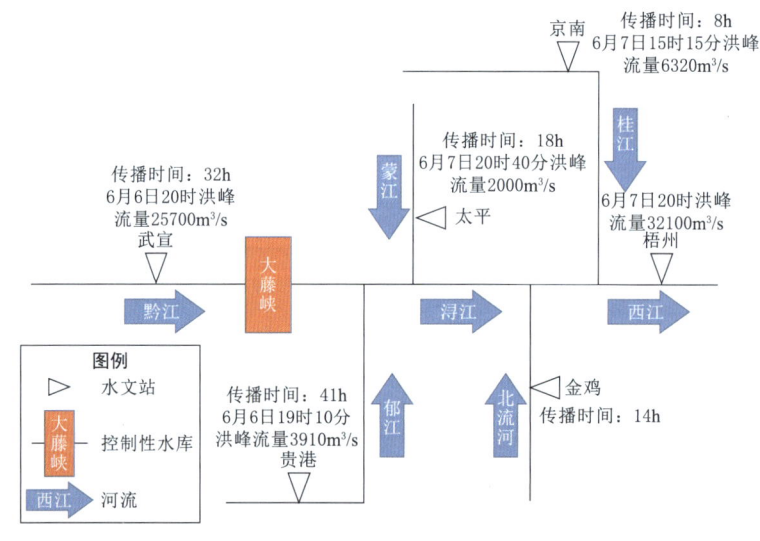

图4.7　西江第2号洪水西江洪水遭遇示意图

4.2.3　第一次流域性较大洪水（西江第3号洪水和北江第1号洪水）遭遇与组成

西江第3号洪水主要来源于中下游，北江洪水主要来源于中游。受6月10—14日降雨影响，西江红水河龙滩水库以下干流河段，中游干流黔江和浔江，中游支流郁江、桂江、蒙江；北江中下游干流、北江上游支流武江、中游支流连江出现明显洪水过程。6月12日20

时，西江梧州水文站水位18.52m，编号为"西江2022年第3号洪水"；6月14日11时30分，北江石角水文站流量涨至12000m³/s，编号为"北江2022年第1号洪水"，珠江流域第一次流域性较大洪水形成。西江第3号洪水和北江第1号洪水主要控制站洪峰特征值统计见表4.9。

表4.9　　　　西江第3号洪水和北江第1号洪水主要控制站洪峰特征值统计表

编号洪水	站　名	洪峰水位			洪峰流量	
		洪峰水位/m	出现时间（月-日 时：分）	超警/m	洪峰流量/(m³/s)	出现时间（月-日 时：分）
西江第3号洪水	迁江	78.10	06-12 9：17	-3.60	7980	06-11 22：20
	柳州	78.95	06-13 23：20	-3.55	8740	06-14 2：45
	对亭	82.02	06-13 22：40	0.32	4610	06-13 19：00
	武宣	55.48	06-13 1：00	-0.22	21000	06-14 12：35
	贵港	41.65	06-14 16：05	0.45	8040	06-14 17：40
	大湟江口	33.38	06-14 22：45	1.68	28800	06-14 20：00
	太平	37.45	06-13 1：20	0.25	2020	06-13 1：20
	京南	27.60	06-14 13：15	3.60	7990	06-14 12：25
	梧州	22.31	06-15 3：25	3.81	35200	06-14 17：35
北江第1号洪水	犁市	60.34	06-13 9：00	-0.66	3100	06-13 22：00
	新韶	54.77	06-14 7：00	-2.73	2400	06-14 8：00
	潖江	31.40	06-14 21：00	0.34	2360	06-14 3：00
	英德	31.40	06-14 21：00	5.40		
	高道	28.47	06-14 23：00		4530	06-14 19：55
	飞来峡水库				12500	06-14 23：00
	石角	10.74	06-15 15：40	-0.26	14400	06-15 8：00

4.2.3.1　黔江洪水遭遇与组成

黔江武宣水文站于6月14日12时35分出现洪峰流量21000m³/s，洪峰段主要由柳江与洛清江洪水遭遇组成。武宣水文站次洪水量为86.5亿m³，其中柳州水文站、对亭水文站和区间（迁江水文站～柳州水文站～对亭水文站～武宣水文站）的次洪水量分别为25.1亿m³、9.9亿m³、11.0亿m³，分别占武宣水文站洪水量的29.0%、11.5%、12.7%，次洪水量比例均超过其面积比例，是黔江洪水的主要来源，见表4.10。西江第3号洪水黔江洪水遭遇见图4.8。

表4.10　　　　　　　西江第3号洪水武宣洪水组成统计表

河　名	站　名	次洪水量/亿m³	占武宣次洪水量比例/%	占武宣次集水面积比例/%	流　量	
					最大值/(m³/s)	出现时间（月-日 时：分）
红水河	迁江	40.5(50.3)	46.8	65.6	7980(11900)	06-11 22：20
柳江	柳州	25.1(28.9)	29.0	23.1	8740(8760)	06-14 2：45

续表

河 名	站 名	次洪水量/亿 m³	占武宣次洪水量比例/%	占武宣次集水面积比例/%	流 量	
					最大值/(m³/s)	出现时间（月-日 时：分）
洛清江	对亭	9.9	11.5	3.7	4610	06-13 19：00
区间		11.0(9.3)	12.7	7.6		
黔江	武宣	86.5(98.4)			21000(22400)	06-14 12：35

注 表中括号内数据为还原上游水库调蓄影响后的天然值。

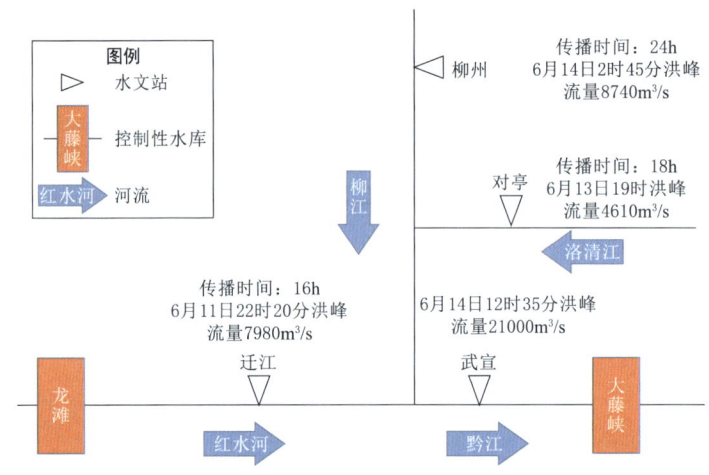

图 4.8 西江第 3 号洪水黔江洪水遭遇示意图

4.2.3.2 西江洪水遭遇与组成

干流浔江洪水与支流桂江洪水遭遇汇合后，西江梧州水文站于 6 月 14 日 17 时 35 分出现洪峰流量 35200m³/s。梧州水文站次洪水量 173.8 亿 m³，其中桂江京南水文站、蒙江太平水文站和区间（武宣水文站~贵港水文站~京南水文站~太平水文站~金鸡水文站~梧州水文站）的次洪水量分别为 27.6 亿 m³、4.4 亿 m³、18.1 亿 m³，分别占梧州水文站次洪水量的 15.9%、2.5%、10.4%，次洪水量比例均超过其面积比例，是西江洪水的主要来源，见表 4.11。西江第 3 号洪水西江洪水遭遇见图 4.9。

表 4.11 西江第 3 号洪水梧州洪水组成统计表

河 名	站 名	次洪水量/亿 m³	占梧州次洪水量比例/%	占梧州集水面积比例/%	流 量	
					最大值/(m³/s)	出现时间（月-日 时：分）
黔江	武宣	86.5(98.4)	49.8	60.7	21000(22400)	06-14 12：35
郁江	贵港	33.3(26.2)	19.2	26.4	8040(6210)	06-14 17：40

4.2 洪水遭遇与组成

续表

河名	站名	次洪水量 /亿 m³	占梧州次洪水量比例/%	占梧州集水面积比例/%	流量 最大值 /(m³/s)	流量 出现时间 （月-日 时：分）
桂江	京南	27.6	15.9	5.3	7990	06-14 12：25
蒙江	太平	4.4	2.5	1.1	2020	06-13 1：20
北流河	金鸡	3.9	2.2	2.8		
区间		18.1 (32.5)	10.4	3.7		
西江	梧州	173.8 (193.0)			35200* (37700)	06-14 17：35

注 表中括号内数据为还原上游水库调蓄影响后的天然值；带 * 数据为广西壮族自治区水文中心提供的整编资料。

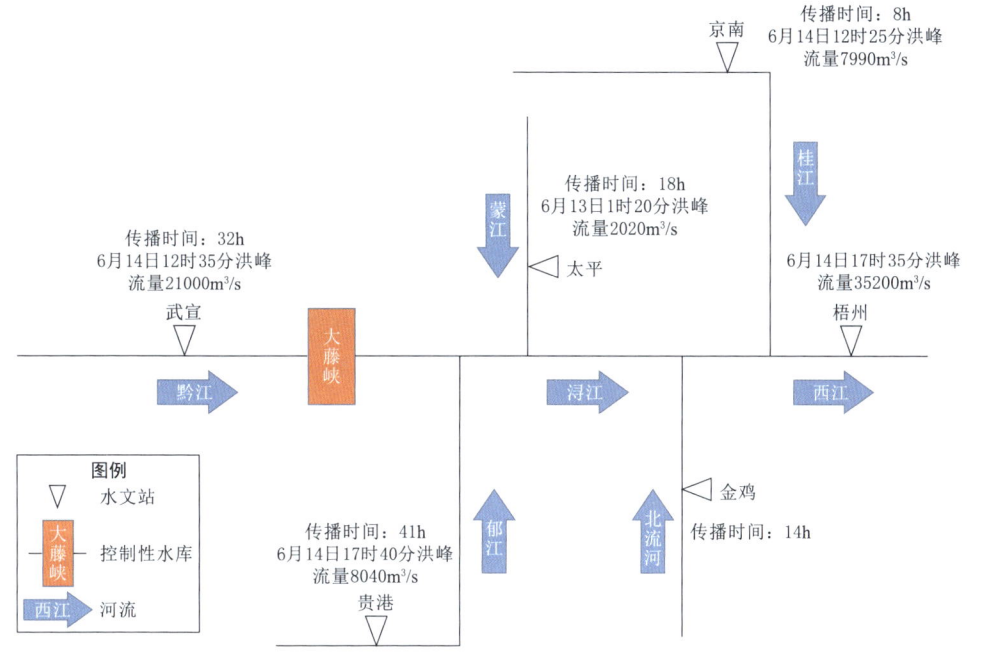

图 4.9 西江第 3 号洪水西江洪水遭遇示意图

4.2.3.3 北江洪水遭遇与组成

上游浈江、武江洪水和支流连江、滃江洪水遭遇汇合后，飞来峡水库于 6 月 15 日 2 时出现入库洪峰流量 12500m³/s，石角水文站于 6 月 15 日 8 时出现洪峰流量 14400m³/s。石角水文站次洪水量 61.5 亿 m³，其中滃江滃江水文站、连江高道水文站、潖江大庙峡水文站和区间（飞来峡水库～大庙峡水文站～珠坑水文站～石角水文站）次洪水量分别为 5.2 亿 m³、15.8 亿 m³、1.2 亿 m³、10.6 亿 m³，分别占石角水文站次洪水量的 8.5%、25.7%、2.0%、17.2%，次洪水量比例均超过其面积比例，是石角洪水的主要来源，见表 4.12。北江第 1 号洪水干支流洪水遭遇见图 4.10。

表 4.12　　　　　　　　北江第 1 号洪水石角洪水组成统计表

河　名	站　名	次洪水量 /亿 m³	占石角次洪水量比例/%	占石角集水面积比例/%	流量 最大值 /(m³/s)	流量 出现时间 （月-日 时：分）
浈江	新韶	7.0	11.4	19.7	2400	06-14 8：00
武江	犁市	8.2	13.3	18.2	3100	06-13 22：00
潖江	潖江	5.2	8.5	5.2	2360	06-14 3：00
连江	高道	15.8	25.7	22.4	4530	06-14 19：55
区间（新韶站～犁市站～潖江站～高道站～飞来峡水库）		10.4	16.9	23.4		
北江	飞来峡（入库）	46.6 (51.3)	75.8	88.9	12500 (13600)	06-14 23：00
	飞来峡（出库）	47.7	77.6	88.9	12500	06-15 1：00
潖江	大庙峡	1.2	2.0	1.3	640	06-14 12：00
滨江	珠坑	2.0	3.2	4.4	984	06-14 13：00
区间（飞来峡水库～大庙峡水文站～珠坑水文站～石角水文站）		10.6	17.2	5.4		
北江	石角	61.5 (65.1)			14400 (15400)	06-15 8：00

注　表中括号内数据为还原上游水库调蓄影响后的天然值。

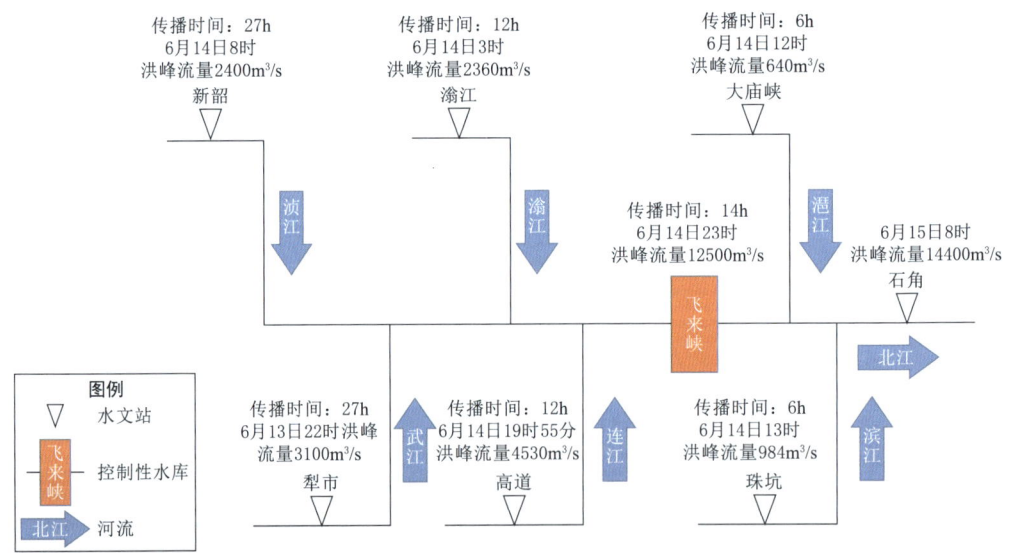

图 4.10　北江第 1 号洪水干支流洪水遭遇示意图

4.2.3.4　思贤滘洪水遭遇与组成

西江干流及支流贺江、罗定江、新兴江洪水与北江干流及支流绥江洪水遭遇汇合后，思贤滘西江干流水道马口水文站于 6 月 15 日 17 时出现洪峰流量 43300m³/s，北江干流水道三水水文站于6月15日14时出现洪峰流量15000m³/s。思贤滘（马口站+三水站）次洪水量248.9亿m³，西江梧州水文站、贺江南丰水文站、罗定江官良水文站、新兴江腰古水文站、北江石角水文站、绥江四会水文站和区间（梧州水文站～南丰水文站～官良水文站～腰古水文站～石角水文站～四会水文站～思贤滘）次洪水量分别为175.0亿m³、11.0亿m³、1.1亿m³、1.4亿m³、54.3亿m³、5.6亿m³、0.5亿m³，分别占思贤滘次洪水量的70.3%、4.4%、0.4%、0.6%、21.8%、2.3%、0.2%，其中贺江南丰水文站、新兴江腰古水文站、北江石角水文站和绥江四会水文站次洪水量比例超过其面积比例，以及西江梧州水文站洪水均是思贤滘洪水的主要来源，见表4.13。第一次流域性洪水思贤滘遭遇见图4.11。

表4.13　　　　　　　　第一次流域性洪水思贤滘洪水组成统计表

河　名	站　名	次洪水量/亿m³	占思贤滘次洪水量比例/%	占思贤滘集水面积比例/%	流　量 最大值/(m³/s)	出现时间（月-日 时：分）
西江	梧州	175.0	70.3	81.7	35200*(37700)	06-14 17：35
贺江	南丰	11.0	4.4	1.9	2510	06-14 16：00
罗定江	官良	1.1	0.4	0.8	394	06-15 3：00
新兴江	腰古	1.4	0.6	0.4	448	06-16 0：00
北江	石角	54.3	21.8	9.6	14400(15400)	06-15 8：00
绥江	四会	5.6	2.3	0.8	1700	06-14 20：00
区间（梧州水文站～南丰水文站～官良水文站～腰古水文站～石角水文站～四会水文站～思贤滘）		0.5	0.2	4.8		
西江干流水道	马口	189.3	76.1		43300	06-15 17：00
北江干流水道	三水	59.6	23.9		15000	06-15 14：00
思贤滘	马口+三水	248.9				

注　表中括号内数据为还原上游水库调蓄影响后的天然值；带 * 数据为广西壮族自治区水文中心提供的整编资料。

4.2.4　第二次流域性较大洪水（西江第4号洪水和北江第2号洪水）遭遇与组成

北江特大洪水主要来源于上中游，西江第4号洪水主要来源于中下游，造成西江下游河段长时间持续高水位，珠江连续出现流域性较大洪水。受6月15—21日降雨影响，西江中游干流黔江和浔江，中游支流郁江、桂江、蒙江出现明显洪水过程；北江干流、中游支流连江出现特大洪水过程，干流飞来峡水库入库洪峰流量重现期超100年，为1915年之后最大入库流量。6月19日8时，西江梧州水文站水位复涨至20.95m，超警戒水位2.45m，编号为"西江2022年第4号洪水"；6月19日12时，北江干流石角水文站流量涨至12000m³/s，编号为"北江2022年第2号洪水"，珠江流域第二次流域性较大洪水形成。西江第4号洪水和北江第2号洪水主要控制站洪峰特征值统计见表4.14。

第 4 章 洪 水 分 析

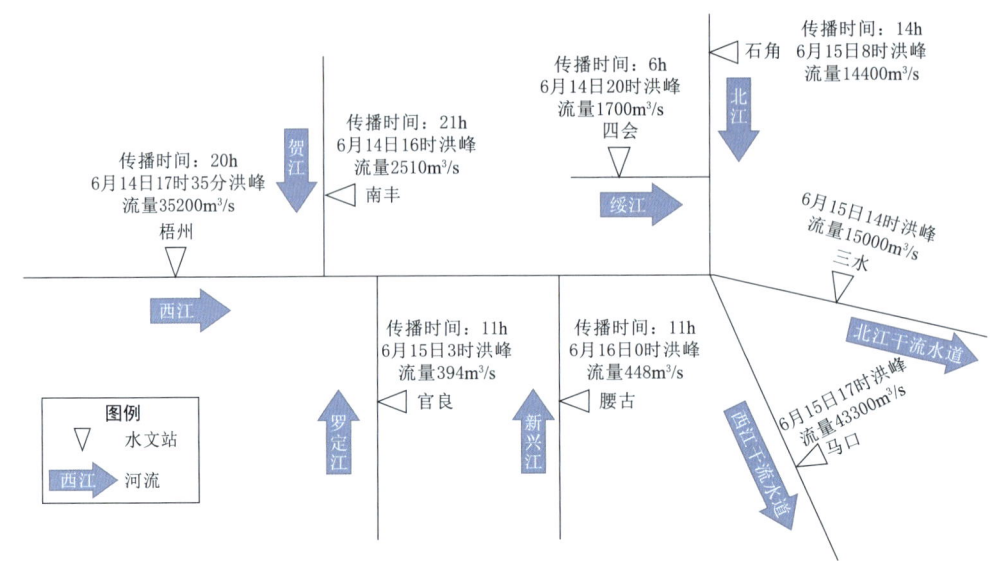

图 4.11　第一次流域性洪水思贤滘洪水遭遇示意图

表 4.14　　西江第 4 号洪水和北江第 2 号洪水主要控制站洪峰特征值统计表

编号洪水	站　名	洪峰水位			洪峰流量	
		洪峰水位 /m	出现时间 （月-日 时：分）	超警 /m	洪峰流量 /(m³/s)	出现时间 （月-日 时：分）
西江第 4 号洪水	柳州	83.59	06-2 16：10	1.09	16700	06-2 0：30
	对亭	82.88	06-2 7：00	1.18	5200	06-2 6：05
	武宣	58.11	06-23 8：35	2.41	21800	06-22 8：00
	贵港	37.83	06-18 23：25	-3.67	4460	06-18 23：25
	大湟江口	30.98	06-23 21：40	-0.72	23200	06-23 21：40
	太平	38.74	06-2 0：15	1.54	2540	06-20 23：15
	京南	29.88	06-23 8：25	5.88	10700	06-23 5：00
	梧州	21.73	06-23 16：25	3.23	33100	06-23 16：25
北江第 2 号洪水	犁市	60.21	06-22 1：10	-0.79	3510	06-19 11：00
	新韶	59.56	06-21 16：00	2.06	6350	06-21 14：55
	韶关	56.14	06-21 15：25	3.14		
	滃江	101.49	06-18 22：00	0.49	2350	06-18 20：20
	英德	35.97	06-22 12：35	9.97		
	高道	33.37	06-23 0：00		8530	06-22 20：10
	飞来峡水库				19900	06-22 23：00
	大庙峡	49.62	06-18 11：00	-0.38	886	06-18 10：40
	石角	12.24	06-22 10：40	1.24	19500	06-22 10：15

4.2 洪水遭遇与组成

4.2.4.1 柳江洪水遭遇与组成

融江与龙江洪水遭遇，并未与区间（融水水文站～三岔水文站～柳州水文站）洪水遭遇，干支流洪水汇合后，柳江柳州水文站于6月21日0时30分出现洪峰流量16700m³/s。柳州水文站次洪水量为79.3亿m³，其中融水水文站、三岔水文站和区间的次洪水量为40.0亿m³、26.3亿m³、13.0亿m³，分别占柳州水文站次洪水量的50.4%、33.2%、16.4%，其中区间次洪水量比例超过其面积比例，是柳江洪水的主要来源，见表4.15。西江第4号洪水柳江洪水遭遇见图4.12。

表4.15　　　　　　　西江第4号洪水柳州洪水组成统计表

江名	站名	次洪水量/亿 m³	占柳州次洪水量比例/%	占柳州集水面积比例/%	流量 最大值/(m³/s)	流量 出现时间（月-日 时:分）
融江	融水	40.0	50.4	52.1	10100	06-19 0:50
龙江	三岔	26.3	33.2	35.8	6810	06-20 19:55
区间		13.0	16.4	12.1		
柳江	柳州	79.3 (83.6)			16700 (17200)	06-21 0:30

注　表中括号内数据为还原上游水库调蓄影响后的天然值。

4.2.4.2 黔江洪水遭遇与组成

黔江武宣水文站于6月22日8时出现洪峰流量21800m³/s，其中红水河洪水较平稳、洛清江洪水先于柳江洪水，因此干支流洪水洪峰并未遭遇，武宣水文站洪峰主要由柳江洪水组成。武宣水文站次洪水量为165.1亿m³，洪水以柳江来水为主，柳州水文站和对亭水文站的次洪水量为105.3亿m³，占武宣水文站次洪水量的63.8%，其中柳州水文站和对亭水文站次洪水量比例均超过其面积比例，是黔江洪水的主要来源，见表4.16。西江第4号洪水黔江洪水遭遇见图4.13。

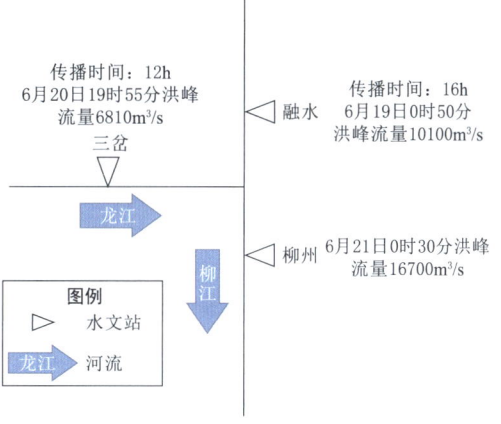

图4.12　西江第4号洪水柳江洪水遭遇示意图

表4.16　　　　　　　西江第4号洪水武宣洪水组成统计表

河名	站名	次洪水量/亿 m³	占武宣次洪水量比例/%	占武宣集水面积比例/%	流量 最大值/(m³/s)	流量 出现时间（月-日 时:分）
红水河	迁江	52.2 (81.9)	31.6	65.6	(11900)	
柳江	柳州	79.3 (83.6)	48.0	23.1	16700 (17200)	06-21 0:30

续表

河 名	站 名	次洪水量/亿 m³	占武宣次洪水量比例/%	占武宣集水面积比例/%	流量 最大值/(m³/s)	流量 出现时间（月-日 时：分）
洛清江	对亭	26.0	15.8	3.7	5200	06-21 6：05
	区间	7.6	4.6	7.6		
黔江	武宣	165.1（199.1）			21800（27900）	06-22 8：00

注 表中括号内数据为还原上游水库调蓄影响后的天然值。

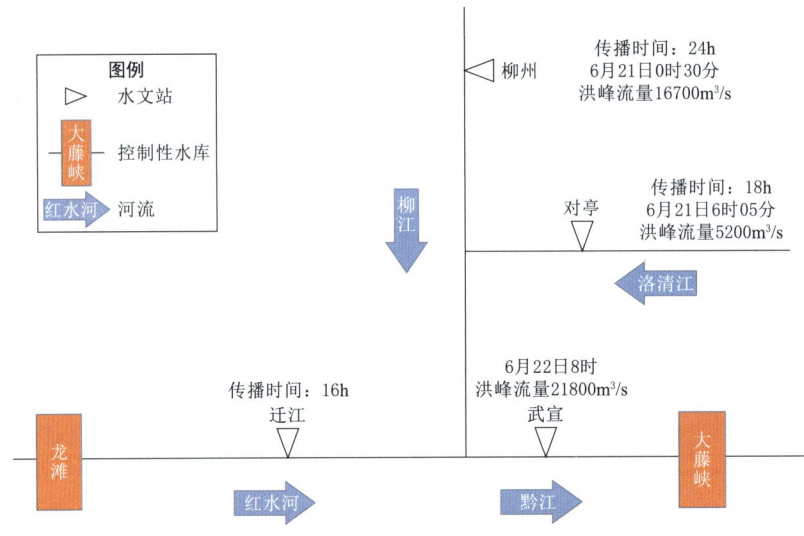

图 4.13　西江第 4 号洪水黔江洪水遭遇示意图

4.2.4.3　桂江洪水遭遇与组成

桂江上游桂林水文站于 6 月 22 日 2 时 45 分出现洪峰流量 4110m³/s；支流荔浦河荔浦站于 6 月 20 日 21 时 25 分出现洪峰流量 912m³/s；支流恭城河恭城站 6 月 22 日 9 时出现洪峰流量 4590m³/s；支流思勤江劳村站于 6 月 21 日 0 时 05 分出现洪峰流量 1270m³/s；荔浦河与思勤江洪水较早出现，桂江干流与恭城河洪水遭遇时荔浦河与思勤江已经处于退水阶段，桂江下游京南水文站于 6 月 23 日 5 时出现洪峰流量 10700m³/s，洪峰主要由桂江干流和恭城河洪水组成。

京南水文站次洪水量为 66.9 亿 m³，桂林水文站以上区域和区间（桂林站～荔浦站～恭城站～劳村站～京南站）的次洪水量分别为 14.4 亿 m³、37.9 亿 m³，分别占京南水文站次洪水量的 21.5%、56.7%，次洪水量比例超过其面积比例，是桂江洪水的主要来源，见表 4.17。西江第 4 号洪水桂江洪水遭遇见图 4.14。

4.2 洪水遭遇与组成

表 4.17　　　　　西江第 4 号洪水京南洪水组成统计表

河　名	站　名	次洪水量/亿 m³	占京南次洪水量比例/%	占京南集水面积比例/%	流　量	
					最大值/(m³/s)	出现时间（月-日 时：分）
桂江	桂林	14.4	21.5	15.9	4110	06-22 2：45
荔浦河	荔浦	1.3	1.9	5.2	912	06-20 21：25
恭城河	恭城	8.7	13.0	14.6	4590	06-22 9：00
思勤江	劳村	4.6	6.9	9.0	1270	06-21 0：05
	区间	37.9	56.7	55.3		
桂江	京南	66.9			10700	06-23 5：00

4.2.4.4　西江洪水遭遇与组成

浔江洪水与桂江洪水遭遇汇合后，西江梧州水文站于 6 月 23 日 16 时 25 分出现洪峰流量 33100m³/s。梧州水文站次洪水量为 288.0 亿 m³，其中桂江京南水文站、蒙江太平水文站和区间（武宣水文站～贵港水文站～京南水文站～太平水文站～金鸡水文站～梧州水文站）的次洪水量分别为 66.9 亿 m³、9.4 亿 m³、15.1 亿 m³，分别占梧州水文站次洪水量的 23.2%、3.3%、5.2%，次洪水量比例均超过其面积比例，是西江洪水的主要来源，见表 4.18。西江第 4 号洪水西江洪水遭遇见图 4.15。

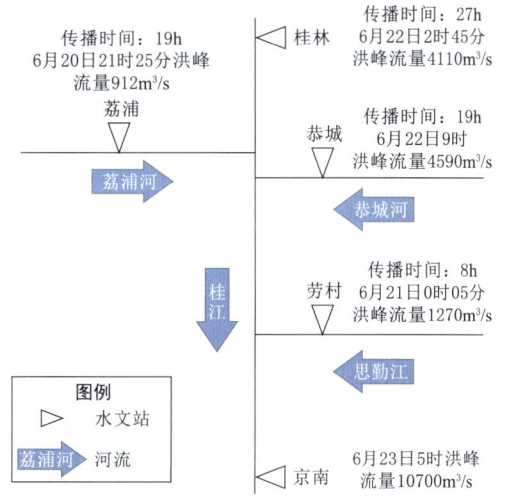

图 4.14　西江第 4 号洪水桂江洪水遭遇示意图

表 4.18　　　　　西江第 4 号洪水梧州洪水组成统计表

河　名	站　名	次洪水量/亿 m³	占梧州水量比例/%	占梧州集水面积比例/%	流　量	
					最大值/(m³/s)	出现时间（月-日 时：分）
黔江	武宣	165.1(199.1)	57.3	60.7	21800(27900)	06-22 8：00
郁江	贵港	28.2(29.6)	9.8	26.4		
桂江	京南	66.9	23.2	5.3	10700	06-23 5：00
蒙江	太平	9.4	3.3	1.1	2540	06-20 23：15
北流河	金鸡	3.3	1.2	2.8		
	区间	15.1	5.2	3.7		
西江	梧州	288.0(321.9)			33100*(39100)	06-23 16：25

注　表中括号内数据为还原上游水库调蓄影响后的天然值；带 * 数据为广西壮族自治区水文中心提供的整编资料。

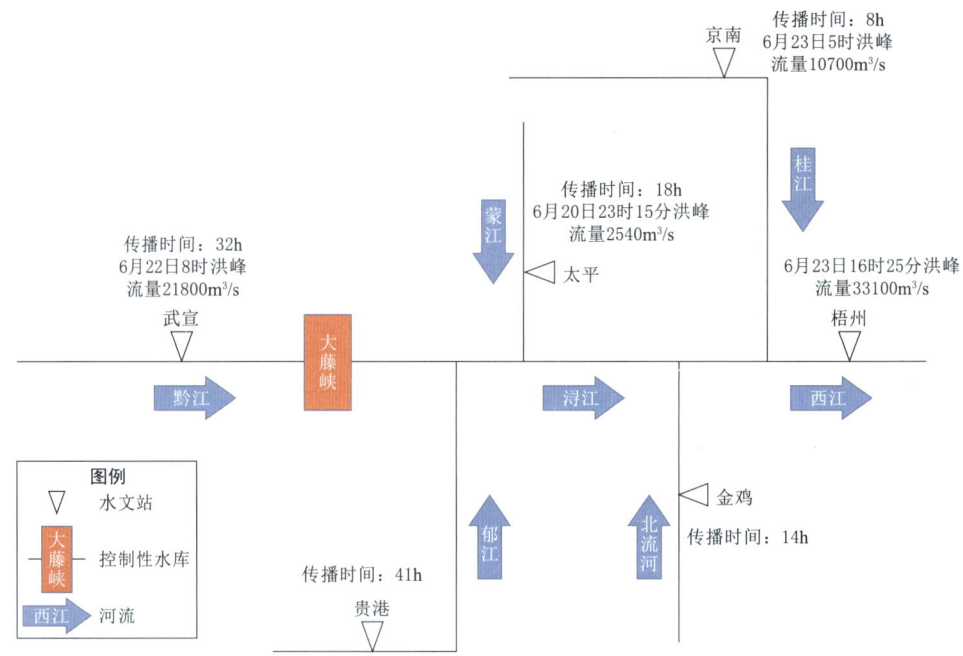

图 4.15　西江第 4 号洪水西江洪水遭遇示意图

4.2.4.5　北江洪水遭遇与组成

北江流域背靠南岭山脉，处在山脉的迎风坡，加之河流水系呈阔叶脉状分布，北江干流及各支流的发育，受流域内弧形山地及谷地控制，在同一弧形谷地内两侧的支流往往在相距较近的地段汇入北江，致使洪水汇流集中迅猛。北江 2 号洪水主要来自北江干流浈江和支流连江。

1. 新韶水文站

浈江新韶水文站流量由浈江干流、墨江、锦江、枫湾河、大富水、董塘水和剩余区间来水组成。从新韶水文站最大 1d、3d、7d、15d 洪量组成看，浈江上游小古菉水文站占 15.1%～16.6%，墨江始兴水文站占 16.5%～22.1%，锦江仁化水文站占 12.9%～15.4%，董塘水猴子坪水文站占 1.1%～1.7%，大富水高夫水文站占 1.5%～1.9%，枫湾河瑶前水文站占 9.8%～12.9%，剩余区间占 33.5%～38.5%。

与集水面积占比相比，由于降水时间空间分布极不均匀，枫湾河、董塘水、墨江和区间的来水比例大于集水面积比例，大富水来水比例与集水面积比例持平略偏小，浈江上游来水比例远小于集水面积比例。

2. 韶关水文站

北江干流韶关水文站的洪水主要由浈江洪水和支流武江来水组成。新韶水文站洪峰流量 $6350\text{m}^3/\text{s}$，重现期为 100 年，为历史实测最大洪水，武江为一般洪水，韶关水文站洪峰流量 $9320\text{m}^3/\text{s}$，重现期超 20 年，洪水量级较新韶水文站小。

韶关水文站最大 3d 洪量，浈江新韶水文站约占 61.77%，武江犁市水文站约占

4.2 洪水遭遇与组成

37.47%，因此韶关水文站洪水主要来源于浈江，武江洪水贡献比较小。从上游最大合成流量看，韶关水文站共出现三个洪峰：第一个洪峰出现时间为 19 日 16 时 30 分，水位为 54.77m，合成流量约 7810m³/s，其中新韶水文站、犁市水文站参与合成的流量分别为 4500m³/s、3310m³/s，分别占韶关水文站合成流量的 57.62%和 42.38%；第二个洪峰出现时间为 20 日 6 时 55 分，水位为 54.07m，合成流量约 6840m³/s，其中新韶水文站、犁市水文站参与合成的流量分别为 4200m³/s、2640m³/s，分别占韶关水文站合成流量的 61.4%和 38.6%；第三个洪峰出现时间为 21 日 15 时 25 分，水位为 56.14m，合成流量约 9320m³/s，其中新韶水文站、犁市水文站参与合成的流量分别为 6350m³/s、2970m³/s，分别占韶关水文站合成流量的 68.13%和 31.87%。综合分析，韶关水文站三个洪峰的最大合成流量贡献仍然以浈江来水为主，武江贡献比较小。韶关水文站洪量组成见表 4.19，韶关水文站最大 7d 洪量组成见图 4.16。

表 4.19　　　　　　　　　韶关水文站洪量组成表

河名	站名	集水面积		最大 3d 洪量		最大 7d 洪量		最大 15d 洪量	
		面积/km²	占比/%	洪量/亿 m³	占比/%	洪量/亿 m³	占比/%	洪量/亿 m³	占比/%
浈江	新韶	7540	51.46	11.21	61.77	17.13	58.47	25.52	54.32
武江	犁市	6976	47.61	6.80	37.47	11.93	40.72	21.05	44.80

3. 乌石水文站

乌石水文站的洪水主要来源于北江韶关水文站以上，支流南水和马坝水的洪水，以及区间来水对洪峰流量也有不同程度的贡献。支流南水流域面积 1485km²，上游南水水库控制面积 608km²，18 日 2 时至 24 日 8 时，水位从 212.92m 涨至 218.54m，最大入库流量 21 日 7 时为 1070m³/s，出库一直保持在 75~80m³/s 的发电流量，南水下游控制站龙归水文站洪峰流量达 1960m³/s。北江支流马坝水控制面积为 353km²，其中马坝水文站控制面积 223km²，洪峰流量达 382m³/s。乌石水文站洪峰流量 11500m³/s，重现期超 50 年，洪水量级较韶关水文站大。

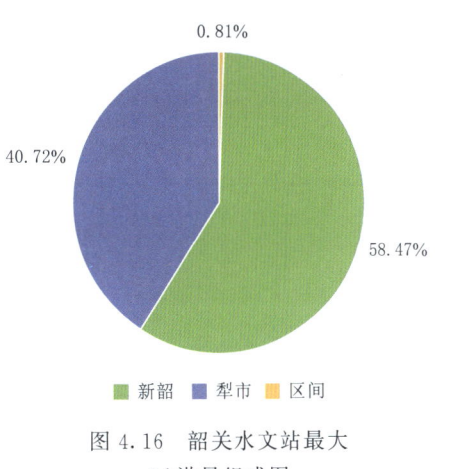

图 4.16　韶关水文站最大 7d 洪量组成图

韶关水文站洪量约占乌石水文站最大 1d、3d、7d 洪量的 78.44%~82.70%，南水龙归水文站洪量占 13.14%~15.84%（南水的集水面积仅占乌石水文站集水面积 8.5%），由此可见，乌石水文站洪水的主要来源是北江韶关水文站以上洪水，其次是南水洪水。乌石水文站最大 7d 洪量组成见图 4.17，北江乌石水文站洪量组成见表 4.20。

表 4.20　　　　　　　　　　　　北江乌石水文站洪量组成表

河名	站名	集水面积		最大 1d 洪量		最大 3d 洪量		最大 7d 洪量	
		面积 /km²	占比/%	洪量 /亿 m³	占比/%	洪量 /亿 m³	占比/%	洪量 /亿 m³	占比/%
北江	韶关	14653	87.24	7.36	82.70	18.15	78.44	29.30	80.47
南水	龙归	1428	8.50	1.41	15.84	3.04	13.14	5.08	13.95
区间		715	4.26	0.13	1.46	1.95	8.43	2.03	5.58

4. 飞来峡水文站

飞来峡水文站在飞来峡水库下游约 2.5km，受飞来峡水库调控的影响，北江干流飞来峡水文站于 6 月 22 日 5 时出现最大流量 20600m³/s，重现期超 100 年（100 年一遇洪峰流量为 19200m³/s）。

从洪量组成看，连江高道水文站及滃江长湖水库站的洪量与飞来峡水文站对应洪量占比都比面积占比大，最大 1d、3d 和 7d 的洪量分别占 42.15%、41.31%、37.68%和 22.88%、20.78%、19.65%；干流乌石水文站对应洪量占比，除了 1d 略大于面积比，3d 和 7d 都小于面积比。北江飞来峡水文站洪量组成见表 4.21，由于区间漫堤、漫滩影响，因此区间 1d 和 3d 洪量计算为负值是合理的。飞来峡水文站最大 7d 洪量组成见图 4.18。

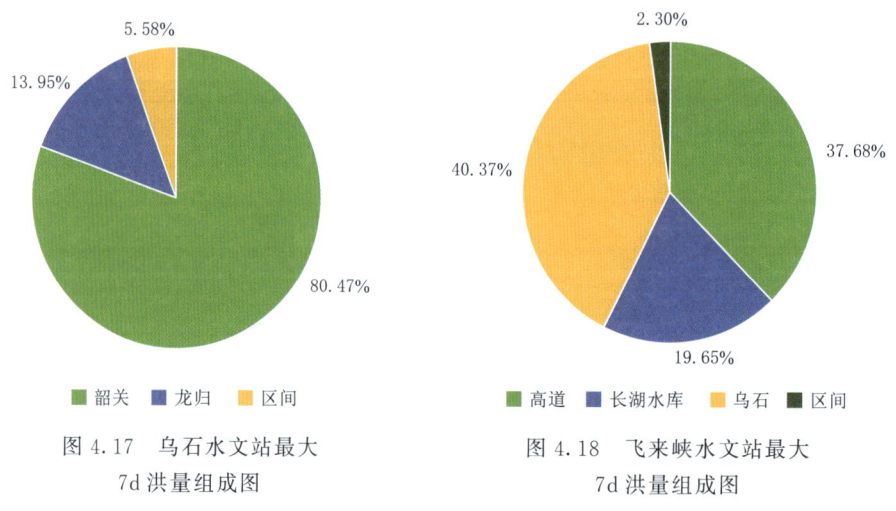

图 4.17　乌石水文站最大 7d 洪量组成图

图 4.18　飞来峡水文站最大 7d 洪量组成图

5. 高道水文站

连江高道水文站洪量组成见表 4.22。从洪水组成可以看出，连江高道水文站的洪水主要来源于连江凤凰山以下区域，高道水文站最大 7d 洪量组成见图 4.19。

连江干流凤凰山水文站以上为常遇洪水，不到 5 年一遇；洪水向下游传播先后遭遇叠加支流东陂河、三江河、洞冠水、七拱河、青莲水、大潭河的洪水，最后汇至连江出口控制站高道水文站，洪峰流量为 8530m³/s，洪水量级超 100 年一遇（100 年一遇洪峰流量为 7880m³/s），是 1954 年建站以来第二大流量（实测最大流量 9160m³/s，2013 年）。

4.2 洪水遭遇与组成

表 4.21 北江飞来峡水文站洪量组成表

河名	站名	集水面积		最大 1d 洪量		最大 3d 洪量		最大 7d 洪量	
		面积 /km²	占比 /%	洪量 /亿 m³	占比 /%	洪量 /亿 m³	占比 /%	洪量 /亿 m³	占比 /%
连江	高道	9007	26.32	7.102	42.15	19.67	41.31	33.98	37.68
潖江	长湖水库	4800	14.03	3.856	22.88	9.892	20.78	17.72	19.65
北江	乌石	16796	49.09	8.900	52.82	23.14	48.60	36.41	40.37
区间		3614	10.56	−3.008	−17.85	−5.092	−10.70	2.07	2.30
北江	飞来峡	34217	100	16.850		47.61		90.18	

表 4.22 连江高道水文站洪量组成表

河名	站名	集水面积		最大 1d 洪量		最大 3d 洪量		最大 7d 洪量		最大 15d 洪量	
		面积 /km²	占比 /%	洪量 /亿 m³	占比 /%	洪量 /亿 m³	占比 /%	洪量 /亿 m³	占比 /%	洪量 /亿 m³	占比 /%
洞冠水	黄麖塘	595	6.61	0.9850	13.87	1.794	9.12	2.695	7.93	4.042	7.91
星子河	凤凰山	1556	17.27	0.8199	11.54	1.941	9.87	3.231	9.51	5.379	10.53
连江	高道	9007		7.1020		19.670		33.980		51.100	

6. 石角水文站

受飞来峡水库调控及潖江蓄滞洪区分洪的影响，北江控制站石角水文站于 22 日 10 时 40 分出现最大流量 19500m³/s，洪水量级接近 100 年一遇（100 年一遇洪峰流量为 19900m³/s），为 1924 年建站以来的实测最大洪水。

从洪量组成看，石角水文站的洪水主要来源于北江干流飞来峡水文站，石角水文站最大 1d 洪量小于飞来峡水文站，主要是潖江蓄滞洪区在 21—22 日泄洪 1.260 亿 m³；若不考虑潖江蓄滞洪区分洪，飞来峡水文站洪量分别占石角水文站最大 1d、3d 洪量的 95.8% 和 97.4%，与 7d 洪量占比相比，比较合理。本场洪水北江控制站石角水文站洪量组成见表 4.23。石角水文站最大 7d 洪量组成见图 4.20，北江第 2 号洪水干支流遭遇见图 4.21。

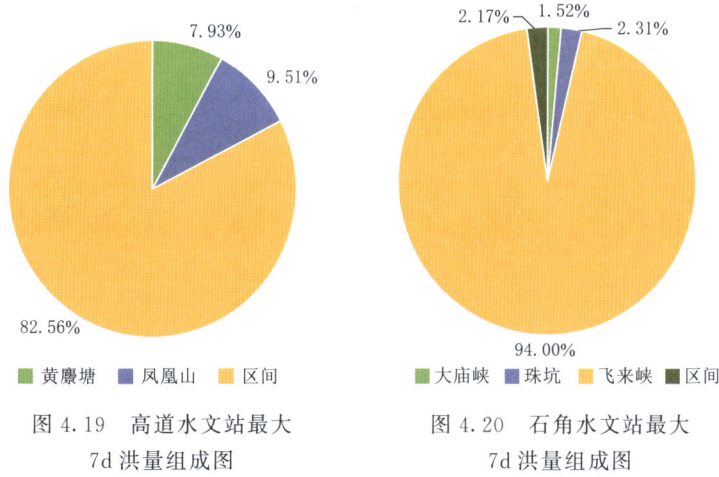

图 4.19 高道水文站最大 7d 洪量组成图

图 4.20 石角水文站最大 7d 洪量组成图

表 4.23 北江石角水文站洪量组成表

河名	站名	集水面积		最大 1d 洪量		最大 3d 洪量		最大 7d 洪量	
		面积/km²	占比/%	洪量/亿 m³	占比/%	洪量/亿 m³	占比/%	洪量/亿 m³	占比/%
潖江	大庙峡	472	1.23	0.3447	2.11	0.7430	1.56	1.460	1.52
滨江	珠坑	1607	4.19	0.3707	2.27	0.9763	2.05	2.220	2.31
北江	飞来峡	34217	89.19	16.8500	103	47.6100	100	90.180	94.0
北江	石角	38363		16.3300		47.6100		95.900	

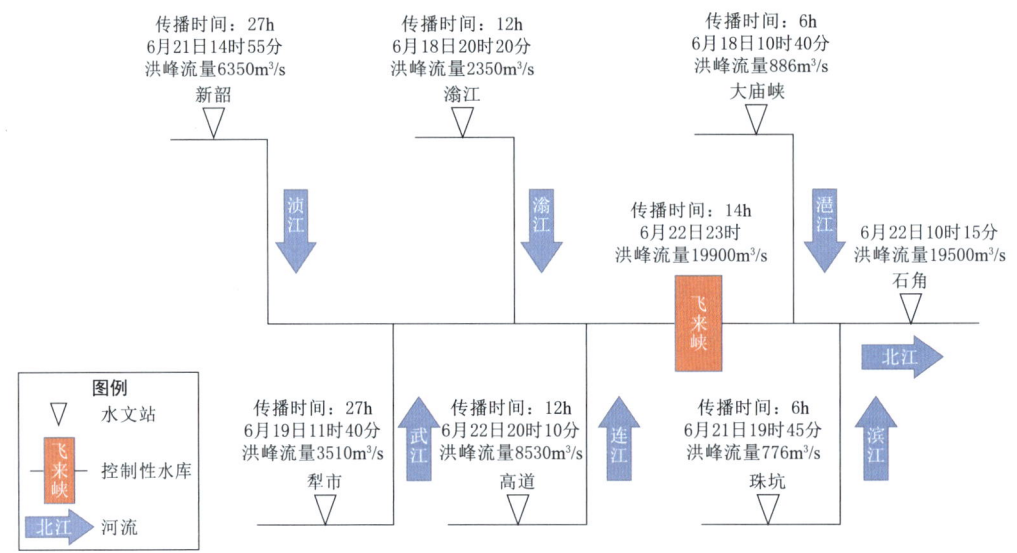

图 4.21 北江第 2 号洪水干支流遭遇示意图

4.2.4.6 思贤滘洪水遭遇与组成

西江干流及支流贺江、罗定江、新兴江洪水与北江干流及支流绥江洪水遭遇汇合后，思贤滘西江干流水道马口站于 6 月 23 日 21 时出现洪峰流量 44700m³/s，北江干流水道三水水文站于 6 月 22 日 22 时出现洪峰流量 15000m³/s。思贤滘（马口水文站＋三水水文站）次洪水量 437.8 亿 m³，西江梧州水文站、贺江南丰水文站、罗定江官良水文站、新兴江腰古水文站、北江石角水文站、绥江四会水文站和区间（梧州水文站～南丰水文站～官良水文站～腰古水文站～石角水文站～四会水文站～思贤滘）次洪水量分别为 285.1 亿 m³、18.7 亿 m³、0.7 亿 m³、2.2 亿 m³、122.5 亿 m³、7.7 亿 m³、0.9 亿 m³，分别占思贤滘次洪水量的 65.1％、4.3％、0.2％、0.5％、28.0％、1.8％、0.2％，其中贺江南丰水文站、新兴江腰古水文站、北江石角水文站和绥江四会水文站次洪水量比例超过其面积比，以及西江梧州水文站洪水均是思贤滘洪水的主要来源，见表 4.24。第二次流域性洪水思贤滘洪水遭遇见图 4.22。

4.2 洪水遭遇与组成

表 4.24 第二次流域性洪水思贤滘组成统计表

河 名	站 名	次洪水量 /亿 m³	占思贤滘次洪水量比例/%	占思贤滘集水面积比例/%	流 量 最大值 /(m³/s)	流 量 出现时间 (月-日 时:分)
西江	梧州	285.1	65.1	81.7	33100* (39100)	06-23 16:25
贺江	南丰	18.7	4.3	1.9	3070	06-22 13:00
罗定江	官良	0.7	0.2	0.8	115	06-20 19:00
新兴江	腰古	2.2	0.5	0.4	374	06-20 22:00
北江	石角	122.5	28.0	9.6	19500 (22400)	06-22 10:15
绥江	四会	7.7	1.8	0.8	2620	06-22 10:35
区间（梧州水文站～南丰水文站～官良水文站～腰古水文站～石角水文站～四会水文站～思贤滘）		0.9	0.2	4.8		
西江干流水道	马口	331.7	75.8		44700	06-23 21:00
北江干流水道	三水	106.1	24.2		15500	06-22 22:20
思贤滘	马口＋三水	437.8				

注 表中括号内数据为还原上游水库调蓄影响后的天然值；带*数据为广西壮族自治区水文中心提供的整编资料。

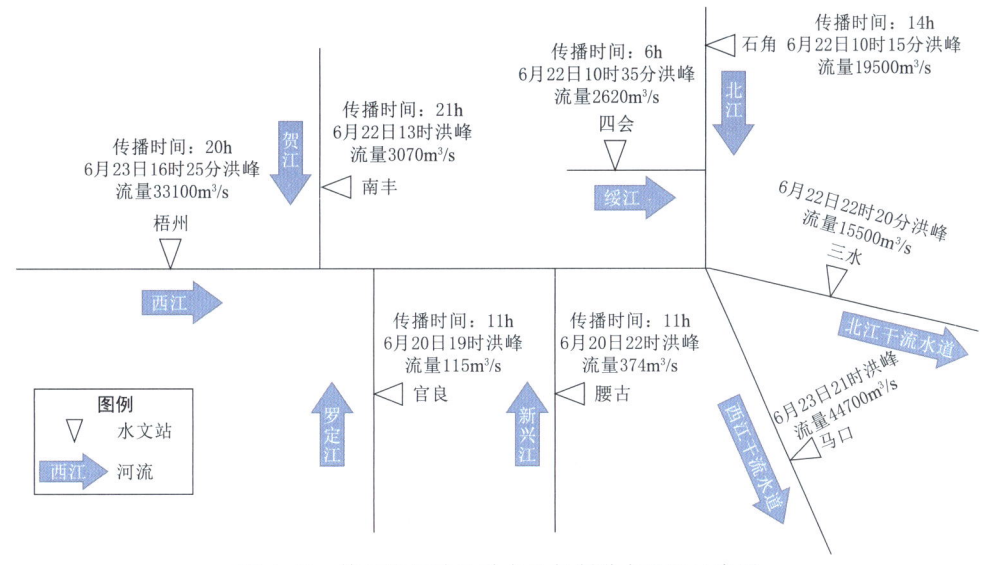

图 4.22 第二次流域性洪水思贤滘洪水遭遇示意图

4.2.5 北江第 3 号洪水遭遇与组成

经对洪水组成的分析，北江第 3 号洪水主要来源于中游。受 7 月 1—7 日降雨影响，北江中下游干流、北江中游支流连江、滃江出现明显洪水过程。7 月 5 日 7 时 35 分北江干流石角水文站实测流量 12000m³/s，编号为"北江 2022 年第 3 号洪水"。北江第 3 号洪水主要控制站洪峰特征值统计见表 4.25。

第4章 洪水分析

表4.25　　　　　　　　北江第3号洪水主要控制站洪峰特征值统计表

站　名	洪峰水位			洪峰流量	
	洪峰水位 /m	出现时间 （月-日 时：分）	超警/m	洪峰流量 /(m³/s)	出现时间 （月-日 时：分）
犁市	60.21	07-04 7：00	-0.79	2640	07-04 8：00
新韶	55.08	07-05 1：00	-2.42	1860	07-05 8：00
韶关	53.31	07-06 0：00	0.31		
滃江	102.30	07-05 21：00	1.30	3040	07-05 21：00
英德	32.25	07-06 9：00	6.25		
高道	30.85	07-05 18：40		6460	07-05 18：40
飞来峡水库 （入库）				13500	07-06 9：00
大庙峡	48.18	07-04 16：30	-1.82	370	07-04 18：20
石角	10.30	07-06 21：30	-0.70	15000	07-06 21：30

北江支流滃江滃江水文站于7月5日21时出现洪峰流量3040m³/s，重现期超20年（20年一遇洪峰流量为2960m³/s）；连江高道水文站于7月5日18时40分出现洪峰流量6460m³/s，重现期超20年（20年一遇洪峰流量为6390m³/s）。干流英德水文站于7月6日9时出现洪峰水位32.25m，超警戒水位6.25m；飞来峡水库于7月6日9时出现最大入库流量13500m³/s；石角水文站于7月6日21时30分出现洪峰流量15000m³/s，洪峰水位10.30m（警戒水位11.00m），重现期接近20年。

石角水文站次洪水量81.4亿m³，其中滃江滃江水文站、连江高道水文站、潖江大庙峡水文站的次洪水量分别为4.5亿m³、32.4亿m³、1.4亿m³，分别占石角水文站次洪水量的5.5%、39.8%、1.7%，次洪水量比例均超过其面积比，是石角洪水的主要来源，见表4.26。北江第3号洪水干支流洪水遭遇见图4.23。

表4.26　　　　　　　　北江第3号洪水石角洪水组成统计表

河　名	站　名	次洪水量 /亿m³	占石角次洪 水量比例/%	占石角集水 面积比例/%	流　量	
					最大值 /(m³/s)	出现时间 （月-日 时：分）
浈江	新韶	7.9	9.7	19.7	1860	07-05 8：00
武江	犁市	8.9	11.0	18.2	2640	07-04 8：00
滃江	滃江	4.5	5.5	5.2	3040	07-05 21：00
连江	高道	32.4	39.8	22.4	6460	07-05 18：40
区间（新韶水文站～犁市水文站～滃江水文站～高道水文站～飞来峡水库）		23.3	28.6	23.4		
北江	飞来峡水库 （入库）	77.0	94.6	88.9	13500	07-06 9：00
	飞来峡水库 （出库）	76.4	93.9	88.9	12500	07-05 13：00

4.2 洪水遭遇与组成

续表

河　名	站　名	次洪水量 /亿 m³	占石角次洪水量比例/%	占石角集水面积比例/%	流　量	
					最大值 /(m³/s)	出现时间 （月-日 时：分）
滃江	大庙峡	1.4	1.7	1.3	370	07-04 18：20
滨江	珠坑	3.2	3.9	4.4	1500	07-04 5：40
区间（飞来峡水库～大庙峡水文站～珠坑水文站～石角水文站）		0.4	0.5	5.4		
北江	石角	81.4			15000	07-06 21：30

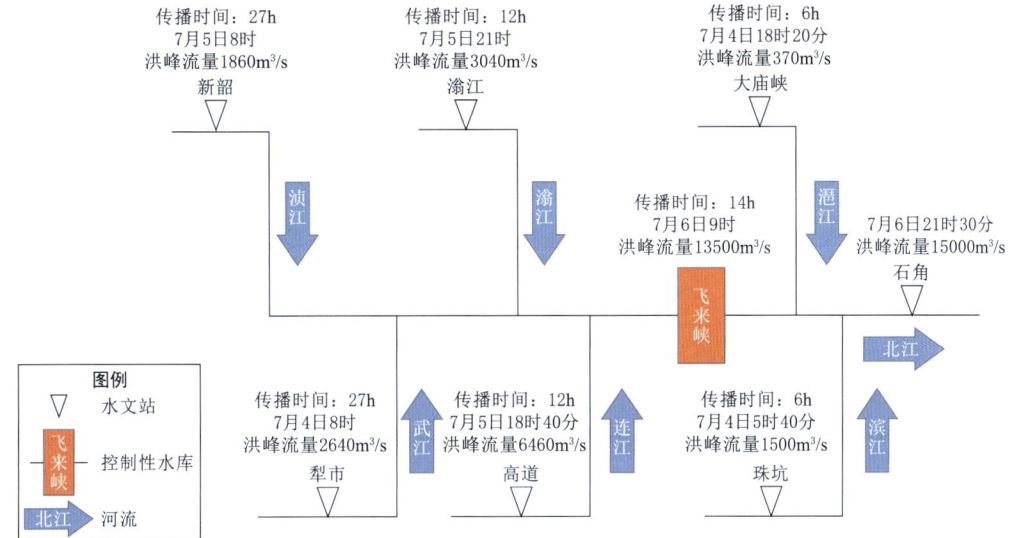

图 4.23　北江第 3 号洪水干支流洪水遭遇示意图

4.2.6　韩江第 1 号洪水遭遇与组成

韩江第 1 号洪水主要来源于上游。受 6 月 10—17 日降雨影响，韩江上游梅江、支流汀江、韩江干流均出现明显洪水过程。6 月 13 日 14 时，韩江三河坝水文站流量涨至 4890m³/s，编号为"韩江 2022 年第 1 号洪水"。韩江潮安水文站于 6 月 17 日 6 时 50 分出现洪峰流量 10500m³/s，为 2008 年以来最大流量。

1. 梅江洪水遭遇与组成

梅江水口水文站于 6 月 15 日 2 时出现洪峰流量 1830m³/s，15 日夜间流量复涨，16 日 22 时再次出现洪峰流量 2370m³/s。石窟河和区间（水口水文站～长潭水库～横山水文站）来水先于梅江干流洪水出现，干支流洪水汇合后，梅江横山水文站首先于 6 月 15 日 3 时出现洪峰流量 4300m³/s，15 日夜间流量出现复涨，17 日 3 时再次出现洪峰流量 5100m³/s，横山水文站两次洪峰均主要由梅江干流上游洪水传播组成。

横山水文站次洪水量 17.9 亿 m³，其中水口水文站、长潭水库和区间的次洪水量分别为 6.9 亿 m^3、3.7 亿 m^3、7.3 亿 m^3，分别占横山水文站次洪水量的 38.5%、20.7%、40.8%，其中长潭水库和区间次洪水量比例均超过其面积比例，是梅江洪水的主要来源，见表 4.27。韩江第 1 号洪水梅江洪水遭遇见图 4.24。

表 4.27　　　　　　　　韩江第 1 号洪水横山洪水组成统计表

河　名	站　名	次洪水量 /亿 m^3	占横山次洪水量比例/%	占横山集水面积比例/%	流　量	
					最大值 /(m^3/s)	出现时间 （月-日 时：分）
梅江	水口	6.9	38.5	50.0	2370	06-16 22：00
石窟河	长潭（出库）	3.7	20.7	15.4	1050	06-13 16：00
区间		7.3	40.8	34.6		
梅江	横山	17.9			5100	06-17 3：00

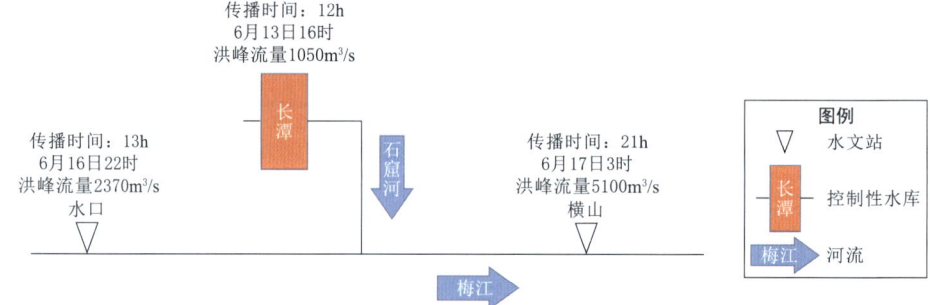

图 4.24　韩江第 1 号洪水梅江洪水遭遇示意图

2. 汀江洪水遭遇与组成

汀江观音桥水文站于 6 月 11 日 9 时 10 分出现洪峰流量 356m^3/s，13 日凌晨流量出现复涨，14 日 0 时 35 分再次出现洪峰流量 525m^3/s。支流旧县河杨家坊水文站于 6 月 14 日 6 时 30 分出现洪峰流量 528m^3/s。干流上杭站于 6 月 14 日 15 时 50 分出现洪峰流量 3640m^3/s，棉花滩水库于 6 月 14 日 18 时出现最大入库流量 4270m^3/s。洪水经棉花滩水库调蓄后与区间（观音桥水文站~杨家坊水文站~上杭水文站~棉花滩水库）来水汇合，溪口水文站于 6 月 16 日 11 时出现洪峰流量 3580m^3/s。

棉花滩入库水量 14.6 亿 m^3，其中上杭水文站次洪水量 10.9 亿 m^3，占棉花滩入库次洪水量的 74.7%，次洪水量比例超过其面积比例，是汀江洪水的主要来源，见表 4.28。韩江第 1 号洪水汀江洪水遭遇见图 4.25。

表 4.28　　　　　　　韩江第 1 号洪水棉花滩入库洪水组成统计表

河　名	站　名	次洪水量 /亿 m^3	占棉花滩入库水量比例/%	占棉花滩集水面积比例/%	流　量	
					最大值 /(m^3/s)	出现时间 （月-日 时：分）
汀江	观音桥	1.1	7.5	4.8	525	06-14 0：35
旧县溪	杨家坊	1.2	8.2	9.4	528	06-14 6：30

4.2 洪水遭遇与组成

续表

河 名	站 名	次洪水量/亿 m³	占棉花滩入库水量比例/%	占棉花滩集水面积比例/%	流量 最大值/(m³/s)	流量 出现时间（月-日 时：分）
汀江	上杭	10.9	74.7	73.2	3640	06-14 15：50
	区间	3.7	25.3	26.8		
汀江	棉花滩（入库）	14.6			4270	06-14 18：00

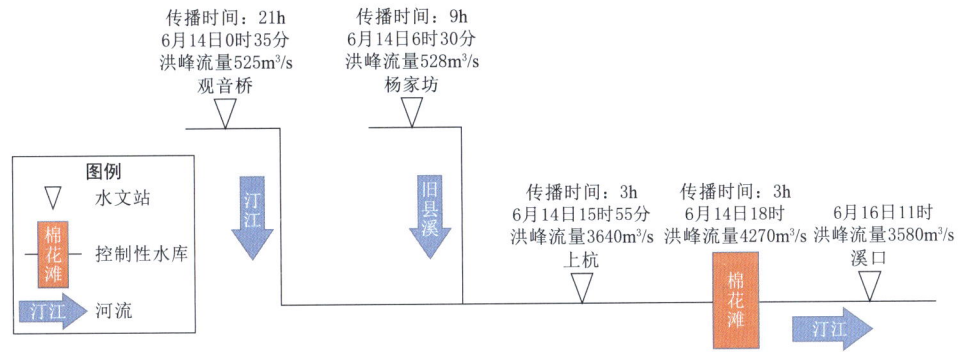

图 4.25　韩江第 1 号洪水汀江洪水遭遇示意图

3. 韩江洪水遭遇与组成

梅江横山水文站于 6 月 17 日 3 时出现洪峰流量 5100m³/s，汀江溪口水文站于 6 月 16 日 11 时出现洪峰流量 3580m³/s，梅江、汀江与其他支流洪水遭遇汇合后，韩江潮安水文站于 6 月 17 日 6 时 50 分出现洪峰流量 10500m³/s，为 2008 年以来最大流量。

潮安水文站次洪水量 46.2 亿 m³，其中横山水文站、溪口水文站和区间（横山水文站～溪口水文站～潮安水文站）的次洪水量分别为 17.9 亿 m³、16.7 亿 m³、11.6 亿 m³，分别占潮安水文站次洪水量的 38.7%、36.3%、25.0%，其中溪口水文站和区间次洪水量比例均超过其面积比例，是韩江洪水的主要来源，见表 4.29。韩江第 1 号洪水韩江洪水遭遇见图 4.26。

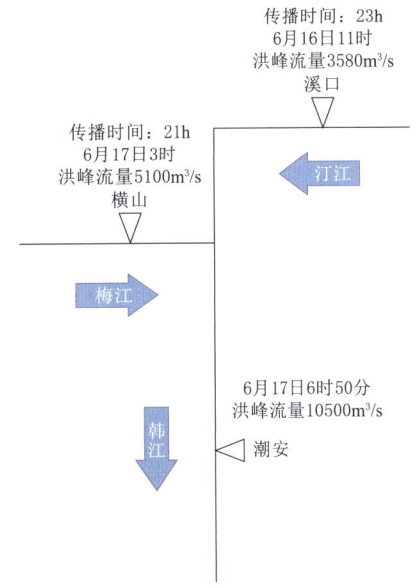

图 4.26　韩江第 1 号洪水韩江洪水遭遇示意图

表 4.29 韩江第 1 号洪水潮安洪水组成统计表

河 名	站 名	次洪水量 /亿 m³	占潮安次洪水量比例/%	占潮安集水面积比例/%	流量 最大值 /(m³/s)	流量 出现时间 （月-日 时：分）
梅江	横山	17.9	38.7	44.4	5100	06-17 3：00
汀江	溪口	16.7 (17.7)	36.2	31.6	3580 (4880)	06-16 11：00
	区间	11.6	25.1	24.0		
韩江	潮安	46.2 (47.2)			10500	06-17 6：50

注　表中括号内数据为还原上游水库调蓄影响后的天然值。

4.3 洪水比较

2022 年 6 月珠江连续发生 2 次流域性洪水，其中北江发生特大洪水，为客观复盘分析流域防汛形势，在 1915 年以来珠江发生的多次大范围暴雨洪水中，从流域性大洪水、北江洪水两方面选取洪水进行对比。流域性大洪水典型有"1915·7"流域性特大洪水、"1994·6"流域性特大洪水、"1998·6"流域性特大洪水、"2005·6"流域性特大洪水，北江洪水典型有"1982·5"北江中下游特大洪水、"2006·7"北江大洪水。这些洪水与 2022 年珠江暴雨洪水情况相似，均曾对流域防汛安全造成严重威胁，但与历史洪水对比，2022 年珠江暴雨洪水洪量大、范围广，北江干流洪水量级仅次于 1915 年洪水，且洪水过程较其他历史洪水更为复杂，呈现多峰形态，西江连续出现 6 次洪峰、北江连续出现 3 次洪峰。

4.3.1 与历史洪水比较

4.3.1.1 北江历史洪水水面线比较

洪水水面线是指洪水期间各河段站点最高水位（实测或调查）的连线。本次选取的站点从北江上游到下游分别为韶关、英德、横石、飞来峡、清远、石角、芦苞、三水。选取的对比洪水分别是"1915·7"洪水、"1982·5"洪水、"1994·6"洪水、"1997·7"洪水、"2006·7"洪水、"2013·8"洪水、"2014·5"洪水。其中"1915·7"大洪水中代表断面的水位数据引自《清远市洪情概貌》，并与 1998 年出版的《广东水旱风灾害》书中数据进行对比，两本书中英德、清远的水位基本保持一致，但石角水文站水位相差较大，经考证，石角水文站"1915·7"洪水位采用《清远市洪情概貌》中的数据。洪水水面线成果见表 4.30 和图 4.27。

表 4.30 北江"2022·6"洪水与历史洪水水面线成果表

站名	起点距 /km	间距 /km	洪水最高水位/m							
			"1915·7"	"1982·5"	"1994·6"	"1997·7"	"2006·7"	"2013·8"	"2014·5"	"2022·6"
韶关	0		(58.62)	53.72	57.25	53.36	56.95	54.14	53.03	56.16
英德	103	103	(36.10)	32.37	34.58	31.92	34.28	33.18	29.34	36.02

4.3 洪水比较

续表

站名	起点距/km	间距/km	洪水最高水位/m							
			"1915·7"	"1982·5"	"1994·6"	"1997·7"	"2006·7"	"2013·8"	"2014·5"	"2022·6"
横石	143	40	(25.01)	23.61	23.96					
飞来峡	150	7	(25.01)			23.41	22.35	21.64	20.47	22.91
清远	181	31	(14.94)	15.94	16.40	15.90	15.08	14.15	13.59	14.70
石角	200	19	(13.48)	13.99	14.77	14.01	12.53	11.33	10.66	12.33
芦苞	227	27		11.18	12.43	10.90	9.04	8.35	7.35	10.07
三水	253	26		8.44	10.38	9.19	7.08	6.59	4.96	8.13

注 水位基面为珠基，括号中的数值为调查值。

洪水水面线的变化趋势，客观地反映了洪水的基本情况，符合河道特性的客观规律，当洪水来源不同时，造成洪水在组成、量级等方面有明显差异。

"2022·6"洪水与"1915·7"洪水相比，在英德断面水位相差不大，在清远、石角断面由于河床下切、西江来水远小于"1915·7"洪水，且天文潮顶托等因素也小于"1915·7"洪水，水位远低于"1915·7"洪水。

韶关至英德河段，"2022·6"洪水韶关水文站水位低于"2006·7"和"1994·6"洪水，"2022·6"洪水韶关水文站水位均高于"1982·5""1997·7""2013·8"和"2014·5"洪水。"2022·6"洪水英德水文站水位明显高于各比较洪水的水位，主要原因是区间极端强降水、干支流同时发生大洪水，以及1997年以后英德两岸堤防加固，洪水归槽等多方面因素的综合影响结果。

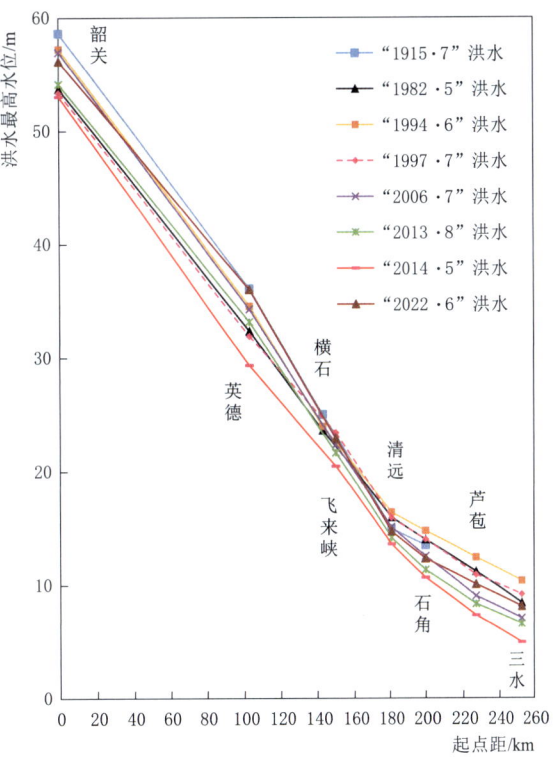

图4.27 北江干流洪水水面线

石角水文站"2022·6"洪水水位比"1982·5""1994·6""1997·7"洪水水位低。石角水文站"2022·6"洪峰流量19500m³/s，相应水位12.24m；"1982·5"洪峰流量15200m³/s，相应水位13.90m；"1994·6"洪峰流量16700m³/s，相应水位14.68m；"1997·7"洪峰流量15700m³/s，相应水位13.92m。

石角水文站"2022·6"洪水水位比"2006·7""2013·8""2014·5"洪水水位高，"2006·7"洪峰流量17400m³/s，相应水位12.44m；"2013·8"洪峰流量16700m³/s，相应水位11.24m；"2014·5"洪峰流量16000m³/s，相应水位10.57m。

4.3.1.2 北江水位流量关系历史比较

1. 高道水文站

连江高道水文站"2022·6"洪水综合水位流量关系与"1982·5"洪水、"1994·6"洪水、"1997·7"洪水、"2006·7"洪水、"2013·8"洪水、"2014·5"洪水比较见表4.31，高道水文站水位流量关系比较见图4.28。

表4.31　　　　　　　　　高道水文站水位流量关系比较表

水位/m	综合线流量/(m³/s)					
	"1982·5"	"1994·6"	"1997·7"	"2013·8"	"2014·5"	"2022·6"
22.50	594		848			
23.00	810		971			
23.50	1034		1117	1137	816	1069
24.00	1266		1285	1549	1197	1374
24.50	1504	1167	1475	1961	1578	1687
25.00	1750	1426	1686	2372	1960	2008
25.50	2004	1699	1919	2783	2341	2337
26.00	2265	1984	2172	3193	2722	2674
26.50	2534	2283	2445	3602	3103	3018
27.00	2810	2594	2739	4011	3484	3371
27.50	3093	2918	3053	4419	3865	3731
28.00	3384	3255	3386	4827	4246	4099
28.50	3682	3605	3738	5235	4628	4474
29.00	3988	3968	4109	5641	5009	4858
29.50	4301	4344	4498	6048	5390	5250
30.00	4622	4733	4906	6453	5771	5649
30.50	4950	5134	5331	6858	6152	6056
31.00	5286	5549	5774	7263		6471
31.50	5629	5976	6234	7667		6894
32.00	5979	6417	6710	8071		7324
32.50	6337	6870	7203	8473		7762
33.00	6703	7336		8876		8209
33.50	7076			9278		8663
34.00	7456					

高道水文站2022年与1982年、1994年和1997年的水位流量关系线相比，相同水位对应的流量较大，河流的河道特征有较大改变，行洪能力增加。与2013年的水位流量关系线相比，相同水位对应的流量较小。2014年之后，河床逐渐趋于稳定，2022年与2014

4.3 洪 水 比 较

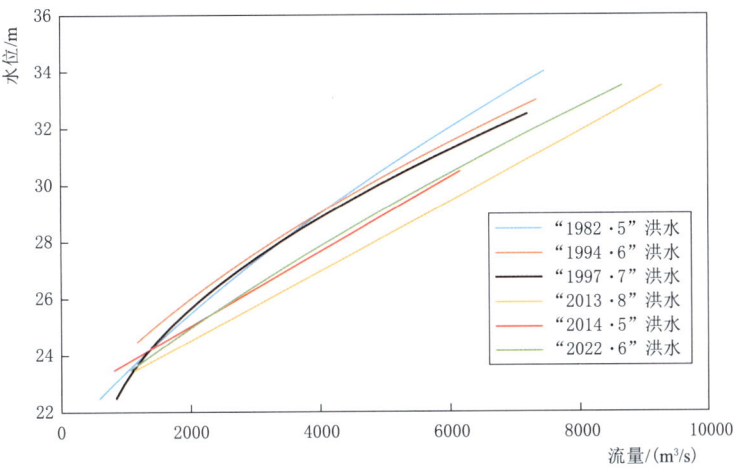

图 4.28 高道水文站水位流量关系比较图

年比较水位流量关系线接近，河流的河道特性改变不大，行洪能力略为变小。

2. 石角水文站

北江石角水文站"2022·6"洪水综合水位流量关系与"1982·5"洪水、"1994·6"洪水、"1997·7"洪水、"2006·7"洪水、"2013·8"洪水、"2014·5"洪水比较见表4.32，石角水文站水位流量关系比较见图4.29。

表 4.32　　　　　　　北江石角水文站水位流量关系比较表

水位/m	综合线流量/(m³/s)						
	"1982·5"	"1994·6"	"1997·7"	"2006·7"	"2013·8"	"2014·5"	"2022·6"
3.50						3460	3110
4.00					3810	3520	3270
4.50				1700	4370	3820	3520
5.00				1790	4990	4350	3870
5.50	834			2040	5660	5080	4310
6.00	1360			2430	6380	5960	4840
6.50	1890			2970	7140	6950	5460
7.00	2440	2000	1860	3630	7960	8010	6180
7.50	3010	2390	2600	4420	8810	9110	6990
8.00	3630	2930	3300	5330	9710	10200	7900
8.50	4280	3600	3980	6350	10600	11300	8900
9.00	4990	4340	4660	7470	11600	12400	9990
9.50	5760	5140	5360	8690	12600	13400	11200
10.00	6600	5970	6100	10000	13700	14600	12500
10.50	7530	6830	6900	11400	14700	15800	13800

续表

水位/m	综合线流量/(m³/s)						
	"1982·5"	"1994·6"	"1997·7"	"2006·7"	"2013·8"	"2014·5"	"2022·6"
11.00	8540	7700	7770	12900	15800	17200	15300
11.50	9650	8600	8750	14400	17000		16800
12.00	10900	9540	9850	16000			18500
12.50	12200	10500	11100	17600			20200
13.00	13700	11600	12500				
13.50	15300	12800	14100				
14.00	17000	14200	15800				
14.50		15800					
15.00		17700					

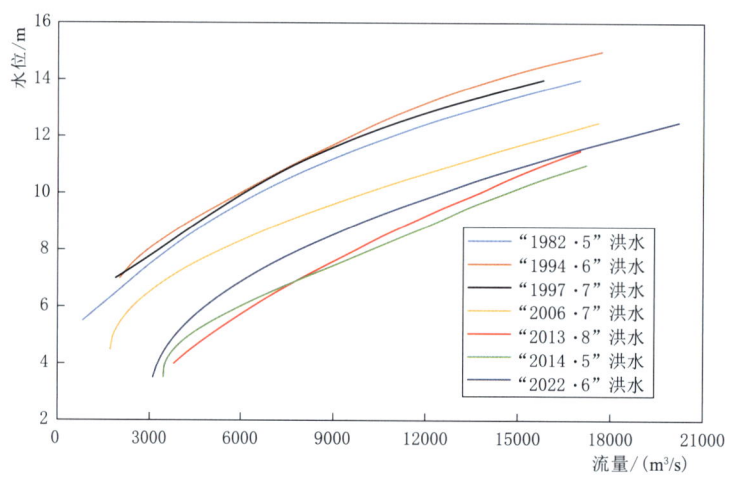

图4.29 石角水文站水位流量关系比较图

北江石角水文站2022年与1982年、1994年、1997年和2006年的水位流量关系线相比，相同水位对应的流量较大，河流的河道特征有较大改变，行洪能力增加。与2013年和2014年的水位流量关系线相比，相同水位对应的流量较小。

4.3.1.3 洪水量级比较

与历史洪水比较，2022年珠江暴雨洪水连续出现两次流域性洪水，历史罕见，西江、北江洪水洪量大，北江洪水洪峰量级大。

2022年珠江暴雨洪水与"1998·6"洪水、"2005·6"洪水都属于流域性洪水，但2022年珠江暴雨洪水为连续两次流域性洪水，为有记录以来首次，其中西江为较大洪水、北江为特大洪水。"1998·6"洪水和"2005·6"洪水都为一次流域性洪水，其中西江为特大洪水、北江为一般洪水。

2022年珠江暴雨洪水洪量大。2022年珠江暴雨洪水西江梧州水文站最大45d洪量最大，"1998·6"洪水次之，"2005·6"洪水最小。石角水文站最大15d和最大30d洪量均约为"1998·6""2005·6""2006·7"北江洪水的2倍。

北江干支流洪峰量级大。北江干流洪峰量级以"1915·7"流域性特大洪水最大，2022年珠江暴雨洪水次之。2022年珠江暴雨洪水为北江全流域型特大洪水，上游浈江发生100年一遇特大洪水，中游支流连江洪水和中游飞来峡水库入库洪水均为超100年一遇特大洪水，下游干流为略小于100年一遇特大洪水；"1982·5"洪水为北江中下游特大洪水，中下游支流连江、滨江、绥江发生特大洪水，干流石角水文站洪水重现期接近20年；"2006·7"洪水为北江大洪水，干流石角水文站洪水重现期接近50年，洪水量级小于2022年珠江暴雨洪水，但上游武江发生了超历史特大洪水；"1998·6"和"2005·6"北江洪水均为一般洪水，洪水量级均小于2022年珠江暴雨洪水。

4.3.1.4 洪水形态过程比较

从洪水流量过程情况看，2022年珠江暴雨洪水十分复杂，西江和北江洪水过程呈现多峰形态，西江梧州水文站连续出现6次洪峰，北江石角水文站连续出现3次洪峰，洪水持续时间长，洪水过程线较为"肥胖"。

"1915·7"洪水西江梧州水文站为双峰洪水，"1998·6"洪水梧州水文站为单峰洪水，"1982·5"洪水、"1998·6"洪水、"2005·6"洪水和"2006·7"洪水中北江石角水文站均为单峰洪水过程，这些历史洪水相对2022年珠江暴雨洪水而言洪水历时短、洪水过程变化少。2022年珠江暴雨洪水期间，西江和北江两岸堤防长时间处于高水位运行状态，对堤防安全形成很大威胁，防洪保安全的压力异常重大。

4.3.1.5 洪峰水文要素比较

与历史洪水比较[13-14]，西江梧州水文站洪峰水位（流量）"1915·7"洪水最高（大），"2005·6"洪水次之，2022年珠江暴雨洪水最小，郁江贵港水文站洪峰流量小于"1915·7"洪水，但较其他三场历史洪水大。西江"2022·6"洪水与"1915·7"洪水、"1994·6"洪水、"1998·6"洪水、"2005·6"洪水主要站点洪水要素对比情况见表4.33。

对于北江石角水文站，从洪峰流量看，2022年珠江暴雨洪水最大，且远超过其四场历史洪水，但洪峰水位为最低，这与近些年北江河道下切因素密切相关。受北江特大洪水与西江较大洪水叠加影响，导致珠江三角洲思贤滘出现大洪水。2022年珠江暴雨洪水中，虽北江为特大洪水，但西江为较大洪水，故北江干流水道三水水文站洪峰流量较小。北江及珠江三角洲"2022·6"洪水与"1915·7"洪水、"1982·5"洪水、"1994·6"洪水、"1998·6"洪水、"2005·6"洪水、"2006·7"洪水主要站点洪水要素对比情况见表4.34。

4.3.1.6 洪水组成比较

西江梧州水文站最大45d洪量"2022·6"洪水最大，"1998·6"洪水次之，"1994·6"洪水最小，最大15d洪量和最大30d洪量"2022·6"洪水小于"1998·6"洪水但大于"1994·6"洪水和"2005·6"洪水。并且，洪水组成也不尽相同，红水河和柳江均是四场洪水主要来源的一部分，除此之外，2022年珠江暴雨洪水梧州水文站洪水主要来源还有桂江，最大15d、30d、45d洪量占梧州水文站洪量的15.5%～18.1%，而"1998·6"洪水和"2005·6"洪水主要来源还有郁江，最大15d、30d、45d洪量占梧州水文站洪量的13.6%～23.4%。

第4章 洪水分析

表4.33 西江主要水文站各场次洪水洪峰水文要素比较

站 名	"2022·6" 洪水				"1915·7" 洪水				"1994·6" 洪水				"1998·6" 洪水				"2005·6" 洪水			
	洪峰水位/m	洪峰流量/(m³/s)	涨水幅度/m	涨水历时/h	洪峰水位/m	洪峰流量/(m³/s)	涨水幅度/m	涨水历时/h	洪峰水位/m	洪峰流量/(m³/s)	涨水幅度/m	涨水历时/h	洪峰水位/m	洪峰流量/(m³/s)	涨水幅度/m	涨水历时/h	洪峰水位/m	洪峰流量/(m³/s)	涨水幅度/m	涨水历时/h
迁江	78.10	7980	8.91	569		21200			86.85	17900	16.29	113	80.43	11000	15.46	267	84.42	16700	12.76	149
武宣	58.11	25700	7.37	651		41000			65.32	44400	22.27	122	62.25	37600	23.35	243	62.85	38500	16.61	160
大湟江口	33.38	28800	5.93	694					37.52	43900	13.57	138	37.33	41300	15.74	264	37.54	41800	10.27	168
梧州	22.31	35200	7.37	656	27.80	54500			25.91	49200	11.79	122	26.51	52900	17.74	268	26.75	53700	11.94	254
高要	10.39	39800	5.97	665		54500			13.63	48700	6.80	129	13.33	52600	10.94	234	12.67	55000	7.64	260
柳州	84.64	18900	7.68	40.4		22000			89.25	26600	9.53	74	85.36	19700	15.20	233	83.23	16400	8.98	75
对亭	84.04	6170	8.90	35.5					85.00	6420	13.00	115	84.18	6530	12.49	256	86.03	7600	12.01	40.5
贵港	41.65	8040	8.35	482		17900			44.03	4380	10.34	122	45.00	6640	11.72	267	45.58	6880	7.05	168
太平	38.81	2680	3.50	26					39.56	4220	5.26	72.4	39.04	4250	4.94	128	43.05	8220	8.63	59.5
金鸡	31.73	3400	4.10	78		8100			34.91	3400	7.49	43	33.94	2480	5.53	207	31.11	1100	3.32	305
马江（京南）	29.88	10700	7.49	152					34.25	8370	6.63	122	34.83	8620	8.17	246	33.05	14900	12.77	75
古榄（南丰）	36.97	3070	2.18	40		6370			32.20	3740	5.27	84	27.31				30.65	2720	5.66	300

表4.34 北江及珠江三角洲主要水文站各场次洪峰水文要素比较

站 名	"2022·6" 洪水				"1915·7" 洪水		"1982·5" 洪水		"1994·6" 洪水		"1998·6" 洪水		"2005·6" 洪水		"2006·7" 洪水			
	洪峰水位/m	洪峰流量/(m³/s)	涨水幅度/m	涨水历时/h	洪峰水位/m	洪峰流量/(m³/s)	洪峰水位/m	洪峰流量/(m³/s)	洪峰水位/m	洪峰流量/(m³/s)	洪峰水位/m	洪峰流量/(m³/s)	洪峰水位/m	洪峰流量/(m³/s)	洪峰水位/m	洪峰流量/(m³/s)	涨水幅度/m	涨水历时/h
韶关	56.14		3.42	57			53.70				52.91	4560	53.25		56.93		4.13	47
英德	35.97	8530	11.23	111			32.30				29.33		31.01		34.23		10.89	77.6
高道	33.37	2350	8.10	98			34.10	7350			29.15	4250	32.17	4660	32.29	1340	9.33	59
滃江	101.49		4.79	34							96.46	479	98.69		98.39		4.06	42
石角	12.24	19500	4.04	98	15.10	17800	13.90		14.74	15200	13.15	12500	12.31	12600	12.44	17400	7.98	85
马口	7.69	42500	1.54	135			8.06	31500	10.01	47000	9.43	46200	8.97	53200	6.72	36400	4.65	96.7
三水	8.10	15500	1.81	105	9.06	17200	8.45		10.38	9060	9.59	16200	9.21	16300	7.09	12500	5.13	94

2022年珠江暴雨洪水北江石角水文站最大15d、30d洪量均约为"2005·6"洪水、"2006·7"洪水的2倍。从最大15d、30d洪水组成上看,"2005·6"洪水、"2006·7"洪水上中游来水占比较大,其中"2005·6"洪水武江、滃江和潖江洪量之和分别占石角水文站洪量的32.1%、34.8%,三条河洪量相差不大;"2006·7"洪水武江、滃江和潖江洪量之和分别占石角水文站洪量的41.1%、38.9%,且主要来源于武江;"2022·6"洪水主要来源于连江和滃江,两者洪量之和分别占石角水文站洪量的63.7%、66.2%。

西江"2022·6"洪水与"1994·6"洪水、"1998·6"洪水、"2005·6"洪水组成情况见表4.35,北江"2022·6"特大洪水与"2005·6"洪水、"2006·7"洪水组成情况见表4.36。

表4.35 西江干支流洪水组成比较

项目	河名	站名	"2022·6"洪水		"1994·6"洪水		"1998·6"洪水		"2005·6"洪水	
			洪量/亿m³	占比/%	洪量/亿m³	占比/%	洪量/亿m³	占比/%	洪量/亿m³	占比/%
最大15d洪量	红水河	迁江	89.29	19.7	136.57	32.4	84.90	18.1	104.30	24
	柳江	柳州	102.20	22.5	126.24	30.0	126.00	26.9	90.45	20.8
	洛清江	对亭	34.26	7.6	32.05	7.6	47.00	10	27.13	6.2
	郁江	贵港	63.26	13.9	35.99	8.6	63.90	13.6	69.76	16
	蒙江	太平	14.14	3.1	9.67	2.3	11.80	2.5	13.20	3
	北流江	金鸡	8.22	1.8	8.63	2.1	6.10	1.3	6.09	1.4
	桂江	京南	82.12	18.1	54.70	13.0	57.80	12.3	53.77	12.4
	区间		60.23	13.3	16.87	4.0	71.50	15.3	70.40	16.2
	西江	梧州	453.72		420.72		469.00		435.10	
最大30d洪量	红水河	迁江	156.61	19.8	206.79	31.6	173.00	21.6	179.22	25.7
	柳江	柳州	196.85	24.9	180.43	27.6	173.00	21.6	166.32	23.9
	洛清江	对亭	52.90	6.7	38.23	5.8	54.10	6.8	40.80	5.9
	郁江	贵港	106.69	13.5	67.70	10.4	148.00	18.5	131.74	18.9
	蒙江	太平	25.27	3.2	10.79	1.7	18.20	2.3	19.53	2.8
	北流江	金鸡	11.93	1.5	15.62	2.4	11.10	1.4	10.89	1.6
	桂江	京南	124.80	15.8	73.96	11.3	71.30	8.9		
	区间		115.60	14.6	60.35	9.2	151.30	18.9		
	西江	梧州	790.65		653.87		800.00		696.22	
最大45d洪量	红水河	迁江	208.45	20	267.81	32.6	302.85	31.7	218.96	25.8
	柳江	柳州	252.19	24.2	219.93	26.8	247.74	25.9	214.77	25.3
	洛清江	对亭	65.39	6.3	48.27	5.9	60.65	6.3	52.69	6.2
	郁江	贵港	137.66	13.2	90.06	11.0	223.97	23.4	156.71	18.5
	蒙江	太平	31.80	3.1	12.37	1.5	35.09	3.7	22.23	2.6
	北流江	金鸡	22.23	2.1	18.60	2.2			12.99	1.5
	桂江	京南	162.07	15.5	88.63	10.8				
	区间		163.15	15.6	75.90	9.2				
	西江	梧州	1042.94		821.57		955.22		848.20	

表 4.36　　　　　　　　　　　　北江干支流洪水组成比较

项目	河名	站　名	"2022·6"洪水		"2005·6"洪水		"2006·7"洪水	
			洪量/亿 m^3	占比/%	洪量/亿 m^3	占比/%	洪量/亿 m^3	占比/%
最大15d洪量	武江	犁市	21.05	12.9	10.01	11.1	23.80	25.2
	浈江	新韶（长坝）	25.52	15.6	12.03	13.4	10.34	11.0
	翁江	翁江	10.77	6.6	6.79	7.6	4.64	4.9
	连江	高道	51.10	31.3				
	潖江	大庙峡	2.52	1.6	1.73	1.9		
	滨江	珠坑	4.21	2.6				
		区间	59.97	29.4				
	北江	石角	163.20		89.86		98.20	
最大30d洪量	武江	犁市	31.77	11.6	16.90	13.1	31.00	23.0
	浈江	新韶（长坝）	33.79	12.3	18.97	14.6	14.98	11.1
	翁江	翁江	15.93	5.8	9.19	7.1	6.50	4.8
	连江	高道	91.26	33.3				
	潖江	大庙峡	4.12	1.5	2.47	1.9		
	滨江	珠坑	7.10	2.6				
		区间	90.36	32.9				
	北江	石角	274.33		129.49		134.72	

4.3.2　编号洪水过程比较

2022年珠江暴雨洪水期间，西江共发生4次编号洪水过程，其中梧州水文站第3号洪水洪峰水位最高、洪峰流量最大，第4号洪水历时最长、场次洪量最大；北江共发生3次编号洪水，其中石角水文站第2号洪水洪峰水位最高、洪峰流量最大、洪水历时最长、场次洪量最大。此外，除北江3号洪水由台风雨导致外，其他编号洪水都是因锋面雨发生。

西江第1号洪水为上中游型洪水，梧州水文站洪水洪峰最低；西江第2号洪水为单峰洪水，梧州水文站峰型最为对称，洪水洪量最小；西江第3号洪水梧州水文站洪峰水位最高、洪峰流量最大；西江第4号洪水梧州水文站历时最长、场次洪量最大，初始水位、流量为4场洪水中最大。

北江石角水文站第1号洪水历时最短，洪水洪量最小；石角水文站第2号洪水洪峰水位最高、洪峰流量最大、洪水历时最长、场次洪量最大，初始水位、流量最大；第3号洪水由台风雨造成，洪水期间西江处于退水阶段，石角水文站洪峰水位和流量最小，区间来水比例最小，初始水位、流量最小。

4.3.2.1　西江

1. 西江梧州水文站

（1）洪峰。2022年珠江暴雨洪水期间，西江共发生4次编号洪水过程，梧州水文站连

4.3 洪 水 比 较

续出现 6 次洪峰,西江第 1 号和第 4 号洪水各出现 2 次洪峰,西江第 2 号和第 3 号洪水各 1 次洪峰。从梧州水文站水位来看,西江第 3 号洪水洪峰最高,西江第 1 号洪水洪峰最低;西江第 4 号洪水历时最长,梧州水文站水位过程见图 4.30。

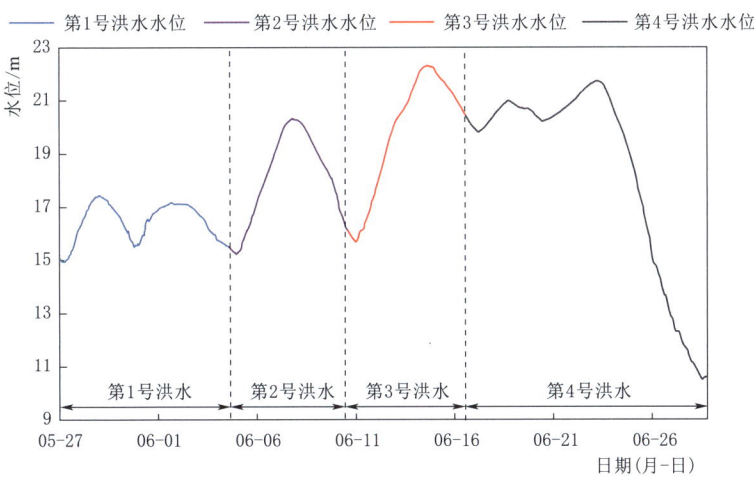

图 4.30　2022 年珠江暴雨洪水梧州水文站水位过程线

(2) 洪水组成。2022 年珠江暴雨洪水期间,从梧州水文站流量来看,西江第 4 号洪水的洪量最大,西江第 2 号洪水的洪量最小。虽然梧州水文站洪水主要来源于黔江,但各支流和区间来水也不尽相同,西江第 4 号洪水中桂江来水比例高于其他 3 场,而郁江则小于其他 3 场;区间来水西江第 3 号洪水最大,西江第 1 号和西江第 2 号洪水相当,西江第 4 号洪水最小;蒙江和北流河来水比例较小且相对稳定。2022 年珠江暴雨洪水期间梧州水文站洪水组成统计见表 4.37。

表 4.37　　　　　　2022 年珠江暴雨洪水期间梧州水文站洪水组成统计表

编号洪水	河　名	站　名	次洪水量/亿 m³	占梧州次洪水量比例/%	占梧州集水面积比例/%
西江第 1 号洪水	黔江	武宣	114.7	60.9	60.7
	郁江	贵港	30.3	16.1	26.4
	桂江	京南	22.3	11.8	5.3
	蒙江	太平	7.6	4.0	1.1
	北流河	金鸡	2.1	1.1	2.8
	区间		11.5	6.1	3.7
	西江	梧州	188.5		
西江第 2 号洪水	黔江	武宣	93.4	63.5	60.7
	郁江	贵港	17.5	11.9	26.4
	桂江	京南	20.4	13.9	5.3
	蒙江	太平	4.0	2.7	1.1
	北流河	金鸡	2.7	1.8	2.8
	区间		9.1	6.2	3.7
	西江	梧州	147.1		

续表

编号洪水	河 名	站 名	次洪水量/亿 m³	占梧州次洪水量比例/%	占梧州集水面积比例/%
西江第3号洪水	黔江	武宣	88.8	51.1	60.7
	郁江	贵港	33.3	19.2	26.4
	桂江	京南	27.6	15.9	5.3
	蒙江	太平	4.4	2.5	1.1
	北流河	金鸡	3.9	2.2	2.8
	区间		15.8	9.1	3.7
	西江	梧州	173.8		
西江第4号洪水	黔江	武宣	166.6	57.9	60.7
	郁江	贵港	28.2	9.8	26.4
	桂江	京南	66.9	23.2	5.3
	蒙江	太平	9.4	3.3	1.1
	北流河	金鸡	3.3	1.2	2.8
	区间		13.6	4.6	3.7
	西江	梧州	288		

2. 黔江武宣水文站

(1) 洪峰。2022年珠江暴雨洪水期间,从武宣水文站水位来看,西江第1号洪水洪峰和洪量均为最小,西江第2号洪水的洪峰流量最大,西江第4号洪水洪峰水位最高,最大洪峰流量与最高洪峰水位不同步,主要与下游大藤峡水库洪水调度有关。此外,除西江第2号洪水为单峰型洪水外,其他三场均为双峰型洪水,武宣水文站水位、流量过程见图4.31。

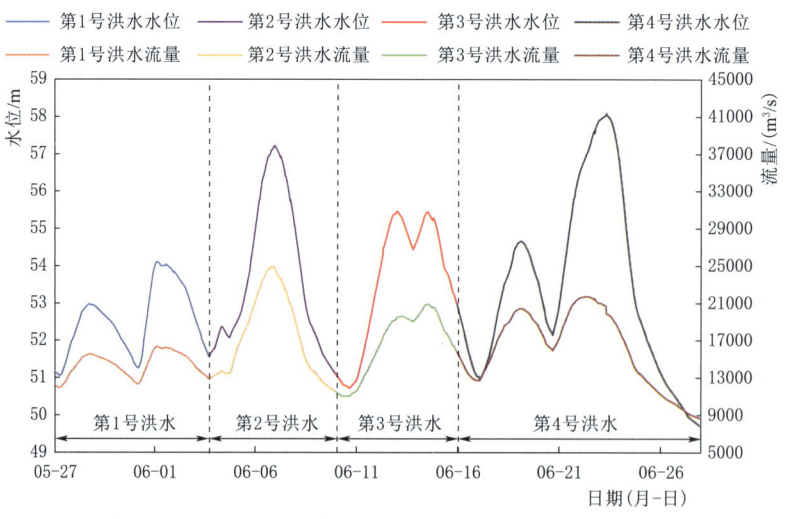

图 4.31 2022年珠江暴雨洪水武宣水文站水位、流量过程线

(2) 洪水组成。2022年珠江暴雨洪水期间，武宣水文站洪峰流量的整体规律与梧州水文站相似。从武宣水文站流量来看，西江第4号洪水最大，西江第1号洪水次之，西江第3号洪水最小。从洪水组成上看，西江第1号洪水中红水河和柳江来水相当；西江第2号洪水和西江第4号洪水中柳江来水比例最大，占武宣水文站洪量的50%~60%；西江第4号洪量组成中，洛清江来水比例最大；区间来水则西江第3号洪水最大，西江第2号洪水最小。2022年珠江暴雨洪水期间武宣水文站洪水组成统计见表4.38。

表4.38　　　　　　2022年珠江暴雨洪水期间武宣水文站洪水组成统计表

编号洪水	河　名	站　名	次洪水量/亿 m³	占武宣水量比例/%	占武宣集水面积比例/%
西江第1号洪水	红水河	迁江	45.8	40.0	64.9
	柳江	柳州	45.9	40.0	22.9
	洛清江	对亭	9.7	8.4	3.7
	区间		13.3	11.6	8.6
	黔江	武宣	114.7		
西江第2号洪水	红水河	迁江	27.4	29.9	65.6
	柳江	柳州	53.4	58.2	23.1
	洛清江	对亭	9.2	10.0	3.7
	区间		1.7	1.9	7.6
	黔江	武宣	91.7		
西江第3号洪水	红水河	迁江	40.5	46.8	65.6
	柳江	柳州	25.1	29.0	23.1
	洛清江	对亭	9.9	11.5	3.7
	区间		11.0	12.7	7.6
	黔江	武宣	86.5		
西江第4号洪水	红水河	迁江	52.2	31.6	65.6
	柳江	柳州	79.3	48.0	23.1
	洛清江	对亭	26.0	15.8	3.7
	区间		7.6	4.6	7.6
	黔江	武宣	165.1		

3. 柳江柳州水文站

(1) 洪峰。2022年珠江暴雨洪水期间，从柳州水文站的流量和水位来看，西江第2号洪水的洪峰水位和流量最大，西江第4号洪水次之，西江第1号洪水和西江第3号洪水相当且相对较小，柳州水文站水位、流量过程见图4.32。

(2) 洪水组成。因为西江第1号和西江第3号洪水中柳江来水相对较小，所以只对西江第2号和西江第4号柳江洪水组成进行分析，见表4.39。两次洪水均以柳江干流融江来水为主，支流龙江来水次之，区间来水最小，且三部分来水比例相对稳定。

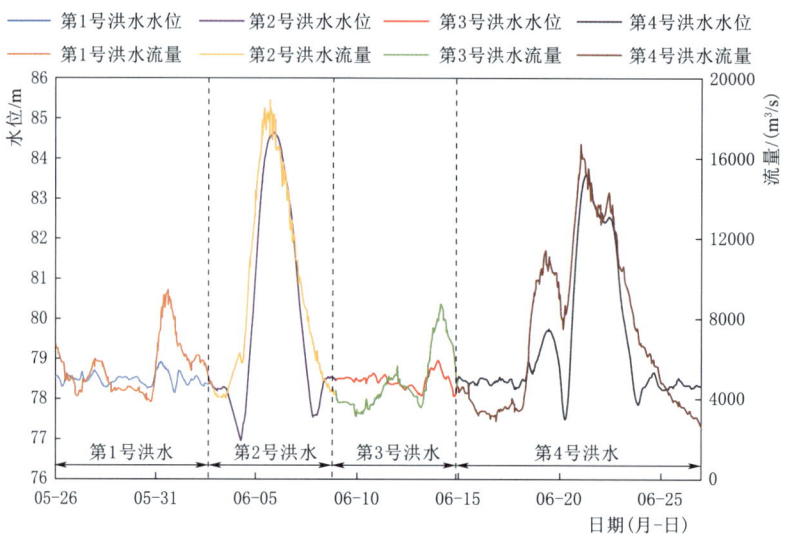

图 4.32　2022 年珠江暴雨洪水柳州水文站水位、流量过程线

表 4.39　　　　　　　2022 年珠江暴雨洪水期间柳州水文站洪水组成统计表

编号洪水	河 名	站 名	次洪水量/亿 m³	占柳州次洪水量比例/%	占柳州集水面积比例/%
西江第 2 号洪水	融江	融水	30.4	56.9	52.1
	龙江	三岔	15.9	29.8	35.8
	区间		7.1	13.3	12.1
	柳江	柳州	53.4		
西江第 4 号洪水	融江	融水	40.0	50.4	52.1
	龙江	三岔	26.3	33.2	35.8
	区间		13.0	16.4	12.1
	柳江	柳州	79.3		

4. 桂江京南水文站

2022 年珠江暴雨洪水期间,从桂江京南水文站的水位和流量来看,洪峰流量和水位逐次增大,西江第 1 号洪水最小、西江第 2 号洪水次之,西江第 4 号洪水最大,且西江第 4 号洪水桂江来水总量远大于其他三场,桂江京南水文站水位、流量过程线见图 4.33。

4.3.2.2　北江

1. 洪峰

2022 年北江共发生 3 次编号洪水,石角水文站连续出现 3 次洪峰,每场洪水均是单峰型洪水;洪峰水位和流量都是北江第 2 号洪水最大,北江第 3 号洪水最小;洪水历时是北江第 2 号洪水最长,北江第 3 号洪水次之,石角水文站水位、流量过程线见图 4.34~图 4.36。

2. 洪水成因

产生北江 3 次编号洪水的降雨成因不同,第 1 号和第 2 号洪水由锋面雨导致,而第

4.3 洪 水 比 较

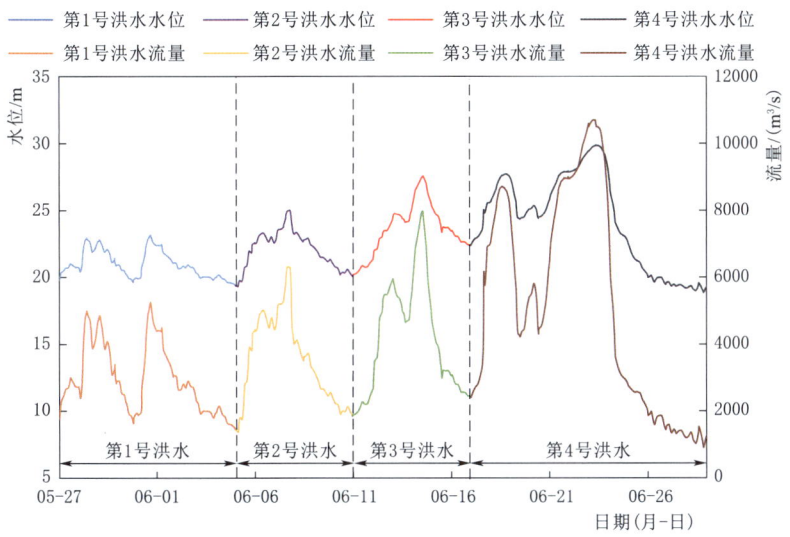

图 4.33 2022 年 6 月洪水京南水文站水位、流量过程线

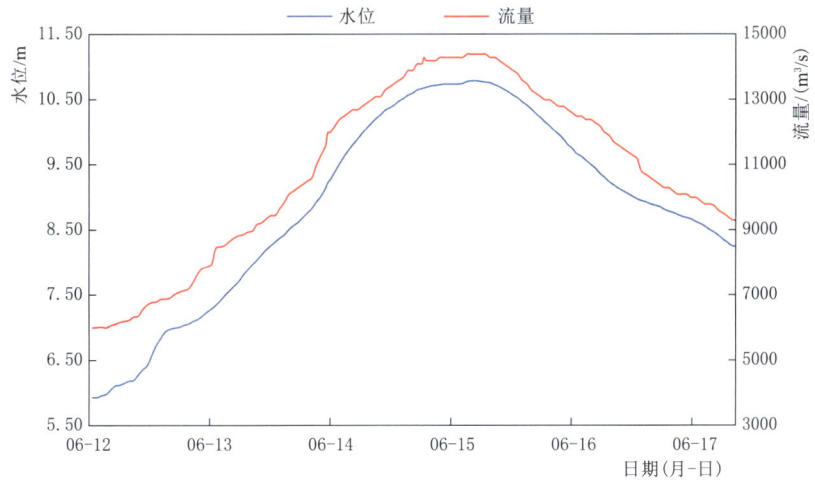

图 4.34 北江第 1 号洪水石角水文站水位、流量过程线

3 号洪水成因是台风雨。

3. 洪水组成与遭遇

2022 年北江 3 次编号洪水，石角水文站的洪水组成略有不同，北江第 1 号洪水主要来源于区间，连江来水次之；北江第 2 号洪水主要来源于浈江和连江；北江第 3 号洪水主要来源于连江，区间来水次之。北江第 1 号和第 2 号洪水上中游的浈江、武江和滃江来水比例大于北江第 3 号洪水；北江第 3 号洪水区间来水比例小于第 1 号和第 2 号洪水。2022 年珠江暴雨洪水期间北江洪水组成统计见表 4.40。

此外，北江第 1 号和第 2 号洪水期间，西江同期发生编号洪水，而北江第 3 号洪水期间西江处于退水阶段。

— 179 —

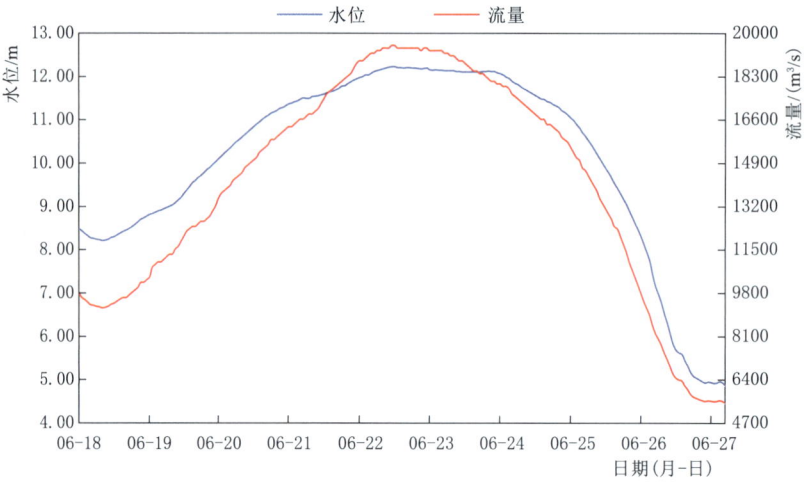

图 4.35　北江第 2 号洪水石角水文站水位、流量过程线

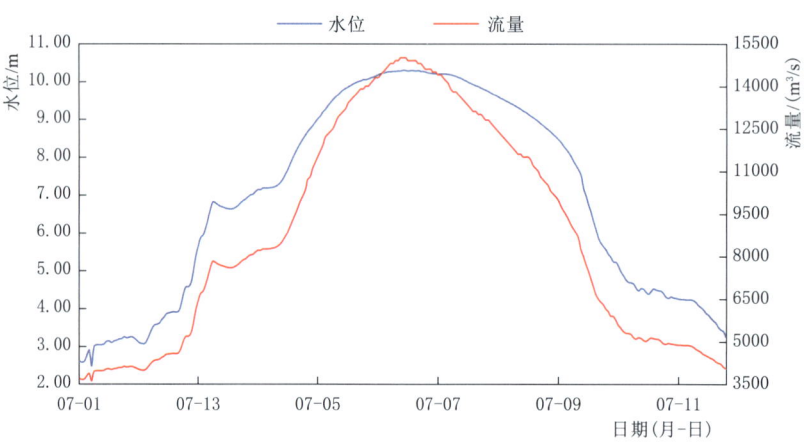

图 4.36　北江第 3 号洪水石角水文站水位、流量过程线

表 4.40　　　　　　　2022 年珠江暴雨洪水期间北江洪水组成统计表

编号洪水	河　名	站　名	次洪水量 /亿 m³	占石角次洪水量 比例/%	占石角集水面积 比例/%
北江 第 1 号洪水	浈江	新韶	7.0	11.4	19.7
	武江	犁市	8.2	13.3	18.2
	滃江	滃江	5.2	8.5	5.2
	连江	高道	15.8	25.7	22.4
	潖江	大庙峡	1.2	2.0	1.3
	滨江	珠坑	2.0	3.2	4.4
	区间		22.1	35.9	28.8
	北江	石角	61.5		

4.4 洪水统计

续表

编号洪水	河名	站名	次洪水量/亿 m³	占石角次洪水量比例/%	占石角集水面积比例/%
北江第 2 号洪水	浈江	新韶	19.0	15.9	19.7
	武江	犁市	14.8	12.4	18.2
	滃江	滃江	6.1	5.1	5.2
	连江	高道	39.1	32.8	22.4
	潖江	大庙峡	1.4	1.2	1.3
	滨江	珠坑	1.5	1.3	4.4
	区间		37.4	31.3	28.8
	北江	石角	119.3		
北江第 3 号洪水	浈江	新韶	7.9	9.7	19.7
	武江	犁市	8.9	11	18.2
	滃江	滃江	4.5	5.5	5.2
	连江	高道	32.4	39.8	22.4
	潖江	大庙峡	1.4	1.7	1.3
	滨江	珠坑	3.2	3.9	4.4
	区间		23.1	28.4	28.8
	北江	石角	81.4		

4.4 洪水统计

4.4.1 洪水特征值统计

西江洪水虽然量级不大，但是持续时间长达 1 个多月，从西江第 1 号洪水开始到西江第 4 号洪水结束，多数站点洪水历时久、超警戒水位时间长，其中西江梧州水文站洪水总历时 859h，相当于 35.8d。

北江第 1 号和第 2 号洪水期间石角水文站洪水总历时约 14d，并且北江洪水量级较大，在北江特大洪水（第 2 号洪水）期间，北江多个站点重现期达到了 100 年左右，多个站点发生超历时实测纪录洪水。

珠江流域（片）2022 年 8 场编号洪水期间各站点洪峰水位、洪峰流量、涨水幅度、涨水历时、重现期、水位超历史纪录等信息见表 4.41～表 4.47。

4.4.2 洪水还原分析

西江 4 次编号洪水过程各水库拦蓄洪量、削峰率等情况见表 4.48，还原过程与实测过程对比见图 4.37；北江 3 次编号洪水过程各水库拦蓄洪量、削峰率等情况见表 4.49，还原过程与实测过程对比见图 4.38；各场次洪水还原后的洪峰情况见表 4.50。

第4章 洪 水 分 析

表 4.41 西江第 1 号洪水期间主要测站洪水要素统计表

河名	站名	起涨水位 时间(月-日 时:分)	起涨水位 水位/m	起涨水位 相应流量/(m³/s)	最高水位 时间(月-日 时:分)	最高水位 水位/m	最高水位 相应流量/(m³/s)	最高水位 实测排序	最大流量 时间(月-日 时:分)	最大流量 流量/(m³/s)	最大流量 相应水位/m	最大流量 实测排序	水位涨幅/m	涨水历时/h	过程历时/h
红水河	迁江	05-25 8:00	69.19	3770	05-28 17:30	74.24	6610	73	05-28 17:30	6610	74.24	69	5.05	82	130
红水河	迁江	05-30 17:30	71.48	4960	06-01 7:10	75.54	7460	68	06-01 7:10	7460	75.54	70	4.06	38	63
黔江	武宣	05-27 5:50	51.08	12000	05-28 18:05	53.00	15600	71	05-28 18:05	15600	53.00	75	1.92	36	94
黔江	武宣	05-31 4:05	51.28	12400	06-01 3:10	54.12	16400	61	06-01 3:10	16400	54.12	74	2.84	23	86
浔江	大湟江口	05-27 12:10	27.90	16300	05-29 5:35	29.55	20100	63	05-29 5:35	20100	29.55	68	1.65	41	94
浔江	大湟江口	05-31 11:00	28.36	17200	06-02 8:45	30.09	21700	58	06-02 0:00	21700	30.08	56	1.73	47	110
西江	梧州	05-27 18:00	14.94	8750	05-29 12:40	17.44	25900	108	05-29 12:40	25900	17.44	62	2.50	43	85
西江	梧州	05-31 6:50	15.50	22100	06-02 4:15	17.17	25300	114	06-02 4:15	25300	17.17	64	1.67	45	124
融江	融水	05-30 12:05	102.85	2440	05-30 22:55	104.26	5470	52	05-30 22:30	5470	104.21	29	1.41	11	47
柳江	柳州	05-30 13:05	78.26	3910	05-31 7:25	78.92	7540		05-31 9:45	9170	78.80		0.66	17	83
洛清江	对亭	05-24 1:00	72.79	210	05-27 5:25	77.00	1930		05-27 5:25	1930	77.00		4.21	76	163
蒙江	太平	05-27 12:00	36.02	934	05-29 0:00	37.61	2150		05-29 0:00	2150	37.61		1.59	36	82
蒙江	太平	05-30 22:10	35.40	517	05-31 18:05	36.68	1400		05-31 18:05	1400	36.68		1.28	20	63
郁江	贵港	05-25 14:00	33.30	2050	05-29 19:25	37.72	4640		05-30 12:35	4680	37.70		4.42	101	146
郁江	贵港	05-31 16:15	36.49	3790	06-02 17:00	38.39	5020		06-02 8:00	5020	38.21		1.90	49	73
桂江	京南	05-27 0:00	19.78	1760	05-28 9:50	22.94	5010		05-28 9:50	5010	22.94		3.16	34	40
桂江	京南	05-28 16:10	22.01	3990	05-29 1:30	22.81	4870		05-29 1:30	4870	22.81		0.80	9	51
桂江	京南	05-30 19:25	19.65	1640	05-31 16:15	23.17	5270		05-31 16:15	5270	23.17		3.52	21	128
思勤江	劳村	05-28 0:00	78.04	248	05-28 7:15	81.78	1400		05-28 7:15	1400	81.78		3.74	7	55

注 表中水位值采用85基面。

4.4 洪 水 统 计

表 4.42　西江第 2 号洪水期间主要测站洪水要素统计表

河名	站名	起涨水位			最高水位					最大流量				水位涨幅/m	涨水历时/h	过程历时/h
		时间(月-日 时:分)	水位/m	相应流量/(m³/s)	时间(月-日 时:分)	水位/m	相应流量/(m³/s)	实测排序		时间(月-日 时:分)	流量/(m³/s)	相应水位/m	实测排序			
黔江	武宣	06-03 17:45	51.57	12900	06-07 0:50	57.24	24900	41		06-06 20:00	25700	57.10	40	5.67	79	167
浔江	大湟江口	06-05 0:00	28.19	16900	06-07 11:30	32.55	27500	39		06-07 8:00	27800	32.45	37	4.36	59	145
西江	梧州	06-05 10:55	15.22	21600	06-08 7:10	20.31	31300	74		06-07 20:00	32100	19.91	38	5.09	68	145
融江	融水	06-03 19:25	103.06	4270	06-05 2:50	110.43	14600	10		06-05 2:50	14600	110.43	6	7.37	31	108
柳江	柳州	06-04 5:50	76.96	6100	06-05 22:15	84.64	18200	20		06-05 17:35	18900	84.53	17	7.68	40	143
龙江	三岔	06-03 11:25	77.77	1280	06-05 23:02	105.28	5350			06-06 2:00	5400	105.06		7.51	60	161
洛清江	对亭	06-04 19:20	74.09	578	06-06 2:30	82.18	4550			06-06 0:00	4630	81.98		8.09	31	132
蒙江	太平	06-06 3:45	34.95	285	06-07 20:40	37.43	2000			06-07 20:40	2000	37.43		2.48	41	105
北流河	金鸡	06-06 17:20	27.63	53.1	06-09 23:10	31.73	3400			06-09 23:10	3400	31.73		4.10	78	87
郁江	贵港	06-04 23:20	34.00	2330	06-07 15:20	38.04	3720			06-06 19:10	3910	37.54		4.04	64	119
桂江	桂林	06-04 6:00	143.64	685	06-05 10:58	146.14	2560			06-05 10:58	2560	146.14		2.50	29	104
桂江	京南	06-05 3:10	19.33	1380	06-07 18:55	25.04	6300			06-07 15:15	6320	24.94		5.71	64	140
荔浦河	荔浦	06-10 10:05	140.47	19	06-11 0:00	141.11	94.2			06-11 0:00	94.2	141.11		0.64	14	
恭城河	恭城	06-09 20:40	129.03	135	06-11 6:15	130.27	613			06-11 6:15	613	130.27		1.24	34	
思勤江	劳村	06-06 13:15	76.98	96.9	06-07 15:30	79.20	527			06-07 15:30	527	79.20		2.22	26	

注　本表中水位值采用 85 基面。

第4章 洪水分析

表 4.43 西江第 3 号洪水期间主要测站洪水要素统计表

河名	站名	起涨水位 时间(月-日 时:分)	起涨水位 水位/m	起涨水位 相应流量/(m³/s)	最高水位 时间(月-日 时:分)	最高水位 水位/m	最高水位 相应流量/(m³/s)	最高水位 实测排序	最大流量 时间(月-日 时:分)	最大流量 流量/(m³/s)	最大流量 相应水位/m	最大流量 实测排序	水位涨幅/m	涨水历时/h	过程历时/h
红水河	迁江	06-09 13:05	71.83	4870	06-12 9:17	78.10	7740	56	06-11 22:20	7980	77.30	66	6.27	68	182
黔江	武宣	06-10 16:30	50.74	11100	06-13 1:00	55.48	19600	48	06-14 12:35	21000	55.47	58	4.74	57	155
浔江	大湟江口	06-11 0:30	27.45	16100	06-15 2:00	33.38	28300	31	06-14 20:00	28800	33.33	33	5.93	94	146
西江	梧州	06-11 11:35	15.68	19500	06-15 3:25	22.31	34700	40	06-14 17:35	35200	22.05	26	6.63	88	150
融江	融水	06-12 20:10	102.45	1720	06-13 16:40	103.12	2500		06-14 3:00	2730	103.07		0.67	20	82
柳江	柳州	06-13 4:05	78.08	3580	06-13 23:20	78.95	8020		06-14 2:45	8740	78.79		0.87	19	
龙江	三岔	06-13 4:25	97.97	1370	06-13 21:00	101.86	4100		06-13 21:00	4100	101.86		3.89	17	143
洛清江	对亭	06-10 12:45	73.93	525	06-13 22:40	82.02	4480		06-13 19:00	4610	81.75		8.09	82	129
蒙江	太平	06-11 10:35	35.26	430	06-13 1:20	37.45	2020		06-13 1:20	2020	37.45		2.19	39	270
北流河	金鸡	06-10 18:20	28.20	128	06-11 23:10	30.45	1360		06-11 23:10	1360	30.45		2.25	29	
郁江	贵港	06-10 14:00	35.78	3670	06-14 16:05	41.65	7800		06-14 17:40	8040	41.62		5.87	98	145
桂江	桂林	06-10 23:35	142.90	340	06-13 15:15	143.90	826		06-13 15:20	826	143.90		1.00	64	158
桂江	京南	06-10 23:00	20.11	1850	06-14 13:15	27.60	7940		06-14 12:25	7990	27.55		7.49	86	125
荔浦河	荔浦	06-10 10:05	140.47	19	06-12 17:50	142.33	373		06-12 17:50	373	142.33		1.86	56	
恭城河	恭城	06-10 9:35	129.43	268	06-13 19:20	132.64	2340		06-13 19:20	2340	132.64		3.21	82	
思勤江	劳村	06-11 9:45	78.65	390	06-12 19:15	80.40	896		06-12 19:15	896	80.40		1.75	34	

注　表中水位值采用 85 基面。

4.4 洪水统计

表 4.44　　西江第 4 号洪水期间主要测洪水要素统计表

河名	站名	起涨水位 时间（月-日 时:分）	起涨水位 水位/m	起涨水位 相应流量/(m³/s)	最高水位 时间（月-日 时:分）	最高水位 水位/m	最高水位 相应流量/(m³/s)	最高水位 实测排序	最大流量 时间（月-日 时:分）	最大流量 流量/(m³/s)	最大流量 相应水位/m	最大流量 实测排序	水位涨幅/m	涨水历时/h	过程历时/h
红水河	迁江	06-16 22:25	73.53	5090	06-18 1:25	76.33	6640		06-18 1:25	6640	76.33		2.80	27	78
黔江	武宣	06-17 3:05	50.98	12800	06-23 8:35	58.11	20400	31	06-22 8:00	21800	56.94	55	7.13	150	291
浔江	大湟江口	06-17 2:00	30.41	19900	06-19 10:15	31.66	24900	43	06-19 10:15	24900	31.66	44	1.25	56	273
西江	梧州	06-17 17:10	19.81	28300	06-23 16:25	21.73	33100	54	06-23 16:25	33100	21.73	36	1.92	143	291
融江	融水	06-16 19:45	102.41	1500	06-20 18:10	106.81	9300	32	06-19 0:50	10100	106.33	16	4.40	94	236
柳江	柳州	06-20 5:40	77.49	8400	06-21 6:10	83.59	15300	31	06-21 0:30	16700	83.01	27	6.10	25	207
龙江	三岔	06-20 4:55	97.86	920	06-20 19:55	106.50	6810		06-20 19:55	6810	106.50		8.64	15	188
洛清江	对亭	06-16 12:05	75.14	959	06-18 0:40	84.04	6050	20	06-17 21:00	6170	83.81	18	8.90	37	295
蒙江	太平	06-16 19:30	35.31	459	06-17 21:55	38.81	2650		06-17 21:03	2680	38.75		3.50	26	77
桂江	桂林	06-18 14:25	143.78	760	06-22 5:05	147.90	4100		06-22 2:45	4110	147.87		4.12	87	208
桂江	京南	06-17 0:00	22.39	2420	06-23 8:25	29.88	10600		06-23 5:00	10700	29.76		7.49	152	264
荔浦河	荔浦	06-16 17:00	140.84	58	06-20 21:25	143.18	912		06-20 21:25	912	143.18		2.34	100	258
恭城河	恭城	06-20 6:50	129.61	333	06-22 9:00	134.70	4590	1	06-22 9:00	4590	134.70	3	5.09	50	211
思勤江	劳村	06-16 14:40	78.06	252	06-21 0:05	81.40	1270		06-21 0:05	1270	81.40		3.34	105	227

注　表中水位值采用 85 基面。

表 4.45　　北江第 1 号洪水期间主要测洪水要素统计表

河名	站名	起涨水位 时间（月-日 时:分）	起涨水位 水位/m	起涨水位 相应流量/(m³/s)	最高水位 时间（月-日 时:分）	最高水位 水位/m	最大流量 流量/(m³/s)	水位涨幅/m	涨水历时/h	过程历时/h
连江	高道	06-12 12:05	24.33	1560	06-14 23:00	28.47	4530	4.14	59	101
北江	石角	06-12 8:00	5.94	5730	06-15 15:40	10.74	14400	4.80	80	143

注　表中水位值采用珠江基面。

第4章 洪水分析

表4.46 北江第2号洪水期间主要测站洪水要素统计表

河名	站名	起涨水位			最高水位		最大流量		水位涨幅/m	涨水历时/h	过程历时/h	重现期
		时间(月-日 时:分)	水位/m	相应流量/(m³/s)	时间(月-日 时:分)	水位/m	时间(月-日 时:分)	流量/(m³/s)				
浈江	新韶	06-18 8:00	53.31		06-21 16:00	59.56	06-21 16:00	6350	6.25	80		100年
武江	犁市	06-18 0:00		651	06-19 11:00		06-19 11:00	3510		35		
武江	犁市	06-20 0:45		914			06-22 1:10	3350		48		
浈江	滃江	06-17 12:00	96.70		06-18 22:00	101.49	06-18 20:20	2350	4.79	34		
浈江	滃江	06-19 13:00	98.52		06-19 20:00	99.27	06-19 20:00	1320	0.75	7		
浈江	滃江	06-21 10:00	97.00		06-21 19:15	99.34	06-21 19:15	1430	2.34	9		
连江	高道	06-18 22:00	25.27		06-23 0:00	33.37	06-23 0:00	8530	8.10	98		超100年
滃江	大庙峡	06-18 6:00	46.03		06-18 11:00	49.62	06-18 10:40	886	3.59	5		
滨江	珠坑	06-19 6:00	19.53		06-19 12:00	21.88	06-19 12:00	594	2.35	6		
滨江	珠坑	06-20 23:00	19.74		06-21 20:00	21.95	06-21 19:45	776	2.21	21		
北江	石角	06-18 9:00	8.20		06-22 10:40	12.24	06-22 10:40	19500	4.04	98		接近100年

注 表中水位值采用珠江基面。

表4.47 北江第3号洪水期间主要测站洪水要素统计表

河名	站名	起涨水位			最高水位		最大流量		水位涨幅/m	涨水历时/h	过程历时/h	重现期
		时间(月-日 时:分)	水位/m	相应流量/(m³/s)	时间(月-日 时:分)	水位/m	时间(月-日 时:分)	流量/(m³/s)				
连江	高道	07-03 8:25	23.74	1220	07-05 18:40	30.85	07-05 18:40	6460	7.11	58	167	超20年一遇
北江	石角	07-01 17:05	2.37	3170	07-06 21:30	10.30	07-06 21:30	15000	7.93	124	246	接近20年一遇
滃江	大庙峡	07-04 6:00	45.81	115	07-04 16:30	48.18	07-04 18:20	370	2.37	11	30	
滨江	珠坑	07-02 16:15	18.80	89.6	07-04 5:40	24.78	07-04 5:40	1500	5.98	37	86	接近5年一遇

注 表中水位值采用珠江基面。

4.4 洪 水 统 计

表 4.48　　　　　　　　西江 4 次编号洪水期间主要水库拦蓄统计

编号洪水	水库名称	拦蓄洪量/亿 m^3	削峰量/(m^3/s)	削峰率/%
西江第 1 号洪水	龙滩	22.80	6730	61.7
	天生桥一级	7.70	1786	68.4
	光照	3.90	593	47.1
	百色	2.60	560	24.2
	柳江梯级	1.50		
西江第 2 号洪水	龙滩	7.97	3840	47.5
	岩滩	2.15	370	7.1
	天生桥一级	3.52	1545	64.9
	光照	3.58	920	56.4
	百色	1.40		
	落久	0.97	790	15.8
西江第 3 号洪水	天生桥一级	6.89	2299	73.2
	光照	1.20	225	24.1
	龙滩	2.13	1880	30.5
	岩滩	2.37		
	百色	0.31	358	33.1
西江第 4 号洪水	天生桥一级	1.00	1690	61.5
	光照	0.70	279	28.4
	龙滩	15.50	1120	21.1
	岩滩	2.30		
	大化	0.30		
	乐滩	0.40	80	1.1
	大藤峡	7.00	4100	17.9
	百色	0.80	241	25.1
	西津	1.60		
	红花	2.00	100	0.6
	麻石	0.20		
	浮石	0.40	30	0.3
	大浦	0.20		
	落久	0.40	1680	32.3
	洛东	0.20	60	0.9
	青狮潭	1.40	936	51.4
	川江	0.40	486	60.4
	斧子口	0.90	764	54.6
	小溶江	0.70	539	61.8

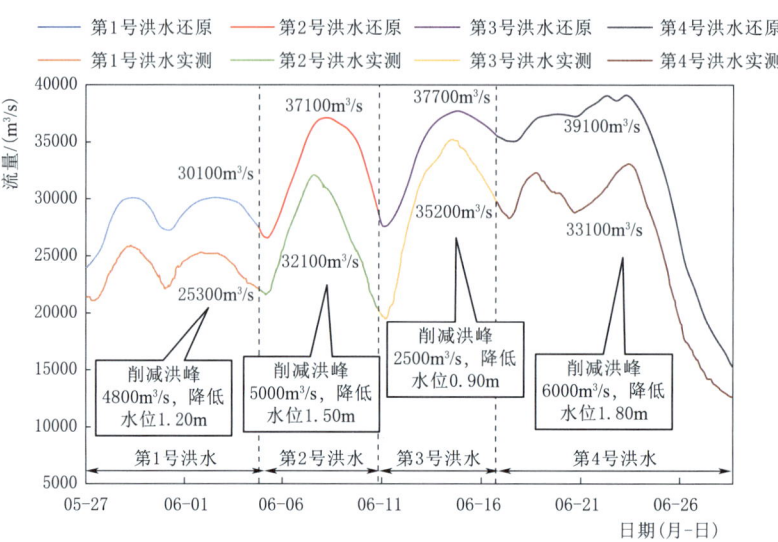

图 4.37 西江 4 次编号洪水还原与实测过程对比图

表 4.49 北江 3 次编号洪水期间主要水库拦蓄统计

编号洪水	水库名称	拦蓄洪量/亿 m³	削峰量/(m³/s)	削峰率/%
北江第 1 号洪水	乐昌峡	0.27	590	18.4
	南水	0.42	124	61.7
	锦江（仁化）	0.11		
	锦潭	0.20	116.7	91.2
北江第 2 号洪水	乐昌峡	0.89	450	15.8
	南水	2.02	987.6	92.3
	锦江（仁化）	0.298	569	44.8
	锦潭	0.34	352	80.7
	飞来峡	5.72	1100	5.5
	湛江	2.34		
北江第 3 号洪水	乐昌峡	0.68	721	42.4
	南水	0.32	317	44.0
	锦潭	0.18	211.5	94.8
	飞来峡	3.70	1000	7.4

4.4 洪 水 统 计

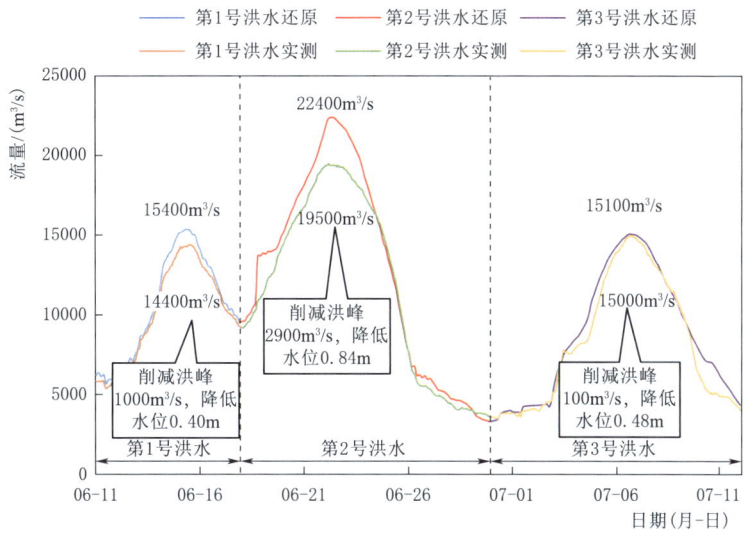

图 4.38　北江 3 次编号洪水还原与实测过程对比图

表 4.50　　　　　　　　　梧州水文站和石角水文站还原后洪峰情况

编号洪水	站　名	洪峰水位/m	洪峰流量/(m³/s)
西江第 1 号洪水	梧州	18.24	30100
西江第 2 号洪水	梧州	21.81	37100
西江第 3 号洪水	梧州	23.21	37700
西江第 4 号洪水	梧州	23.53	39100
北江第 1 号洪水	石角	11.14	15400
北江第 2 号洪水	石角	13.08	22400
北江第 3 号洪水	石角	10.78	15100

4.4.2.1　西江第 1 号洪水

西江第 1 号洪水期间龙滩水库削峰率为 61.7%，拦蓄洪量 22.80 亿 m³；天生桥一级水库削峰率为 68.4%，拦蓄洪量 7.70 亿 m³；光照水库削峰率为 47.1%，拦蓄洪量 3.90 亿 m³；百色水库削峰率为 24.2%，拦蓄洪量 2.60 亿 m³；柳江梯级水库拦蓄洪量 1.50 亿 m³。

根据还原分析计算，如水库不进行调节，西江梧州水文站将会在 6 月 2 日 20 时前后出现 18.24m 的洪峰水位，相应流量 30100m³/s。此次洪水经水库调节后，削减梧州洪峰流量 4800m³/s，降低梧州洪峰水位 1.20m。

4.4.2.2　西江第 2 号洪水

西江第 2 号洪水过程期间龙滩水库削峰率为 47.5%，拦蓄洪量 7.97 亿 m³；岩滩水库削峰率为 7.1%，拦蓄洪量 2.15 亿 m³；天生桥一级水库削峰率为 64.9%，拦蓄洪量 3.52 亿 m³；光照水库削峰率为 56.4%，拦蓄洪量 3.58 亿 m³；百色水库拦蓄洪量 1.40 亿 m³；落久水库削峰率为 15.8%，拦蓄洪量 0.97 亿 m³。

根据还原分析计算，如水库不进行调节，西江梧州水文站将会在 6 月 8 日 8 时前后出现 21.81m 的洪峰水位，相应流量 37100m³/s。此次洪水经水库调节后，削减梧州洪峰流量 5000m³/s，降低梧州洪峰水位 1.50m。

4.4.2.3 第一次流域性较大洪水

1. 西江第 3 号洪水

西江第 3 号洪水过程期间龙滩水库削峰率为 30.5%，拦蓄洪量 2.13 亿 m³；岩滩水库拦蓄洪量 2.37 亿 m³；天生桥一级水库削峰率为 73.2%，拦蓄洪量 6.89 亿 m³；光照水库削峰率为 24.1%，拦蓄洪量 1.20 亿 m³；百色水库削峰率为 33.1%，拦蓄洪量 0.31 亿 m³。

根据还原分析计算，如水库不进行调节，西江梧州水文站将会在 6 月 15 日 2 时前后出现 23.21m 的洪峰水位，相应流量 37700m³/s。此次洪水经水库调节后，削减梧州洪峰流量 2500m³/s，降低梧州洪峰水位 0.90m。

2. 北江第 1 号洪水

北江第 1 号洪水过程期间乐昌峡水库削峰率为 18.4%，拦蓄洪量 0.27 亿 m³；南水水库削峰率为 61.7%，拦蓄洪量 0.42 亿 m³；锦江（仁化）水库拦蓄洪量 0.11 亿 m³；锦潭水库削峰率为 91.2%，拦蓄洪量 0.20 亿 m³。

根据还原分析计算，如水库不进行调节，北江石角水文站将会在 6 月 15 日 18 时前后出现 11.14m 的洪峰水位，相应流量 15400m³/s。此次洪水经水库调节后，削减石角洪峰流量 1000m³/s，降低洪峰水位 0.40m。

3. 珠江三角洲洪水

西江第 3 号洪水和北江第 1 号洪水同期发生，形成流域性较大洪水，本次动用西江上中游水库群拦蓄西江洪水错北江洪峰、动用北江飞来峡等水库拦蓄北江洪水。西北江水库联合调度后，削减思贤滘洪峰流量 2300m³/s，有效减轻了珠江三角洲的防洪压力。

本次洪水过程，若西江干支流水库按设计规则调度，仅能削减梧州水文站洪峰流量 1500m³/s，对下游削峰作用有限。统筹洪水过程和降雨预报，调度优化后，进一步挖掘上游水库拦蓄能力；同时，根据预报柳江来水较大，及时调度岩滩水库预泄腾出库容，并根据柳江洪峰时间拦蓄红水河洪水错柳江洪峰，提前调度大藤峡水库预泄，腾出库容，必要时视北江来水进行错峰调度。根据北江洪水实时情况，选取上游水库拦蓄洪水，飞来峡水库提前预泄，减轻库区防洪压力。从整体看，科学的水库运用方式保障了西江、北江防洪安全，避免了库区临时淹没。

4.4.2.4 第二次流域性较大洪水

1. 西江第 4 号洪水

西江第 4 号洪水过程期间龙滩水库无明显的入库洪水过程，平均入库流量为 3620m³/s，但为了减轻下游西江梧州水文站的洪峰水位，水利部门通过减少出库流量进行下游洪水调节，平均出库流量为 2010m³/s，当柳江、洛清江、桂江等江河出现洪水过程时，出库流量甚至减少到 500~1000m³/s，拦蓄洪量 15.50 亿 m³/s；大藤峡水库涨洪期间最大拦蓄洪量 7.00 亿 m³/s。

根据还原分析计算，如水库不进行调节，西江梧州水文站会在 6 月 23 日 16 时前后出现 23.53m 的洪峰水位，相应流量 39100m³/s。此次洪水经水库调节后，削减梧州水文站洪峰流量 6000m³/s，降低梧州水文站洪峰水位 1.80m。

6月16日8时至24日8时，桂江上游连续出现暴雨到特大暴雨天气过程，桂林水文站断面以上累计面平均雨量637.1mm。受持续强降雨影响，桂江兴安县溶江镇河段出现超20年一遇洪水，支流灵渠发生建站以来最大洪水，桂江桂林城区河段出现10年一遇洪水。期间桂江上游青狮潭、斧子口、小溶江、川江等4座水库拦蓄洪水3.40亿m^3。

根据还原分析，无水库调节时，桂江桂林水文站第一场洪水洪峰水位将达到148.28m，相应流量5080m^3/s。通过桂江上游4座水库联合调度后，桂江桂林水文站洪峰水位仅为146.70m，相应流量3160m^3/s，洪峰水位降低了1.58m，相当于近20年一遇大洪水降低为2年一遇的常遇洪水；第二场洪水还原后洪峰水位为148.09m，相应流量4790m^3/s，实测值比还原值降低了0.74m；经过前期几次洪水过程的拦蓄，4座水库均已蓄至距正常高水位仅1m左右，故第三场洪水水库调洪能力已相当有限，实测与还原情况相差不大。

2. 北江第2号洪水

北江第2号洪水过程期间乐昌峡水库削峰率为15.8%，拦蓄洪量0.89亿m^3；南水水库削峰率为92.3%，拦蓄洪量2.02亿m^3；锦江（仁化）水库削峰率为49.3%，拦蓄洪量0.298亿m^3；锦潭水库削峰率为80.7%，拦蓄洪量0.34亿m^3；飞来峡水库削峰率为5.5%，拦蓄洪量5.72亿m^3；潖江蓄滞洪区拦蓄洪量2.34亿m^3。

根据还原分析计算，如水库不进行调节，北江石角水文站将会在6月22日11时前后出现13.08m的洪峰水位，相应流量22400m^3/s（不考虑潖江蓄滞洪区分洪），超100年一遇。经过水库调度和蓄滞洪区的运用，成功将超100年一遇的特大洪水降低为接近100年一遇的特大洪水。

3. 珠江三角洲洪水

西江水库群优化调度后，西江洪水传播至三角洲西滘口的峰现时间比北江洪水传播至北滘口峰现时间晚38h，避免了西、北江洪峰遭遇；西、北江水库联合调度后，削减思贤滘洪峰流量6200m^3/s，降低珠江三角洲西干流水位0.40m，在思贤滘增加北江过西江流量800m^3/s，降低珠江三角洲北干流水位0.33m，思贤滘断面流量北江向西江分流现象明显，为北江洪水宣泄提供了空间和时间，同时将珠江三角洲洪水全线削减至堤防防洪标准以内，保障了西江、北江流域及珠江三角洲地区的防洪安全。

4.4.2.5 北江第3号洪水

北江第3号洪水过程期间乐昌峡水库削峰率为42.4%，拦蓄洪量0.68亿m^3；南水水库削峰率为44.0%，拦蓄洪量0.32亿m^3；锦潭水库削峰率为94.8%，拦蓄洪量0.18亿m^3；飞来峡水库削峰率为7.4%，拦蓄洪量3.70亿m^3。

根据还原分析计算，如水库不进行调节，北江石角水文站将会在7月6日22时前后出现10.78m的洪峰水位，相应流量15100m^3/s。

4.4.2.6 韩江第1号洪水

韩江第1号洪水过程期间干支流水库群共计拦蓄洪量2.93亿m^3，其中汀江棉花滩水库拦蓄洪量2.06亿m^3，石窟河长潭水库拦蓄洪量0.45亿m^3，宁江合水水库拦蓄洪量0.19亿m^3，五华河益塘水库拦蓄洪量0.23亿m^3。经棉花滩水库调度，削减溪口洪峰流量2140m^3/s，降低水位3.40m。

第5章 水库防洪作用分析

2022年珠江暴雨洪水期间，珠江委坚持以流域为单元，统筹全局，强化统一调度。西江首次实现干支流五大库群24座水库联合防洪调度，西江第4号洪水期间共计拦蓄洪量38.00亿m^3，削减梧州水文站洪峰流量6000m^3/s，降低梧州河段水位1.80m，有效减轻了西江中下游沿线防洪压力。北江首次启用潖江蓄滞洪区与飞来峡等水库、分洪闸联合防洪调度，北江特大洪水期间通过乐昌峡水库调度，削减韶关水文站洪峰流量1090m^3/s、降低水位0.80m，通过北江水库群联合调度，削减石角水文站洪峰流量2900m^3/s、降低水位0.68m，成功将北江石角水文站洪峰控制在北江大堤安全泄量以下，充分挖掘西江、北江上中游水工程洪水调蓄能力，科学精细实施西北江水工程联合调度。经优化调度后，西江洪水传播至三角洲西滘口的峰现时间比北江洪水传播至北滘口峰现时间晚38h，避免了西北江洪峰遭遇，削减思贤滘洪峰流量6200m^3/s，降低珠江三角洲西干流水位0.40m，在思贤滘增加北江过西江流量800m^3/s，降低珠江三角洲北干流水位0.33m，思贤滘断面流量北江向西江分流现象明显，为北江洪水宣泄提供了空间和时间，同时将珠江三角洲洪水全线削减到堤防防洪标准以内，确保粤港澳大湾区等重点保护目标安全。2022年东江流域洪水经还原计算后的博罗洪峰流量可达到编号洪水标准（约5年一遇），实际经枫树坝、新丰江、白盆珠三库联合调度后频率降至2年一遇。韩江第1号洪水期间，韩江干支流水库群共计拦蓄洪量2.93亿m^3，其中汀江棉花滩水库拦蓄洪量2.06亿m^3，削减溪口洪峰流量2140m^3/s，降低水位3.40m，降低大埔茶阳镇淹浸深度约2m。第二次流域性较大洪水期间，贺江发生超标准洪水。通过及时调度上游广西龟石、合面狮水库拦蓄洪量2.00亿m^3，削减下游肇庆市南丰镇洪峰流量1600m^3/s，削峰率34%，降低南丰镇洪峰水位2.80m。2022年珠江暴雨洪水未造成人员伤亡，水库未垮坝，重要堤防未发生决口，珠江三角洲重点城市群经济社会发展未受到严重冲击，防御工作取得明显成效。

5.1 北江特大洪水水库防洪作用分析

北江流域已建成飞来峡水库、乐昌峡水库、南水水库、孟洲坝水库、锦江（仁化）水库、潭岭水库、长湖水库、小坑水库、白石窑水电站、濛里水库、锦潭水库、清远水利枢纽、莽山水库等大型工程13宗，其中湖南省1宗为莽山水库，总库容为1.33亿m^3，广东省12宗总库容55.63亿m^3。广东省中型水库65宗总库容20.41亿m^3。其中飞来峡、乐昌峡、南水水库、锦江（仁化）水库是北江流域主要的防洪水库。通过水库群和蓄滞洪区联合调度，有效减轻了防护对象的防洪压力。

1. 乐昌峡水库

乐昌峡水库位于广东省韶关市北江支流武江乐昌峡河段内，距下游乐昌市区约14km，距韶关市区81.4km。坝址以上集水面积4988km^2，约占武江流域70%，坝址处多年平均流量 138m³/s。

乐昌峡水库是大（2）型水库，正常高水位 154.50m，汛期限制水位 144.50m，设计洪水位 162.20m，校核洪水位 163.00m，死水位 141.50m，其防洪库容为 2.11 亿 m³，总库容为 3.44 亿 m³。

6月16—19日，乐昌峡水库一直低水位运行，最低水位比死水位（141.50m）低1.00m。6月19日11时，水位从140.69m开始起涨，至22日8时共拦蓄洪水0.89亿m³。洪水期间乐昌峡水库最大入库流量为 2840m³/s，最大出库流量为 2390m³/s，削峰量为 450m³/s，削峰率为 15.8%，错峰 6h。乐昌峡水库库水位、出入库流量过程见图 5.1。

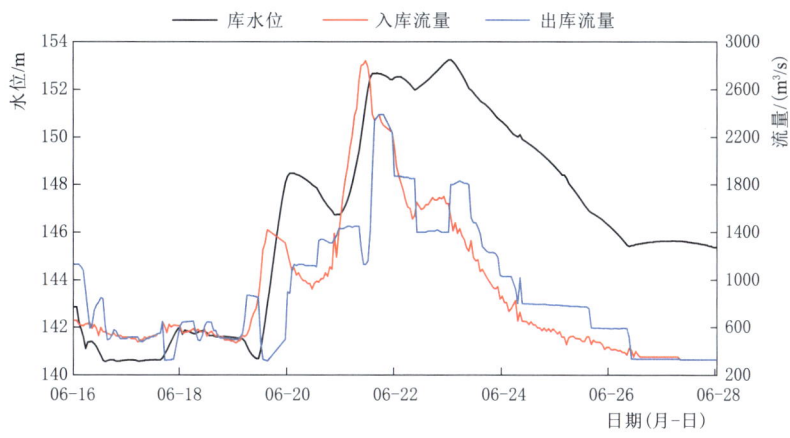

图 5.1　乐昌峡水库库水位、出入库流量过程线

通过乐昌峡的拦蓄，削减韶关水文站洪峰流量 1090m³/s，降低韶关水文站洪峰水位0.80m。削减飞来峡水文站洪峰流量 400m³/s，降低飞来峡水文站洪峰水位 0.14m。

2. 锦江（仁化）水库

锦江（仁化）水库位于北江水系一级支流锦江仁化县境内，流域面积 1410km²。水库为大（2）型水库，总库容 1.89 亿 m³，兴利库容 0.68 亿 m³，调洪库容 0.45 亿 m³，为季调节水库。水库正常水位 135.00m，相应库容 1.45 亿 m³。枢纽由拦河坝、坝顶溢洪道、坝后地面厂房、露天升压站及上坝公路等组成，工程以防洪、发电为主。

锦江（仁化）水库从18日2时开始起涨，起涨水位132.95m，至21日11时水位涨到136.27m，共拦蓄洪水 0.298 亿 m³。通过锦江（仁化）水库和湾头的错峰，削减新韶水文站洪峰流量 120m³/s，降低韶关水位 0.20m，对飞来峡水文站洪峰水位基本无影响。洪水期间锦江（仁化）水库最大入库流量为 1270m³/s，最大出库流量为 701m³/s，削峰量为 569m³/s，削峰率为 44.8%，见图 5.2。

3. 小坑水库

小坑水库位于北江水系一级支流枫湾河曲江区境内，流域面积 139km²。水库属大（2）型，总库容 1.1316 亿 m³。水库正常水位 227.20m，相应库容 0.554 亿 m³。是兼有防洪、发电、灌溉的综合利用工程。

小坑水库从19日6时开始起涨，起涨水位224.50m，至21日17时水位涨到227.60m，共拦蓄洪水 0.1056 亿 m³，削减韶关水文站洪峰流量 70m³/s。对飞来峡水文站

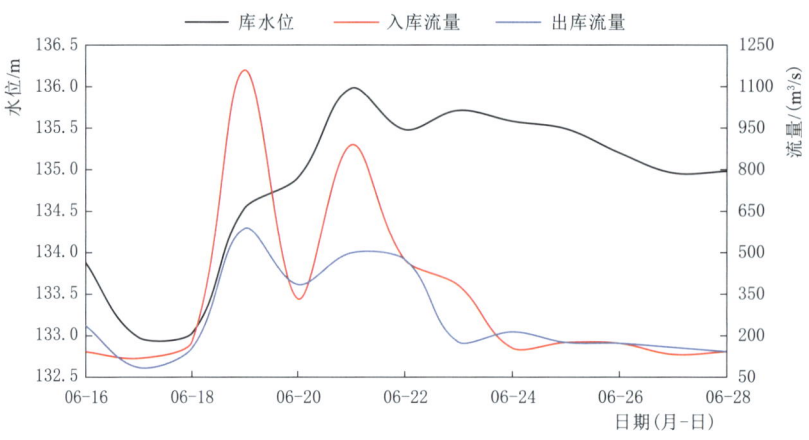

图 5.2 锦江（仁化）水库库水位、出入库流量过程线

洪峰水位基本无影响。洪水期间小坑水库最大入库流量为 440m³/s，最大出库流量为 100m³/s，削峰量为 340m³/s，削峰率为 77.3%，见图 5.3。

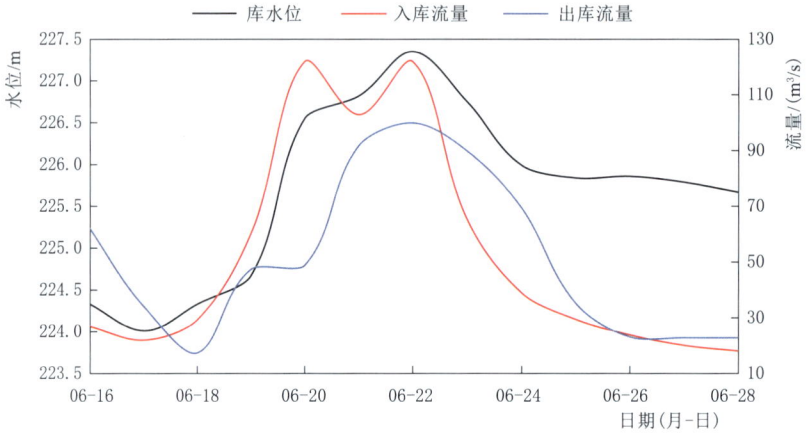

图 5.3 小坑水库库水位、出入库流量过程线

4. 南水水库

南水水库位于乳源瑶族自治县东坪镇南水河上，流域面积 1470km²。南水水库按一级建筑物设计，由黏土斜墙堆石坝、泄洪隧洞、发电引水隧洞、地下厂房及附属建筑物所组成，坝顶高程 225.90m，最大坝高 81.30m，总库容 12.81 亿 m³，是以防洪、供水为主，结合发电、灌溉等综合利用的水利枢纽工程。

"2022·6"洪水期间，南水水库出库流量较小，18 日 2 时至 24 日 8 时，受上游来水的影响，水位从 212.92m 涨至 218.54m，发电流量一直保持在 75.7～82.6m³/s，拦蓄 2.02 亿 m³。通过水面线分析成果，南水水库调节降低出库流量，减少对韶关站水位的顶托，降低韶关水文站水位 0.30m。通过计算，削减飞来峡水文站洪峰 400m³/s，南水水库削减飞来峡水文站洪峰水位 0.14m。洪水期间南水水库最大入库流量为 1070m³/s，最大出库流量为 82.4m³/s，削峰量为 987.6m³/s，削峰率为 92.3%，见图 5.4。

5.1 北江特大洪水水库防洪作用分析

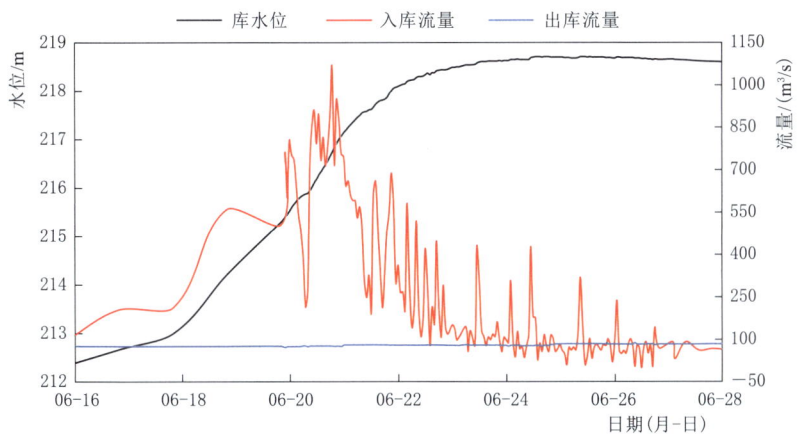

图 5.4 南水水库库水位、出入库流量过程线

5. 飞来峡水库

飞来峡水库位于北江干流中游清远市清城区飞来峡镇，控制集水面积 34097km²，占北江流域面积的 73%，占北江大堤防洪控制站石角水文站集水面积的 88.8%，是调蓄北江洪水关键的控制性骨干水利工程。

飞来峡水库是以防洪为主的大（1）型水库，水库于 1999 年建成。大坝设计洪水 500 年一遇，校核洪水混凝土坝 5000 年一遇、土坝 10000 年一遇。枢纽运用正常水位 24.00m，相应库容 4.23 亿 m³，属不完全日调节水库，设计洪水位 31.17m，相应库容 14.45 亿 m³，校核洪水位 33.17m，总库容 19.04 亿 m³，其中防洪库容 13.36 亿 m³。飞来峡水库是北江控制性防洪工程，与潖江蓄滞洪区、芦苞涌和西南涌分洪水道联合运用，可将北江 300 年一遇洪水削减至 100 年一遇，100 年一遇洪水削减至 50 年一遇。

18 日 19 时，飞来峡水库水位从 17.84m 开始起涨，至 23 日 5 时水位涨至历史最高 26.82m。最大拦蓄洪水 5.72 亿 m³，通过飞来峡水库拦蓄，削减飞来峡水文站洪峰流量 1100m³/s 左右，降低石角断面洪峰水位 0.37m。飞来峡水库库水位、出入库流量过程线见图 5.5。

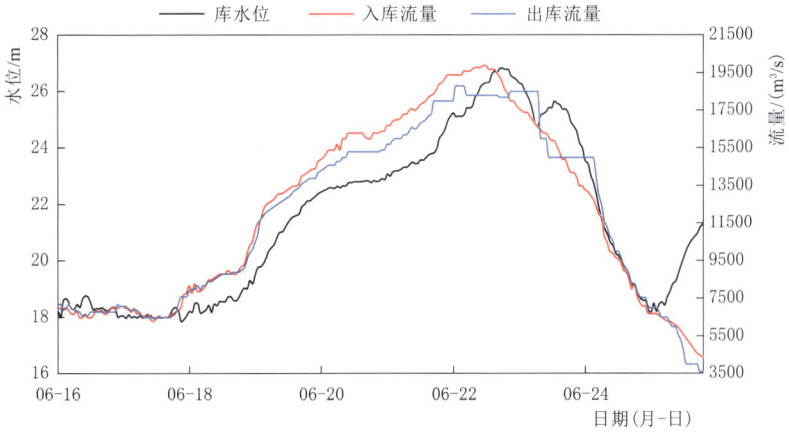

图 5.5 飞来峡水库库水位、出入库流量过程线

6. 小结

"2022·6"洪水期间，北江水库起到了有效的拦洪与削峰作用，南水水库削峰率达93%，乐昌峡水库降低韶关水文站洪峰水位0.80m，飞来峡水库有效降低石角水文站洪峰水位0.37m。北江水库拦洪与削峰效果统计见表5.1，大型水库对下游洪峰影响分析成果见表5.2。

表 5.1　　　　　北江流域部分水库拦洪与削峰效果统计表

水库名称	入库洪水起讫时间（月-日）	洪水量			最大入库流量		最大出库流量		削减洪峰流量/(m³/s)	占入库最大比/%
		入库/亿 m³	最大拦蓄量/亿 m³	占入库比/%	流量/(m³/s)	时间	流量/(m³/s)	时间		
乐昌峡	06-19—06-22	5.06	0.89	18	2840	21日11时	2390	21日17时	450	15.8
锦江（仁化）	06-18—06-21	1.49	0.298	20	1270	19日9时	701	19日8时	569	44.8
南水	06-18—06-24	2.46	2.02	82.1	1070	21日7时	82.4		92.3	990	92.3
飞来峡	06-18—06-23	64	5.72	9	19900	22日23时	18800	22日13时	1100	5.5

表 5.2　　　　　大型水库拦蓄对主要防洪对象的影响　　　　　单位：m

水库名称	对降低韶关水文站水位的影响	对飞来峡—石角河段的影响	水库名称	对降低韶关水文站水位的影响	对飞来峡—石角河段的影响
乐昌峡	0.80	0.14	小坑	0.10	0.01
锦江（仁化）	0.20	0.02	飞来峡		0.37
南水	0.30	0.14			

5.2　流域性洪水水库群拦洪错峰作用分析

5.2.1　第一次流域性较大洪水

受6月10—14日降雨影响，西江红水河龙滩以下干流河段、中游干流黔江和浔江，中游支流郁江、桂江、蒙江；北江中下游干流、北江上游支流武江、中游支流连江出现明显涨水过程。6月12日20时，西江梧州水文站水位18.52m，将其编号为"西江2022年第3号洪水"；6月14日11时30分，北江石角水文站流量涨至12000m³/s，将其编号为"北江2022年第1号洪水"，珠江流域第一次流域性较大洪水形成。

1. 西江水库群

6月9日，根据来水预报，结合发电负荷，天生桥一级、光照水库按照发电流量780m³/s、100m³/s出库拦蓄南盘江、北盘江来水；龙滩水库当时水位355.80m，接近汛限水位，结合防洪与发电需求，加强与南方电网联合会商，龙滩水库6月9日起按照机组最大发电流量4000m³/s出库拦蓄,在确保防洪安全的前提下,为后期防洪预留充足的防洪库容;鉴于百色水库水位接近汛限水位,百色水库按照满发流量660m³/s出库,保持不超汛限水位运行,预留防洪库容应对后期洪水。6月10日,根据当日水情预报,预测柳州14日左右出现洪峰,岩滩水库6月12—13日进行拦蓄错柳江洪峰;鉴于岩滩水库当时水位在221.00m左右,岩滩水库从6月10日开始加大出库将水位预泄至汛限水位219.00m左右;6月12日,考虑到柳州出峰时间,岩滩水库从6月12日22时起按流量3500m³/s出库错柳江洪峰,同时控制运行水位不超过222.00m。6月12日21时,大藤峡水库入库流量达20000m³/s,且预报后期西江中下游、北江流域仍有持续暴雨过程,大藤峡水库逐步加大泄量降低运行水位。

6月12日,北江飞来峡水库水位为21.58m,低于汛限水位(24.00m),水库入库流量6000m³/s,考虑后续北江来水形势,为尽量减少飞来峡水库拦洪期间库区临时淹没,飞来峡水库从12日8时开始加大出库,预泄腾空库容。13日飞来峡水库水位降至19.09m,根据设计调度规则,闸门全开敞泄洪水。北江支流武江乐昌峡水库自6月13日凌晨开始起涨,当时入库流量达1350m³/s,从13日15时前后开始拦蓄武江洪水,出库流量控制不超过2600m³/s。支流浈江锦江(仁化)水库从6月11日8时开始加大出库腾空库容,将水位从134.87m降至134.23m,低于汛限水位(135.00m),后入库流量逐渐加大,水库开始减小出库拦蓄洪水。支流乳源河南水水库此前从6月1日起按出库50m³/s左右控制,水位从207.96m上涨至211.90m,距离汛限水位(215.50m)尚有库容1.26亿m³。支流连江锦潭水库此前从6月1日起按出库9m³/s左右控制,水位从212.62m上涨至223.34m,后按流量不大于11m³/s控制出库,继续拦蓄洪水。

西江第3号洪水期间,通过天生桥一级、光照、龙滩、岩滩、百色西江上中游水库群联合调度,充分发挥了流域骨干水库的拦洪、削峰和错峰作用,西江第3号洪水期间,西江水库群共计拦蓄洪量12.90亿m³,具体见表5.3;削减西江干流梧州洪峰流量2500m³/s,降低水位0.90m,如图5.6所示,有效减轻了西江中下游沿线防洪压力。

表5.3　　　　　　　　　西江第3号洪水期间主要水库拦蓄统计

水库名称	拦蓄洪量/亿m³	削峰量/(m³/s)	削峰率/%
天生桥一级	6.89	2299	73.2
光照	1.20	225	24.1
龙滩	2.13	1880	30.5
岩滩	2.37		
百色	0.31	358	33.1

2. 北江水库群

北江第1号洪水期间,飞来峡水库预泄腾空库容1.78亿m³,拦蓄洪量1.48亿m³,干支流其他水库共计拦蓄洪量1.00亿m³,见表5.4。北江第1号洪水石角水文站实测洪峰流量14400m³/s。飞来峡水库根据预报水情,按照设计调度规则提前预泄,在洪水到来前的13日下午将水位降至死水位18.00m,有效避免了6月14—15日滞洪过程中库区临时淹没,库区未启用防护片。北江第1号洪水石角水文站调度前后过程见图5.7。通过北

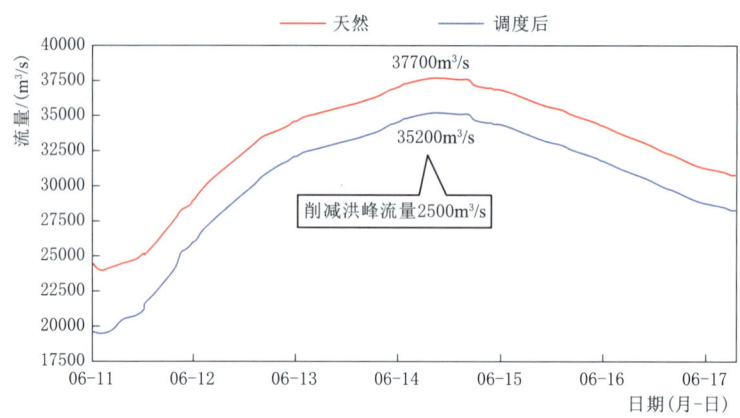

图 5.6　西江第 3 号洪水梧州水文站调度前后流量过程

江水库群联合调度，削减北江干流石角洪峰流量 1000m³/s，降低水位 0.40m。

表 5.4　　　　　　　北江第 1 号洪水期间主要水库拦蓄统计

水库名称	拦蓄洪量/亿 m³	削峰量/（m³/s）	削峰率/%
乐昌峡	0.27	590	18.4
南水	0.42	124	61.7
锦江（仁化）	0.11		
锦潭	0.20	116.7	91.2

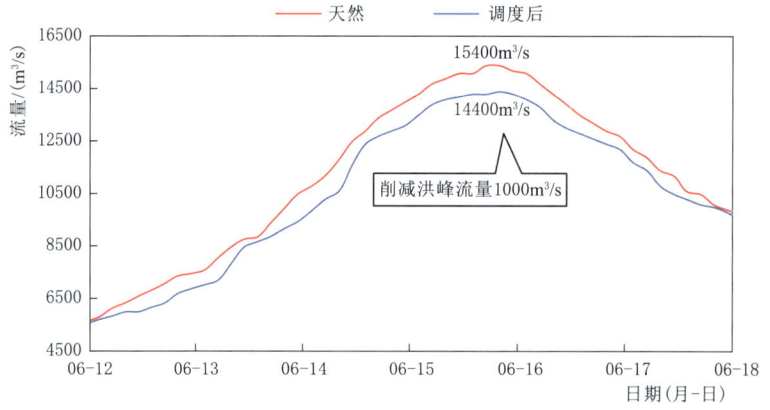

图 5.7　北江第 1 号洪水石角水文站调度前后流量过程

3. 小结

西江第 3 号洪水和北江第 1 号洪水同期发生，形成流域性较大洪水，动用西江上中游水库群拦蓄西江洪水错北江洪峰，动用北江飞来峡等水库拦蓄北江洪水。西北江水库联合调度后，削减思贤滘洪峰流量 2300m³/s，有效减轻了珠江三角洲的防洪压力。

5.2.2　第二次流域性较大洪水

受 6 月 15—21 日降雨影响，西江中游干流黔江和浔江，中游支流郁江、桂江、蒙江

5.2 流域性洪水水库群拦洪错峰作用分析

出现明显洪水过程;北江干流、中游支流连江出现特大洪水过程,干流飞来峡水库入库洪峰流量重现期超100年,为1915年之后最大入库流量。6月19日8时,西江梧州水文站水位复涨至20.95m,超过警戒水位2.45m,将其编号为"西江2022年第4号洪水";6月19日12时,北江干流石角水文站流量涨至12000m³/s,将其编号为"北江2022年第2号洪水",珠江流域第二次流域性较大洪水形成。

1. 西江水库群

西江本轮洪水以中下游型来水为主,上游天生桥一级、光照水库分别有9.4亿m³和7.2亿m³拦洪库容,因此天生桥一级、光照水库按发电调度控泄拦蓄南盘江洪水、北盘江洪水。龙滩水库对下游拦洪削峰作用较小,为充分发挥龙滩水库的拦洪作用,考虑电网负荷,6月15日开始逐步减小出库,16日将出库流量调整为2700m³/s,17日8时日均出库流量按不超过1000m³/s控泄,18日8时进一步将出库流量减小为600m³/s。岩滩水库在6月15日开始预泄,17日8时前预泄至219.00m,腾出库容3.00亿m³,为后期拦蓄红水河洪水错柳江洪峰做好了准备。6月19日北江防洪压力进一步增大,为减轻珠江三角洲的防洪压力,继续动用西江水库拦蓄上游来水从而错北江洪水。考虑电网负荷,龙滩水库19日14时起按流量1000m³/s控泄,21日8时起按出库流量不超2500m³/s控泄;同时岩滩水库出库19日20时起按流量1000m³/s控泄,21日8时起按流量2000m³/s控泄错柳江洪峰,减轻下游河道防洪压力。

6月16日柳江支流贝江落久水库水位142.00m,防洪高水位以下可调用库容2.50亿m³,6月18日起调度落久水库拦蓄贝江洪水,削减融江洪峰流量约1500m³/s,分别降低融江融水县城和柳江柳州城区水位1.07m和0.77m。柳江上游大埔、洛东水库从6月18日14时开始分别按入库流量加大400m³/s、380m³/s出库预泄,至水位分别达到92.00m、112.00m之后保持出入库平衡,20日8时开始拦蓄柳江上游洪水。柳江麻石、浮石、古顶、红花、拉浪、叶茂等水库按照来水流量下泄,直至敞泄,尽可能发挥滞洪作用。

黔江大藤峡水库水位及时由45.50m预泄至44.00m,减轻黔江两岸防洪压力,同时腾出7.00亿m³静态库容,为后期适度拦洪错峰做好准备;20日15时起按照流量15000m³/s控制出库,20日19时35分起按照流量15800m³/s控制出库,20日23时起进一步拦蓄洪水,21日10时库水位涨至45.10m,22日20时库水位涨至50.00m;此后大藤峡水库继续控制出库流量拦蓄洪水,水位回蓄至52.00m后保持该水位运行。

6月16日右江百色水库水位213.20m,低于汛限水位0.80m,防洪高水位以下可动用库容17.20亿m³。为减轻下游防洪压力,百色水库从16日20时开始按不超过300m³/s出库流量进行控泄,拦蓄郁江上中游地区洪水;后期鉴于库水位接近汛限水位,从20日8时起恢复发电调度。郁江西津水库从6月18日14时起,出库流量逐步加大至4500m³/s,库水位降至60.00m,为后面错黔江洪水做好准备;21日12时起按入库流量减小1000m³/s控泄,库水位达到61.00m后保持出入库平衡。贵港枢纽6月18日之前预泄腾空至最低通航水位,腾空库容0.18亿m³,为迎接洪水做好准备。

桂江上游青狮潭、川江、小溶江、斧子口水库拦蓄桂江上游洪水2.7亿m³,通过4座水库联合调度后,相当于把桂江桂林城区20年一遇大洪水降为常遇洪水,避免浔江、桂江洪水叠加影响西江下游。

经统计,通过西江干支流水库群联合调度共计拦蓄洪量 38.00 亿 m^3,削减梧州水文站洪峰流量 $6000m^3/s$,降低梧州河段水位 1.80m,如图 5.8 所示,有效减轻了西江中下游沿线防洪压力。调度后,降低珠江三角洲西干流水位 0.40m,在思贤滘增加北江过西江流量 $800m^3/s$,降低珠江三角洲北干流水位 0.33m,将西江干流及珠江三角洲洪水全线削减到堤防防洪标准以内。西江第 4 号洪水期间主要水库拦蓄统计见表 5.5。

表 5.5 西江第 4 号洪水期间主要水库拦蓄统计表

区域	水库名称	拦蓄洪量/亿 m^3	削峰量/(m^3/s)	削峰率/%
西江上中游	天生桥一级	1.00	1690	61.5
	光照	0.70	279	28.4
	龙滩	15.50	1120	21.1
	岩滩	2.30		
	大化	0.30		
	乐滩	0.40	80	1.1
黔江	大藤峡	7.00	4100	17.9
郁江	百色	0.80	241	25.1
	西津	1.60		
柳江	红花	2.00	100	0.6
	麻石	0.18		
	浮石	0.38	30	0.3
	大埔	0.23		
	落久	0.35	1680	32.3
	洛东	0.16	60	0.9
桂江	青狮潭	1.40	936	51.4
	川江	0.40	486	60.4
	斧子口	0.90	764	54.6
	小溶江	0.70	539	61.8

2. 北江水库群

北江飞来峡水库按照设计调度规则闸门全开敞泄,考虑到尽量减少后续拦蓄洪水期间库区临时淹没,6 月 17 日 10 时预泄降低水库水位至死水位(18.00m)。6 月 19 日飞来峡库区波罗坑防护片,潖江滞洪区踵头围、独树围开始进水。6 月 20 日 22 时飞来峡水库入库流量达到 $16000m^3/s$,按设计调度方案,水库开始按流量 $15000m^3/s$ 控泄出库;21 日 8 时入库流量 $16300m^3/s$,控制出库流量 $15300m^3/s$,水库水位涨至 22.81m。飞来峡库区波罗坑防护片于 21 日 13 时再次进水,相应英德水文站水位 34.74m。考虑到飞来峡入库及石角水文站流量、库区英德水文站及下游潖江滞洪区江口圩水文站水位仍在上涨,洪水仍有进一步增大的可能,为保障下游石角水文站流量不超安全泄量($19900m^3/s$),结合流域防洪形势,潖江滞洪区启用大厂围分洪,飞来峡水库入库流量达到 $18000m^3/s$ 时即按 $18000m^3/s$ 控泄。

5.2 流域性洪水水库群拦洪错峰作用分析

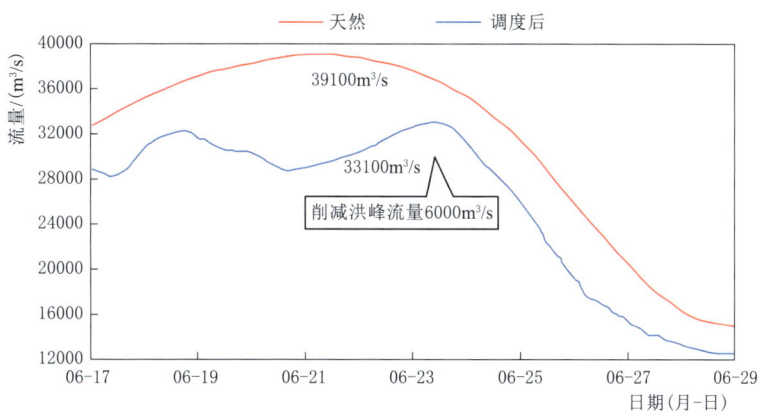

图 5.8 西江第 4 号洪水梧州水文站调度前后流量过程

乐昌峡水库从 6 月 18 日 12 时开始加大出库，预泄腾空部分库容，19 日 12 时开始减少出库拦蓄洪水，入库洪水于 19 日 15 时达到最大 1420m³/s 后处于退水段，乐昌峡根据韶关防洪形势及时拦洪错峰，于 20 日 2 时达到最高 148.47m，之后结合水情预报判断，韶关洪峰已经形成，开始加大出库腾空，使水位尽快回落至汛限水位，迎接后续洪水过程；洪水期间乐昌峡水库最大入库流量为 2840m³/s，最大出库流量为 2390m³/s，削峰量为 450m³/s，削峰率为 15.8%，错峰 6h。锦江（仁化）水库控制出库流量不大于入库拦蓄洪水，20 日 8 时水位涨至 134.90m，洪水期间最大入库流量为 1270m³/s，最大出库流量为 701m³/s，削峰量为 569m³/s，削峰率为 44.8%，入库流量回落后水库继续控制出库流量不大于入库流量拦蓄洪水。洪水期间南水水库最大入库流量为 1070m³/s，最大出库流量为 82.4m³/s，削峰量为 987.6m³/s，削峰率为 92.3%。

北江第 2 号洪水期间，飞来峡水库预泄腾空库容 0.14 亿 m³，拦蓄洪量 5.72 亿 m³，干支流其他水库共计拦蓄洪量 3.548 亿 m³，潖江蓄滞洪区滞洪 2.34 亿 m³，见表 5.6。北江第 2 号洪水石角水文站调度前后过程见图 5.9。

表 5.6 北江第 2 号洪水期间主要水库拦蓄统计表

水库名称	拦蓄洪量/亿 m³	削峰量/(m³/s)
乐昌峡	0.89	450
南水	2.02	987.6
锦江	0.298	569
飞来峡	5.72	1100
潖江	2.34（滞洪量）	

3. 小结

西江水库群优化调度后，西江洪水传播至三角洲西滘口的峰现时间比北江洪水传播至北滘口峰现时间晚 38h，避免了西北江洪峰遭遇；西北江水库联合调度后，削减思贤滘洪峰流量 6200m³/s，降低珠江三角洲西干流水位 0.40m，在思贤滘增加北江过西江流量 800m³/s，降低珠江三角洲北干流水位 0.33m，思贤滘断面流量北江向西江分流现象明显，为北江洪水宣泄提供了空间和时间，同时将珠江三角洲洪水全线削减到堤防防洪标准以内。

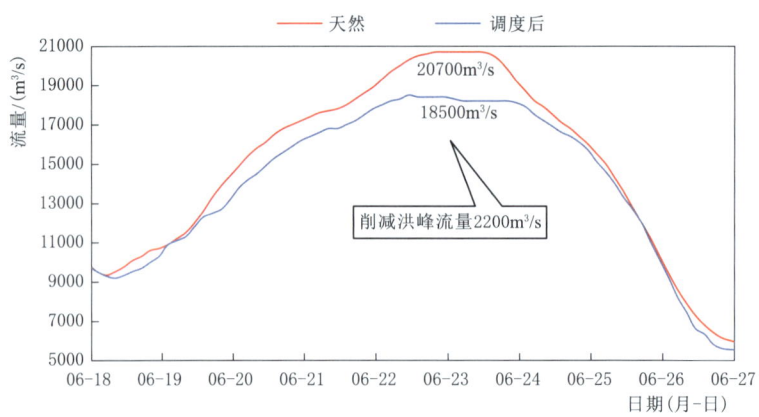

图 5.9　北江第 2 号洪水石角水文站调度前后流量过程

5.3　东江水库群拦洪削峰作用分析

东江河源水文站实测最大流量发生在 6 月 15 日 12 时，为 3720m³/s，为水库联合调度后的 2 年一遇。考虑枫树坝和新丰江水库调蓄以及时间因素，还原河源水文站天然洪水，河源水文站天然洪峰发生在 6 月 14 日 19 时，洪峰流量 8480m³/s，近 10 年一遇。即通过简单还原计算发现，上游新丰江、枫树坝水库的防洪调度使河源断面洪峰流量减小了 4760m³/s，考虑这部分流量的河道汇流及传播规律，演算至博罗断面，计算博罗断面还原天然流量约为 11000m³/s（博罗断面实测洪峰流量为 6890m³/s）。还原后的博罗流量峰值达到编号洪水标准 (7300m³/s)。

1. 新丰江水库

新丰江水库位于东江水系新丰江支流的阿婆山峡谷，距河源市区 6km，距新丰江河口 9.2km，坝址以上集水面积 5734km²，是一座以防洪、供水为主，兼顾发电、航运、灌溉等综合利用的枢纽工程。

新丰江水库属完全多年调节，是华南地区最大的水库，工程按千年一遇洪水设计，万年一遇洪水校核。校核洪水位 123.60m，设计洪水位 121.60m，正常高水位 116.00m，死水位 93.00m；总库容 138.96 亿 m³，兴利库容 64.91 亿 m³。

6 月 10 日，新丰江水位从 100.11m 开始起涨，至 23 日 20 时共拦蓄洪水 24.18 亿 m³。洪水期间新丰江水库最大入库流量为 6620m³/s，最大出库流量为 132m³/s，削峰量为 6488m³/s，削峰率为 98.0%。新丰江水库库水位、出入库流量过程线见图 5.10。

2. 枫树坝水库

枫树坝水库是东江防洪工程体系的重要组成部分，是一个以防洪、供水、灌溉为主，兼顾发电、航运等综合利用的水利枢纽工程。水库坝址位于东江干流上游距离龙川县老隆镇上游 63km 的梅光村处，坝址以上集水面积 5150km²，多年平均降雨量 1623mm，设计多年平均流量 141m³/s，设计多年平均来水量 44.5 亿 m³。

5.3 东江水库群拦洪削峰作用分析

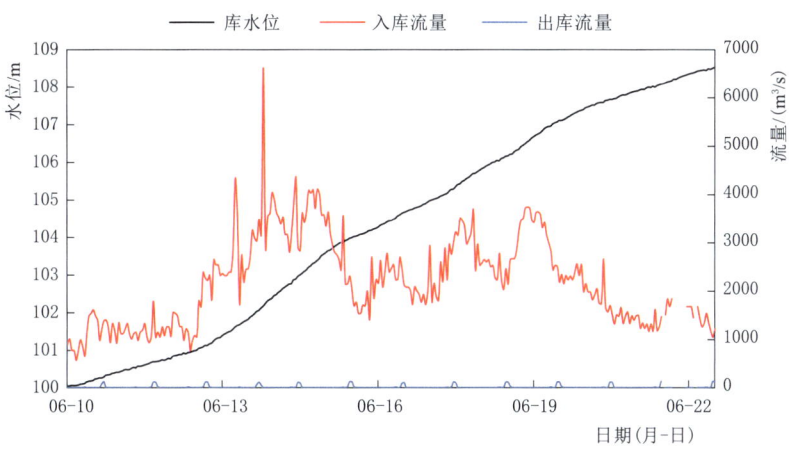

图 5.10　新丰江水库库水位、出入库流量过程线

枫树坝水库为年调节水库，按 1000 年一遇洪水设计，5000 年一遇洪水校核，设计洪水位 171.80m，校核洪水位 172.70m，正常高水位 166.00m，死水位 128.00m，总库容 19.32 亿 m³。

6月9日，枫树坝水库水位从 159.14m 开始起涨，至 14 日 21 时共拦蓄洪水 2.48 亿 m³（表 5.7）。洪水期间枫树坝水库最大入库流量为 2770m³/s，最大出库流量为 2130m³/s，削峰量为 640m³/s，削峰率为 23.1%，错峰 8h。枫树坝水库库水位、出入库流量过程线见图 5.11。

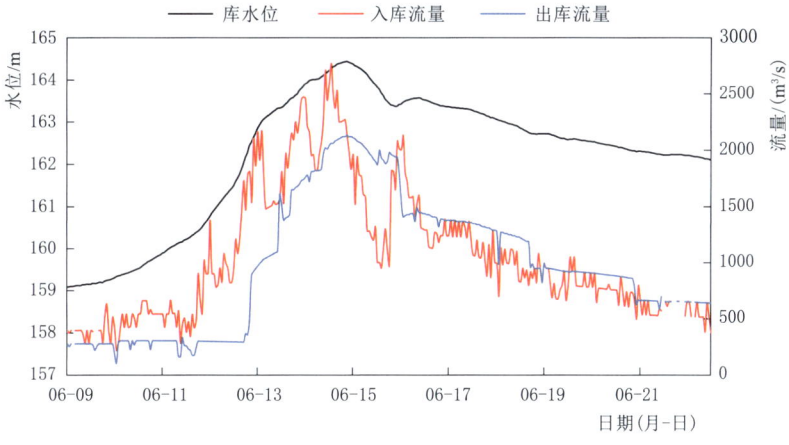

图 5.11　枫树坝水库库水位、出入库流量过程线

表 5.7　　　　东江流域部分水库拦洪与削峰效果统计表

水 库 名 称	拦蓄洪量/亿 m³	削峰量/(m³/s)	削峰率/%
新丰江	24.18	6488	98.0
枫树坝	2.48	640	23.1

5.4 韩江水库群拦洪削峰作用分析

受 6 月 10—17 日降雨影响，韩江上游梅江、支流汀江、韩江干流均出现明显洪水过程。6 月 13 日 14 时，韩江三河坝水文站流量涨至 4890m³/s，将其编号为"韩江 2022 年第 1 号洪水"。

6 月 12 日 8 时，棉花滩水库水位为 168.69m，防洪库容为 2.59 亿 m³。统筹防洪上下游防洪需求，结合后期韩江水情预报，为充分发挥棉花滩水库拦洪削峰，减轻汀江大埔县茶阳镇防洪压力，棉花滩水库 6 月 12 日按出库流量 1750m³/s 拦蓄上游来水。6 月 13—14 日，综合考虑电网负荷及防洪要求，棉花滩水库按出库流量 2100m³/s 拦蓄上游来水。6 月 16 日 20 时，梅西水库出库流量从 170m³/s 减小到 50m³/s，实现程江与梅江错峰目标，降低梅县水位站水位约 0.20m，减小了亲水公园、芹黄湿地公园等受淹高度。

韩江第 1 号洪水期间，干支流水库群共计拦蓄洪量 2.93 亿 m³，洪水期间，汀江棉花滩水库最大入库流量为 4270m³/s，最大出库流量为 2680m³/s，削峰量为 1590m³/s，削峰率为 37.2%；石窟河长潭水库最大入库流量为 1070m³/s，最大出库流量为 1050m³/s，削峰量为 20m³/s，削峰率为 1.9%；宁江合水水库最大入库流量为 454m³/s，最大出库流量为 368m³/s，削峰量为 86m³/s，削峰率为 18.9%；五华河益塘水库最大入库流量为 77.7m³/s，最大出库流量为 8m³/s，削峰量为 69.7m³/s，削峰率为 89.7%，具体见表 5.8。经棉花滩水库调度，削减溪口洪峰流量 2140m³/s，降低水位 3.40m，具体情况见图 5.12。

表 5.8　　　　　　　　韩江第 1 号洪水期间主要水库拦蓄统计

水库名称	拦蓄洪量/亿 m³	削峰量/(m³/s)	削峰率/%
棉花滩	2.06	1590	37.2
长潭	0.45	20	1.9
合水	0.19	86	18.9
益塘	0.23	69.7	89.7

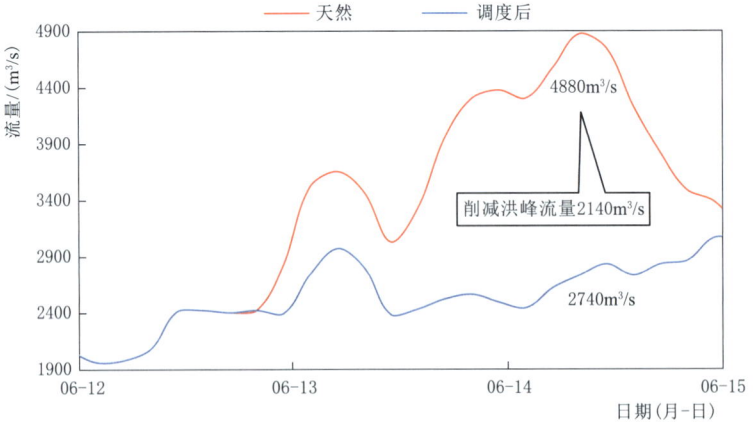

图 5.12　韩江第 1 号洪水溪口站调度前后过程

5.5 贺江水库群拦洪削峰作用分析

第二次流域性较大洪水期间，贺江发生超标准洪水。通过及时调度上游广西龟石、合面狮水库拦蓄洪量 2.00 亿 m^3，削减下游肇庆市南丰镇洪峰流量 1600m^3/s，削峰率 34%，降低南丰镇洪峰水位 2.80m。贺江干流已建龟石、龙井、升平、城厢、羊头、黄石、芳林和贺江、厦岛、合面狮、云腾度、都平、白垢和江口 13 级水电站，支流大宁河建有石门桥、柳杨等水电站，支流东安江上建有爽岛、西中等水电站。其中龟石、合面狮、爽岛水库为大型水库，龟石具有多年调节性能，合面狮具有季调节性能，其余均为无调节或日调节性能。

1. 龟石水库

龟石水库是在贺江中游拦截贺江而修建的大型水库，大坝位于广西壮族自治区贺州市钟山县钟山镇，水库集水面积 1254km^2，多年平均流量 31.6m^3/s，多年平均径流量 9.97 亿 m^3。

龟石水库是一座以灌溉、供水、发电、防洪等综合利用的大型水库。防洪标准按 100 年一遇洪水设计，1000 年一遇洪水校核，相应洪峰流量为 3160m^3/s 和 5650m^3/s，相应下泄流量为 2320m^3/s 和 2980m^3/s，相应洪水位为 183.28m 和 185.28m，正常高水位 182.00m，总库容 5.95 亿 m^3，有效库容 3.48 亿 m^3，防洪库容 0.8345 亿 m^3。

6 月 20 日，龟石水库水位从 177.85m 开始起涨，至 22 日 20 时共拦蓄洪水 1.29 亿 m^3。洪水期间龟石水库最大入库流量为 1350m^3/s，最大出库流量为 800m^3/s，削峰量为 550m^3/s，削峰率为 40.7%，错峰 12h。龟石水库库水位、出入库流量过程线见图 5.13。

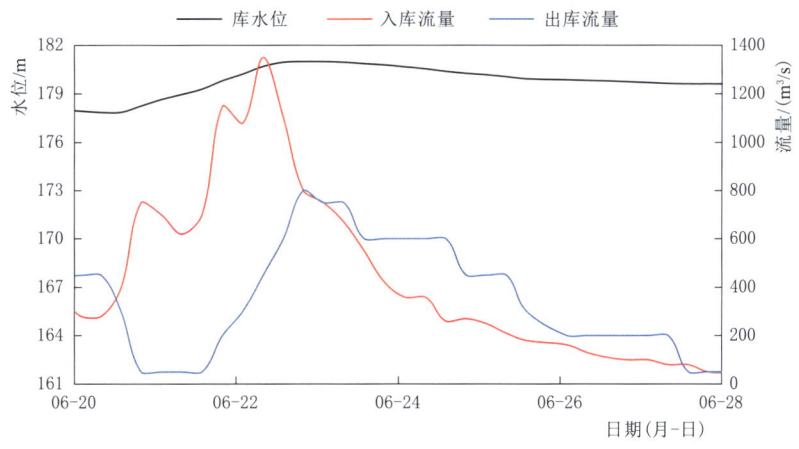

图 5.13 龟石水库库水位、出入库流量过程线

2. 合面狮水库

合面狮水库位于贺江中游，广西壮族自治区贺州市八步区信都镇境内，坝址控制集水面积 6260km^2，多年平均径流量 67.5 亿 m^3，是一座集发电、灌溉、航运、防洪等的综合性水利枢纽。

合面狮水库按 100 年一遇洪水标准设计，1000 年一遇洪水标准校核，水库总库容 2.96 亿 m^3，设计正常水位 88.00m，相应库容 2.35 亿 m^3，调节库容 1.12 亿 m^3，调洪库容 0.94 亿 m^3，属季调节水库。

6 月 19 日，合面狮水库水位从 82.88m 开始起涨，至 21 日 16 时共拦蓄洪水 0.71 亿 m^3（表 5.9）。洪水期间合面狮最大入库流量为 4140m^3/s，最大出库流量为 3200m^3/s，削峰量为 940m^3/s，削峰率为 22.7%，错峰 11h。合面狮水库库水位、出入库流量过程线见图 5.14。

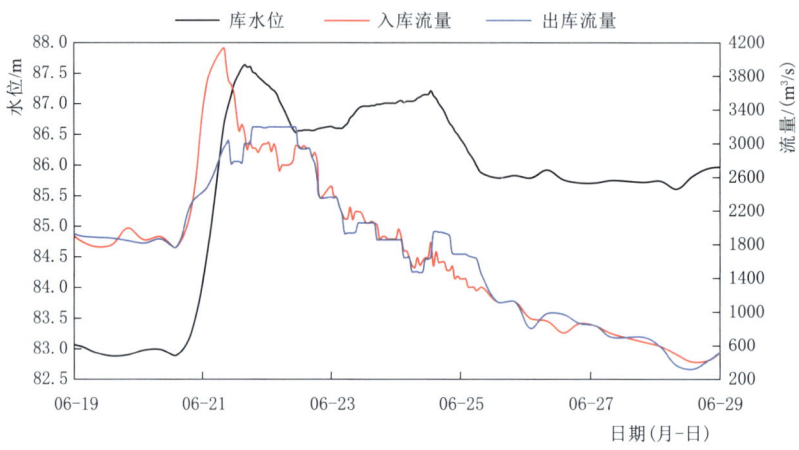

图 5.14 合面狮水库库水位、出入库流量过程线

表 5.9 珠江"2022·6"特大洪水防御关键期贺江主要水库拦蓄统计

水 库 名 称	拦蓄洪量/亿 m^3	削峰量/(m^3/s)	削峰率/%
龟石	1.29	550	40.7
合面狮	0.71	940	22.7

5.6 与典型历史洪水灾情对比分析

珠江流域历史上曾发生多起流域性大洪水，造成流域严重灾情。如 1915 年乙卯水灾，西江、北江特大洪水同时遭遇，并与东江大洪水同时进入珠江三角洲，广西、广东受灾人口达 600 万人，农作物受灾面积达 1400 万 hm^2。三江洪水在珠江三角洲遭遇，叠加朔望大潮，使珠江三角洲遭受空前严重水灾，三角洲受淹农田 43.2 万 hm^2，受灾人口 379 万人，广州市被淹 7d 之久，死伤 10 万余人。"1994·6"特大洪水造成流域近 1800 万人受灾，276.30 万人被洪水围困，紧急转移 181.17 万人，有 139 个城镇受淹，损坏房屋 114.4 万间，其中倒塌 68 万间，直接经济损失 282 亿元。"1998·6"特大洪水造成流域 1556 万人受灾，倒塌房屋 10.949 万间，损坏水库 139 座，2 座小型水库垮坝，直接经济损失 161 亿元。"2005·6"特大洪水共造成广东、广西 1262.78 万人受灾，受淹城市 18 个，倒塌房屋 24.84 万间，农作物受灾面积 983.73 万 hm^2，成灾面积 40.862 万 hm^2，直接经济损失 135.95 亿元。

5.6 与典型历史洪水灾情对比分析

2022年珠江暴雨洪水，据水利部门洪涝灾情初步统计，5月下旬至7月上旬的8场洪水，造成流域内广东、广西、福建三省（自治区）97个县（市、区）871个乡（镇、街道）214.03万人受灾，农作物受灾面积10.214万hm^2，直接经济损失125.63亿元。其中，6月16—22日的北江特大洪水，造成广东省21个县（市、区）269个乡（镇、街道）84.5万人受灾，农作物受灾面积1.86万hm^2，紧急转移11.1万人，直接经济损失61.2亿元。

从灾害损失看，2022年珠江暴雨洪水流域受灾人口214.03万人，远低于历史"1994·6"特大洪水、"1998·6"特大洪水、"2005·6"特大洪水的受灾人口，且本次洪水未造成人员伤亡，水库未垮坝，重要堤防未发生决口，珠江三角洲重点城市群经济社会发展未受到严重冲击，防御工作取得明显成效。从灾情评估角度，根据《洪涝灾情评估标准》（SL 579—2012）的洪涝灾害等级评估方法，历史"94·6"特大洪水、"98·6"特大洪水、"2005·6"特大洪水造成死亡人口超过100人，认定为"特别重大洪涝灾害"，而2022年珠江暴雨洪水，根据评估方法综合各类灾情指标判定为"一般洪涝灾害"。

第6章 水文监测预报预警

水情监测预报是防汛工作的"尖兵"和"耳目",是洪水防御的重要决策依据。在 2022 年珠江暴雨洪水防御过程中,珠江委水文局会同流域相关(自治区)省水文部门对柳州、武宣、大湟江口、梧州、高要、石角、三水、马口、天河等流域重要断面开展监测分析,坚持"预"字当先,实时跟踪天气形势发展变化,强化气象水文预报耦合,预报分析"降雨-产流-汇流-演进"全过程,精细把握洪水发生、发展的各节点,以流域为单元,统筹考虑上下游、左右岸、干支流暴雨洪水发展变化,滚动研判"流域-干流-支流-断面"汛情趋势,对重点保护对象和关键控制断面的水位、流量等要素作出精准预报,及时发布洪水预警,充分发挥了水文"尖兵"和"耳目"的作用,为成功防御 2022 年珠江暴雨洪水提供强有力的技术支撑。

6.1 汛前准备

6.1.1 水文汛前应急演练

为响应珠江委水文应急处置机制,大力提升珠江水文防汛救灾应急监测能力,珠江委水文局、广西壮族自治区水文中心、广东省水文局等各级水文部门着力做好 2022 年水文测报汛前准备工作。2022 年 5 月,珠江委水文局开展了 2022 年珠江超标洪水应急监测演练,演练共出动监测队员 25 人,水文测船 6 艘,无人船 4 艘,无人机 6 架,ADCP5 台,电子浮标 2 个,RTK3 套,水位计 2 套,测得地形、水位、流速、流量等数据近 5000 组。监测队采用非接触式、在线自动监测等先进仪器设备,多断面、空天地一体化同步监测,首次使用水文应急监测指挥决策系统,通过网络传输实时同步监测画面,充分检验了新技术新设备在水文测验、地形测量、信息传输等方面的应用效果,为做好珠江流域水旱灾害防御工作提供重要技术支撑。图 6.1 为珠江委水文局 2022 年水文应急监测演练现场图。广西壮族自治区水文中心组织 4 个监督检查小组抽检了 12 个所属单位共 13 个水文中心站 73 个水文测站,通报了 66 项薄弱环节。至 5 月底,各级水文部门基本完成薄弱环节整改及处理工作,开展了应急演练和技术培训,3 方面 10 类 26 项汛前准备工作规范有序,备汛完成率 100%。

图 6.1 珠江委水文局 2022 年水文应急监测演练现场图

6.1.2 汛期中长期雨水情预测

为做好 2022 年水文情报预报工作，珠江委水文局从 2022 年年初就着手开展 2022 年汛期珠江流域雨水情预测工作。2020 年 8 月至 2021 年 3 月，赤道中东太平洋形成了一次拉尼娜事件（东部型、中等强度），自此次拉尼娜事件结束后，赤道中东太平洋海温仍持续偏冷，2021—2022 年又形成了一次弱的拉尼娜事件。国内外多家模式预测 2022 年前汛期末期或初夏拉尼娜事件结束并转为正常～偏冷状态，该中性偏冷状态大概率维持到秋冬季。2021 年 12 月至 2022 年 2 月东亚冬季风偏强、西太平洋副热带高压偏小偏弱等大气环流也体现了对拉尼娜事件的响应特征。珠江委水文局依据珠江流域前期雨水情实况，结合海温、副热带高压等前期气候特征及未来发展变化，对历史水文气象资料进行统计分析，并参考气象机构预测结果，形成《2022 年汛期珠江流域雨水情预测》。

2022 年 3 月 3 日，珠江防总常务副总指挥、珠江委主任王宝恩主持召开 2022 年珠江水旱灾害防御工作会议，认真贯彻落实水利部部署要求，深入分析 2022 年珠江水旱灾害防御形势，对防汛备汛工作作出具体安排。会议要求各部门、各单位要把确保人民群众生命财产安全作为评判水旱灾害防御工作成效的根本标准，坚持"防住为王"，防汛要做到"四不"，抗旱要做到"两个确保"，为保持平稳健康的经济环境、国泰民安的社会环境提供坚实的水安全保障。珠江委水文局在会上做了《2022 年汛期珠江流域雨水情预测》专题汇报，及时提出了 2022 年汛期"西江、北江可能发生较大洪水""主汛期降雨集中，流域汛情可能偏重"的形势研判提出"2022 年珠江流域可能偏重"的形势研判，为防汛备汛工作提供有力支撑。

6.2 水文监测

水文监测是指通过水文站网对江河、湖泊、水库等水位、流量、泥沙、水温、水质、水下地形以及降水量、蒸发量、风暴潮等实施观测并计算分析的活动，水文监测可为水情预报、防洪调度提供最重要的数据支撑。2022 年 5 月以来，受持续性大范围降雨影响，珠江流域西江和北江先后发生多次编号洪水，大洪水给水文测报工作带来较大困难。为确保及时提供准确水情信息，各级水文工作者迎难而上开展应急监测，日夜坚守水文测站，滚动研判汛情趋势，及时发布洪水预报预警，充分发挥水文"尖兵"和"耳目"的作用，为部署流域洪水防御、水库群防洪联合调度提供了强有力支撑。

近年来珠江委水文局、各省区水文测站陆续引进配备全新技术装备，自动监测能力均有所提升，足以应对常态化水文测报要求，但 2022 年西、北江相继发生大洪水，对现状水文测站自动监测能力仍是一场考验，为确保应对大洪水"测得准、报得出"，各级水文部门结合测站实际情况开展了洪期水文抢测工作；考虑到西、北江洪水遭遇后进入流量自动监测密度较低的珠江三角洲网河区，洪水演进情况异常复杂，本次珠江委水文局联合省区水文部门适时开展水文应急监测，"以测补报"，为提高实时预报精度提供支撑，也会为今后更好支撑防御工作留下宝贵的洪水演进过程资料。

6.2.1 常规监测

珠江委水文局、各省区持续为水文测站引进新仪器、新设备、新技术，推动现代电子技术、传感技术、通信技术和计算机技术等在水文监测方面的应用。在本次大洪水期间各级水文测站提前做好高洪测验方案和超标洪水监测预案，使用 ADCP、侧扫雷达等先进设备，对洪水进行连续监测，抢测到完整宝贵的特大洪水过程。广西积极推进无人机测流技术在水文巡测和洪水应急监测中的应用，时差法和影像法在线测流试点取得显著成效，柳州水文站时差法在线测流系统可应用于流速小于 0.3m/s 的生态流量监测，邹圩水文站影像法在线测流系统可应用于流速大于 0.3m/s 的流量监测。通过采用无人机、无人遥控船、侧扫雷达、走航雷达等新型仪器设备，克服了水面宽、流速急、漂浮物多等恶劣环境下的测流困难，以大量的实时监测数据为做好洪水"预测-预警-预报"服务提供了基础水文数据支撑。

西、北江干流上珠江委、广西、广东省（自治区）所属重要水文站均已实现在线监测，各重要控制站分布见图 6.2。

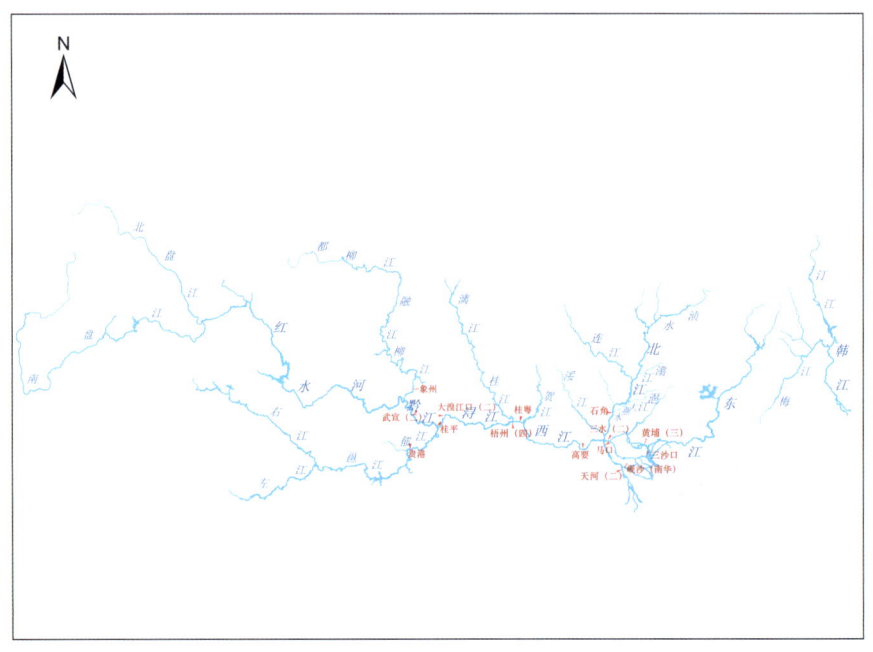

图 6.2 西、北江干流及珠江三角洲重要水文控制站分布示意图

1. 浔江大湟江口水文站

大湟江口水文站设立于 1951 年 2 月，位于浔江与甘王水道相汇的江口镇上游，基本水尺断面上游 31km 处为郁江桂平航运枢纽工程，上游 37km 处为大藤峡水库，控制流域面积近 29 万 km^2。站点采用水位-流量关系线法进行报汛，在常规流量监测中采用走航式 ADCP 进行校测或实时率定。2022 年珠江暴雨洪水期间施测 21 次，其中涨水段 11 次，退水段 10 次，并抢测到洪峰流量，西江第 2 号洪水期间实测到洪峰流量 27700m^3/s。

2. 西江梧州（四）水文站

梧州（四）水文站设立于1900年，位于梧州市万秀区龙湖镇，是西江干流重要控制站，为西江代表控制站，上游约2000m处为浔江、桂江汇合口，上游约14km处为长洲水库，控制流域面积32.7万km²。站点采用水位-流量关系线法进行报汛，在常规流量监测中采用走航式ADCP进行校测或实时率定，2021年7月1日起正式利用侧扫雷达监测系统作为流量测验的常规方法。

2022年珠江暴雨洪水施测38次，其中涨水段18次，退水段20次，并抢测到洪峰流量34400m³/s（6月15日6时30分），西江梧州（四）水文站报汛流量及实测流量对比情况见图6.3。6月22日使用走航式ADCP实测流量两份（水位21.01m、流量31500m³/s，水位21.06m、流量31700m³/s）后发现实测流量偏小于水位流量报汛线流量，超过允许范围，因关系线与实测点偏差较大，梧州水文站根据近年来实测流量成果，于6月22日18时对梧州水文站水位流量报汛线重新分析更新，18时后使用新的水位流量报汛线推流造成报汛线产生突变，水势上升但流量减小了1900m³/s。

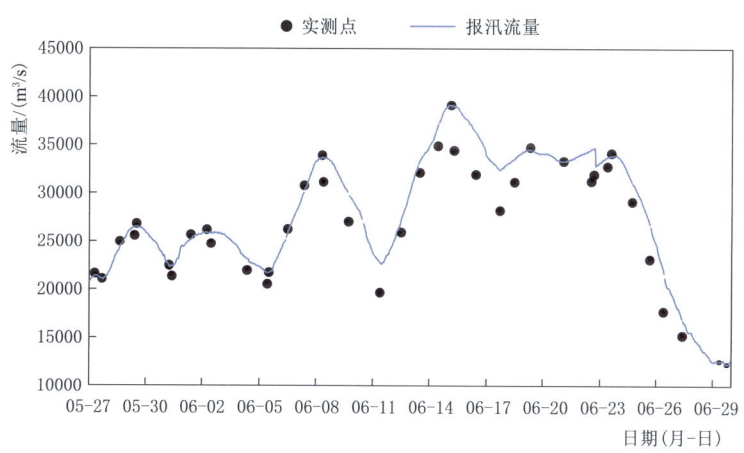

图6.3　西江梧州（四）水文站报汛流量及实测流量对比情况

3. 西江桂粤水文站

桂粤水文站设立于2016年，为广西广东省界水资源监测站，位于广东省肇庆市封开县江口街道，距离上游梧州水文站20km，下游约2km处为贺江、西江汇合口，控制流域面积33.6万km²。本站采用水位-流量关系线法进行报汛，在常规流量监测中采用走航式ADCP进行校测或实时率定。2022年珠江暴雨洪水期间施测55次，其中涨水段共计施测26次，退水段共计施测29次，并抢测到洪峰流量，在西江第1号洪水中抢测到15.70m的高洪水位对应流量25800m³/s；第2号洪水过程中抢测到18.69m的高洪水位流量31300m³/s；第3号洪水过程中抢测到20.75m的高洪水位流量34900m³/s；第4号洪水过程中抢测到20.047m的高洪水位流量34100m³/s。洪水过程期间施测单沙32次，悬移质输沙率（全沙测验）15次。

4. 西江高要水文站

高要水文站设立于1931年，位于广东省肇庆市端州区，为西江干流下游控制站，是国家重要水文站，控制流域面积 35.15 万 km²。本站采用 H-ADCP 在线测流系统施测流量，采用走航式 ADCP 和流速仪法校测或实时率定。2022 年珠江暴雨洪水期间施测 12 次，其中涨水段 9 次，退水段 3 次，并抢测到洪峰流量，其中西江第 2 号洪水期间实测到洪峰流量 39500m³/s。

5. 北江石角水文站

石角水文站设于 1924 年，位于广东省清远市清城区石角镇，控制流域面积约 3.8 万 km²，占北江流域总面积的 82.1%，是北江流域总控制站、国家基本水文站以及中央报汛站，同时也是北江大堤防汛的水情代表站。本站采用 H-ADCP 在线测流系统监测流量，采用走航式 ADCP 和流速仪法校测进行校测或实时率定。2022 年珠江暴雨洪水期间施测 8 次，其中涨水段 4 次，退水段 4 次，北江第 2 号洪水期间石角水文站自 6 月 18 日 8 时起涨，起涨水位 8.20m，于 22 日 10 时 40 分出现洪峰水位 12.24m，超警戒 1.24m（警戒水位 11.00m），监测相应流量 19500m³/s。北江石角水文站报汛流量及实测流量对比情况见图 6.4。

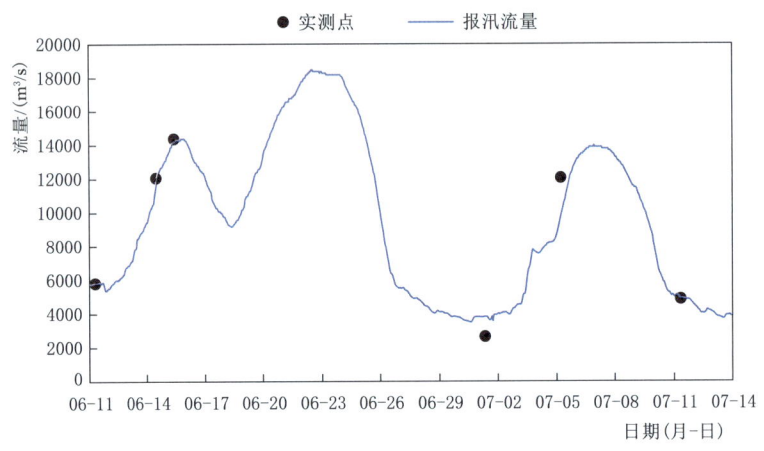

图 6.4 北江石角水文站报汛流量及实测流量对比情况

6. 珠江三角洲马口水文站、三水（二）水文站

三水（二）水文站位于西北江三角洲北江干流水道上段，设立于 1900 年，地处佛山三水区河口镇附近，是北江下游进入珠江三角洲网河区的控制站，其上游 1km 处有思贤滘与西江相通。马口水文站是西江下游进入珠江三角洲网河区的控制站，设于 1915 年，是国家重要水文站，位于佛山市三水区金马大桥上游，往上游约 4.5km 由思贤滘与北江沟通。西、北江洪水经思贤滘调节后，分别经西江干流马口水文站和北江干流三水（二）水文站分流后进入珠江三角洲网河区。两站均采用 H-ADCP 在线测流系统监测流量，采用走航式 ADCP 进行校测。2022 年珠江暴雨洪水期间，受上游来水影响，三角洲控制站马口水文站、三水水文站均出现 4 次涨水过程，尤以第三轮即受西江第 4 号洪水、北江第 2 号洪水影响最大，马口水文站于 6 月 23 日 23 时出现洪峰水位 7.69m，相应流量 43300m³/s，水位超警 47h。北江干流水道三水水文站于 6 月 22 日 22 时出现洪峰水位 8.10m，相应流量 14300m³/s，水位超警 100h。两站洪峰流量均超 20 年一遇的洪峰流量。两站从 5 月 27 日至 7 月 12 日期间各施测 40 次。

6.2 水 文 监 测

7. 珠江三角洲蚬沙（南华）水文站、天河（二）水文站

蚬沙（南华）水文站设立于 1952 年，位于东海水道地处佛山市顺德区均安镇蚬沙村，站点监测水位，西江第 3 号及北江第 2 号洪水期间，南华站测验断面开展了为期 8d（5 月 19—26 日）的应急监测（图 6.5），施测期间抢测到洪峰流量 17600m³/s（6 月 24 日 4 时）。

天河（二）水文站设立于 1952 年，位于西海水道地处江门市棠下镇。该站采用 H-ADCP 及 V5 垂线位置浮鼓 V-ADCP 在线测流系统监测流量，采用走航式 ADCP 进行校测或率定。2022 年 6—7 月共施测 21 次，西江第 3 号及北江第 2 号洪水期间，在该站测验断面开展了为期 8d（6 月 19—26 日）的应急监测，施测期间抢测到洪峰流量为 23000m³/s（6 月 24 日 6 时）。

图 6.5 珠江委水文局在东海水道蚬沙（南华）断面开展应急水文监测

8. 珠江三角洲主要（潮）水位站

珠江三角洲水文站多以水位监测为主，天河（二）站等水文站可在线监测流量，从入汛至 7 月中旬以来，各站水位流量监测过程控制良好，洪峰控制幅度均在精度允许范围。本次对 6 月至 7 月中旬珠江三角洲及口门主要站点实测最高水位及峰现时间进行统计，见表 6.1，受上游西江、北江来水影响，2022 年 6 月 5 日至 7 月 7 日，西江、北江进入三角洲控制站三水（二）水文站、马口水文站出现 4 次涨水过程，以第三轮即受西江第 4 号洪水、北江第 2 号洪水影响最大，两站分别在 6 月 22 日 22 时及 6 月 23 日 23 时出现洪峰水位；而根据 6—7 月报汛水位统计来看，除三水（二）水文站、马口水文站以及北江主要出海通道顺德水道和潭州水道各站外，珠江三角洲主要河道控制站受西江第 3 号洪水、北江第 1 号洪水及天文大潮影响最大，最高洪潮水位出现时间集中在 6 月 15—16 日。八大口门控制站则受第 3 号台风"暹芭"影响较大，大多于 7 月 2 日出现最高潮水位。

表 6.1 珠江三角洲主要控制站 6—7 月最高洪潮水位统计

河名	站名	最高水位/m	出现时间（月-日 时：分）	河名	站名	最高水位/m	出现时间（月-日 时：分）
北江干流	三水（二）	8.10	06-22 22：00	后航道	浮标厂（二）	2.48	06-15 12：05
西江干流	马口	7.69	06-23 23：00	后航道	黄埔（三）	2.43	06-15 11：35
	甘竹	5.39	06-15 15：00	平洲水道	沙洛围（二）	3.44	06-16 12：35
西海水道	天河（二）	5.81	06-15 14：15	磨刀门水道	竹银	2.21	06-16 11：40
	江门	4.25	06-16 13：25		挂定角	2.60	07-02 10：05
东海水道	南华	4.92	06-15 14：00	鸡啼门水道	西炮台	2.18	07-02 11：40
容桂水道	容奇	3.46	06-16 13：00	崖门水道	黄金	2.12	07-02 11：25

续表

河名	站名	最高水位/m	出现时间(月-日 时:分)	河名	站名	最高水位/m	出现时间(月-日 时:分)
小榄水道	小榄（二）	4.26	06-16 13:30	黄茅海	黄冲	2.82	07-02 12:00
顺德水道	三多（二）	5.83	06-22 23:00	横门水道	虎山	2.80	07-02 11:15
潭州水道	紫洞	6.10	06-22 23:00	洪奇门水道	横门	2.04	07-02 11:25
潭州水道	澜石	4.87	06-22 22:00	洪奇门水道	板沙尾	2.94	06-16 12:45
陈村涌	勒竹	3.23	06-15 12:00	蕉门水道	冯马庙（二）	2.91	06-16 11:35
西北涌	老鸦岗（二）	2.71	06-15 13:00	虎门水道	南沙	2.78	07-02 11:55
前航道	中大	2.69	06-15 11:45	虎跳门水道	大虎（二）	2.76	06-16 11:40

注 以报汛资料进行统计。

6.2.2 应急监测

在防汛关键期，为弥补水文测站常规水文监测的不足，珠江委水文局与广西、广东省（自治区）各级水文部门上下联动，积极组织开展洪水的应急监测，以测补报，为进一步摸清洪水形势及后续调度决策部署提供了技术支撑。"22·6"洪水期间，根据雨水情的发展形势，广西壮族自治区水文中心及时启动水文应急响应，各级水文部门共启动295次应急响应（其中一级3次、二级9次、三级72次、四级211次），并组织4次跨区域应急驰援，利用走航ADCP、电波流速仪等仪器设备抢测洪峰特别是超警河段实测流量，测得宝贵的实测流量资料。累计组织安排跨县应急组30个、县域水文中心站应急组146个应急水文站共346个，其中有测流的超警水文站总数为140个，应急监测率（有测流的超警水文站总数/超警水文站总数）达90%以上。应急测流812次，流量测验成果合格率达100%。广西壮族自治区水文部门应急驰援情况见表6.2。北江发生暴雨洪水期间，广东省清远水文分局充分发挥巡测管理优势，日均派出7支约23人的清远水文应急监测队伍，出动水文监测车、船共计超过400批次，全力抢测第一手水文数据。

表6.2　　　　　　　　　广西壮族自治区水文部门应急驰援情况

序号	所属单位	超警河流总数/条	超警水文站总数/个	超警水位站总数/个	有测流的超警水文站总数/个	应急监测率/%
1	南宁水文中心	8	9	2	9	100
2	柳州水文中心	13	14	3	14	100
3	桂林水文中心	43	52	20	52	100
4	梧州水文中心	9	10	3	10	100
5	沿海水文中心	5	4	1	3	75
6	贵港水文中心	17	12	9	12	100
7	玉林水文中心	16	14	9	13	92.9

续表

序号	所属单位	超警河流总数/条	超警水文站总数/个	超警水位站总数/个	有测流的超警水文站总数/个	应急监测率/%
8	百色水文中心	4	1	3	1	100
9	贺州水文中心	11	21	8	12	57.1
10	河池水文中心	13	9	4	8	88.9
11	来宾水文中心	9	6	3	6	100
12	合计	148	152	65	140	92.1

注 应急监测率=有测流的超警水文站总数/超警水文站总数×100%。

6.2.2.1 西江第2号洪水应急监测

1. 应急监测方案及开展情况

为追踪西江2号洪水经大藤峡调度后的演进情况,珠江委水文局与梧州水文中心、肇庆水文分局等上下联动,在充分考虑利用水文站的监测能力的基础上,在柳江、黔江、西江等6条河流的迁江、象州、武宣、桂平、贵港站、大湟江口(二)、梧州(四)、桂粤水文站设置8个监测断面,在大藤峡库区设置濠江口、东乡江口、马来河口、下乡口、滩底口共5处临时水位站。应急监测组成员于6月5日傍晚前完成仪器设备安装,同时间在南沙基地安排组织数据分析人员4人及时分析现场数据,开展数据报送工作,6月9日监测到各站点洪水回落后收测,拆除大藤峡库区5个临时水位站。

本次测验期间在各站每日8时、17时开展一次流量测验,中间紧密跟踪水位变化,发生较大变化及时加测。本次应急监测主要采用走航式ADCP测验仪器监测流量,考虑到大流速下走航式ADCP可能会出现"走底"现象,导致流量偏小,为获取更为准确的高水数据,测验人员为ADCP配备了外接GNSS作为位置参考。

大藤峡水库下游的桂平站日常只监测水位,而且桂平站无渡河设施。本次在桂平站测流断面租用大马力渔船(60匹)在侧舷安装三体船搭载ADCP进行测流,根据该船的动力情况在流量小于23000m³/s时以ADCP走航式为主要测验方法,以ADCP安装在桂平站作为辅助测验方法,利用两者同步测验数据率定测区表面流速系数;在流量大于等于23000m³/s时,以大藤峡坝下交通桥的5探头高洪雷达作为桂平站的主要测验方法,利用前一条件率定的表面流速系数(本次率定结果为0.960),验证该站高洪雷达的高水测验精度。

梧州水文站下游的桂粤水文站高水时水位-流量呈逆时针绳套关系。针对此问题,利用桂粤水文站动力较强的水文测验船适时开展高水流量测验,增加高水时实测流量样本,并结合洪水起涨前站台安装的H-ADCP收集率定的样本,建立桂粤站的代表流速关系。考虑到洪水期间该站含沙量较高,临时增配了高沙条件下适应性更好、声波穿透能力更强的低频走航式ADCP(30万Hz)。

大藤峡库区的5个临时水位站均设立了临时水尺及临时校核水准点,与广西壮族自治区水文中心统一采用1985国家高程基准基面。采用RTK测量应急条件下的临时校核水准点,并与附近水文站的基本水准点复核对比。每个站使用便于安装的气泡压力式水位计进行监测,监测频率为5min/次,监测数据发往珠江委水文局南沙基地水情分中心。

西江2号洪水期间各相关省区迅速响应，及时开展应急监测。6月3—8日，广西壮族自治区水文中心共组织安排跨市应急组6个、跨县应急组11个、中心站应急组41个，应急水文站78个、超警水文站29个、其中应急超警水文站28个、应急监测时机合格率96.6%。应急测流146次，流量测验成果合格率达99.3%。

2. 应急监测各站水文要素特征值

根据本次应急监测期间各站点所监测的水位和流量数据，对各站和临时监测断面的水位和流量特征值进行统计，见表6.3和表6.4。

表6.3　　　　　　　　　　　　　水位特征值统计表

站点	最高水位/m	最低水位/m	平均水位/m
武宣	57.23	51.55	54.79
濠江口	55.58	51.89	54.41
东乡江口	54.84	51.30	53.33
马来河口	54.36	51.13	53.11
下乡口	53.25	49.90	51.76
滩底口	49.19	46.91	48.53
大藤峡坝上	47.76	44.64	45.74

表6.4　　　　　　　　　　　　　流量特征值统计表

站点	最大流量/(m³/s)	最小流量/(m³/s)	平均流量/(m³/s)
迁江	6020	5240	5660
象州	19200	8100	14300
武宣	25700	13400	20300
桂平	25100	12800	19500
贵港	4050	2700	3570
大湟江口（二）	27200	16600	22600
梧州（四）	33700	21600	28300
桂粤	32900	21400	27700

6.2.2.2　北江特大洪水（北江第2号洪水）应急监测

1. 应急监测方案及开展情况

为严密监控"22·6"洪水涨落过程及进入珠江三角洲后的情况，珠江委水文局迅速组织应急监测抢测洪水过程，31名应急监测队员、5艘水文测船和30余台（套）水文监测设备第一时间迅速集结。本次监测主要涉及柳江、郁江、黔江、浔江、西江、北江以及珠江三角洲河口区等流域内的主要河流，西江、北江干流上的水文站在线监测以及地方水文开展的应急监测数据基本满足上游洪水测报需求，故应急监测的重点放在流量站密度较低的珠江三角洲地区，上游测站以收集报汛及实测资料为主。6月18日，各组负责人员同时奔赴天河、南华等主要控制断面以及珠江八大口门测验断面，在大藤峡上游5条支流设

6.2 水 文 监 测

立临时水位站进行水位监测,于 6 月 21 日 8 时所有断面同步开展水文监测,同时组织广西、广东水文部门对梧州、飞来峡、石角、博罗等 16 个珠江主要干(支)流站点和三水、马口等 12 个珠江三角洲主要控制断面联测联报,动态监测水情走势,跟踪监测洪峰位置,分析研判洪水演进速度和主要汊点分流比,相关成果以短信、微信、App 等形式及时推送给相关部门和单位,为防汛工作提供重要的数据支撑。

本次应急监测项目包括潮位、流速、流向、流量、大断面、含沙量等,应急监测断面布设见图 6.6。

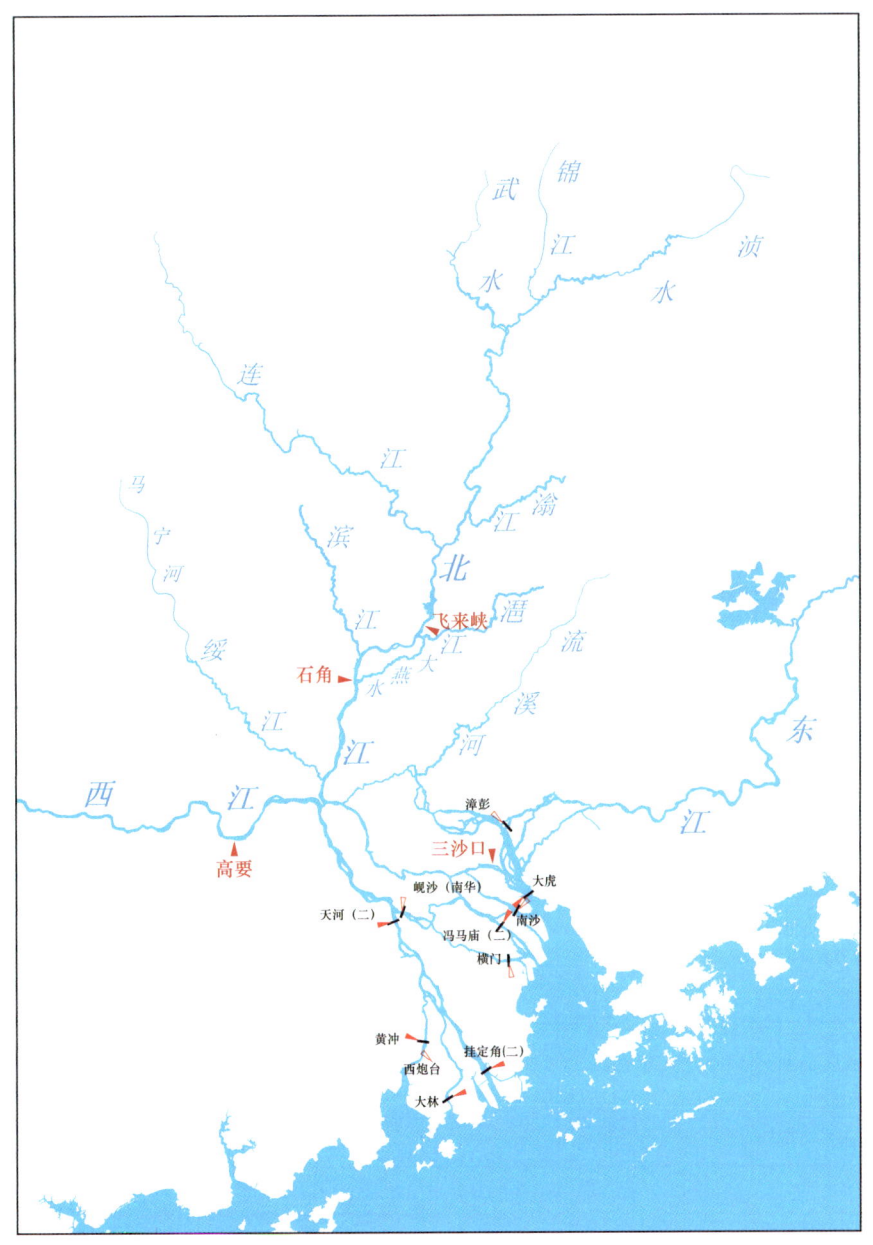

图 6.6 2022 年珠江暴雨洪水应急监测断面布设分布示意图

第6章 水文监测预报预警

（1）恢复大藤峡库区5个临时水位站：濠江口、东乡江口、马来河口、下乡口、滩底口。

（2）测流断面：大虎（二）、南沙、横门、冯马庙（二）、黄冲、挂定角（二）、大林、西炮台、南华、天河（二）、漳彭。

因珠江三角洲河流普遍较宽且航运繁忙，利用测船开展监测是常用手段，但本次应急监测洪期遭遇海事部门封航无法租用船舶开展测验，测验期间仅可调动3艘水文船出动测验，部分断面采用快艇开展测验，故本次测验尽量充分利用现有现代技术设备如自容式ADCP、测流浮鼓、环保部门的H-ADCP等完成流量自动监测，测船主要以巡测为主。流速流向监测采用测船定点测量、浮鼓、自容ADCP、H-ADCP等多种方式测量，流量监测采用水文船搭载走航式ADCP完成，实际监测引用各站汛前准备的大断面测量成果，并在洪水后再次安排一次大断面测量，含沙量监测则通过在水文站台上利用悬移质泥沙采集装置采样后送实验室化验。

2. 应急监测各站水文要素特征值

根据本次应急监测期间各站点所监测的水文和流量数据，对各站和临时监测断面的水位、流量、净泄量特征值进行统计，见表6.5～表6.7。

表6.5　　　　　　　　　应急监测各站（断面）水位特征值统计表

站　点	最高水位/m	最低水位/m	平均水位/m
马口	8.41	7.10	8.07
三水（二）	8.85	7.40	8.52
大虎	1.70	−0.22	0.74
南沙	1.74	0.23	0.96
冯马庙（二）	2.12	1.08	1.56
横门	2.13	0.81	1.34
大林	1.71	−0.42	0.16
挂定角	1.57	0.79	1.19
黄冲	1.57	0.05	0.75
西炮台	1.91	−0.08	0.85
南华	5.61	4.73	5.39
天河（二）	5.75	4.85	5.50
漳彭	1.88	−0.10	0.86
濠江口	57.11	50.85	54.36
东乡江口	56.85	50.51	53.96
马来河口	56.37	50.28	53.57
下乡口	55.81	49.84	52.94
滩底口	53.68	48.68	50.90

6.3 预报预警

表 6.6   应急监测各站（断面）流量特征值统计表

站　点	最大流量/(m³/s)	最小流量/(m³/s)	平均流量/(m³/s)
马口	44600	34000	40700
三水（二）	15000	10800	13800
大虎	29500	−20800	10700
南沙	13300	6900	10700
冯马庙（二）	6000	4960	5590
横门	7560	5320	6400
大林	2960	1590	2340
挂定角	15800	11800	13800
黄冲	6400	−5830	1610
西炮台	3480	1840	2470
南华	17600	14700	16400
天河（二）	23000	15900	19500
漳彭	1570	−1940	249

表 6.7   净泄量特征值统计表

站　点	净泄量/万 m³	站点	净泄量/万 m³
大虎	470510	挂定角	528300
南沙	339800	黄冲	68540
冯马庙（二）	233300	西炮台	94420
横门	267800	南华	626400
大林	89610	天河（二）	750474
马口	1553700	三水（二）	527800

注　统计时间为 2022 年 6 月 21 日 8 时至 6 月 25 日 18 时。

6.3　预报预警

在 2022 年珠江暴雨洪水防御过程中，水文部门充分利用气象预报成果，将洪水预见期延长到 7d，实现对流域洪水发展趋势性预测，为超前调度水库拦蓄洪水提供技术支撑。在此基础上结合气象部门未来 3h 雷达和云图估算降雨预报成果等短临降雨预报产品，及时对流域山洪地质灾害风险点和中小河流暴雨洪水防御提出预报预警，有效提升了灾害防御预警能力。

2022 年珠江暴雨洪水期间，珠江委水文局利用气象洪水业务系统开展洪水预报预警分析工作，每日滚动制作发布未来 7d 珠江流域干支流重要控制断面的洪水趋势预测，并根据降雨和洪水的实际发生情况，加强流域产汇流条件分析，及时调整预报模型参数，提高洪水预报精度，同时加强编号洪水预报预警会商研判，及时向水旱灾害防御等有关部门提供雨水情分析预报材料、向社会公众发布洪水预警。经统计，共发布洪水预报信息1153站次32000余条，报送水情简报51期，发送各类雨水情短信7.03万余条，向社会公众发布洪水预警62次，其中珠江水情预警发布管理办法（试行）发布以来首次发布北江干流石角水文站洪水红色预警。在防御西江、北江、韩江编号洪水期间，洪水趋势预报和编号洪水出现时间预测准确，西江梧州水文站、北江石角水文站、韩江潮安水文站等流域重要控制断面的预报误差均在±10%以内（本节实况水情采用2022年珠江暴雨洪水期间的实时报汛数据），其中西江第3号洪水期间，梧州水文站43h预见期洪峰流量预报误差仅为-0.77%；北江特大洪水期间，飞来峡水库入库洪峰误差仅为0.5%，有力支撑了流域水工程防洪联合调度工作的开展。

广西各级水文部门切实做好水文预警预报信息服务工作，密切关注雨水情，及时分析预报，与时间赛跑，第一时间向自治区、市、县及乡镇党委政府、防汛部门及新闻媒体发布洪水预警预报信息，尽力提高预警预见期，为防汛决策及应急抢险争取更多有效时间，为防汛应急救援调度决策提供了强有力的支撑。此外，强化多层次会商研判，主动与气象、水利等部门沟通，及时掌握最新天气变化以及水利工程调度情况，与水利部信息中心、珠江委水文局、流域上下游省份水文部门等单位会商研判水情趋势，提高水情预测、预警、预报成果的全面性和准确性。并派专人参与自治区防汛抗旱指挥部办公室24h值班驻守，第一时间为指挥部提供指挥调度需要的水情分析信息。

此次洪水过程中，广西各级水文部门共启动295次应急响应（其中一级3次、二级9次、三级72次、四级211次）；发布洪水预警484次（其中红色预警3次、橙色预警14次、黄色预警105次、蓝色预警362次），预警发布率100%，中小河流洪水预警预报预见期达3～24h，制作并发布重要水情信息专报、水情快报等1330余期，发送短信232万余条，通过广西突发事件预警信息发布系统（12379）发布全网短信35次。广西壮族自治区水文中心本级采用洪水预报系统、合成流量及相关图等方法进行预报分析，共发布重要断面洪水预报108站次，预报合格98站次，预报合格率98.3%。

2022年珠江暴雨洪水期间，广东省水文局参与了水库和梯级调度工作，多次提出调度建议，三大水库发挥拦洪、削峰、错峰功能，各梯级提前拉闸放水，有效地减小了洪水。通过错峰调蓄，龙川站削峰率为16%，洪峰水位降低0.63m；河源站近10年一遇天然中洪水削减为水库联合调度后的2年一遇小洪水。

面对暴雨洪水，广东省水文局加强值班值守，综合研判，提前发布洪水风险预警，提前2～24h发布东江、永汉河、公庄河、大席河、浰江、定南水等25条河流的洪水预警预报，共发布65站次洪水预报，其中共发布洪水红色预警1站次，橙色预警5站次，黄色预警20站次，蓝色预警39站次；发布了水情简报159期，水雨情快报700余份，发送预警短信近10万条。广东水文部门扎实有效的技术支撑工作，为地方三防部门抗洪抢险和保障民生争取了宝贵时间。

6.3.1 洪水预报手段及气象预报应用

洪水预报是防洪减灾决策的重要依据，是一项重要的防洪非工程措施。洪水预报分为

6.3 预报预警

洪水趋势预测和洪水精细预报。洪水趋势预测主要通过珠江洪水预报调度系统耦合气象预报产品，利用3~7d降雨数值预报成果开展洪水作业预报实现。因此，气象预报是延长洪水预报预见期的基础，是研判洪水发展趋势的重要依据。经过多年的实践和探索，珠江委水文局针对珠江河流水系特点和珠江委水工程防洪联合调度工作部署，逐步完善流域主要干支流的河系洪水预报方案体系建设，并积极引进国内外主要气象机构降雨数值预报产品，应用于支撑流域水工程防洪联合调度的洪水作业预报[15]。在2022年珠江暴雨洪水防御过程中，重要控制断面的洪水预报准确率均高于90%，精准的洪水预报为流域防汛决策提供了强力支撑，有效避免了洪水灾害。

1. 洪水预报手段

珠江洪水预报调度系统集成了多种洪水预报模型和数理统计分析模型，如三水源新安江产流模型、三水源滞后演算模型、分段马斯京根河道演算模型、神经网络BP模型、潮汐动力模型、相关图模型等，可用于流域暴雨区内多数水文站（水库站）构建洪水预报方案并开展洪水作业预报。现已在珠江流域干支流65条河流113个控制断面建立了洪水预报方案，并根据河流水系特点和水利工程分布情况，搭建了西江、北江、韩江河系洪水预报方案体系，初步实现了以流域为单元的洪水预报与水库调洪演算应用。洪水精细预报主要根据流域实况降雨、短临降雨修正预报、并结合上下游水工程运行调度情况，使用珠江洪水预报调度系统形成初步洪水预报结果，经部、流域、省等各级水文部门共同会商研判，得到的相对统一的洪水预报结论。

珠江洪水预报调度系统功能在历年洪水作业预报实践中得到不断完善，已具有流域雨水情站点批量增加、历史水文资料批量导入、洪水预报方案建立、洪水过程反演分析统计、获取气象机构降雨数值预报、洪水作业预报、预报成果优选发布等功能。在2022年汛前，从广东省气象台引入预报员滚动分析后的精细网格降雨预报订正成果和广东省范围的逐小时雷达估算降雨实况及未来3h雷达估算降雨预报成果，并耦合应用到珠江洪水预报调度系统中，为开展洪水精细预报成果分析提供更多更可靠的数据支撑。

2. 气象预报应用

近年来，珠江委水文局加强与气象部门的沟通交流与合作，增加气象信息基础设施投入，搭建气象水文信息传输专用通道，实现本地获取气象实况和多种模式预报产品直连对接，通过多源信息融合处理形成支撑流域防汛业务的气象水文数据，耦合应用于珠江洪水预报调度系统，大大提升了洪水作业预报效率，有效延长了洪水预见期，满足了流域水工程防洪联合调度工作要求。

珠江委水文局同广东省气象台建成一条双向40M带宽网络专线，有力保障了气象信息的快速联通。目前广东省气象台已提供中国SCMOC模式、欧洲中心ECTHIN模式、气象预报员分析制作的降雨预报订正成果等多种气象预报产品，最大分辨率达到$5km \times 5km$精细网格。目前上述数值降雨预报产品已初步完成与流域洪水预报调度系统的适配处理，作为洪水预报调度系统输入边界条件，可以做出多套未来一周的洪水趋势预测分析成果。从降雨预报产品更新到多源信息融合处理，到洪水预报调度系统耦合应用，再到预报调度模拟结果输出，全流程可在30min内自动完成，在预报调度模拟中需要预报员人机交

第6章 水文监测预报预警

互的情况下也可大大缩短预报调度制作时间，提高了预报作业效率。

6.3.2 西江第1号洪水预警预报

5月21日开始流域降雨逐渐开始增多，水文部门密切关注可能影响流域防洪的降雨过程。5月29日西江上游普降中到大雨，红水河上游支流蒙江、六硐河等地突降短历时暴雨。

由于短历时暴雨主要集中在龙滩库区，龙滩水库入库流量快速增大，5月30日8时入库流量已涨至8830m³/s，5月30日11时西江上游龙滩水库入库流量涨至10900m³/s，编号为"西江2022年第1号洪水"。西江第1号洪水期间，水文部门根据实时降雨情况及时开展洪水作业预报，龙滩水库入库洪峰流量预报相对误差3.67%。

6.3.3 西江第2号洪水预警预报

6月2—9日，西江流域出现两次较强降雨过程，大部地区累计降雨量50～100mm，其中红水河上中游部分地区、柳江上中游、桂江、贺江、西江下游100～250mm，柳江中游部分地区达250～400mm。6月5日21时15分柳江柳州水文站出现洪峰流量17900m³/s，6月6日17时西江中游武宣水文站流量涨至25200m³/s，编号为"西江2022年第2号洪水"，6月8日8时30分西江梧州水文站出现洪峰流量33800m³/s。西江第2场洪水期间，柳州水文站洪峰流量预报相对误差-3.83%，梧州水文站洪峰流量预报相对误差-2.37%，编号洪水出现时间预报准确。

西江第2场洪水期间，5月31日至6月3日的气象部门逐日模式预报显示5月31日至6月4日红水河至柳江一带将有持续中到大雨降雨过程，6月5日雨带将向西江下游移动。6月4日，气象部门调大了6月6—7日西江下游的降雨预报值。水文部门根据气象部门降雨数值预报逐日滚动开展西江干支流主要控制断面未来一周来水预测，5月31日发布西江支流柳江柳州水文站和西江干流梧州水文站将出现明显涨水过程的洪水趋势预测。6月4日上午，水文部门预报柳江柳州水文站将可能于6月6日凌晨出现洪峰流量15800m³/s，黔江武宣水文站将可能于6月7日凌晨流量超过25000m³/s，西江将可能发生第2号洪水。受降雨影响，柳江上游来水快速增加，麻石水库6月4日8时出库流量3960m³/s，同日20时出库流量增加至最大9850m³/s，柳江上游来水流量增幅达148%；柳江支流贝江、龙江来水也明显增加，贝江落久水库6月4日8时最大入库流量5000m³/s，龙江三岔水文站6月4日8时流量1700m³/s，6月5日3时55分涨至过程最大流量5340m³/s。水文部门根据柳江实时雨水情变化，6月4日下午发布柳江洪水蓝色预警（图6.7），6月5日上午更新预报柳江柳州水文站将于6月5日14时出现洪峰流量17600m³/s，黔江武宣水文站将可能于6月6日晚流量超过25000m³/s，西江梧州水文站将可能于6月7日晚出现洪峰流量33000m³/s。6月7日上午，浔江大湟江口水文站流量已涨至27100m³/s，水文部门根据流域雨水情实况和降雨预报发布西江洪峰预报，预报梧州水文站将可能于6月8日凌晨出现洪峰流量32000m³/s，6月7日下午发布西江洪水蓝色预警（图6.8）。西江第2号洪水期间主要控制断面预报情况见表6.8。

6.3 预报预警

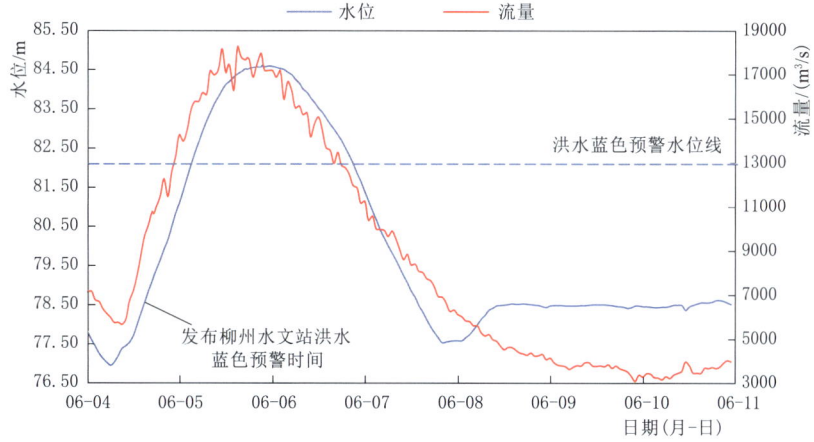

图 6.7　柳江柳州水文站洪水过程线

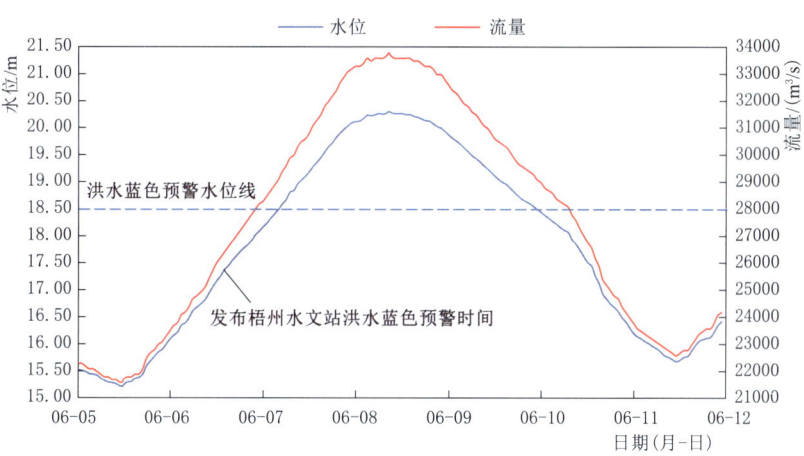

图 6.8　西江梧州水文站洪水过程线

表 6.8　　　　　　西江第 2 号洪水期间主要控制断面预报情况汇总表

预报时间	预报站点	预报依据	预报结论	预报误差
5月31日	柳江、西江	两种气象模式降雨预报5月31日至6月4日红水河至柳江一带将有持续中到大雨降雨过程	西江支流柳江柳州水文站和西江干流梧州水文站将出现明显涨水过程	预报涨水趋势准确
6月4日上午	柳江柳州水文站、黔江武宣水文站、西江梧州水文站	6月2—3日柳江上中游连续出现暴雨至大暴雨。气象部门6月4日调大了6月6—7日的西江下游的气象模式降雨预报	柳江柳州水文站将可能于6月6日凌晨出现洪峰流量15800m³/s，黔江武宣水文站将可能于6月7日凌晨流量超过25000m³/s，西江将可能发生第2号洪水	西江干流预报涨水趋势准确，柳州水文站预报洪峰较实测洪峰偏小，预报峰现时间较实测偏晚

续表

预报时间	预报站点	预报依据	预报结论	预报误差
6月5日上午	柳江柳州水文站、黔江武宣水文站、西江梧州水文站	6月4日降雨实况较预报偏大，两种气象模式降雨预报未来2d西江中下游仍有暴雨，中国模式降雨预报桂江下游可能有大暴雨	柳江柳州水文站将于6月5日14时出现洪峰流量17600m³/s，黔江武宣水文站可能于6月6日晚流量超过25000m³/s，西江梧州水文站将可能于6月7日晚出现洪峰流量33000m³/s	柳江柳州水文站6月5日15时出现洪峰流量17900m³/s，西江梧州水文站6月8日8时30分出现洪峰流量33800m³/s，洪峰流量预报准确，梧州水文站预报峰现时间较实测略偏早

6.3.4 第一次流域性较大洪水（西江第3号和北江第1号）预警预报

6月10—16日，西江、北江、韩江出现两次较强降雨过程。西江降雨主要集中在6月10—14日，累计降雨量一般有50~100mm，其中红水河中下游部分地区、柳江中下游、郁江下游、桂江、贺江、黔江、浔江、西江下游部分地区100~250mm。6月12日20时，梧州水文站水位涨至18.52m，编号为"西江2022年第3号洪水"。6月14日3时柳江柳州水文站出现洪峰流量8330m³/s，6月14日13时15分桂江京南水文站出现洪峰流量8820m³/s，6月15日3时25分西江梧州水文站出现洪峰流量39200m³/s。西江第3号洪水期间，柳州水文站洪峰流量预报相对误差为－0.60%，京南水文站洪峰流量预报相对误差为－3.40%，梧州水文站洪峰流量预报相对误差为0.77%，编号洪水出现时间预报准确。

北江降雨主要集中在6月11—14日，累计降雨量一般有50~100mm，其中北江中游、武江、连江100~250mm，湛江部分地区达250~400mm。6月14日11时30分，北江石角水文站流量涨至12000m³/s，编号为"北江2022年第1号洪水"。6月15日18时北江石角水文站出现洪峰流量14400m³/s，洪峰流量预报相对误差－7.64%。

西江第3号洪水期间，6月10—13日的气象部门逐日模式降雨预报显示6月10—14日西江中下游一带将有持续中到大雨降雨过程，6月13日桂江可能有暴雨天气。6月12日，模式降雨预报调大了6月13日的浔江、桂江的降雨。水文部门根据气象部门降雨数值预报逐日滚动开展西江干支流主要控制断面未来一周来水预测，6月10日上午，预测西江干流及支流柳江、桂江将再次出现明显涨水过程，西江将有可能发生第3号洪水。6月11日下午，发布郁江洪水蓝色预警（图6.9）。6月12日8时梧州水文站水位已涨至17.27m，距离警戒水位还有1.23m，水文部门更新预报6月12日晚梧州水文站将出现超警戒水位。6月12日下午，发布贺江洪水蓝色预警（图6.10）。6月12日下午，发布西江洪水蓝色预警（图6.11）。6月13日上午，水文部门预报柳江柳州水文站、桂江京南水文站将可能于6月14日上午分别出现洪峰流量8280m³/s、8520m³/s，西江梧州水文站将可能于6月15日凌晨出现洪峰流量39500m³/s。6月14日下午水文部门升级发布西江、贺江洪水黄色预警（图6.10、图6.11）。

6.3 预 报 预 警

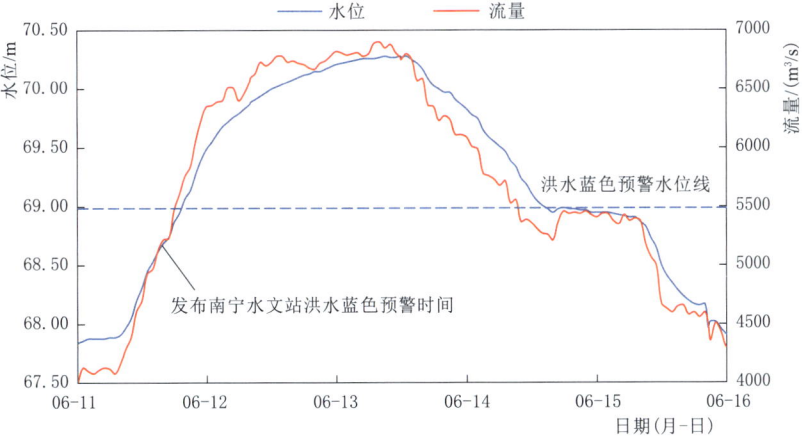

图 6.9　郁江南宁水文站洪水过程线

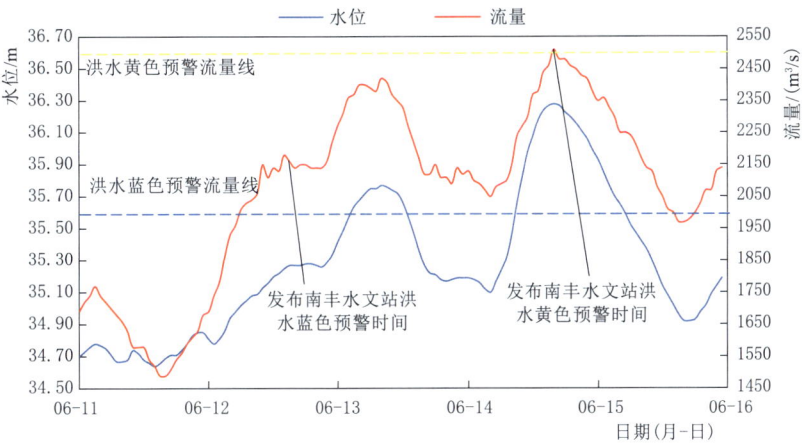

图 6.10　贺江南丰水文站洪水过程线

图 6.11　西江梧州水文站洪水过程线

北江第1号洪水期间，6月11—13日的气象部门逐日模式降雨预报显示6月13—15日的暴雨区在北江上下游之间来回摆动。水文部门根据气象部门降雨数值预报逐日滚动开展北江干支流主要控制断面未来一周来水预测，6月11日上午，水文部门发布北江干流将出现一次明显涨水过程的洪水趋势预测。6月13日8时北江石角水文站流量缓慢增加至7830m³/s，水文部门预计北江石角水文站流量将可能于6月14日下午超过12000m³/s，北江将可能发生2022年第1号洪水。6月14日8时预报石角水文站将可能于6月15日凌晨出现洪峰流量13300m³/s。6月14日中午，水文部门发布北江洪水蓝色预警，6月15日中午升级发布北江洪水黄色预警（图6.12）。

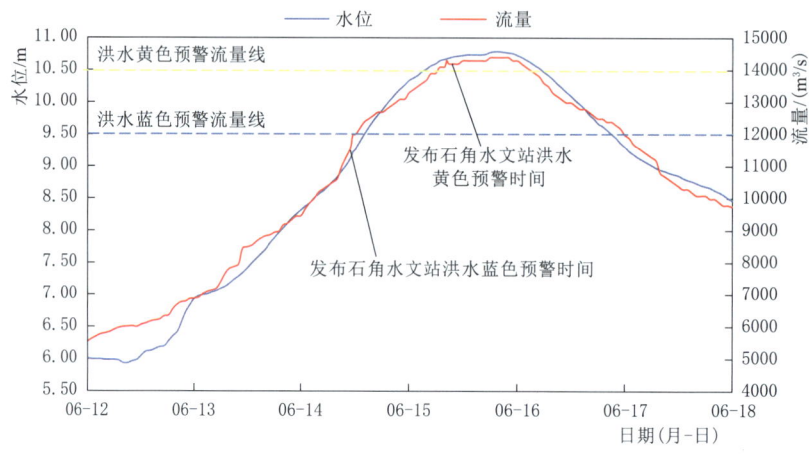

图6.12　北江石角水文站洪水过程线

6月10—17日主要控制断面预报情况见表6.9。

表6.9　　　　　　　6月10—17日主要控制断面预报情况汇总表

预报时间	预报站点	预 报 依 据	预 报 结 论	预报误差
6月10日上午	柳江、桂江、西江	气象模式降雨预报显示6月10—14日西江中下游一带将有持续中到大雨降雨过程，6月13日桂江可能有暴雨天气	预报西江干流及支流柳江、桂江将再次出现明显涨水过程，西江将有可能发生第3号洪水	预报涨水趋势准确
6月11日上午	北江	气象模式降雨预报显示6月13—15日的暴雨区在北江上下游之间来回摆动	预报北江干流将出现一次明显涨水过程	预报涨水趋势准确
6月12日上午	西江梧州水文站	气象部门6月12日调大了6月13日的浔江、桂江的气象模式降雨预报	预报6月12日晚梧州水文站将出现超警戒水位	水位预报准确，西江梧州水文站6月12日20时水位涨至18.52m，编号为"西江2022年第3号洪水"

续表

预报时间	预报站点	预报依据	预报结论	预报误差
6月13日上午	柳江柳州水文站、桂江京南水文站、西江梧州水文站	雨水情实况及气象模式预报更新	预报柳江柳州水文站、桂江京南水文站将可能于6月14日上午分别出现洪峰流量8280m³/s、8520m³/s，西江梧州水文站将可能于6月15日凌晨出现洪峰流量39500m³/s	柳江柳州水文站6月14日3时出现洪峰流量8330m³/s，预报洪峰流量较为准确，预报峰现时间较实测偏晚；桂江京南水文站6月14日13时15分出现洪峰流量8820m³/s；西江梧州水文站6月15日3时25分出现洪峰流量39200m³/s，预报洪峰流量及峰现时间均较为准确
	北江石角水文站	气象模式降雨预报更新	预报北江石角水文站流量将可能于6月14日下午超过12000m³/s，北江将可能发生2022年第1号洪水	北江石角水文站流量于6月14日11时30分涨至12000m³/s，编号为"北江2022年第1号洪水"
6月14日上午	北江石角水文站	雨水情实况及气象模式预报更新	预报北江石角水文站将可能于6月15日凌晨出现洪峰流量13300m³/s	北江石角水文站6月15日18时出现洪峰流量14400m³/s，预报流量较实测略偏小，预报峰现时间偏早

6.3.5 第二次流域性较大洪水（西江第4号和北江第2号）预警预报

6月15—21日，北江、西江出现一次较强降雨过程，北江降雨主要集中在6月16—21日，累计降雨量一般有100～250mm，其中北江上中游250～400mm，北江中游干流、连江、滃江、潖江超过400mm。6月19日12时，北江干流石角水文站流量涨至12000m³/s，编号为"北江2022年第2号洪水"。6月21日16时浈江新韶站出现洪峰流量6120m³/s，6月22日18时连江高道水文站出现洪峰流量8650m³/s，6月22日23时北江干流飞来峡水库出现入库洪峰流量19900m³/s，新韶站洪峰流量预报相对误差—10.13%，高道水文站洪峰流量预报相对误差4.05%，飞来峡入库洪峰流量预报结果基本一致。

西江降雨主要集中在6月15—21日，累计降雨量一般有50～100mm，其中红水河部分地区、柳江、桂江上中游、贺江上中游等地100～250mm，柳江中游、桂江上游达250～400mm。6月19日8时西江梧州水文站水位复涨至20.95m，仍超警戒水位2.45m，编号为"西江2022年第4号洪水"。6月21日6时50分柳江柳州水文站出现洪峰流量16400m³/s，6月22日7时黔江武宣水文站出现洪峰流量24000m³/s，6月23日8时45分桂江京南水文站出现洪峰流量11200m³/s，6月23日16时25分西江梧州水文站出现洪峰流量34000m³/s，柳州水文站洪峰流量预报相对误差—0.61%，武宣水文站洪峰流量预报相对误差—1.67%，京南水文站洪峰流量预报相对误差—0.89%，梧州水文站洪峰流量预报相对误差7.94%。

北江特大洪水期间，6月13—15日气象部门的逐日模式降雨预报均显示6月17—20日北江上中游可能出现持续性暴雨到大暴雨天气。6月16日起，欧洲模式却逐日调小了北江降雨预报，与实际降雨偏差较大。水文部门根据气象部门降雨数值预报逐日滚动开展北江干支流主要控制断面未来一周来水预测，6月17日上午预报北江石角水文站流量将可能于6月18日夜间至19日凌晨超过12000m³/s，北江将可能出现2号洪水，6月18日下午发布北江洪水蓝色预警（图6.13）。6月20日上午，水文部门根据前期雨水情和预报降雨偏差，给出北江将可能发生较大洪水的趋势预测，升级发布北江洪水黄色预警（图6.13）。6月20日16时，北江石角水文站流量增加至15500m³/s，达到大洪水量级，升级发布北江洪水橙色预警（图6.13）。6月21日8时北江上游浈江新韶水文站流量涨至5220m³/s，中游支流连江高道水文站流量涨至6150m³/s，均达到较大洪水以上量级，水文部门开展北江干支流洪峰预报，预报浈江新韶水文站将可能于6月21日下午出现洪峰流量5500m³/s，连江高道水文站将可能于6月22日凌晨出现洪峰流量9000m³/s，北江飞来峡水库将可能于6月22日凌晨出现入库洪峰流量18000m³/s，不考虑飞来峡水库调节，北江石角水文站将可能于6月22日上午出现洪峰流量18500m³/s[16]。6月22日上午，水文部门更新北江洪峰预报结果，预报北江飞来峡水库将可能于6月22日晚出现入库洪峰流量19900m³/s，不考虑飞来峡水库调节，北江石角水文站将可能于6月23日上午出现洪峰流量20100m³/s。6月22日10时15分北江石角水文站流量19500m³/s，达到特大洪水量级，并超过该站历史实测最大值，水文部门升级发布北江洪水红色预警（图6.13），为珠江水情预警发布管理办法（试行）发布以来首次。

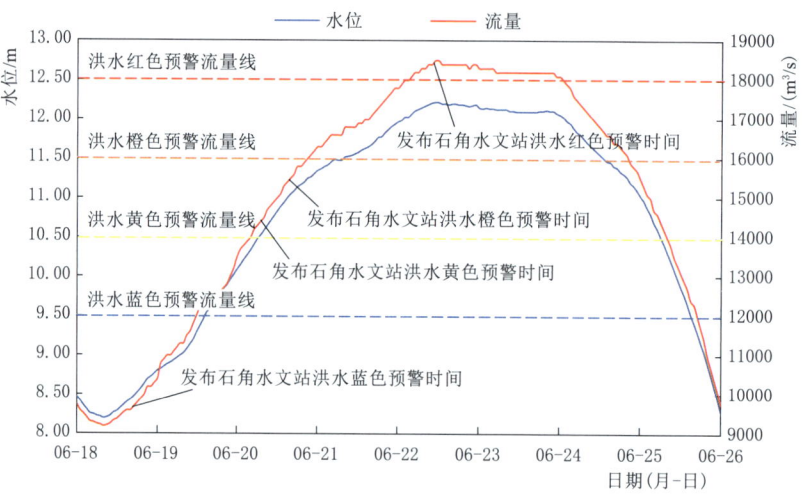

图6.13 北江石角水文站洪水过程线

西江第4号洪水期间，6月15—17日气象部门的模式降雨预报显示6月17—20日柳江、桂江一带将有暴雨到大暴雨过程，实际降雨中心落区偏东偏北，主要集中在桂江上中游一带。降雨中心落区发生变化，导致洪水组成也随之发生变化，西江洪水由原来预报的以柳江、桂江洪水为主，转变为实际的以桂江洪水为主[17]。水文部门根据气象部门降雨数值预报逐日滚动开展西江干支流主要控制断面未来一周来水预测，6月17日上午，水文

6.3 预 报 预 警

部门预计西江中下游干流、支流柳江、桂江未来一周将可能出现较大洪水。6月20日上午预计柳江柳州水文站、桂江京南水文站将可能于6月21日上午分别出现洪峰流量16500m³/s、7300m³/s，黔江武宣水文站将可能于6月22日晚出现洪峰流量26000m³/s。6月20日上午，水文部门发布西江、柳江洪水蓝色预警（图6.14），20日下午升级发布贺江洪水黄色预警（图6.15）。6月21日凌晨，桂江京南水文站流量超过8000m³/s，贺江合面狮水库入库流量已涨至3750m³/s。6月21日上午，水文部门更新预报桂江京南水文站将可能于6月21日下午出现洪峰流量9100m³/s，黔江武宣水文站将于6月22日凌晨出现洪峰流量23600m³/s，根据贺江落地雨情况开展合面狮水库的入库洪峰预报，预计6月21日上午合面狮最大入库流量4200m³/s。由于同期北江发生特大洪水，珠江委调度大藤峡水库拦蓄洪水，成功使西江第4号洪水洪峰没有和北江特大洪水洪峰在珠江三角洲遭遇。根据大藤峡水库调度，6月22日8时滚动开展西江梧州水文站和桂江京南水文站洪峰预报，预计梧州水文站将可能于6月23日上午出现洪峰流量36700m³/s，京南水文站可能于6月23日凌晨出现洪峰流量11100m³/s。

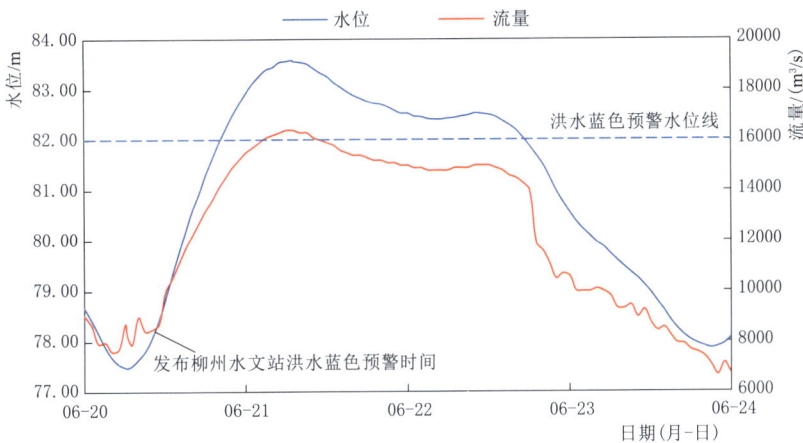

图6.14 柳江柳州水文站洪水过程线

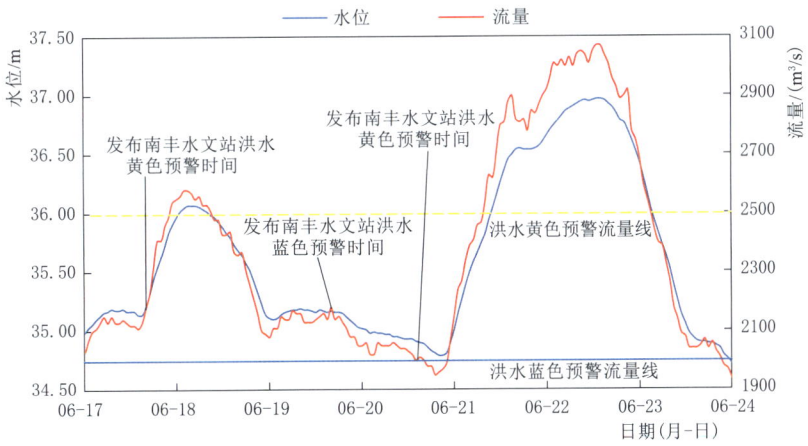

图6.15 贺江南丰水文站洪水过程线

第6章 水文监测预报预警

6月17—22日主要控制断面预报情况见表6.10。

表6.10　　　　　　　　6月17—22日主要控制断面预报情况汇总表

预报时间	预报站点	预报依据	预报结论	预报误差
6月17日上午	北江石角水文站	欧洲气象模式降雨预报北江未来3d有持续强降雨	预报北江石角水文站流量将可能于6月18日夜间至19日凌晨超过12000m^3/s，北江将可能出现2号洪水	预报涨水趋势正确，北江石角水文站6月19日12时流量涨至12000m^3/s，编号为"北江2022年第2号洪水"
	柳江、桂江、西江	气象模式降雨预报显示6月17—20日柳江、桂江一带将有暴雨到大暴雨过程	预报西江中下游干流、支流柳江、桂江未来一周将可能出现较大洪水	预报涨水趋势正确
	北江石角水文站	两种气象模式降雨预报北江未来24h仍有强降雨	北江将可能发生较大洪水	预报涨水趋势正确
6月20日上午	柳江柳州水文站、桂江京南水文站、黔江武宣水文站	气象模式降雨预报显示未来24h西江以大雨为主，柳江、桂江部分地区有暴雨	预报柳江柳州水文站、桂江京南水文站将可能于6月21日上午分别出现洪峰流量16500m^3/s、7300m^3/s，黔江武宣水文站将可能于6月22日晚出现洪峰流量26000m^3/s	柳江柳州水文站6月21日6时50分出现洪峰流量16400m^3/s，柳州水文站预报结果较为准确。桂江京南水文站6月23日8时45分出现洪峰流量11200m^3/s，京南水文站预报洪峰流量较实测偏小，预报峰现时间较实测偏早。黔江武宣水文站6月22日7时出现洪峰流量24000m^3/s，武宣水文站预报洪峰流量略偏大，预报峰现时间偏晚
6月21日上午	浈江新韶水文站、连江高道水文站、北江飞来峡水库、北江石角水文站	两种气象模式降雨预报未来降雨将明显减弱	浈江新韶水文站将可能于6月21日下午出现洪峰流量5500m^3/s，连江高道水文站将可能于6月22日凌晨出现洪峰流量9000m^3/s，北江飞来峡水库将可能于6月22日凌晨出现入库洪峰流量18000m^3/s，不考虑飞来峡水库调节，北江石角水文站将可能于6月22日上午出现洪峰流量18500m^3/s	浈江新韶水文站6月21日16时出现洪峰流量6120m^3/s，新韶水文站预报洪峰流量略偏小，预报峰现时间准确。连江高道水文站6月22日18时出现洪峰流量8650m^3/s，高道水文站预报洪峰流量准确，预报峰现时间偏早。北江飞来峡水库6月22日23时出现最大入库洪峰流量19900m^3/s，飞来峡水库预报入库洪峰偏小，预报峰现时间偏早。北江石角水文站6月22日10时15分出现19500m^3/s，石角水文站预报洪峰流量及峰现时间准确

续表

预报时间	预报站点	预报依据	预报结论	预报误差
6月21日上午	桂江京南水文站、黔江武宣水文站、贺江合面狮水库	6月20日柳江降暴雨，桂江降大暴雨	预报桂江京南水文站将可能于6月21日下午出现洪峰流量9100m³/s，黔江武宣水文站将于6月22日凌晨出现洪峰流量23600m³/s，贺江合面狮水库6月21日上午最大入库流量4200m³/s	桂江京南水文站预报洪峰流量偏小，预报峰现时间偏早。黔江武宣水文站预报洪峰流量及峰现时间精度均优于20日的结果。贺江合面狮水库6月21日8时出现入库洪峰流量4140m³/s，预报准确
6月22日上午	北江飞来峡水库	雨水情实况	北江飞来峡水库将于22日晚出现入库洪峰流量约19900m³/s	北江飞来峡水库入库洪峰预报准确
	桂江京南水文站、西江梧州水文站	雨水情实况	预计西江梧州水文站将可能于6月23日上午出现洪峰流量36700m³/s，桂江京南水文站可能于6月23日凌晨出现洪峰流量11100m³/s	西江梧州水文站6月23日16时25分出现洪峰流量34000m³/s，预报洪峰流量较实测略偏大，峰现时间略偏早。桂江京南水文站预报精度较6月21日进一步提高

6.3.6 北江第3号洪水预警预报

2022年第3号台风"暹芭"6月30日在我国中沙群岛附近的南海中北部海域生成，随后向西北偏北方向缓慢移动，7月2日下午在广东电白沿海登陆，登陆时中心附近最大风力有12级（35m/s，台风级）。受其影响，7月2—6日，北江出现一次较强降雨过程，大部地区累计降雨量100～250mm，其中北江中下游250～400mm，北江中游干流部分地区、连江下游超过400mm。7月5日7时35分，北江干流石角水文站实测流量12000m³/s，编号为"北江2022年第3号洪水"。7月5日21时潖江潖江水文站出现洪峰流量3040m³/s，7月6日9时北江飞来峡水库出现入库洪峰流量13500m³/s，7月6日22时北江石角水文站出现洪峰流量14000m³/s，潖江水文站洪峰流量预报相对误差8.55%，飞来峡入库洪峰流量预报相对误差1.48%，石角水文站洪峰流量预报基本一致，编号洪水出现时间预报准确。

北江第3号洪水期间，7月2—4日气象部门的逐日模式降雨预报随台风预报路径不断调整，但总体降雨预报偏小，仅预报出7月3—4日的日雨量50～100mm暴雨过程。实际7月2—4日北江自下向上游先后出现日雨量100～250mm大暴雨过程。水文部门根据气象部门降雨数值预报逐日滚动开展北江干支流主要控制断面未来一周来水预测，7月3日上午，预计北江干流将出现明显涨水过程。7月4日上午，预计北江石角水文站流量将于7月4日夜间至5日凌晨超过12000m³/s，北江将出现第3号洪水的预报预警。7月5日上午，水文部门开展北江干支流洪峰预报，预报北江中游支流潖江潖江水文站将于7月5日晚出现洪峰流量3300m³/s，北江干流飞来峡水库将于7月6日凌晨出现入库洪峰流量

13700m³/s，北江石角水文站将于7月6日下午出现洪峰流量14000m³/s。7月5日上午，水文部门发布北江洪水蓝色预警（图6.16）。7月6日上午根据飞来峡水文站监测的飞来峡水库出库情况将北江石角水文站出现洪峰的时间修正为7月6日晚。

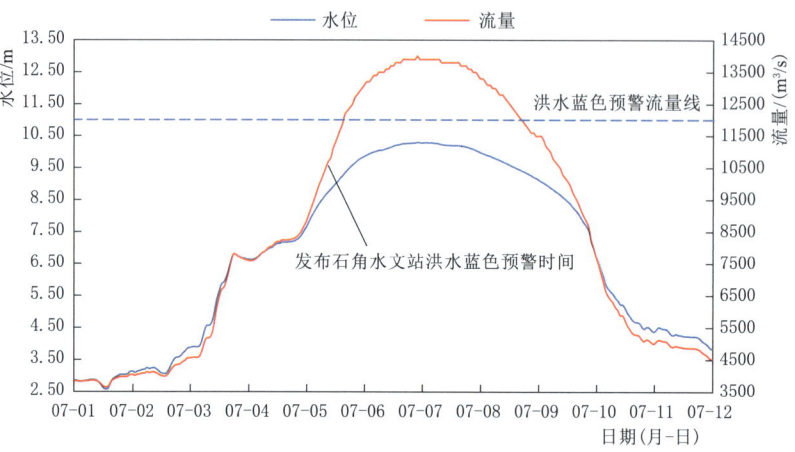

图6.16 北江石角水文站洪水过程线

北江第3号洪水期间主要控制断面预报情况见表6.11。

表6.11 北江第3号洪水期间主要控制断面预报情况汇总表

预报时间	预报站点	预报依据	预报结论	预报误差
7月3日上午	北江	预报台风路径及气象模式预报降雨	预报北江干流将出现明显涨水过程	预报涨水趋势正确
7月4日上午	北江石角水文站	7月2—3日北江自下游向上游先后出现日雨量100～250mm大暴雨过程	预报北江石角水文站流量将于7月4日夜间至5日凌晨超过12000m³/s，北江将出现第3号洪水	北江石角水文站7月5日7时35分流量涨至12000m³/s，编号为"北江2022年第3号洪水"，预报涨水趋势正确
7月5日上午	滃江滃江水文站、北江飞来峡水库、北江石角水文站	雨水情实况	预报滃江滃江水文站将于7月5日晚出现洪峰流量3300m³/s，北江飞来峡水库将于7月6日凌晨出现入库洪峰流量13700m³/s，北江石角水文站将于7月6日下午出现洪峰流量14000m³/s	滃江滃江水文站7月5日21时出现洪峰流量3040m³/s，预报峰现时间准确，预报洪峰流量较实测略偏大。北江飞来峡水库7月6日9时出现入库洪峰流量13500m³/s，预报洪峰流量准确，预报峰现时间略偏早。北江石角水文站7月6日22时出现洪峰流量14000m³/s，预报洪峰流量准确，预报峰现时间略偏早
7月6日上午	北江石角水文站	飞来峡水文站监测的飞来峡水库出库情况	将北江石角水文站出现洪峰的时间修正为7月6日晚	预报准确

6.3.7 韩江第 1 号洪水预警预报

韩江降雨主要集中在 6 月 11—16 日，累计降雨量一般有 100～250mm，其中韩江中游部分地区、汀江下游达 250～400mm。6 月 13 日 14 时，韩江三河坝水文站流量涨至 4890m³/s，编号为"韩江 2022 年第 1 号洪水"。6 月 14 日 18 时汀江棉花滩水库出现洪峰流量 4270m³/s，6 月 17 日 12 时韩江潮安水文站出现洪峰流量 10700m³/s，棉花滩入库洪峰流量预报相对误差-14.52%，潮安水文站洪峰流量预报相对误差 0.93%，编号洪水出现时间预报准确。

韩江第 1 号洪水期间，6 月 11—15 日的气象部门逐日模式降雨预报总体偏小，仅 12 日和 13 日分别预报出 14—15 日梅江至韩江中游的暴雨区，但 13 日汀江中下游暴雨、14 日汀江上游大暴雨、16 日韩江中游暴雨均没有报出。水文部门密切关注韩江洪水编号站点水情变化，根据气象部门降雨数值预报逐日滚动开展韩江干支流主要控制断面未来一周来水预测，6 月 11 日，韩江三河坝水文站水位快速上涨。由于三河坝水文站已受下游高陂水库回水影响，无实时监测流量，珠江委水文局根据韩江河系洪水预报方案演算得到三河坝水文站 6 月 12 日 8 时流量约 4100m³/s，与广东沟通确认三河坝水文站流量未达到韩江编号洪水标准，并根据模式降雨预报，发布韩江洪水趋势预测，预计未来一周，梅江、汀江、韩江干流均可能出现一次明显涨水过程。6 月 13 日 8 时汀江棉花滩入库流量增加至 2310m³/s，6 月 13 日 6 时韩江三河坝水文站流量 4600m³/s。6 月 13 日上午，水文部门预报韩江三河坝水文站流量将可能于 6 月 13 日下午超过 4800m³/s，韩江将发生 2022 年第 1 号洪水。6 月 13 日下午发布汀江洪水蓝色预警（图 6.17），6 月 14 日上午预报汀江棉花滩水库将于 6 月 14 日下午出现洪峰流量 3650m³/s。6 月 14 日下午水文部门根据雨水情变化，以及棉花滩水库最新的调度计划，预报韩江三河坝水文站将于 6 月 15 日凌晨出现洪峰流量 8500m³/s，洪峰水位 46.20m。6 月 15 日上午发布韩江洪水蓝色预警（图 6.18）。水文部门 6 月 17 日上午升级发布韩江洪水黄色预警，并预计 6 月 17 日中午前后潮安水文站将出现洪峰流量 10800m³/s。

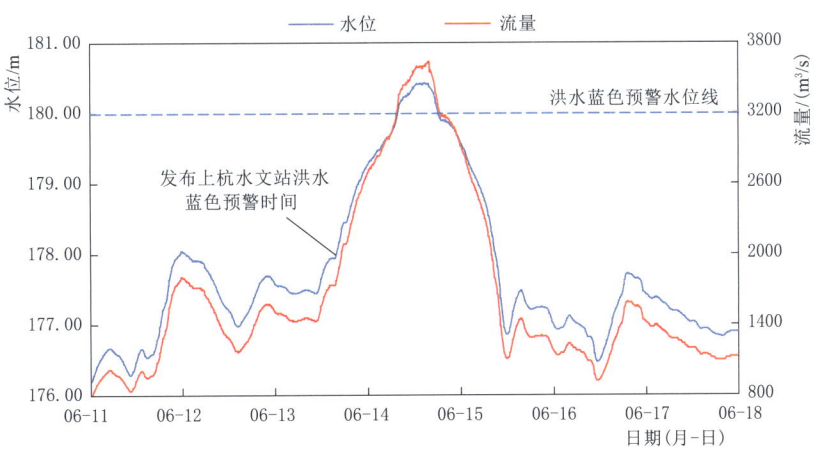

图 6.17　汀江上杭水文站洪水过程线

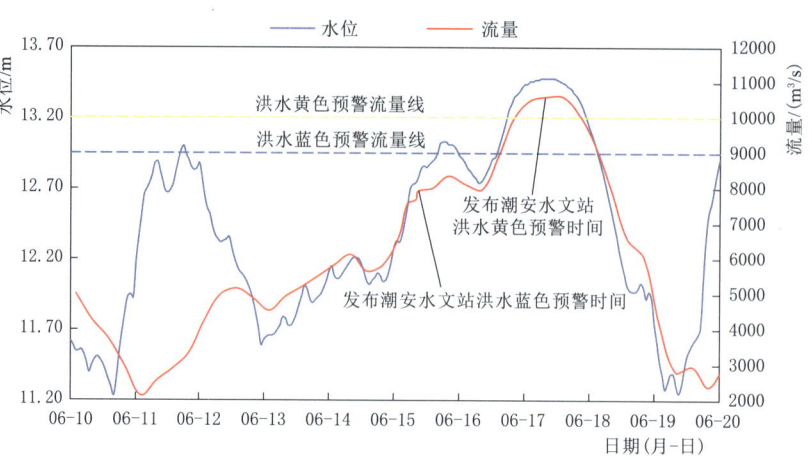

图 6.18　韩江潮安水文站洪水过程线

6月10—17日韩江主要控制断面预报情况见表 6.12。

表 6.12　　　　　　6月10—17日韩江主要控制断面预报情况汇总表

预报时间	预报站点	预报依据	预报结论	预报误差
6月13日上午	韩江三河坝水文站	雨水情实况及气象模式预报更新	预报韩江三河坝水文站流量将于6月13日下午超过4800m³/s，韩江将发生2022年第1号洪水	流量预报准确，韩江三河坝水文站流量6月13日14时涨至4890m³/s，编号为"韩江2022年第1号洪水"
6月14日上午	汀江棉花滩水库	雨水情实况及气象模式预报更新	预报汀江棉花滩水库于6月14日下午出现洪峰流量3650m³/s	汀江棉花滩水库6月14日18时出现最大入库流量4270m³/s，峰现时间预报准确，洪峰流量较实测略偏小
6月14日下午	韩江三河坝水文站	雨水情实况以及棉花滩水库最新的调度计划	预报韩江三河坝水文站将于6月15日凌晨出现洪峰流量8500m³/s，洪峰水位46.20m	韩江三河坝水文站6月17日4时出现洪峰水位46.48m，预报洪峰较实测值略偏小，预报峰现时间较实测偏早
6月17日上午	韩江潮安水文站	雨水情实况以及棉花滩水库最新的调度计划	预计6月17日中午前后潮安水文站将出现洪峰流量10800m³/s	韩江潮安水文站6月17日12时出现洪峰流量10700m³/s，预报准确

第 7 章 结 论 与 建 议

7.1 结论

7.1.1 暴雨分析

2022年珠江暴雨洪水期间降雨主要呈现强降雨历时长、强降雨影响范围广、强降雨落区重叠度高、短历时降雨强度大、强降雨累计雨量大等特点。2022年珠江暴雨洪水期间，珠江流域（片）共出现11场强降雨过程，强降雨历时长达近50d。2022年珠江暴雨洪水期间珠江流域（片）累计降雨量超过400mm、250mm、100mm的笼罩面积分别占珠江总面积的76%、98%、100%，影响范围广，涉及流域多个省（自治区）。强降雨主要发生在黔江、柳江、浔江、桂江、西江下游和北江等流域中北部地区，降雨落区高度重叠。珠江流域（片）部分地区短历时降雨强，3h降雨量、1h降雨量均有站点出现超过100年一遇量级。2022年珠江暴雨洪水期间，珠江流域西江、北江、东江以及韩江流域降雨量较常年同期偏多3成～1.2倍，北江和韩江流域均列1961年有资料以来同期第一位，西江、东江累计面雨量均列1961年有资料以来同期第四位。

从目前获得的资料和分析成果来看，与2022年6月珠江暴雨可能有比较直接关系的气候背景因素主要有南海夏季风爆发偏早、拉尼娜事件持续发生等。2022年南海夏季风爆发时间较常年同期偏早，提前为珠江输送暖湿气流，为持续强降雨天气创造了水汽条件，是造成洪水发展期流域主要江河水位持续上涨、洪水关键期伊始河流底水较高的重要气候背景。2020—2022年，赤道中东太平洋持续发生的拉尼娜事件，2022年已是连续第二个拉尼娜年，2022年春季拉尼娜事件衰减，但5月呈现阶段性加强的趋势，这为珠江入汛偏早、汛期降雨不确定性增加提供了重要的气候背景。

从大气环流背景分析成果来看，2022年珠江暴雨洪水的强降雨过程与亚欧中高纬环流变化、西太平洋副热带高压偏西有较大关联。2022年5月以来亚欧中高纬度地区大气环流经向度大，西风带波动明显，导致冷空气接踵南下，在珠江上空频繁活动。从总体上看，2022年6月西太平洋副热带高压位置偏西且较为稳定，珠江流域处于副热带高压西北侧的西南流场中，致使冷暖空气在珠江流域上空频繁交汇，是导致6月中下旬出现暴雨洪水关键期的重要大气环流背景之一。

从天气系统分析成果看，切变线频现使得水汽高度汇聚，台风影响范围与北江强降雨落区高度重叠。2022年6月，珠江流域范围内多次出现切变线，并且由于切变线较为稳定，持续时间长，强盛的西南暖湿气流为该地区源源不断地输送水汽，并在切变线南侧堆积然后抬升，进而形成持续性强降雨。2022年7月2日15时珠江初台在广东电白沿海登陆，登陆时间恰逢北江特大洪水退水阶段，受台风"暹芭"及其外围环流影响，7月1—5

日，流域中东部出现一次较强降雨过程，与北江特大洪水洪峰段的降雨过程（6月18—21日）量级相当，降雨落区基本一致，强降雨落区高度重叠，北江干流复涨，再次发生编号洪水。

7.1.2 洪水分析

2022年珠江暴雨洪水具有历时长、频次高、量级大、干支流洪水遭遇等特点。西江、北江、韩江共发生8次编号洪水，其中西江4次、北江3次、韩江1次，除北江第3号洪水为台风雨所致，其余7次编号洪水均为锋面雨所致。西江和北江编号洪水总数列新中国成立以来第一位，其中西江第3号洪水与北江第1号洪水遭遇形成流域性洪水，西江第4号洪水与北江第2号洪水遭遇再次形成流域性洪水，两次流域性洪水仅相隔5d，北江第2号洪水为仅次于"1915·7"特大洪水。

2022年珠江暴雨洪水主要历经三个阶段：5月下旬至6月中旬洪水发展期，西江中北部强降雨持续并扩展至北江等地，江河底水逐渐抬高，形成第1场流域性洪水；6月中下旬洪水关键期，强降雨带在柳江、桂江、北江等地东西摆动，形成第2场流域性洪水，西江第3号、第4号洪水衔接导致下游干流长时间维持高水位，北江第2号洪水急剧发展为特大洪水；6月下旬至7月上旬洪水退水期，北江受台风"暹芭"降雨影响再次发生编号洪水。

从洪水遭遇组成来看，2022年珠江暴雨洪水期间，西江降雨主要集中在黔江、柳江、桂江、浔江等地，强降雨带来回摆动，洪水组成以中下游洪水为主，洪水量级不大但干流高水位持续时间长。北江降雨集中在中下游，锋面雨叠加台风雨，3次编号洪水主要来源于中下游，以支流连江和北江中下游干流区间来水为主。

西江第1号洪水主要来源于上中游，上游龙滩水库拦蓄上游洪水，避免了红水河洪水与柳江洪峰遭遇，西江中下游干流洪峰主要由中游支流柳江洪峰传播叠加区间洪水形成，受5月25—30日降雨影响，西江上游干流红水河、中游干流黔江和浔江、中游支流柳江均出现了明显的洪水过程。红水河龙滩水库5月30日11时出现入库洪峰流量10900m³/s，西江梧州水文站6月2日4时15分出现洪峰流量25300m³/s。

西江第2号洪水主要来源于中游柳江和桂江，支流洪水快速汇集，抬高西江中下游干流底水，梧州水文站出现2022年首次超警洪水。受6月2—9日降雨影响，西江中游黔江和浔江，中游支流柳江、桂江、蒙江出现明显的洪水过程，6月7日20时出现洪峰流量32100m³/s。

西江第3号洪水主要来源于中下游，北江第1号洪水主要来源于中游，韩江第1号洪水主要来源于上游。受6月10—14日降雨影响，西江红水河龙滩以下干流河段，中游干流黔江和浔江，中游支流郁江、桂江、蒙江；北江中下游干流、北江上游支流武江、中游支流连江出现明显的洪水过程；西江梧州水文站6月14日17时35分出现洪峰流量35200m³/s，北江石角水文站6月15日18时出现洪峰流量14400m³/s。受6月10—17日降雨影响，韩江上游梅江、支流汀江、韩江干流均出现了明显的洪水过程，潮安水文站6月17日6时50分出现洪峰流量10500m³/s，为2008年以来最大流量。

北江特大洪水主要来源于上中游，西江第4号洪水主要来源于中下游，造成西江下游河段长时间持续高水位,珠江连续出现流域性较大洪水。受 6 月 15—21 日降雨影响,西江中游干流黔江和浔江,中游支流郁江、桂江、蒙江出现明显的洪水过程,梧州水文站 6 月 23 日 16 时 25 分出现洪峰流量 33100m³/s。北江干流、中游支流连江出现特大洪水过程,干流飞来峡水库 6 月 22 日 23 时出现入库洪峰流量 19900m³/s,重现期超 100 年(100 年一遇洪峰流量为 19200m³/s),为 1915 年之后最大入库流量;石角水文站 6 月 22 日 10 时 40 分出现最大流量 19500m³/s,为 1924 年建站以来的实测最大洪水。

北江第 3 号洪水主要来源于中游。受 7 月 1—7 日降雨影响,北江中下游干流、北江中游支流连江、滃江出现了明显的洪水过程。石角水文站 7 月 6 日 21 时 30 分出现洪峰流量 15000m³/s。

与"1998·6"流域性特大洪水和"2005·6"流域性特大洪水比较,在洪水量级方面,2022 年珠江暴雨洪水连续出现两次流域性洪水,历史罕见,西江、北江洪水洪量大,北江洪水洪峰量级大;在洪水形态方面,2022 年珠江暴雨洪水期间,西江洪水和北江洪水呈现罕见的连续多峰形态,干流主要控制站长期处于高水位状态;在洪峰水文要素方面,2022 年珠江暴雨洪水期间,流域内部分江河站点洪峰流量大,北江特大洪水与西江较大洪水叠加影响,导致珠江三角洲思贤滘出现大洪水;在洪水组成方面,2022 年珠江暴雨洪水组成更加复杂,西江梧州水文站洪水主要来源于红水河、柳江和桂江,北江为全流域型洪水。

比较分析 2022 年珠江暴雨洪水期间编号洪水过程,西江第 1 号洪水为上中游型洪水,梧州水文站洪水洪峰最低;西江第 2 号洪水为单峰洪水,梧州水文站峰型最为对称,洪水洪量最小;西江第 3 号洪水梧州水文站洪峰水位最高、洪峰流量最大;西江第 4 号洪水梧州水文站历时最长、场次洪量最大,初始水位、流量为 4 场洪水中最大。北江石角水文站第 1 号洪水历时最短,洪水洪量最小;石角水文站第 2 号洪水洪峰水位最高、洪峰流量最大、洪水历时最长、场次洪量最大,初始水位、流量最大;第 3 号洪水由台风雨造成,洪水期间西江处于退水阶段,石角水文站洪峰水位和流量最小,区间来水比例最小,初始水位、流量最小。

2022 年珠江暴雨洪水期间,西江洪水虽然量级不大,但是持续时间长达 1 个多月,从西江第 1 号洪水开始到西江第 4 号洪水结束,多数站点洪水历时久、超警戒水位时间长,其中西江梧州水文站洪水总历时 859h,相当于 35.8d。北江第 1 号洪水和第 2 号洪水期间石角水文站洪水总历时约 14d,并且北江洪水量级较大,在北江特大洪水(第 2 号洪水)期间,北江多个站点重现期达到了 100 年左右,多个站点发生超历时实测纪录洪水。

经洪水还原分析,如水库不进行调节:西江 2022 年第 1 号洪水期间,西江梧州水文站将会在 6 月 2 日 20 时前后出现 18.37m 的洪峰水位,相应流量 30100m³/s,此次洪水经水库调节后,削减梧州洪峰流量 4800m³/s,降低梧州洪峰水位 1.20m;西江 2022 年第 2 号洪水过程期间,西江梧州水文站将会在 6 月 8 日 8 时前后出现 21.81m 的洪峰水位,相应流量 37100m³/s,此次洪水经水库调节后,削减梧州洪峰流量 5000m³/s,降低梧州洪峰水位 1.50m;西江 2022 年第 3 号洪水过程期间,西江梧州水文站将会在 6 月 15 日 2 时前后出现 23.21m 的洪峰水位,相应流量 37700m³/s,此次洪水经水库调节后,削减梧州洪峰流量 2500m³/s,降低梧州洪峰水位 0.90m;北江 2022 年第 1 号洪水过程期间,北江石角水文站将会在 6 月 15 日 18 时前后出现 11.14m 的洪峰水位，相应流量 15400m³/s，此次洪水经水库调节后，削减石角水文站洪峰流量 1000m³/s，降低石角水文站洪峰水位 0.40m；韩江 2022 年第 1 号洪水过程期间，经棉花滩水库调度，削减溪口水文站洪峰流量 2140m³/s，降低水位 3.40m。西江 2022 年第 4 号洪水过程期间，西江梧州水文站将会在 6 月 23 日 16 时前后出现 23.53m 的洪峰水位，相应流量 39100m³/s，此次洪水经水库调节后，削减梧州洪峰流量 6000m³/s，降低梧州洪峰水位 1.80m；北江 2022 年第 2 号洪水过程期间，北江石角水文站将会在 6 月 22 日 11 时前后出现 13.08m 的洪峰水位，相应流量 22400m³/s（不考虑潖江蓄滞洪区分洪），超 100 年一遇，经过水库调度和蓄滞洪区的运用，成功将超 100 年一遇的特大洪水降低为接近 100 年一遇的特大洪水；北江 2022 年第 3 号洪水过程期间，北江石角水文站将会在 7 月 6 日 22 时前后出现 10.78m 的洪峰水位，相应流量 15100m³/s。

7.1.3 水库防洪作用

2022 年珠江暴雨洪水期间，珠江委坚持以流域为单元，统筹全局，强化统一调度。西江首次实现干支流五大库群 24 座水库联合防洪调度，北江首次启用潖江蓄滞洪区与飞来峡等水库、分洪闸联合防洪调度，有效减轻了防护对象的防洪压力。

北江特大洪水期间，通过飞来峡、乐昌峡、南水水库、锦江（仁化）水库等水库群和蓄滞洪区联合调度，有效拦洪削峰。通过乐昌峡的拦蓄，削减韶关水文站洪峰流量 1090m³/s，降低韶关水文站洪峰水位 0.80m，削减飞来峡水文站洪峰流量 400m³/s，降低飞来峡水文站洪峰水位 0.14m。通过锦江（仁化）水库和湾头的错峰，削减新韶水文站洪峰流量 120m³/s，降低韶关水位 0.10m。通过调度小坑水库，削减韶关站洪峰流量 70m³/s。通过调度南水水库，削峰率达 92.3%，削减飞来峡水文站洪峰 400m³/s，降低飞来峡水文站洪峰水位 0.14m。通过飞来峡水库拦蓄，削减飞来峡水文站洪峰流量 1100m³/s 左右，降低石角断面洪峰水位 0.37m。

第一次流域性较大洪水期间，动用西江上中游水库群拦蓄西江洪水错北江洪峰，通过北江飞来峡等水库拦蓄北江洪水。天生桥一级、光照、龙滩、岩滩、百色西江上中游水库群联合调度，共计拦蓄洪量 12.90 亿 m³，削减西江干流梧州洪峰流量 2500m³/s，降低水位 0.90m。北江第 1 号洪水期间，飞来峡水库预泄腾空库容 1.78 亿 m³，拦蓄洪量 1.48 亿 m³，干支流其他水库共计拦蓄洪量 1.00 亿 m³，通过北江水库群联合调度，削减北江干流石角洪峰流量 1000m³/s，降低水位 0.40m。西北江水库联合调度后，削减思贤滘洪峰流量 2300m³/s，有效减轻了珠江三角洲的防洪压力。

第二次流域性较大洪水期间，西江通过西江干支流水库群联合调度共计拦蓄洪量 38.00 亿 m³，削减梧州水文站洪峰流量 6000m³/s，降低梧州河段水位 1.80m，有效减轻了西江中下游沿线防洪压力。西江水库群优化调度后，西江洪水传播至三角洲西滘口的峰现时间比北江洪水传播至北滘口的峰现时间晚 38h，避免了西北江洪峰遭遇。北江飞来峡水库预泄腾空库容 0.14 亿 m³，拦蓄洪量 5.72 亿 m³，干支流其他水库共计拦蓄洪量 3.548 亿 m³，潖江蓄滞洪区滞洪 2.34 亿 m³，通过北江水工程联合调度，削减韶关水文站洪峰流量 1090m³/s，降低水位 0.80m，削减石角水文站洪峰流量 2900m³/s、降低水位

0.68m。西北江水库联合调度后，削减思贤滘洪峰流量6200m³/s，降低珠江三角洲西干流水位0.40m，在思贤滘增加北江过西江流量800m³/s，降低珠江三角洲北干流水位0.33m，思贤滘断面流量北江向西江分流现象明显，为北江洪水宣泄提供了空间和时间，同时将珠江三角洲洪水全线削减到堤防防洪标准以内。

东江第1号洪水经枫树坝、新丰江、白盆珠三库联合调度后频率降至2年一遇，经还原计算后的洪峰流量可达到编号洪水标准。

韩江第1号洪水期间，干支流水库群共计拦蓄洪量2.93亿m³，其中汀江棉花滩水库拦蓄洪量2.06亿m³，削峰率37.2%，降低大埔茶阳镇淹浸深度约2m；石窟河长潭水库拦蓄洪量0.45亿m³；宁江合水水库拦蓄洪量0.19亿m³；五华河益塘水库拦蓄洪量0.23亿m³。经棉花滩水库调度，削减溪口洪峰流量2140m³/s，降低水位3.40m。

7.1.4 水文监测预报预警

在2022年珠江暴雨洪水防御过程中，珠江委水文局会同流域相关省（自治区）水文部门对柳州、武宣、大湟江口、梧州、高要、石角、三水、马口、天河等流域重要断面开展监测分析，坚持"预"字当先，实时跟踪天气形势发展变化，强化气象水文预报耦合，预报分析"降雨-产流-汇流-演进"全过程，精细把握洪水发生、发展的各节点，以流域为单元，统筹考虑上下游、左右岸、干支流暴雨洪水发展变化，滚动研判"流域-干流-支流-断面"汛情趋势，对重点保护对象和关键控制断面的水位、流量等要素作出精准预报，及时发布洪水预警，充分发挥了水文"尖兵"和"耳目"的作用，为成功防御2022年珠江暴雨洪水提供强有力的技术支撑。

2022年西、北江相继发生大洪水，为确保应对大洪水"测得准、报得出"，各级水文部门结合测站实际情况开展了洪期水文抢测工作；考虑到西、北江洪水遭遇后进入流量自动监测密度较低的珠江三角洲网河区，洪水演进情况异常复杂，珠江委水文局联合省（自治区）水文部门适时开展水文应急监测，"以测补报"，为提高实时预报精度提供支撑，也会为今后更好支撑防御工作留下宝贵的洪水演进过程资料。

2022年珠江暴雨洪水期间，根据雨水情的发展形势，广西壮族自治区水文中心及时启动水文应急响应，并组织4次跨区域应急驰援，利用走航ADCP、电波流速仪等仪器设备抢测洪峰特别是超警河段实测流量，测得宝贵的实测流量资料。累计组织安排跨县应急组30个、县域水文中心站应急组146个，应急水文站共346个，其中有测流的超警水文站总数为140个、应急监测率（有测流的超警水文站总数/超警水文站总数）达90%以上。应急测流812次，流量测验成果合格率达100%。北江发生暴雨洪水期间，广东省清远水文分局充分发挥巡测管理优势，日均派出7支约23人的清远水文应急监测队伍，出动水文监测车、船共计超过400批次，全力抢测第一手水文数据。

在2022年珠江暴雨洪水防御过程中，各级水文部门充分利用气象预报成果，将洪水预见期延长到7d，实现对流域洪水发展的趋势性预测，为超前调度水库拦蓄洪水提供技术支撑。在此基础上结合广东省气象台的未来3h雷达和云图估算降雨预报成果等短临降雨预报产品，及时对流域山洪地质灾害风险点和中小河流暴雨洪水防御提出预报预警，有效提升了灾害防御预警能力。

第7章 结论与建议

2022年珠江暴雨洪水期间,珠江委水文局利用气象洪水业务系统开展洪水预报预警分析工作,每日滚动制作发布未来7d珠江流域干支流重要控制断面的洪水趋势预测,并根据降雨和洪水的实际发生情况,加强流域产汇流条件分析,及时调整预报模型参数,提高洪水预报精度,同时加强编号洪水预报预警会商研判,及时向水旱灾害防御等有关部门提供雨水情分析预报材料,向社会公众发布洪水预警。经统计,共发布洪水预报信息1153站次32000余条,报送水情简报51期,发送各类雨水情短信7.03万余条,向社会公众发布洪水预警62次,其中珠江水情预警发布管理办法(试行)发布以来首次发布北江干流石角水文站洪水红色预警。在防御西江、北江、韩江编号洪水期间,洪水趋势预报和编号洪水出现时间预测准确,西江梧州水文站、北江石角水文站、韩江潮安水文站等流域重要控制断面的预报误差均在±10%以内,其中西江第3号洪水期间,梧州水文站43h预见期洪峰流量预报误差仅为-0.77%;北江特大洪水期间,飞来峡水库入库洪峰误差仅为0.5%,有力支撑了流域水工程防洪联合调度工作的开展。

广西各级水文部门切实做好水文预警预报信息服务工作,密切关注雨水情,及时分析预报。广西各级水文部门共启动295次应急响应(其中一级3次、二级9次、三级72次、四级211次);发布洪水预警484次(其中红色预警3次、橙色预警14次、黄色预警105次、蓝色预警362次),预警发布率100%,中小河流洪水预警预报预见期达3~24h,制作并发布重要水情信息专报、水情快报等1330余期,发送短信232万余条,通过广西突发事件预警信息发布系统(12379)发布全网短信35次。广西水文中心本级采用洪水预报系统、合成流量及相关图等方法进行预报分析,共发布重要断面洪水预报108站次,预报合格98站次,预报合格率98.3%。

广东省水文局加强值班值守,综合研判,提前发布的洪水风险预警,提前2~24h发布东江、永汉河、公庄河、大席河、浰江、定南水等25条河流的洪水预警预报,共发布65站次洪水预报,其中共发布洪水红色预警1站次,橙色预警5站次,黄色预警20站次,蓝色预警39站次;发布了水情简报159期,水雨情快报700余份,发送预警短信近10万条。广东水文部门扎实有效的技术支撑工作,为地方三防部门抗洪抢险和保障民生争取了宝贵时间。

7.2 建议

(1)夯实珠江现代化水文站网基础。加大流量在线监测仪器研发及应用力度,实现适应流域水工程调度预报需要更加可靠的实时流量自动监测。推进上下游水文水库站点报汛流量在线整编,及时向测站、终端反馈错报信息,逐步提高报汛质量。填补重要水工程水文监测空白,增补水库入库控制站、无控区间特别是河道型水库的水位监测站点,不断拓宽水文监测领域和覆盖范围,逐步提升超标准洪水测报能力。

(2)完善流域河系预报方案体系建设。继续推进西江、北江、东江、韩江4大水系河系洪水预报方案建设,收集对流域洪水灾害防御水工程联合调度预报影响较大的重要水工程历史水情信息和库区水文站点雨水情信息,搭建与优化重要水库的入库洪水预报方案和调洪演算方案。加强流域上游岩溶区产汇流预报和流域下游网河区感潮河段洪水预报和洪水演进方案研究，充分利用最新研究逐步推进流域全河系预报方案体系建设。加强对集水面积在 $50km^2$ 以下的冲沟洪水分析研究，充分利用已建成的中小河流监测成果，逐步探索构建中小河流洪水与面雨量、1h、2h、3h雨强关系。

（3）开展在线率定流域洪水预报模型参数。及时分析复盘前一场暴雨洪水过程，当洪水预报模型反演效果不理想时，比较未来预报降雨过程的暴雨中心与前一场暴雨中心的相似程度，以及区间水电站的蓄水情况和调度运行计划，开展洪水预报模型参数（特别是汇流参数）的分析调整，用于后续洪水过程预报。根据洪水预报模型参数分析调整需要，完善流域洪水预报系统功能，开展在线率定流域洪水预报模型参数，进一步提高洪水预报效率和精度。

（4）加强流域库群的河库一体化精准联合调度研究。通过以历史洪水为蓝本，分析研究在现有天生桥、龙滩、百色水利枢纽等流域控制性水库调度条件下，所产生的西江梧州河段洪水情况，进而制定出较为可靠的西江流域库群的河库一体化精准联合调度规程，为今后的西江流域库群的河库一体化精准联合调度提供规程支撑。随着北江流域上游乐昌峡、湾头等水库建设完成，流域蓄泄关系发生了显著的变化，再加上部分水库库区存在移民应迁未迁问题，设计防洪能力未能充分发挥，对水库调度、人员转移等工作提前部署造成一定的困难，现阶段水库防洪库容运用受限。建议进一步加强飞来峡水库、乐昌峡水库库区的淹没调查分析工作，推进乐昌峡水库库区移民搬迁，开展基于水雨情预报的工程调度，优化骨干水库防洪调度，充分发挥水库防洪效益。

（5）重新论证北江下游堤围的防洪能力。随着北江流域下游及珠江三角洲河道大规模下切，河道行洪能力显著增强，同等流量下洪水水位下降明显，但在河道大流量行洪时，北江下游及珠江三角洲堤防安全情况尚不明确，因此也无法贸然增加北江下游行洪流量。结合2022年6月北江特大洪水的实际情况，迫切需要开展下游堤防防洪能力的研究。

（6）建立健全蓄滞洪区启用机制。2022年6月北江特大洪水期间，北江流域启用了潖江蓄滞洪区与飞来峡库区的波罗坑临时淹没区。由于潖江蓄滞洪区正在建设中，尚不能全部运用，且运用补偿机制未建立。其中大厂围（连带江咀围）、下岳围和飞来峡库区波罗坑临时淹没区均属被动分洪。建议加强调查研究，建立健全蓄滞洪区启用机制。

（7）提升水文预警预报智能化水平。应用现代技术，构建智能化的水文信息共享平台，构建西江、北江、东江、贺江和韩江洪水预报调度一体化系统。从降雨-产流-汇流-演进的链条环节，尽可能提升数字孪生流域底板水平，提高雨水情数据处理分析的智能化程度，研究天然情况和水利工程调控两种条件下以反向洪水演进分析方法，推进突发性的区间暴雨洪水在线监视、自动预报和超阈值预警，加强水工程水情信息特别是洪水调度计划的共享工作，完善预警发布的信息化支撑模块，积极为珠江流域各级水行政主管部门和社会公众生产生活提供更加快速便捷、内容丰富、形象直观准确的服务产品。各级水行政主管部门依托现有平台，实现精准预警提醒服务到特定人员，真正实现个性化精准服务。

参 考 文 献

[1] 水利部珠江水利委员会. 迎战珠江流域罕见水旱灾害纪实——上册·防洪篇[M]. 北京：中国水利水电出版社，2022.

[2] 水利部水文局，水利部珠江水利委员会水文局. 2005年珠江暴雨洪水[M]. 北京：中国水利水电出版社，2007.

[3] 郭博瀚. 韩江流域水文模拟SWAT模型参数变化与产流组成[D]. 广州：华南农业大学，2019.

[4] 刘远. 不同数据源集在韩江流域分布式水文模拟中的应用评价[D]. 广州：华南农业大学，2016.

[5] 朱炬明. 新安江SWAT和BTOPMC模型应用比较[D]. 广州：华南农业大学，2016.

[6] 广东省水利厅，广东省水文局. 2022年北江暴雨洪水[M]. 北京：中国水利水电出版社，2023.

[7] 陈学秋，杜勇，付宇鹏. 2022年珠江流域暴雨洪水特点分析[J]. 中国水利，2022（22）：28-32.

[8] 钱燕，卢康明，张尹，等. 珠江"2022.6"流域性较大洪水分析[J]. 中国防汛抗旱，2022，32（10）：53-56，61. DOI：10.16867/j.issn.1673-9264.2022332.

[9] 中国气象局. 南海夏季风监测指标：QX/T 633—2021[S]. 北京：气象出版社，2021.

[10] 邵勰，黄平，黄荣辉. 南海夏季风爆发的研究进展[J]. 地球科学进展，2014，29（10）：1126-1137.

[11] 李晓燕，翟盘茂. ENSO事件指数与指标研究[J]. 气象学报，2000（1）：102-109.

[12] 陶诗言，张庆云. 亚洲冬夏季风对ENSO事件的响应[J]. 大气科学，1998（4）：15-23.

[13] 水利部水文局，水利部珠江水利委员会水文局. 1998年珠江、闽江暴雨洪水[M]. 北京：中国水利水电出版社，2001.

[14] 佚名. 1915年珠江流域大洪灾[J]. 人民珠江，2006（5）：38.

[15] 杜勇，陈学秋. 珠江"22·6"特大洪水预报实践[J]. 中国水利，2022（22）：33-35.

[16] 卢康明，陈学秋. 珠江流域北江"2022.6"特大洪水预报分析[J]. 中国防汛抗旱，2023，33（9）：56-61. DOI：10.16867/j.issn.1673-9264.2023028.

[17] 钱燕，卢康明，陈学秋，等. 珠江流域"2022.6"暴雨洪水复盘分析[J]. 中国防汛抗旱，2023，33（1）：22-26. DOI：10.16867/j.issn.1673-9264.2022341.